Telecommunications

Veröffentlichung des / Publications of the

Münchner Kreis

Übernationale Vereinigung für Kommunikationsforschung
Supranational Association for Communications Research

Band/Volume 18

Sichere Daten, sichere Kommunikation

Secure Information, Secure Communication

Datenschutz und Datensicherheit
in Telekommunikations-
und Informationssystemen

Privacy and Information Security
in Communication and Information Systems

Herausgeber / Editor: J. Eberspächer

Springer-Verlag

Berlin Heidelberg New York
London Paris Tokyo
Hong Kong Barcelona Budapest

Münchner Kreis
Übernationale Vereinigung für Kommunikationsforschung
Supranational Association for Communications Research
Tal 16, D-80331 München, Telefon: (089) 22 32 38

Wissenschaftliche Leitung des Kongresses:
Prof. Dr.-Ing. Jörg Eberspächer
TU München, Lehrstuhl für Kommunikationsnetze
Karlstraße 37, D-80333 München, Telefon: (089) 55 17 42-0

ISBN-13:978-3-540-57744-7   e-ISBN-13:978-3-642-85103-2
DOI: 10.1007/978-3-642-85103-2

Inhalt / Contents

VI

*Dieser Kongreß wurde
gefördert von der
Deutschen Bundespost* TELEKOM

Vorwort

Im Geschäftsleben wie im privaten Bereich werden in zunehmendem Maße Daten aller Art
ausgetauscht, verarbeitet und gespeichert. Die Telekommunikation ermöglicht die freizügige,
weltweite Vernetzung von Telefonen, Computern und anderen Systemen über immer leistungs-
fähigere Netze. Durch die Digitalisierung der Netze und durch die Rechnersteuerung der
Vermittlungsvorgänge wachsen Computer und Kommunikationssysteme immer stärker
zusammen und ergänzen sich.

Auf der einen Seite ist der freie internationale Informationsaustausch gewiß ein wesentliches
Merkmal unserer freiheitlichen Ordnung und eine Grundlage des Wirtschaftslebens. Zur
Erleichterung des Umgangs mit dem Allgemeingut "Information" werden deshalb "Offene
Systeme" und ein "offener Netzzugang" angestrebt.

Auf der anderen Seite ist von wachsenden Bedrohungen und Gefahren die Rede; die
Verletzlichkeit der Informationsgesellschaft wird spürbar. Das beruht nicht nur auf der
zunehmenden Komplexität der vernetzten Systeme. Im Vergleich zu früheren Jahren ist auch
das Bewußtsein für die Bedeutung des Schutzes der Privatsphäre und der
Vertrauenswürdigkeit und Sicherheit von Informationen und Informationssystemen deutlich
gestiegen.

Der ungezwungene Umgang mit der überall verbreiteten Informationstechnologie ist also mit
gewissen Problemen verbunden. Wo hat der freie Zugang zu Daten seine Grenzen? Was sollte
geschützt werden? Gibt es Schutzmechanismen und wie funktionieren sie? Wie sicher sind die
Netze und die in ihnen transportierten Informationen? Welche Aufgaben haben hier Staat und
Gesetzgeber? Gibt es neben den offensichtlichen Risiken auch Chancen, z.B. Möglichkeiten für
neue Dienstleistungen und Produkte? Was kostet denn Sicherheit? Wer will und wer soll sie
bezahlen?

Die Diskussion solcher für die "Informationsgesellschaft" eminent wichtiger Fragen war das
Ziel dieses zweitägigen Kongresses. In guter Tradition des MÜNCHNER KREISES wurden
die anstehenden Probleme und die vorgeschlagenen oder bereits realisierten Lösungen in einem
breitgefächerten Programm von Experten aus Forschung und Technik, aus der Politik, aus dem
Rechtswesen und den Wirtschaftswissenschaften vorgestellt und diskutiert.

Zu Beginn führten zwei technisch-wissenschaftliche Übersichtsreferate aus Sicht der
Systemtechnik und der Informatik in das Kongreßthema ein und zeigten nicht nur, welches
Bedrohungspotential besteht, sondern auch welch umfangreiche Aktivitäten auf dem Gebiet
der *Security* zu verzeichnen sind. Ein Plädoyer zur Stärkung des Problembewußtseins der
Bürger für die zentrale Bedeutung des Datenschutzes rundete diese Einführung ab.

In den nachfolgenden Blöcken von Referaten zu speziellen Themen wurden Fragen der
Gesetzeslage der nationalen und internationalen Standardisierung beleuchtet, die Strategien
und Projekte auf europäischer Ebene präsentiert, die verwendeten kryptologischen Verfahren
vorgestellt und in mehreren Beiträgen die vielfältigen Aspekte der Sicherheit in Rechnern und
in Netzen behandelt. Einen Schwerpunkt bildete der Meinungsaustausch über die Umsetzung
der Sicherheit in der Praxis. Zum Abschluß fand ein Podiumsgespräch statt unter dem Titel:
"Risiken minimieren und Chancen nützen - Wie gut sind die Lösungen"?

Das Programm wurde im Forschungsausschuß des MÜNCHNER KREISES ausgearbeitet.
Der vorliegende Band 17 der Reihe *Telecommunications* enthält alle auf dem Kongreß
gehaltenen Vorträge sowie die Mitschrift der Podiumsdiskussion.
Den Vortragenden, den Diskussionsleitern, den Teilnehmern an der Podiumsdiskussion sowie
allen anderen, die in vielfältiger Weise zum Gelingen dieses Kongresses beigetragen haben,
danke ich sehr herzlich!

J. Eberspächer

Grußwort des Bundesministers des Innern
Herrn Rudolf Seiters

Am ersten Januar 1993 konnte die Öffnung des europäischen Binnenmarktes erreicht werden. Die Bundesregierung hat dieses Ziel seit langem angestrebt. Im europäischen "Raum ohne Binnengrenzen" ist freier Verkehr von Personen, Dienstleistungen, Waren und Kapital möglich. Der zusammenwachsende Kontinent umfaßt 346 Millionen Europäer.

Der Einsatz von Informationstechnik (IT) hat für die Gemeinschaft und ihre Mitglieder einen besonders hohen Stellenwert. Die immer stärker werdende grenzüberschreitende Arbeitsteilung hat diese Entwicklung begünstigt. Neue informationstechnisch gestützte Arbeitsmethoden wurden geschaffen und moderne Verfahren der raumüberbrückenden elektronischen Kommunikation entwickelt. Ihre auch weiterhin zunehmende Bedeutung für Verwaltung, Wirtschaft und Wissenschaft kann nicht hoch genug eingeschätzt werden. Darüberhinaus sind IT-Anwendungen auf nahezu allen Gebieten des gesellschaftlichen Lebens zu erwarten.

Der Fortschritt beim Zusammenwachsen Europas mit seinem Verzicht auf Kontrollen an den Binnengrenzen und dem elektronischen Dokumentenaustausch mit einer nahezu unvorstellbaren Menge von Daten und Informationen darf aber insbesondere aus datenschutzrechtlicher Sicht keine Nachteile für die Bürger mit sich bringen. Ferner ist zu gewährleisten, daß das in der Bundesrepublik Deutschland erreichte hohe Maß der Inneren Sicherheit möglichst noch gesteigert wird. Schließlich sind den Wettbewerb und die umfassende IT-Kommunikation behindernde organisatorische und technische Schranken ebenso abzubauen wie die Schranken an den Binnengrenzen. Zugleich ist die Funktionssicherheit der beteiligten und oft weltweit vernetzten IT-Systeme im gleichen Maße zu verbessern wie ihre Schutz gegen Fehlbedienung, Mißbrauch oder kriminelle Handlungen.

Die Bundesregierung betrachtet diese für Europa und die eigene Nation zu lösenden Aufgaben als besondere Herausforderung. Dies entspricht ihrer besonderen Verantwortung als eine der Industrienationen, die eine Vorreiterrolle beim Einsatz einer leistungsfähigen und sicheren IT spielen. In der Bundesrepublik Deutschland ist der Bundesminister des Innern zuständig für die Innere Sicherheit, den Datenschutz, die Sicherheit in der Informationstechnik und für den ordnungsgemäßen und wirtschaftlichen IT-Einsatz in der Bundesverwaltung. Meine Fachleute arbeiten in den entsprechenden europäischen Gremien mit an der europaweiten Lösung der skizzierten Aufgaben sowie an der Harmonisierung von rechtlichen und technischen Vorschriften und Normen aus diesem Bereich.

Hohe Bedeutung bei der Lösung fachtechnischer Probleme der IT-Sicherheit kommt dem im meinem Geschäftsbereich eingerichteten Bundesamt für Sicherheit in der Informationstechnik (BSI) zu. Seine Aufgabe besteht darin, die IT-Sicherheit in Verwaltung, Wirtschaft und Wissenschaft systematisch zu fördern und die Behörden bei ihren gesetzlichen Aufgaben zu unterstützen. U.a. berät das BSI IT-Anwender, zertifiziert geprüfte IT-Produkte und arbeitet in europäischen

Fachgremien mit. Das erst etwa zwei Jahre bestehende BSI hat bereits spürbar zur Verbesserung der IT-Sicherheit nationaler Anwendungen und zur europaweiten Harmonisierung technischer IT-Sicherheitsvorschriften beigetragen. Wesentliche Entwürfe dazu beruhen auf deutschen Vorschlägen.

XIV

Der MÜNCHNER KREIS nimmt sich mit dem Fachkongreß "Sichere Daten, sichere Kommunikation" in besonderer Weise der Fragen des Datenschutzes und der Sicherheit in der Informationstechnik an. Ich begrüße es sehr, daß diese wichtigen Themen Gegenstand eines Kongresses sind, bei dem Fachleute und Entscheidungsträger Gelegenheit zum Erfahrungsaustausch und zur Diskussion haben werden.

Dem Fachkongreß wünsche ich einen guten Verlauf und viel Erfolg.

Rudolf Seiters, MdB
Bundesminister des Innern

Informationstechnik und öffentliche Verwaltung

Eröffnungsvortrag von Staatssekretär Franz Kroppenstedt,
Bundesministerium des Innern, Bonn

Herr Prof. Eberspächer, Herr Bürgermeister Ude,......., sehr geehrte Damen und Herren,

I.

als ich von Herrn Prof. Witte gebeten wurde, aus der Sicht der öffentlichen Verwaltung zum Datenschutz und zur Datensicherheit in Telekommunikations- und Informationssystemen Stellung zu nehmen, habe ich diese Aufgabe gern übernommen. Ich freue mich, hier zu diesem Thema einige Ausführungen machen zu dürfen. Mein Ziel geht über die heutige Tagung des Münchner Kreises hinaus. Es besteht in einer weiteren Sensibilisierung der Anwender und der Öffentlichkeit für Fragen der *Sicherheit beim Einsatz von Informationstechnik*. Dabei ist allerdings zu beachten, daß der Staat nicht bei allen Problemen, die aus der Technik erwachsen, reglementierend eingreifen sollte. Hier gilt es, die Eigenverantwortlichkeit der Anwender durch umfassende Information über Risiken und Gefahren des IT-Einsatzes sowie durch beispielhafte Problemlösungen zu stärken.

II.

Doch zunächst ein paar Worte zum Begrifflichen. Damit wir nicht Gefahr laufen, unter Informationstechnik Unterschiedliches zu verstehen, erlauben Sie mir eine *Präzisierung des Begriffs Informationstechnik*. Nach einem Kabinettbeschluß der Bundesregierung vom 18. August 1988 versteht die Bundesverwaltung unter Informationstechnik die Kommunikations-, Büro- und Datenverarbeitungstechnik. Gemeint sind alle Geräte und Verfahren, die auf der Grundlage der Mikroelektronik der automatisierten Erfassung, Darstellung, Speicherung, Verarbeitung und Übermittlung von Informationen in Form von Texten, Daten, Bildern oder Sprache dienen.

III.

In diesem Kreis trage ich Eulen nach Athen wenn ich sage, die Informationstechnik durchdringe mit zunehmender Geschwindigkeit alle Bereiche unseres gesellschaftlichen Lebens. Seit geraumer

2

Zeit müssen wir aber auch feststellen, daß ohne IT die komplexen Strukturen unserer hochtechnisierten Volkswirtschaft nicht mehr beherrschbar sind.

Leistungsdruck und der Zwang zur Einsparung von Ressourcen lassen unserer modernen Informationsgesellschaft keine andere Wahl, als *alle angemessenen Möglichkeiten* der Informationstechnik auch zu nutzen.

Zu beobachten ist, daß durch Fortschritte in der Technik und durch den Rationalisierungszwang im Produktionsbereich sowohl Verwaltung als auch Industrie leistungsfähiger werden. Gleichzeitig ist zu bedauern, daß häufig

die *Probleme*, die aus verstärktem Technikeinsatz erwachsen können, nicht ausreichend berücksichtigt und

die *Bedürfnisse* des Einzelnen in der Gesellschaft als zweitrangig betrachtet werden.

Oft wird auch die Dimension der Abhängigkeiten oder der Gefahren des Technikeinsatzes verkannt und *fälschlich unterstellt, Datenschutz und Datensicherheit seien zu vernachlässigen.* Dabei sind Einwände an der Tagesordnung wie, Maßnahmen zur Verbesserung der IT-Sicherheit seien nicht produktiv und kosteten Zeit, Personal, materielle und finanzielle Ressourcen.

Für viele Bürger stehen zudem immer häufiger Forderungen nach Schutz und Sicherheit der in Behörden und Unternehmen zu verarbeitenden Daten in einem Konflikt mit den *Anforderungen* dieser Institutionen. Sowohl die Individuen als auch die Gesellschaft stellen in diesem Spannungsfeld hohe Ansprüche an die Integrationsfähigkeit und Sicherheit der Technik. Dies gilt insbesondere für die Verarbeitung *personenbezogener oder anderer besonders schutzwürdiger Daten.* Ich denke hier beispielsweise an die langen Datenschutz-Diskussionen über Nutzung oder Verzicht auf Anwendung neuer Funktionen im modernen diensteintegrierenden digitalen Netz ISDN.

Ich muß betonen, daß es bei der Suche nach neuen IT-Lösungen regelmäßig zu ähnlichen Diskussionen kommen kann und zwar gleichermaßen in Wirtschaft, Wissenschaft und Verwaltung. Im Mittelpunkt der häufig kontrovers ausgetragenen Debatten stehen dabei neben Problemen *des Datenschutzes* auch Fragen zur *technischen, aber auch organisatorischen Sicherung der Datenbestände*, beispielsweise beim sicheren IT-Umgang mit kassenwirksamen Daten.

IV.

Wie stellt sich die Situation in der öffentlichen Verwaltung dar?

Der in letzter Zeit festzustellende Aufgabenzuwachs und die knappen finanziellen Ressourcen erfordern Leistungssteigerungen und Rationalisierungen in einem bisher nicht gekannten Ausmaß. So haben z.B. in jüngster Zeit einige große politische Aufgaben wie die Europäische Integration, die Deutsche Einheit und die Asylproblematik neue zusätzliche Anforderungen mit sich gebracht. Zudem ist festzustellen, daß es heute kaum noch neue Entwicklungen in unserer Gesellschaft gibt, die nicht Forderungen an die öffentliche Verwaltung nach sich ziehen.

Ohne Zweifel bietet die moderne *Informationstechnik das notwendige Potential als Hilfsmittel zur angemessenen Aufgabenerfüllung* in der öffentlichen Verwaltung. Aufgrund des verbesserten Preis-Leistungsverhältnisses bei informationstechnischen Geräten nimmt ihr Einsatz rasant zu. Damit können neue zukunftsträchtige Anwendungsbereiche zur IT-Unterstützung von Verwaltungsaufgaben erschlossen werden. Hierzu zählen z.B. Fachanwendungen oder *über Lokale Netze verknüpfte Büroanwendungen sowie raumüberbrückende Verfahren des Informationsaustauschs. Eine w*irtschaftlich arbeitende Verwaltung wird in Zukunft ohne den Einsatz dieser Art von *umfassender Kommunikation* im lokalen Bereich und auf der Fernebene nicht mehr möglich sein. Sie wird weiter zunehmend genutzt werden, sofern Geräte, Verfahren und Übertragungswege *zu angemessenen Kosten und mit der notwendigen IT-Sicherheit* zur Verfügung stehen. Ohne jeden Zweifel wird sich insbesondere der Bereich Dokumentenaustausch für die lokale bis weltweite Kommunikation außergewöhnlich schnell weiterentwickeln. Die IT-Sicherheitsprobleme im Bereich der Kommunikation bestehen darin, daß hier Rechner, Übertragungswege und Vermittlungsstellen mit unterschiedlicher Kapazität und letztlich auch Qualität sicher zusammenarbeiten müssen. Die zu treffenden organisatorischen und technischen IT-Sicherheitsmaßnahmen für diese komplexen Verbundsysteme sind aufwendig. Sie bedürfen noch der Standardisierung - soweit dies überhaupt möglich ist -, der Erprobung und schließlich der abgestimmten Einführung. Ein breites Diskussionsfeld - sicher auch für diesen Kongreß.

Erhebungen weisen aus, daß der Einsatz von Informationstechnik in der Bundesverwaltung in den letzten Jahren überproportional stark zugenommen hat.

Als Aufgabenschwerpunkte für den Einsatz von Informationstechnik in der öffentlichen Verwaltung sind zusammenfassend zu nennen:

- Unterstützung von Fachaufgaben am Arbeitsplatz durch angemessene IT-Verfahren sowie durch Zusammenführung oft zahlreicher IT-Anwendungen, dabei

- Auf- und Ausbau vernetzter Arbeitsplatzrechner in Lokalen Netzen mit Zugang zu anderen Verbundsystemen über genormte und sichere Kommunikationsverfahren und

- IT-Organisation einschließlich IT-Sicherheitsmanagement.

Öffentliche Verwaltungen stellen besonderen Anforderungen an den Einsatz von Informations-

4

technik. Dazu zählen bei grundsätzlicher Bereitschaft zur Innovation:

- Normkonformität,
- langjährige Nutzbarkeit,
- Kompatibilität von Geräten und Verfahren und
- nachweisbar hohe Sicherheit.

Hinzu kommen Forderungen nach besonderer Sozialverträglichkeit sowie Ergonomie.

Eine entscheidende Grundforderung besteht außerdem darin, daß die zwangsläufig auftretende Abhängigkeit vom Hilfsmittel IT ein vorzugebendes Maß nicht überschreiten darf.

Die Forderung nach *Begrenzung der Abhängigkeiten* muß schon bei *Auswahl und Beschaffung* der eigentlichen Arbeitsmittel sorgfältig berücksichtigt werden. Dabei sind Wechselwirkungen zwischen Systemen im voraus abzuschätzen, die an verschiedenen, oft weit voneinander entfernten Orten und in heterogenen Organisationen eingesetzt werden. Als besonderes Risiko erweist sich hier die Möglichkeit, daß sich Abhängigkeiten wechselweise bedingen und verstärken.

Können wir diese *Abhängigkeiten handhaben?* Ich spreche dabei bewußt nicht von ihrer Auflösung.

Ich möchte an dieser Stelle ausdrücklich darauf hinweisen, *daß es absolut sichere informationstechnische Systeme nicht gibt.*

Gleichwohl steht aufgrund der bisher gemachten Erfahrung außer Frage, daß angemessene Sicherheit in der Informationstechnik unverzichtbar ist und mit zunehmender Abhängigkeit vom IT-Einsatz weiter an Bedeutung gewinnt.

Deshalb sind bei der Planung und Realisierung des IT-Einsatzes die Folgen eines Ausfalls und einer nicht ordnungsgemäßen, insbesondere einer mißbräuchlichen Nutzung von Einrichtungen und Verfahren der Informationstechnik sorgfältig zu untersuchen. Die Auswirkungen sind unter Beachtung der Wirtschaftlichkeit und Angemessenheit durch organisatorische, personelle und technische Maßnahmen zu begrenzen.

Für die Verwaltung bedeutet das in erster Linie, daß IT-Sicherheit insbesondere durch ordnungsgemäße Handhabung und zuverlässigen Schutz der zu verarbeitenden Daten erreicht werden muß. Der Einsatz von sicherheitstechnischen Funktionen wird dabei stets eine Abwägung aus dem damit verbundenem Aufwand und dem Sicherheitszugewinn darstellen. Ich halte es für unverzichtbar, daß die jeweils Zuständigen das im Einzelfall ausgewählte Maß an Sicherheit auch kritischen Fragen gegenüber vertreten können. Die IT-Sicherheitsmaßnahmen müssen demnach transparent und verständlich sein. Die Maßnahmen sollen auch die Bürger überzeugen, daß sie betreffende Daten entsprechend den gesetzlichen Normen sicher behandelt werden.

Die folgenden Zahlen mögen die Bedeutung hervorheben, welche die Bundesregierung und die Bundesverwaltung dem Einsatz von Informationstechnik bei der Erfüllung ihrer Aufgaben beimißt. Die Haushaltsansätze für Datenverarbeitung haben sich von 1988 bis 1992 bei den Sachausgaben von 503 Mio. DM auf 1014 Mio. DM mehr als verdoppelt. Übertragen auf die Arbeitsplätze kann festgestellt werden, daß inzwischen 13% aller Arbeitsplätze IT-unterstützt sind. Hier ist die Tendenz stark zunehmend.

V.

Meine Damen und Herren,

wegen der Bedeutung der Informationstechnik für öffentliche Verwaltungen haben sich ihre IT-Vertreter auf der Sitzung des "Kooperationsausschusses ADV Bund, Länder und Kommunaler Bereich" am 12./13. Oktober 1992 eingehend mit "Leitaussagen zur Informationstechnik" beschäftigt und hierzu einen Beschluß gefaßt.

Zur Verdeutlichung der heute vorhandenen komplexen Situation wurde ein Informationstechnik-Szenario entwickelt und beschrieben, das für die gesamte öffentliche Verwaltung in der Bundesrepublik Deutschland in Zukunft richtungsweisend sein dürfte. Wegen ihrer grundsätzlichen und auf die Zukunft gerichteten Bedeutung wird sich auch die Innen- und Finanzministerkonferenz mit diesem Thema befassen.

Wesentliche Ziele des genannten Beschlusses sind:

- Verstärkte und integrative Nutzung der Informationstechnik zur Aufgabenerledigung.

- Intensivierung der Zusammenarbeit bei der Planung, Durchführung, Steuerung und Kontrolle der Nutzung der Informationstechnik.

- Planung von Aktivitäten für informationstechnische Infrastrukturen in Bezug auf Architektur und Strukturelemente.

- Unterstützung und Weiterentwicklung von Normanwendungen und technisch-organisatorische Standardisierungen.

6

Der Beschluß wird durch informationstechnische Szenarien verdeutlicht. Die Szenarien beinhalten Aussagen zur Organisation sowie zur Nutzung und technischen Ausprägung der Informationstechnik. Auf weitergehende verwaltungspolitische und rechtliche Fragestellungen wurde zunächst verzichtet. Solche Fragen werden in Ihrer Runde heute und in den nächsten Tagen mit Sicherheit gestellt werden. Sie sind in den genannten Beschluß noch nicht einbezogen worden. Ich möchte aber ergänzend zwei wichtige Themen beispielhaft nennen, die in Zukunft eine wichtige Rolle spielen dürften. Es handelt sich um

- die Technikfolgenabschätzung und
- die Sozialverträglichkeit beim Einsatz von Informationstechnik.

Welche Ziele sollen durch Ausfüllung des genannten Beschlusses informationstechnisch bei den immer näher zusammenrückenden Verwaltungen erreicht werden?

Direkt sind Vereinheitlichung sowie Straffung von Methoden und Verfahren zur Leistungserfüllung und Leistungssteigerung zu fordern. Dadurch steigen die Übersichtlichkeit und die Transparenz der IT-Anwendungen und damit auch ihre Sicherheit.

Als konkrete Ziele der öffentlichen Verwaltungen beim IT-Einsatz werden verfolgt:

1. *Leistungssteigerung*: Dabei sollen Qualität und Effizienz der Vorgangsbearbeitung verbessert und die eigentlichen IT-Verfahren sachgerechter, einfacher, schneller und sicherer werden.

2. *Wirtschaftlichkeit*: Im Vordergrund steht dabei die Verbesserung des Kosten-Nutzen-Verhältnisses des Verwaltungshandelns insgesamt.

3. *Sach- und aufgabengerechte Kommunikation*: Hier wird angestrebt, den internen und den externen Informationsaustausch standardisiert nach möglichst einheitlichen organisatorischen und technischen Regeln durchzuführen.

4. *Verbesserung der Arbeitsbedingungen*: Dabei sollen durch angemessene Arbeitsteilung und höhere Eigenverantwortung ein höheres Arbeitsinteresse erreicht und die Arbeitsfreude verstärkt werden.

5. *Bürgerfreundlichkeit*: Unter diesem wichtigen Schlagwort verbergen sich u.a. eine verbesserte Nachvollziehbarkeit von Verwaltungsentscheidungen, verständlichere Erhebungen, Anfragen und Bescheide für den Bürger sowie eine praxisnahe Sprache mit mehr Hilfestellungen und Bürgernähe.

6. *Sicherheit und Vertrauen*: Mit diesem wichtigen Einzelziel wird angestrebt, zu verarbeitende Informationen und zu nutzende IT-Verfahren in rechtsstaatlich nachvollziehbarer und beweisbarer Form zu schützen.

Wie reagiert die Bundesverwaltung auf diese Herausforderung?

Zur Erfüllung und Steigerung dieser Leistungsziele werden von den Bundesressorts einschließlich ihrer Geschäftsbereiche IT-Rahmenkonzepte erstellt und jährlich aktualisiert. Sie bilden die Grundlage für die Ressortplanung im Bereich der Informationstechnik. Die IT-Konzepte richten sich grundsätzlich nach dem begründeten Bedarf der einzelnen Behörden. Das IT-Rahmenkonzept einer Behörde ist als ihr wesentliches Planungs-, Entscheidungs- und Arbeitsmittel für diesen Bereich gedacht. Es gibt einen Überblick über alle IT-Anwendungen und IT-Vorhaben der Behörde sowie den daraus resultierenden Mittelbedarf. Zu den IT-Rahmenkonzepten kann der Bundesbeauftrage für Wirtschaftlichkeit in der Verwaltung Stellung nehmen. Vorgeschrieben sind regelmäßig Stellungnahmen der Koordinierungs- und Beratungsstelle der Bundesregierung für Informationstechnik in der Bundesverwaltung - der KBSt - zu den IT-Rahmenkonzepten. Die mit Stellungnahmen versehenen IT-Rahmenkonzepte dienen auch zur Begründung der Haushaltsmittelanforderungen.

Für die Betrachtungen dieses Kongresses ist wichtig, daß die IT-Rahmenkonzepte als wesentliche Bestandteile umfassende IT-Sicherheitskonzepte enthalten müssen, für deren Gestaltung Regelwerke wie das IT-Sicherheitshandbuch des Bundesamtes für Sicherheit in der Informationstechnik vorliegen.

Neu ist dabei, daß die Sicherheit der Informationstechnik in einem eigenständigen IT-Sicherheitsprozeß systematisch berücksichtigt werden muß. An dieser Schwelle stehen wir heute. Es müssen in Zukunft angemessene und nachweisbar zuverlässige Lösungen erarbeitet werden.

Bei der Erstellung der IT-Sicherheitskonzepte sind vier wesentliche Aufgaben zu lösen:

1. Aufgabe
Zunächst sind aufgabenabhängig die wesentlichen IT-Sicherheitsziele und der entsprechende Schutzbedarf festzulegen und daraus geeignete Schutzstrategien abzuleiten.

2. Aufgabe
Als nächster Schritt ist auf der Grundlage der Vorarbeiten ein IT-Sicherheitsmanagement zu schaffen. Es sind folgende Einzelschritte notwendig:

- Abstimmung und Festlegung der einzelnen Sicherheitsmaßnahmen und des Personaleinsatzes,

8

- Organisation und Koordination aller Sicherheitsmaßnahmen im betrachteten Bereich und

- Organisation einer übergeordneten Kontrollfunktion.

3. Aufgabe

Der dritte Schritt besteht in einer regelmäßigen - normalerweise einer jährlichen - Aktualisierung des IT-Sicherheitskonzepts.

4. Aufgabe

Als Daueraufgabe müssen alle IT-Sicherheitsmaßnahmen von ihrer Planung bis zu ihrer Aufhebung durch ein Schulungskonzept für Anwender und Organisatoren wirkungsvoll unterstützt werden.

Nach heutigen Erkenntnissen muß der *Sicherheit* im IT-Management als *Querschnittsaufgabe* ein neuer Stellenwert eingeräumt werden. Sicherheit ist ein Leistungsziel mit zur Zeit zunehmender Beachtung. Es ist zu berücksichtigen, daß schon bei der Behandlung der Ordnungsmäßigkeit von Verfahren viele Aspekte der Sicherheit überlegt werden müssen. Dies geschieht in der Regel schon beim ersten, auf die Produktion ausgerichteten Schritt, der die Erfüllung der gestellten Aufgabe zum Inhalt hat. Erst im zweiten Durchlauf, nach Festlegung der Schutzziele, wird die Sicht um den neuen Begriff "IT-Sicherheit" erweitert.

IT-Sicherheitsmanagement umfaßt aus der heutigen Sicht Planung, Bereitstellung, Installation, Betrieb und Kontrolle von IT-Sicherheitsfunktionen. Das IT-Sicherheitsmanagement kann nur dann nachhaltig wirken, wenn sowohl die Führungsebene als auch die Anwenderebene von der Grundidee der Notwendigkeit einer angemessenen IT-Sicherheit durchdrungen sind. Allgemein ist festzustellen, daß insbesondere in der Führungsebene zahlreicher Verwaltungen und Industrieunternehmen hier noch ein beachtliches Informationsdefizit besteht. Trotz der Komplexität der IT-Sicherheitsprobleme und trotz der häufig hohen Kosten zu ihrer Bewältigung müssen alle Anstregungen darauf gerichtet sein, dieses Defizit zu beheben und so die allgemeine Akzeptanz für Fragen der Sicherheit in der Informationstechnik nachhaltig zu verbessern.

Ein besonderes Gebiet innerhalb der IT-Sicherheit, das auch vom IT-Sicherheitsmanagement miterfaßt werden muß, bildet der Anwendungsbereich des Bundesdatenschutzgesetzes. Dies Gesetz betrifft die Bürger unmittelbar. Verlust, Verfälschung oder unberechtigte Kenntnisnahme können das Recht auf informationelle Selbstbestimmung verletzen.

Im öffentlichen Bereich wurde durch die Neufassung des Bundesdatenschutzgesetzes für die öffentlichen Stellen des Bundes eine strengere Zweckbindung eingeführt. Das heißt, personenbezogene Daten dürfen grundsätzlich nur für den Zweck verwendet werden, für den sie erhoben oder gespeichert worden sind. Das Auskunftsrecht des Bürgers erstreckt sich nunmehr prinzipiell auch auf Herkunft und Empfänger der gespeicherten Daten.

Erstmals ist die Einrichtung automatisierter Abrufverfahren bestimmten Zulässigkeitsvoraussetzungen unterworfen, die auch eine Kontrollierbarkeit der einzelnen Abrufe gewährleisten sollen. Die datenverarbeitenden Stellen werden - wie bisher auch - in einer eigenen Vorschrift zu technisch-organisatorischen Maßnahmen mit datenschutzrechtlicher Relevanz verpflichtet.

Der Bundesbeauftragte für den Datenschutz wird in Zukunft vom Deutschen Bundestag gewählt. Sein Kontrollrecht erstreckt sich nunmehr auf den Umgang mit personenbezogenen Daten sowohl in IT-Systemen als auch in Akten. Neben der Verarbeitung sind nun auch die Erhebung und Nutzung personenbezogener Daten in die Zuständigkeit des Bundesbeauftragten einbezogen.

Damit sind die Voraussetzungen geschaffen, im Auftrag des Parlaments und der Bürger die Einhaltung der Ordnungsmäßigkeit, die ohne Sicherheit nicht vorstellbar ist, bei der Verarbeitung aller personenbezogenen Daten zu überwachen.

VI.

Welche Auswirkungen sind durch die Aktivitäten der öffentlichen Verwaltungen auf die Industrie zu erwarten? Welche Antworten auf Angebote von Verfahren, Produkten, Methoden zur Leistungssteigerung und Aufgabenerfüllung und zur Erzielung von angemessener Sicherheit sind notwendig?

Die Bundesregierung hat zur Entwicklung und Fortschreibung ihrer Strategie zur IT-Sicherheit eine Reihe von Maßnahmen eingeleitet. Ich möchte nur zwei Bereiche nennen.

1. Zur Schaffung einer Fachkompetenz für Angelegenheiten der IT-Sicherheit wurde als wesentliche Maßnahme das Bundesamt für Sicherheit in der Informationstechnik (BSI) im Geschäftsbereich des Bundesministeriums des Innern eingerichtet. Der Aufbau des BSI ist nahezu abgeschlossen. Vom BSI werden jetzt wesentliche grundsätzliche Impulse zur Verbesserung der IT-Sicherheit erwartet. Im Verlaufe der Tagung wird auch ein Beitrag des BSI zu diesen Zielen folgen.

   Zu den Aufgaben des BSI gehören insbesondere:

   - Beratung von Anwendern, Herstellern und Vertreibern in Fragen der IT-Sicherheit,

   - Entwicklung von IT-Sicherheitskriterien und entsprechender Prüfwerkzeuge sowie

   - auf Antrag Prüfung und Zertifizierung von IT-Sicherheitsprodukten und -Systemen.

Eine wesentliche BSI-Aufgabe besteht darin, angemessene und praxisbezogene Grundschutzkonzepte zur Gewährleistung von Datensicherheit und Datenschutz zu entwickeln. Parallel dazu wird mit gleicher Priorität eine konkrete Linie aufgebaut, die bei den IT-Sicherheitskriterien als Maßstab beginnt und mit der Zurverfügungstellung von zertifizierten IT-Sicherheitsprodukten und IT-Systemen endet.

2. Für die Integration von Sicherheit und Zuverlässigkeit in informationstechnischen Systemen werden von der Bundesregierung zur Entwicklung praktikabler Lösungen bis 1994 Fördermittel in Höhe von 25 Mio DM aufgewandt. Das Forschungsprojekt REMO - "Referenzmodell für sichere IT-Systeme" - hat zum Ziel, als grundlegend neues Bezugsmodell Industrie und Anwender bei der Herstellung und Nutzung sicherer IT-Systeme zu unterstützen. Im Forschungsprojekt KORSO - "Korrekte Software" - werden Methoden untersucht, die in beweisbarer Form die Korrektheit und Zuverlässigkeit von Software sicherstellen sollen.

Zu diesen Themen werden *auch von der Industrie und der Wissenschaft* noch wesentliche weitere Anregungen erwartet. Ich denke, daß im Verlauf der Tagung zur Frage eines wirklich umfassenden IT-Sicherheitskonzepts noch eine *Fülle von Impulsen* gegeben werden.

Das übergeordnete Ziel der genannten Maßnahmen der Bundesregierung besteht darin, die Frage der IT-Sicherheit umfassend anzugehen und allgemein einsetzbare Lösungswege aufzuzeigen.

VII.

Normung und Standardardisierung, Integration von Informationsdiensten, Förderung des Datenaustausches, Sicherheitsstandards und Datenschutz sind nur einige wichtige Themen, die von den Verwaltungen aufgegriffen und im Rahmen ihrer Arbeit innerhalb der zuständigen europäischen und internationalen Gremien unterstützt werden.

Die Bundesregierung achtet darauf, daß sich die Aktivitäten auf dem Gebiet der IT-Sicherheit in den Kontext der internationalen Zusammenarbeit, vor allem im Rahmen der Europäischen Gemeinschaften, einfügen und keine grundsätzlichen Hindernisse für den internationalen Austausch von Waren und für den grenzüberschreitenden Fluß von Informationen aufbauen.

Zur Beratung der EG-Kommission auf dem Gebiet der IT-Sicherheit ist nicht zuletzt auf Drängen der Bundesrepublik Deutschland die "Gruppe Hoher Beamter für Sicherheit in der Informationstechnik (SOGIS)" eingerichtet worden. Diese Gruppe, in der auch mein Haus aktiv mitarbeitet, wirkt auf angemessene technische Standards für die Sicherheit von IT-Systemen und -Komponenten auf der europäischen Ebene hin.

Änderungen des Bundesdatenschutzgesetzes könnten sich in den nächsten Jahren aufgrund der Umsetzung einer EG-Richtlinie zum Schutz natürlicher Personen bei der Verarbeitung personenbezogener Daten und zum freien Datenverkehr ergeben. Diese liegt als Kommissionsvorschlag seit 1990 vor. Eine Vereinheitlichung des Datenschutzrechts ist im Zuge der europäischen Harmonisierung erforderlich. Die Bundesregierung wird darauf achten, daß die hohen Datenschutzziele und das Datenschutzniveau Deutschlands dabei nicht reduziert werden.

VIII.

Zusammenfassend stelle ich insgesamt fest, daß sich die Informationstechnik zunehmend als geignetes Instrument erwiesen hat,

- um die Arbeit in der Bundesverwaltung wirksam zu unterstützen,
- um dem erheblichen Aufgabenzuwachs zu begegnen und
- um zu einer zeitgemäßen Kommunikation

beizutragen.

Besondere Fortschritte wurden bereits auf dem Gebiet der Koordinierung, Organisation, Optimierung und Standardisierung des Einsatzes der Informationstechnik erzielt. Die Voraussetzungen für die angemessene Berücksichtigung des wichtigen IT-Parameters Sicherheit sind geschaffen. Sicherheit in der Informationstechnik ist inzwischen als integraler Bestandteil der ordnungsmäßigen Erledigung der Aufgaben der öffentlichen Verwaltung anerkannt. IT-Sicherheit muß als gleichwertiges Leistungsziel - beispielsweise neben der Wirtschaftlichkeit der Informationstechnik - betrachtet werden.

Sicherheit darf allerdings auch nicht Selbstzweck werden und zu einer Verbunkerungsstrategie führen. Durch immer mehr und immer engere Vorschriften und Verantwortungszuweisungen sollten Innovationen in der Technik, Sicherheitsanwendungen und organisatorische Gestaltung nicht unterbleiben bzw. nicht unnötig eingeengt oder sogar behindern oder verhindert werden.

Nicht zuletzt durch die endgültige Eröffnung des europäischen Binnenmarktes am 1. Januar dieses Jahres ist bei Regulierungsentscheidungen in verstärktem Maße die Übereinstimmung zwischen Gemeinschaftsrecht der EG und nationalem Recht herbeizuführen. Jedoch kann und darf der Staat in Sachen Sicherheit in der Informationstechnik nicht alles reglementieren. Er hat den Rahmen vorzugeben, insbesondere vor dem Hintergrund von europa- und weltweiten Kommunikationsmöglichkeiten. Auf Institutionen und Anwender kommt dabei ein hohes Maß an *Eigenverantwortung* zu.

Ich begrüße es deshalb sehr, daß das Thema Datenschutz und Datensicherheit Gegenstand dieser Fachtagung ist, bei dem Experten und wichtige Entscheidungsträger ihre Erfahrungen miteinander austauschen.

Ich wünsche dem Fachkongreß einen guten Verlauf und viel Erfolg. Ihren Ergebnissen sehe ich mit hohem Interesse entgegen. Ich danke Ihnen für Ihre Aufmerksamkeit.

Datenschutz und Datensicherheit
aus technischer Sicht

Heribert Peuckert

Zusammenfassung. Die Informationsgesellschaft verläßt sich in der Arbeitswelt wie im Privatleben auf die Informationstechnik. In offenen und weltweit vernetzten Systemen wird die Sicherheit zu einem Schlüsselfaktor für den Einsatz von Informationstechnik und damit für die Wettbewerbsfähigkeit der Wirtschaft. Gegenwärtig laufen eine Reihe von Entwicklungsarbeiten zur Realisierung von Schutzmaßnahmen gegen Manipulationen, Integritätsverletzungen und Verfügbarkeitsmängel und deren Integration in Systeme und Netze. Sicherheitsfunktionen müssen bei Neuentwicklungen von Anfang an berücksichtigt werden. Nur durch diesen integrativen Ansatz kann erreicht werden, daß Datensicherheit preiswert und einfach bedienbar wird. Dies sind die entscheidenden Kriterien für die Akzeptanz der Sicherheit durch die Benutzer. Die Lösungen zur Datensicherheit sind auch zur Gewährleistung des Datenschutzes einsetzbar. Durch die frühzeitige Einbeziehung der Sicherheit in die Systementwicklung profitieren Datenschutz ebenso wie Datensicherheit von einer optimalen Realisierung.

1 Einführung

Datenschutz und Datensicherheit haben sich getrennt voneinander entwickelt. Sie weisen unterschiedliche Bedrohungspotentiale auf und haben verschiedene Zielrichtungen. Gemeinsamkeiten bestehen darin, daß die zur Datensicherheit erforderlichen Mechanismen und technischen Maßnahmen auch für den Datenschutz geeignet sind und eingesetzt werden. Im Bereich des Datenschutzes wird die Gewährleistung der Sicherheit von Datenbeständen und Datenverarbeitungsabläufen als Datensicherung bezeichnet. Das Ziel bzw. Ergebnis der Datensicherung ist die Datensicherheit, insbesondere die Verfügbarkeit der Informationen. Im Folgenden werden statt Datensicherheit meist die neueren Begriffe "Informationssicherheit" bzw. "IT-Sicherheit" verwendet.

IT-Sicherheit entwickelt sich zu einer Grundfunktion künftiger Systeme und Netze. So sind z.B. neue Computersysteme, Netze für die Mobilkommunikation oder Corporate Networks nur noch mit Sicherheitsfunktionen einsetzbar. Heutige Sicherheitslösungen entstanden zwangsläufig noch als Nachrüstungen von viel früher entwickelten Systemen. Sie sind deshalb meist teuer und werden nur bei hohen Sicherheitsanforderungen eingesetzt. Damit die Sicherheit künftig als "Standardausstattung" eine weite Verbreitung erfahren kann, muß sie preiswert realisierbar und einfach zu bedienen sein. Der Benutzer darf keine Behinderung seiner Arbeitsweise erfahren, im Idealfall darf er das Vorhandensein von Sicherheitsfunktionen gar nicht merken.

In künftigen Produkten der Informationstechnik müssen Sicherheitsfunktionen konzeptionell bereits von Anfang an integriert sein. Das bedeutet aber auch, daß Sicherheitskonzepte bereits in den Standards für Neuentwicklungen enthalten sein müssen. Dies ist auch deshalb erforderlich, damit eine gesicherte Kommunikation weltweit in den offenen Systemen unterschiedlicher Hersteller stattfinden kann. In der Regel erfordert dies einen langen Vorlauf für die Entwicklung der Sicherheitskonzepte, da die gesamte Entwicklungsdauer eines komplexen Systems von der Idee bis zur Einführung häufig bis zu zehn Jahren dauert.

2 Definitionen, Bedrohungen, Maßnahmen

Datenschutz hat gemäß Bundesdatenschutzgesetz (BDSG) im engeren Sinne die Aufgabe, den einzelnen davor zu schützen, daß er durch den Umgang mit seinen personenbezogenen Daten in seinem Persönlichkeitsrecht beeinträchtigt wird. Datenschutz im weiteren Sinne hat die Aufgabe, durch Schutz der Daten vor Mißbrauch in ihren Verarbeitungsphasen der Beeinträchtigung fremder und eigener schutzwürdiger Belange zu begegnen.
Unter *Datensicherung* versteht man die technisch-organisatorische Aufgabe, die Sicherheit von Datenbeständen und Datenverarbeitungsabläufen zu gewährleisten. Das BDSG enthält eine Auflistung von zehn erforderlichen Kontrollen in bezug auf die automatische Verarbeitung von personenbezogenen Daten. Die zehn "Gebote" in bezug auf die Datensicherung betreffen folgende Bereiche [1]:

- Zugangskontrolle
- Datenträgerkontrolle
- Speicherkontrolle
- Benutzerkontrolle
- Zugriffskontrolle
- Übermittlungskontrolle
- Eingabekontrolle
- Auftragskontrolle
- Transportkontrolle
- Organisationskontrolle

Unter *Datensicherheit (IT-Sicherheit)* versteht man den Zustand eines Systems der Informationstechnik, in dem die Risiken, die beim Einsatz dieses Systems aufgrund von Bedrohungen vorhanden sind, durch angemessene Maßnahmen auf ein tragbares Maß eingeschränkt sind. Neben den drei klassischen Aspekten der IT-Sicherheit *Vertraulichkeit, Integrität* und

Verfügbarkeit gewinnen die Aspekte *Authentizität* und *Verbindlichkeit* eine zunehmende Bedeutung [2].

Zum besseren Verständnis folgen Definitionen der verwendeten Begriffe:
Ein System gewährleistet *Vertraulichkeit*, wenn die in ihm enthaltenen Informationen nur berechtigten Personen zur Kenntnis gelangen.
Integrität ist die Eigenschaft eines Systems, die besagt, daß es nur erlaubte und intendierte Veränderungen der in ihm enthaltenen Informationen zuläßt.
Verfügbarkeit eines Systems bezeichnet die Eigenschaft, bestimmte Dienstleistungen in zugesicherter Form und Qualität in einem zugesicherten Zeitraum erbringen zu können.
Authentizität ist die Übereinstimmung der behaupteten Identität mit der tatsächlichen.
Verbindlichkeit ist die Eigenschaft eines Versprechens oder einer Anweisung, daß seine Erfüllung bzw. ihre Ausführung unter gesellschaftlicher Kontrolle steht.

In der deutschen Sprache wird beim Begriff "Sicherheit" nicht weiter differenziert nach der Sicherheit von technischen Systemen oder von Personen. Im englischen Sprachgebrauch unterscheidet man genauer die Sicherheitsaspekte *Safety*, *Security* und *Reliability*, die aber auch Überschneidungen aufweisen. Security bezeichnet den Schutz technischer Systeme vor mißbräuchlichen Eingriffen durch Personen, während mit Safety der Schutz von Personen/Umwelt vor Fehlverhalten technischer Systeme gemeint ist. Reliability ist die Garantie einer zeitbezogenen korrekten Leistung und wird durch obige Definition der Verfügbarkeit gut beschrieben. Zur klaren Unterscheidung verwendet man daher statt Datensicherheit oder IT-Sicherheit häufig den englischen Begriff *Information Security*.

Die Bedrohungen der Information Security können durch Insider, Außenstehende oder durch höhere Gewalt entstehen. Folgende Zusammenstellung zeigt die von Security Experten genannten wichtigsten Bedrohungen:

- Unautorisierte Handlungen durch autorisierte Mitarbeiter / Kunden
- Gebührenbetrug oder Leugnung der Telefonbenutzung
- Verlust oder Zerstörung von Informationen bzw. Geräten durch Insider
- Zusammenbrüche der Kommunikationssysteme
- Verseuchung von Programmen, speziell durch polymorphe Viren
- Diebstahl von Computern und zugehörigen Geräten
- Absichtliche Sabotage durch Insider oder frühere Insider
- Logische Fehler in Programmen
- Industriespionage durch Wettbewerber oder andere Staaten
- Naturkatastrophen wie Feuer, Sturm, Überschwemmung

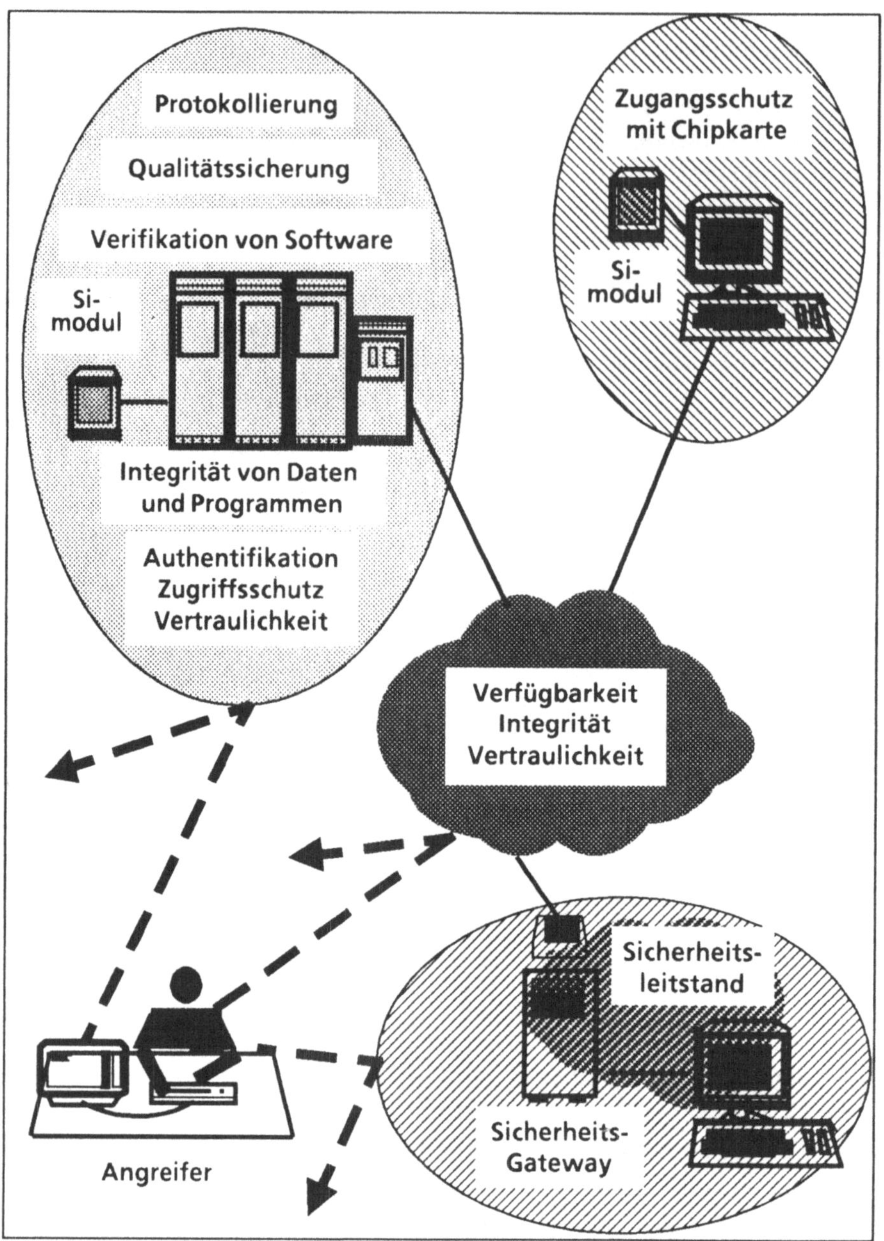

Bild 1: Maßnahmen zur Gewährleistung der IT-Sicherheit

Maßnahmen zur Gewährleistung der Information Security können sich auf den Schutz isolierter Rechner, vernetzter Workstations und Zentralrechner sowie privater oder öffentlicher Kommunikationsnetze beziehen. Bild 1 zeigt Beispiele für Sicherheitsmaßnahmen zum Schutz vor Angreifern.

3 Treibende Kräfte und Aktivitäten zur IT-Sicherheit

Es ist wichtig, für die IT-Sicherheit die weltweit wirkenden Entwicklungstrends zu erkennen, damit man seine eigenen Aktionen an den globalen Entwicklungen ausrichten kann. Folgende Liste zeigt die meiner Ansicht nach wichtigsten Entwicklungstrends:

- Wachsende Anforderungen durch offene Systeme und Netze
- Weiterentwicklung der Sicherheitsstandards für DV-Systeme
- Konzeption und Realisierung von Sicherheitsdiensten in Netzen
- Sicherheitsmanagement wird Teil des Systemmanagements
- Leistungsfähige Kryptoalgorithmen und Sicherheitsmechanismen entstehen
- Sicherheit wird integraler Bestandteil künftiger Systeme und Netze
- Sicherheitsbehörden, Forschungsgruppen, Hersteller und Anwender verstärken ihre Aktivitäten und stimmen sich besser untereinander ab

Die Nachfrage nach mehr IT-Sicherheit ist zwangsläufig entstanden als Folge der verstärkten Standardisierung der Informationstechnik und dem Übergang von herstellerspezifischen Lösungen zu offenen Systemen und Netzen. Ein Mißbrauch wie z.B. ein Hacker-Einbruch besitzt in offenen Kommunikationsnetzen und bei standardisierten Rechnerbetriebssystemen ein viel größeres Schadenspotential als ein Einbruch in ein isoliertes DV-System.

Die ersten Sicherheitsrichtlinien wie das berühmte "Orange Book" des DoD in den USA betrafen die Sicherheit von Computern. Inzwischen liegen wichtige Sicherheitsstandards für DV-Systeme und Kommunikationsnetze vor, intensive Arbeiten zur Festlegung weiterer Standards laufen u.a. bei den internationalen Standardisierungsgremien ISO, CCITT, ETSI und ECMA. Zur Bewertung der Computersicherheit wurden Sicherheitskriterien entwickelt (z.B. TCSEC, deutsche IT-Sicherheitskriterien des BSI, harmonisierte Kriterien ITSEC in Europa, Federal Criteria FC in den USA zur Ablösung der TCSEC). Diese dienen als Maßstab für die Entwicklung und Bewertung vertrauenswürdiger Systeme.

Am längsten befaßt mit Fragen und Richtlinien zur Information Security sind die nationalen Sicherheitsbehörden. Hier standen früher staatliche und militärische Schutzinteressen im Mittelpunkt. Mit Gründung von NIST in den USA und dem BSI in der Bundesrepublik Deutschland verlagerte sich der Aufgabenschwerpunkt dann auf die IT-Sicherheit bei Behörden, öffentlicher Verwaltung und Industrie.

Hersteller- und Anwendervereinigungen arbeiten seit 1987 verstärkt daran, die sich entwickelnden nationalen und internationalen Richtlinien zur

IT-Security zu bewerten und in Produkte bzw. in betriebliche Arbeitsabläufe umzusetzen. Zusätzlich haben sich seit Ende der achtziger Jahre mehrere Interessengruppen in Deutschland der Thematik Datenschutz und Datensicherheit angenommen, wie z.B. TeleTrusT, die Gesellschaft für Informatik GI und die Informationstechnische Gesellschaft ITG. Es gibt zu diesen Themen sowohl Arbeitsgruppen als auch Fachtagungen.

Ein wichtiger Meilenstein auf dem Gebiet der Netzsicherheit war die Veröffentlichung eines Architekturmodells für Sicherheitsfunktionen, die sogenannte "Security Architecture" (ISO IS 7498/2), durch ISO im Jahr 1988. Dieses Rahmenkonzept beschreibt die möglichen Dienste und Mechanismen zur Gewährleistung der Kommunikationssicherheit. Von ECMA liegt ebenfalls seit 1988 ein Rahmenkonzept zur Sicherheit in offenen Systemen vor (Technical Report TR/46), das 1989 zum Standard ECMA-138 wurde. Gegenwärtig laufen bei ECMA weitere Arbeiten zur Sicherheit in offenen Systemen.

Im Forschungsbereich befassen sich ebenfalls seit ca. fünf Jahren verschiedene Gruppen verstärkt mit der Information Security. Hierzu gehören in Europa firmenübergreifende Forschungsprojekte im Rahmen nationaler oder europäischer Forschungsprogamme zur Informations- und Kommunikationstechnik, die z.B. vom BMFT und der EG-Kommission unterstützt werden.

Bei Fachzeitschriften und Konferenzen zur Sicherheit seit 1975 fanden zuerst die Themen Kryptographie und Datenschutz das Hauptinteresse. Die USA waren mit ihren Fachtagungen wie Security & Privacy und CRYPTO den europäischen Tagungen um ca. fünf Jahre voraus. In Europa ist seit Anfang der 90er Jahre ein rasanter Anstieg der Tagungen zur IT-Sicherheit zu verzeichnen.

4 Entwicklungen der IT-Sicherheit bei DV-Systemen und Netzen

Nachdem im vorhergehenden Kapitel der Versuch unternommen wurde, eine grobe Landkarte der unterschiedlichen Aktivitäten zur IT-Sicherheit zu zeichnen, sollen jetzt ausgewählte Forschungsprojekte beispielhaft genannt werden, damit ein konkreter Eindruck von gegenwärtigen Schwerpunkten vermittelt wird. In allen genannten Projekten sind Mitarbeiter des zentralen Forschungsbereichs der Siemens AG beteiligt.

4.1 Sicherheitsdienste in offenen Netzen

Das Projekt SESAME (Secure European System for Applications in a Multivendor Environment) implementiert eine Sicherheitsarchitektur gemäß ECMA-138 Standard und entwickelt Lösungen für die sichere Benutzerauthentifizierung in offenen, verteilten Systemen. Das Projekt wird gemeinsam von Bull, ICL, SNI und Siemens durchgeführt und teilweise von der Europäischen Kommission im Rahmen des Forschungsprogramms RACE unterstützt [3,4].

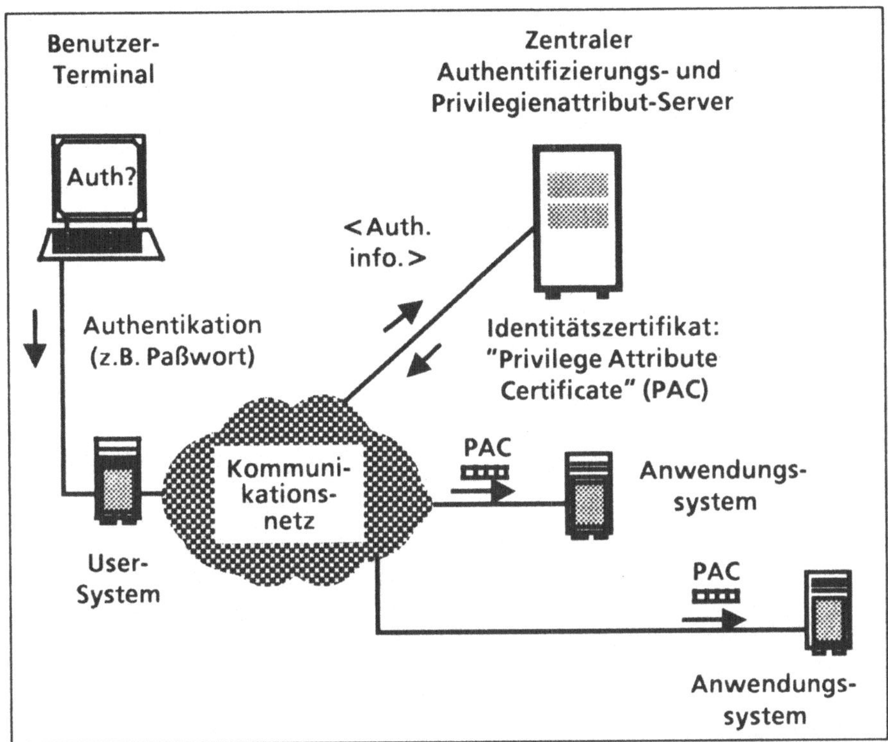

Bild 2: Sicherheitsarchitektur SESAME für verteilte Anwendungen

SESAME ermöglicht dem Benutzer das einmalige Einloggen, egal welche Anwendungen anschließend genutzt werden sollen. Es stellt die Mittel zur Verfügung, mit denen der Zugriff zu Diensten gemäß vorgegebenem Sicherheitsgrad kontrolliert werden kann. Dies wird durch eine ausgefeilte Technik für die Zugriffskontrolle mittels Authentifikations-Service und Privilegienattribut-Service erreicht. Nach erfolgreicher Authentifikation erhält der Benutzer ein Authentifikations-Zertifikat (AUC), das dem Privilegienattribut-Server präsentiert wird und zur Ausstellung eines Privilegienattribut-Zertifikats (PAC) führt. Dieses PAC ist eine spezielle Form eines Zugriffskontroll-Zertifikats. Es wird gegenüber allen Anwendungen zur Kontrolle des Zugriffs benutzt. Bild 2 zeigt die Architektur von SESAME mit den zentralen Servern für die Authentifikation und die Privilegienattribute.

4.2 Sicherheitsmanagement in offenen Netzen

Das Projekt SAMSON (Security and Management Services in Open Networks) behandelt das Management von Sicherheitsdiensten in offenen Kommunikationsnetzen. Die Ziele des Projektes bestehen in der Definition einer geeigneten Architektur und der Realisierung eines Prototypen für diese Aufgabe. Darüber hinaus soll die Nützlichkeit dieser Lösung in einer Pilotapplikation demonstriert und Beiträge zur europäischen Standardisierung auf diesem Gebiet erarbeitet werden. Die Ergebnisse dieses Projektes können auch genutzt werden für das Management von verteilten Systemen und für Netzmanagement-Systeme (z.B. TMN). Das Projekt wird gemeinsam von den Partnern Bull, CSELT, GMD, IBM, ICL, Siemens, SIRTI und Televerket durchgeführt und von der Europäischen Kommission ebenfalls im Rahmen des Forschungsprogramms RACE unterstützt [5]. Die Architektur von SAMSON zeigt Bild 3. Im Prototypen wird das Management der Sicherheitsdienste Authentifikation, Zugriffskontrolle, Schlüsselverteilung und Audit realisiert.

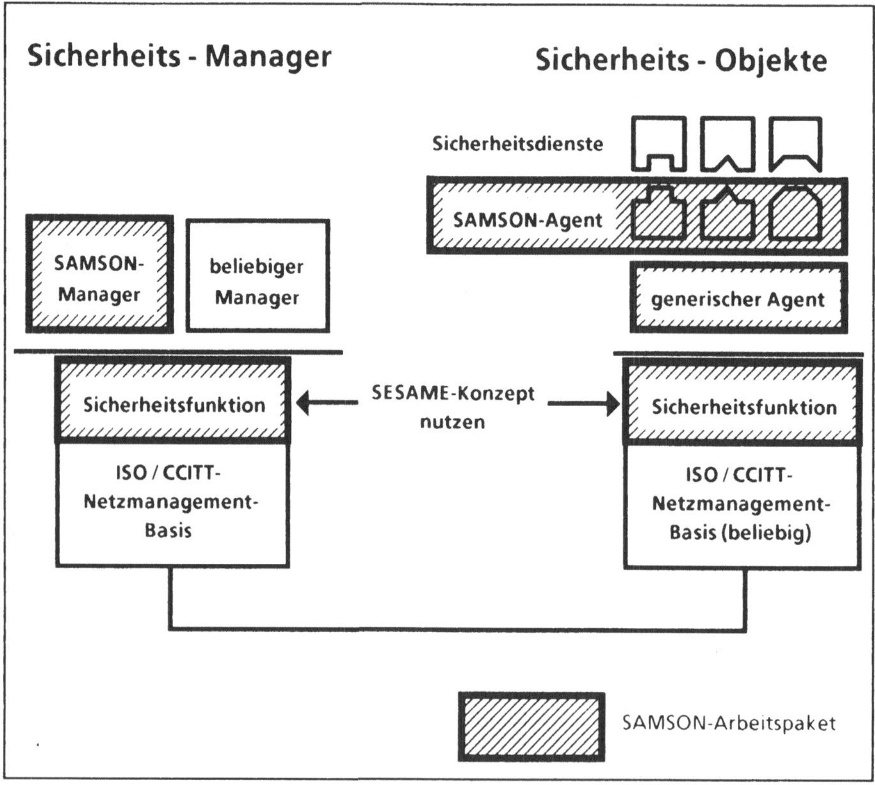

Bild 3: Sicherheitsmanagement in offenen Netzen (SAMSON)

4.3 Chipkarte für die Digitale Signatur

Die nachträgliche Forderung nach Sicherheit tritt beim Einsatz existenter IT-Systeme immer häufiger auf. Um dieser entsprechen zu können, wurden im BMFT-Verbundprojekt REMO verschiedene neue Module konzipiert und realisiert. Hierzu gehört auch ein Chipkartenmodul, das auf verfügbaren HW- und SW-Komponenten aufsetzt. Es wurde ein Signaturserver realisiert, der zu einem Dokument eine digitale Unterschrift erzeugt bzw. überprüft. Verwendet wird das MD4-Hashverfahren und das ElGamal-Protokoll für elliptische Kurven als Public Key System. Die Chipkarte dient dabei als sicherer Schlüsselspeicher. Damit können heutige multifunktionale Chipkarten zusätzlich für den Integritätsschutz von Dokumenten mittels digitaler Signatur eingesetzt werden (Bild 4).

Bild 4: Multifunktionale Chipkarte für die Digitale Signatur

Bei neuen Chipkarten-Produkten wie z.B. der Cryptocard von Siemens kann die Signatur künftig direkt in der Chipkarte erzeugt werden. Der

Integritätsschutz von elektronischen Dokumenten mittels digitaler Signatur wird in Zukunft eine große Bedeutung erlangen. In den USA existiert bereits ein Standardisierungsvorschlag für einen digitalen Signaturalgorithmus (DSA). Eine breite Erprobung und Akzeptanzuntersuchung der elektronischen Unterschrift wird gegenwärtig von der Europäischen Kommission mit einem neuen Programm vorbereitet.

4.4 Sicherheit in der Mobilkommunikation

Der Mobilkommunikation wird weltweit ein starkes Wachstum vorausgesagt. Für die Bundesrepublik Deutschland wird ein Anstieg auf 13 Millionen Teilnehmer im Jahr 2000 prognostiziert gegenüber 2 Millionen Teilnehmern im Jahr 1993. Bei den Anforderungen an die Mobilkommunika-

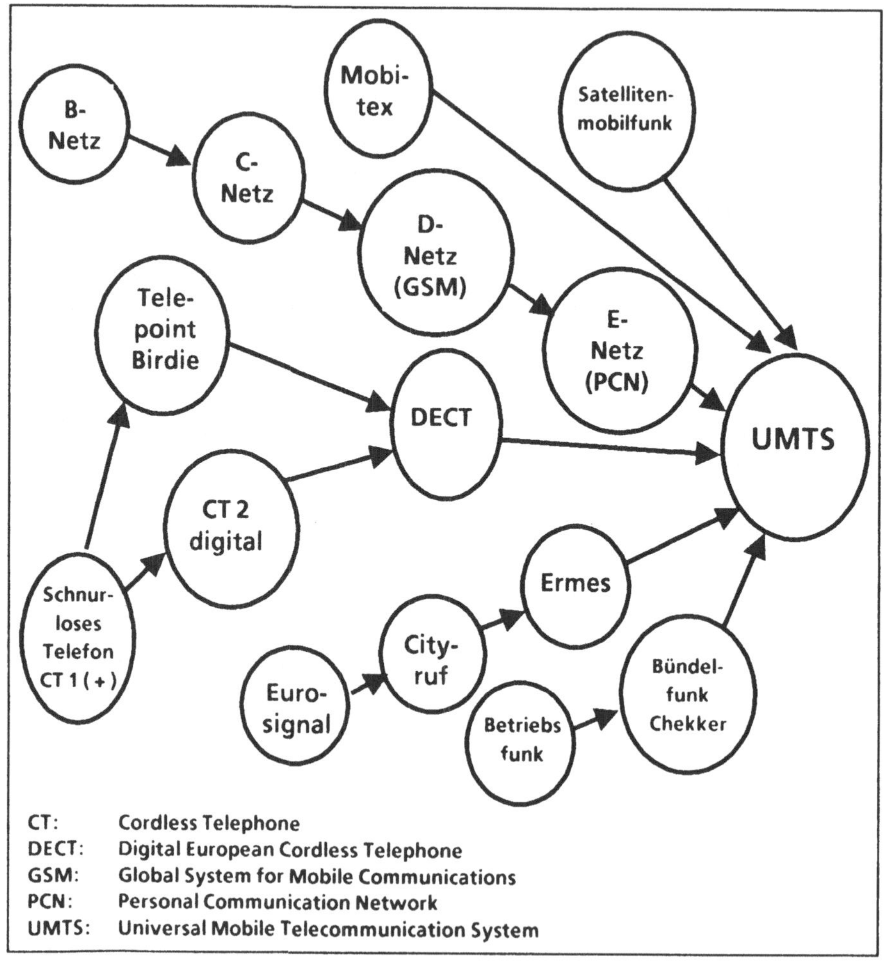

Bild 5: Evolution der Mobilnetze zum UMTS

tion steht die Sicherheit obenan. Es geht hier um Vertraulichkeit, Authentizität und Integrität [6]. Gegenwärtig wird das "Universal Mobile Telecommunication System" (UMTS) als Mobilnetz der dritten Generation konzipiert, dessen Einsatz erst ab dem Jahr 2000 vorgesehen ist. Bild 5 zeigt diese langfristigen Entwicklungslinien der Mobilnetze und deren vorgesehene Funktionserweiterung hin zum UMTS.

Bedrohungen	Anforderungen	Lösungen
● Abhören an der Funkschnittstelle	● Vertraulichkeit von Nutz- und Verbindungsdaten und Benutzeridentität	● Verschlüsselung mit Stromchiffre, Benutzung von Pseudonymen
● Vortäuschen einer falschen Identität an der Funkschnittstelle	● Authentisierung der Benutzer an der Funkschnittstelle	● Challenge-Response mit Public-Key-Verfahren
● Mißbräuchliche Veränderung von übertragenen Informationen	● Schutz der Integrität für Datendienste	● Message Authentication Codes
● Datenbasis im Netz enthält Aufenthaltsorte der Benutzer	● Vertraulichkeit und Integrität der Datenbestände	● Zugangskontrolle
● Disput über Gebührenabrechnung	● Nachweisliche Korrektheit der Abrechnungsdaten	● Digitale Unterschrift

Bild 6: Sicherheitslösungen für UMTS

Im Rahmen des RACE-Projektes MONET wird eine Sicherheitsarchitektur für UMTS erarbeitet. Die Aufgabe gliedert sich in die Analyse der Sicherheitsbedrohungen, die Spezifikation der Sicherheitsdienste und -protokolle sowie deren Integration in die Gesamtarchitektur des UMTS. Hier findet die Entwicklung des Sicherheitskonzeptes zu Beginn der Systementwicklung statt, und damit wird die IT-Sicherheit gemäß ihrer Wichtigkeit auch ein integraler Bestandteil von UMTS werden. Die betrachteten Sicherheitslösungen für UMTS zeigt Bild 6. Weitere Themen der Netzsicherheit, die ebenfalls gegenwärtig im Rahmen der europäischen Standardisierung bei ETSI behandelt werden, betreffen die Universal Personal Telecommunication (UPT), das Intelligent Network (IN), das Breitband-ISDN und verschiedene Kommunikationsdienste.

5 Ausblick

Die Bedrohungen und Mißbrauchsmöglichkeiten der Informationstechnik wachsen mit dem Fortschritt der Technik und dem Übergang zu offenen, verteilten IT-Systemen. Es handelt sich hier um einen dynamischen Prozeß: Die Entwicklung neuer Angriffstechniken erfordert die ständige Weiterentwicklung der Sicherheitstechniken (Sicherheitsspirale).
In Zukunft dürfen die Sicherheitsaspekte Safety, Security und Reliability nicht mehr isoliert voneinander betrachtet werden, da die Abhängigkeiten mit dem Einsatz der Informationstechnik noch größer werden (Bild 7).

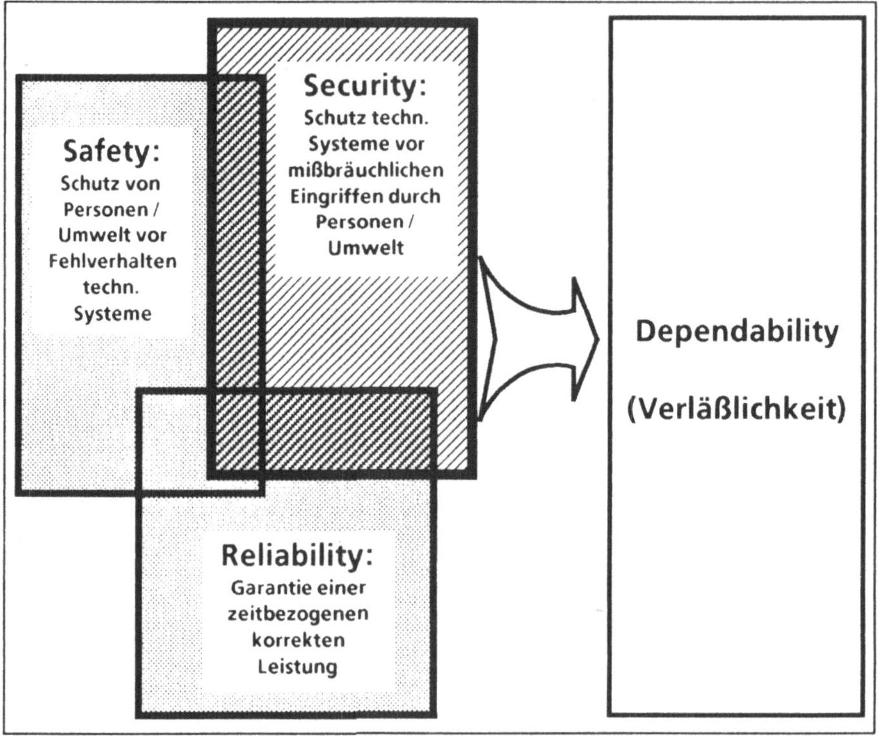

Bild 7: Aspekte der Sicherheit (Verläßlichkeit)

Beispiele bilden moderne Leitwarten, Stellwerke, Verkehrssteuersysteme und das Air Traffic Management. Zur Realisierung der Safety ist die Information Security für die eingesetzten Steuerrechner und Kommunikationsnetze unbedingt nötig. Verlässliche Systeme [7] erfordern die angemessene Berücksichtigung aller drei Sicherheitsaspekte.

Vergleiche mit der Entwicklung der Sicherheit in der Automobiltechnik
(hier handelt es sich allerdings um Aspekte der Safety, nämlich der Sicherheit des Menschen im Auto) und der Security in der Luftverkehrstechnik
zeigen, welchen Weg die IT-Sicherheit noch vor sich hat, um zu einem
Standard-Qualitätsmerkmal zu werden. Heute sind Sicherheitsmaßnahmen im Automobil vielfach bereits standardmäßig in der Grundausstattung enthalten. Der Sicherheitsgurt wurde bereits vor vielen Jahren per
Gesetz vorgeschrieben, ABS, Airbag und Aufprallschutz bilden wichtige
Verkaufsvorteile der Firmen.

Am Beispiel der Umweltindustrie kann man erkennen, welche Vorteile
weitblickende Unternehmer erzielen können, wenn sie frühzeitig neue
Chancen und Märkte erkennen und entschlossen in Produktlösungen umsetzen. Wer rechtzeitig Lösungen zur Behebung von Sicherheitsbedrohungen entwickelt und sie kostenoptimal in seine Produkte integriert,
wird seinen Kunden einen Qualitätsvorteil bieten und damit Marktvorteile erreichen. Das Bewußtsein der Anwender um die Bedrohungen der
IT-Systeme ist geschärft, die Nachfrage nach preisgünstigen Lösungen
wird erheblich zunehmen. Sicherheitstechniken müssen allerdings in einem langen Vorlauf konzipiert werden. So werden gegenwärtig die Sicherheitskonzepte für Kommunikationssysteme entwickelt, deren Produkteinführung erst ab dem Jahr 2000 vorgesehen ist, wie z.B. die dritte Mobilfunkgeneration UMTS.

Literatur

[1]   M. Tinnefeld - E. Ehmann: Einführung in das Datenschutzrecht.
      München; Wien : Oldenbourg ,1992, S. 253-257

[2]   E.Amann, H. Atzmüller: IT-Sicherheit - was ist das?
      Datenschutz und Datensicherung 6/92 S. 286-292

[3]   T.A.Parker: A Secure European System for Applications in a Multivendor Environment (The SESAME Project),
      Proceedings of the 14th American National Security Conference 1991

[4]   G. Hoffmann, M. Leclerc, F. Steiner: Zentrale Authentifizierung und
      Zugriffskontrolle in verteilten Systemen
      Zeitschrift für Kommunikations- und EDV-Sicherheit KES 5/91,
      S. 302-310

[5]   C. Capellaro: SAMSON - Managing Distributed Assets
      DATAPRO Information Security Conference, Nizza, Juni 93

[6]   D. Profoss: Sicherheitsanforderungen im zukünftigen Breitband-
      Mobilfunk
      Elektrotech. und Informations-Technik 110 (1993) 1 S.25-29

[7]   J. C. Laprie (ed.) Dependability: Basic Concepts and Terminology
      Springer-Verlag/ Wien, 1992

Datenschutz - Beschwernis oder Befreiung?

Ruth Leuze

I.   Das öffentliche Meinungsbild

Wer die vielen negativen Schlagzeilen der letzten Jahre zum Datenschutz Revue passieren läßt, meint vielleicht, man brauche da
doch nicht mehr lange zu fragen, die Antwort liege auf der Hand.
So einfach ist es freilich nicht. Bei genauerem Hinsehen fällt
zunächst einmal auf, daß sich die öffentliche Diskussion seit
Jahren so gut wie nur an Fragen der rechtlichen Ausgestaltung
entzündete. Wer kennt nicht die Auseinandersetzungen wegen der
neuen Datenschutzgesetze; wer hörte nicht schon vom Streit um
Schleppnetzfahndung, Lauschangriff, Einsatz Verdeckter Ermittler
- ja oder nein und, wenn ja, wie; wer wüßte nichts vom Disput
über die erkennungsdienstliche Behandlung auch solcher Asylbewerber, die mit korrekten Ausweispapieren einreisen; wer erin-
nert sich nicht an den Unmut der Zahnärzte, als ihnen der Bun-
desgesundheitsminister letztes Jahr per Gesetz diktierte, wie
sie es in Zukunft mit dem Zahnersatz ihrer Patienten halten sollen. Vergleichbare öffentliche Reaktionen auf die Veränderungen
der Informations- und Kommunikationslandschaft blieben bislang
aus, obwohl sich doch gerade hier seit Jahr und Tag Atemberau-
bendes abspielt. Dieses erstaunliche Phänomen hat nicht zuletzt
etwas mit unserer Verfassungslage zu tun. Wer Informations- und
Kommunikationstechnik einsetzen will, kann das mit sich allein

ausmachen. Wer dagegen Informationen über Personen erheben, speichern, auswerten, weitergeben, mit anderen verknüpfen und stets auf Knopfdruck parat halten will, kann nicht einfach loslegen, sondern muß zunächst sehen, was die Gesetze erlauben, die unsere Parlamente in Bund und Ländern unter dem mehr oder minder kritischen Auge der Öffentlichkeit beschließen. Für viele sind die damit einhergehenden öffentlichen Auseinandersetzungen um den Datenschutz seit langem eher verwirrend als informativ. Gewiß liegt dies mit daran, daß es im Datenschutz so gut wie nie schnelle und einfache Antworten gibt, die elektronischen Medien aber ihre Nachrichten kurz, griffig und plakativ servieren wollen. Die eigentlichen Ursachen der Unklarheiten sehe ich freilich anderswo:

- **In der mangelnden Betroffenheit**

  Datenschutz erfahren wir nie so unmittelbar und existentiell wie anderes im Leben. Anders als Geld, Hab und Gut ist er nicht mit Händen zu greifen. Seine Reichweite und Begrenzung in unserem ureigensten Wirkungskreis ist uns oft gar nicht gegenwärtig und bewußt. Persönliche Betroffenheit stellt sich - ganz anders als wenn man weniger Lohn bekommt, mehr Steuer zahlen muß, arbeitslos wird oder auf Sozialhilfe angewiesen ist - nur selten ein. Selbst dann, wenn jemand mit unseren Daten offensichtlich nicht korrekt umging, gehen immer noch manche relativ rasch nach dem Motto "Was sind schon so ein paar Daten" zur Tagesordnung über, anstatt sich zu überlegen, wie andere und sie es mit der informationellen Selbstbestimmung halten und ob sie eigentlich noch Herr des Informationsgeschehens über sich sind.

- **In der jeweiligen Interessenlage**

Viel zu oft bestimmt die jeweilige Interessenlage die Einstellung zum Datenschutz. Immer wieder stempeln z.B. Sicherheitsexperten den Datenschutz zum Sündenbock für ausgeblie-
bene Fahndungserfolge, obwohl sie noch nie den Beweis dafür
antreten konnten. Immer wieder erwecken Kommunalpolitiker den
Anschein, wegen des Datenschutzes könne man Sozialhilfemiß-
brauch nicht auf die Spur kommen, während sich in Wirklichkeit die Kosten/Nutzen - Analyse nicht rechnet. Seit jeher
steht der Datenschutz bei der Opposition höher im Kurs als
bei der Regierung; bloß erstaunt doch, wie schnell und gründlich sich beim Wechsel von der Opposition in das Regierungs-
lager mitunter die Einstellung zum Datenschutz ändert. Mancher Gegner des Datenschutzes wurde während der Parteispen-
denaffären zu einem glühenden Verfechter des Steuergeheim-
nisses und meinte, parlamentarische Untersuchungsausschüsse
hätten kein Recht, Steuerunterlagen einzusehen. Wieder andere
Frontstellungen tun sich gegenwärtig bei der Frage auf, inwieweit im Zuge des überfälligen Gesetzes zum Aufspüren und
Abschöpfen von Gewinnen aus organisierter Kriminalität das
Bankgeheimnis zu lockern ist. Geht es um die Besteuerung der
Zinsen aus Kapitaleinkünften, entdeckt nicht minder mancher
sein Herz für den Datenschutz, der ansonsten gerne von der
weißen Weste redet, deretwegen er nichts zu befürchten habe.

- **Datenschutz als Vorwand**

Noch viel zu oft verweigern Behörden Bürgern Auskünfte kurz
und bündig mit dem Schlagwort "Datenschutz", obwohl sie in
Wirklichkeit ganz andere Motive leiten - insbesondere Bequem-
lichkeit oder Angst, etwas falsch zu machen. Wie anders soll

man sich beispielsweise erklären, daß die Telekom seit Jahr und Tag die Frage von Anrufern nach der genauen Adresse eines Telefonkunden mit "Datenschutz" abschlägig bescheidet, obwohl doch alles im Telefonbuch steht, und Stadtverwaltungen Fragen nach der Anzahl denkmalgeschützter Häuser aus der Jugendstilzeit, nach der Sperrstunde für die beim Straßenfest aufspielende Stadtkapelle, nach der Herausgabe von Fassadenzeichnungen städtischer Gebäude ebenso mit Datenschutz abwehren und damit sein Anliegen auch noch bewußt oder unbewußt bei den Bürgern in Mißkredit bringen.

Solche Verhaltensweisen sind nur möglich, weil immer noch viel zu viele mit dem Begriff 'Datenschutz' bloß die Vorstellung von 'Geheimhalten' oder 'Nichtwissendürfen' verbinden, dies aber nicht das ist, was den Datenschutz eigentlich ausmacht.

II. Deshalb noch einmal: was heißt Datenschutz?

1. Die Aussagen des Grundgesetzes

Datenschutz ist Persönlichkeitsschutz. Unsere Persönlichkeit macht aus, was wir denken, meinen, fühlen, tun, unterlassen, erfahren und erinnern. Von alledem teilen wir anderen immer nur soviel mit, wie uns sinnvoll und zweckmäßig erscheint. Je mehr wir unserem Gegenüber vertrauen, desto intensiver lassen wir ihn teilhaben; je zurückhaltender wir ihm begegnen, desto spärlicher fließen unsere Informationen. Wir beschränken also ganz bewußt das Wissen unserer Umwelt über uns, weil wir nicht wollen, daß uns andere infolge ihres Wissens über uns abschätzen, manipulieren, ja beherrschen oder in Abhängigkeit halten können. Datenschutz ist also die gängige - wenn auch sprachlich mißglückte - Kurzbezeichnung für das Recht jedes einzelnen, grundsätzlich selbst darüber zu entscheiden, wer wann was über ihn wissen darf. Dieses Recht gilt unmittelbar nur im Verhältnis von Bürger zu Staat, wirkt sich aber auch auf die Rechtsbeziehungen der Bürger untereinander aus, in dem es den Schwachen vor informationeller Ausbeutung durch übergewichtige Geschäftspartner schützt.

2. Das Risiko "IuK-Technik" für den Datenschutz

Nicht nur der Wissensdurst des Staates und unserer Mitmenschen, auch die Informations- und Kommunikationstechnik ist ein Risiko für den Datenschutz. Weil sie darauf angelegt ist, Grenzen zu überwinden, das Datenschutzrecht dagegen Grenzen zieht, gefährdet sie ernsthaft die Verwirklichung des Datenschutzes im Alltag. Zwar wurde der noch zu Beginn der 70er Jahre befürchtete allwissende Große Bruder nicht Realität. Die Computertechnologie ging einen anderen Weg, der sich mit den Stichworten Dezentralisierung, Vernetzung und Multifunktionalität charakterisieren läßt. Mit Riesenschritten nähern wir uns inzwischen einer Informations- und Kommunikationstechnik-Infrastruktur, die alle Lebensbereiche mit einem immer engmaschiger werdenden Netz unzählig vieler kleiner, miteinander kommunizierender Brüder überzieht. Dabei ist das Unheimliche, was zu Beginn des EDV-Zeitalters den Computern anhaftete, so gut wie überwunden. Heute weiß jeder, daß er an dieser Technologie nicht mehr vorbeikommt; ja, mehr: bald jeder will ihre Vorzüge nach Kräften nutzen. Und das ist auch nicht allzu schwer; denn was früher Computerspezialisten vorbehalten war, kann heutzutage jeder Laie nach kurzer Einarbeitung. Wer den Unterhaltungen von Schülern oder Studenten in öffentlichen Verkehrsmitteln zuhört, kann bloß staunen, mit welcher Selbstverständlichkeit sie mit dem Standardwerkzeug Computer umgehen und beispielsweise davon reden, was meine Maus kann oder nicht mag.

Zu diesem enormen Innovationsschub und der damit einhergehenden Veränderung unserer Lebenswirklichkeit konnte es bloß kommen, weil das Grundgesetz der Technik neutral gegenübersteht, es also mit dem Motto hält "Freie Bahn dem Tüchtigen". Seit eh und je können sich informationstechnischer Forscherdrang und Erfindungsgeist ungehemmt entfalten; denn die Forschung ist ja, wie es in Art. 5 GG heißt, frei. Nicht minderen Spielraum haben die Hersteller, welche Erkenntnisse der Grundlagen- und angewandten Forschung nach vorgegebenen Zielen sie zu Kapital machen, welche neuen Produkte sie auf den Markt bringen wollen. Die Anwender wiederum haben seit jeher die freie Wahl, inzwischen oft auch Qual, unter der Vielfalt der angebotenen Hard- und Software. Laufend eröffnen sie zudem neue Einsatzfelder, stellen immer wieder auch neue Forderungen auf, die ihrerseits wiederum die Entwicklung noch leistungsfähigerer EDV-Systeme auslöst. Daß die vielfältigen Möglichkeiten der Informations- und Kommunikationstechnik auch von Nachteil sein können, erfahren Anwender nur bei bestimmten Anwendungen - vor allem dann, wenn es um den Schutz von Betriebsgeheimnissen oder von Informationen über Bürger, also um Datenschutz geht. Hier wird plötzlich die Vielfalt der Verwendungsmöglichkeiten, die sonst gerade die Vorzüge der Informations- und Kommunikationstechnik ausmachen, zum Nachteil. Nicht abnehmen kann die Informatik den Anwendern

die Frage, welche Informationen über Personen überhaupt in
Umlauf sein dürfen. Sache der Informatik ist aber, durch entsprechende Technik, Organisation und Verfahren zu gewährleisten, daß faktisch nur das geschehen kann, was von Rechts
wegen geschehen darf. Hier gibt es, wie auch die Themen dieser Tagung zeigen, noch vieles zu tun. Es gilt, die auf's
Uferlose angelegte Informations- und Kommunikationstechnik
zur Selbstbescheidung zu zwingen und in ihren Möglichkeiten
zu beschneiden und das alles abzusichern, so gut es geht.

**III. Grenzen des Datenschutzes -
das überwiegende Allgemeininteresse**

Weil wir in der Gemeinschaft leben, an sie Erwartungen stellen
und ihr umgekehrt verpflichtet sind, muß sich die öffentliche
Hand in gewissem Umfang auch Informationen über Bürger ohne deren Wissen oder gar gegen deren erklärten Willen beschaffen können. Inwieweit dies der Fall sein soll, haben nach unserer Verfassung die Parlamente in Bund und Ländern in Gesetzen festzuschreiben. Dabei sind sie keineswegs frei; sie dürfen dies nur
aus "überwiegendem Allgemeininteresse" tun. Und da fangen denn,
wie wir es nun seit 10 Jahren erleben, die Schwierigkeiten so
richtig an. Denn der Begriff des überwiegenden Allgemeininteresses ist wegen seiner Unbestimmtheit in vielfältiger Weise inter-
pretierbar und zudem keine statische Größe.

1. Oft vorgeschoben oder verkannt

In den vergangenen Jahren scheuten sich manche nicht, manchen
Eingriff in den Datenschutz unter der Flagge des überwiegen-

den Allgemeininteresses segeln zu lassen, obwohl in Wirklichkeit andere Prioritäten den Ausschlag gaben. Mal war es reines Verwaltungsinteresse, mal das Streben nach größtmöglicher Perfektion. Ab und an spielte sich auch das krasse Gegenteil ab: das Informationsinteresse der Allgemeinheit wurde zu gering erachtet, den Bürgern Einblicke in das Verwaltungshandeln gerade da, wo sie sehr wohl am Platze wären, bloß deshalb verwehrt, weil Amtsträger ihre Vorgehensweise nicht transparent werden lassen wollten. In anderen Fällen wiederum präjudizierten persönliche Ansichten einzelner Entscheidungsträger - eine vielfach unterschätzte Gefahr - die Frage des überwiegenden Allgemeininteresses. Mitunter legalisierte der Gesetzgeber auch im nachhinein von der Datenschutzkontrolle beanstandete Vorgehensweisen, ohne lange zu fragen, ob dies überhaupt ein überwiegendes Allgemeininteresse gebiete.

2. Keine statische Größe

So sehr es wegen dieser Erfahrungen gilt, wachsam zu sein, ob Eingriffe in das Grundrecht auf Datenschutz das Etikett "überwiegendes Allgemeininteresse" tatsächlich verdienen, so wichtig ist zugleich, vor datenschutzrelevanten Veränderungen in Staat, Wirtschaft und Gesellschaft die Augen nicht zu verschließen. Weil es beim Datenschutz um Menschen geht, sich deren Lebensumstände und Bedürfnisse immer wieder genauso ändern können wie die staatlichen und gesellschaftlichen Rahmenbedingungen, kann es sehr wohl sein, daß Beschneidungen des Grundrechts auf Datenschutz nötig werden, die früher schlechterdings unzulässig gewesen wären, und umgekehrt die Legitimation für einst gerechtfertigte Eingriffe später ent-

fällt. Das heißt aber nicht, daß der Datenschutz zur Belie-
bigkeit verkommen darf. Wie schwer es ist, richtig zwischen
den Polen "überwiegendes Allgemeininteresse" und "Datenschutz" zu gewichten, zeigt sich gegenwärtig in Sachen Geld
und innerer Sicherheit besonders.

IV. Wenn es an's Geld geht, kein Datenschutz?

Gravierende politische Veränderungen sind im Gange. Das Schlagwort vom armen Staat und seinen reichen Bürgern geht um. Eigentlich kann niemand mehr im Zweifel sein, daß die öffentliche Hand
drastisch sparen muß und trotz Arbeitslosigkeit viele Bürger
möglichst für weniger Geld mehr arbeiten sollten, damit die Bundesrepublik ihren Standard halten und im internationalen Wettbewerb bestehen kann. Höhere Steuern stehen ins Haus,Subventionen
will Bonn ab- und den Sozialstaat umbauen. Dazu hat es der unberechtigten Inanspruchnahme öffentlicher Gelder den Kampf ange-
sagt - sei es bei der Ausbildungsförderung, der Umschulungs-,
Arbeitslosen- und Sozialhilfe oder bei den Leistungen im Gesund-
heitsbereich. Ebenso spricht die Politik - wenn auch bislang
weitaus zurückhaltender - von schärferer Kontrolle, wo denn das
große Geld bleibt.

Mit all diesen Maßnahmen gehen erhebliche Einschnitte in das
Grundrecht der Bürger auf Datenschutz einher. Denn je differen-
zierter der Staat Geld einnimmt oder verteilt und je intensiver
er kontrolliert, desto mehr Informationen braucht er über seine
Bürger. Der damit verbundene Aufwand, der früher von solchen
Vorgehensweisen abschreckte, ist heute kein Problem mehr: die

moderne Informations- und Kommunikationstechnik macht's möglich; Datenabgleiche sind die neue Wunderwaffe, mit der Bonn den öffentlichen Finanzen wieder auf die Beine helfen will.

Gewiß, der Datenschutz steht einer am Prinzip des sozialen Rechtsstaats orientierten und kontrollierten Verteilung des Geldes grundsätzlich nicht entgegen. Damit verbundene Eingriffe in das Datenschutzrecht der Bürger müssen sich aber an unserer Verfassung, also am Grundsatz der Verhältnismäßigkeit, des Übermaßverbots, des Gebots des mildesten Mittels und des Gleichheitsgrundsatzes messen lassen. Inwieweit danach des Geldes wegen Beschneidungen des Datenschutzes hinnehmbar sind und wann der Respekt vor dem einzelnen ein perfektionistisches Vorgehen in Sachen Geld verbietet, ist schwierig zu entscheiden. Patentrezepte gibt es nicht.

Tatsache ist jedenfalls: Ohne daß es der Öffentlichkeit richtig bewußt wurde, hat die Bundesrepublik in letzter Zeit ihr rechtliches Instrumentarium und ihre tatsächlichen Möglichkeiten, den Umgang der Bürger mit Geld zu kontrollieren und zu überwachen, tatkräftig ausgebaut und perfektioniert. Vieles spricht dafür, daß sich diese Tendenz fortsetzen und verstärken wird. Für jede der vielerlei Maßnahmen, die da ins Werk gesetzt wurden, mag es einleuchtende Gründe geben. Bloß, gerade am Geld zeigt sich besonders deutlich, wie falsch es ist, die einzelnen Eingriffe in das Grundrecht auf Datenschutz nur isoliert zu sehen. Welcher Spielraum dem einzelnen letztlich verbleibt, kann man nur erkennen, wenn man alles in eine Gesamtschau einbezieht.

1. Was Gemeinden alles des lieben Geldes wegen wissen wollen

Städte und Gemeinden holen sich das Geld für ihre vielerlei Aufgaben teils direkt beim Bürger. Dazu brauchen sie eine ganze Reihe von Informationen über sie - und zwar umso mehr, je individueller sie auf die Situation der einzelnen abstellen. Seit die öffentlichen Kassen leer sind, sind die Gemeinden hinter jedem Pfennig her. Sie intensivierten deshalb ihre Kontrollen der abgabepflichtigen Bürger mit Hilfe von Datenabgleichen mit Finanzamt, Einwohnermeldeamt, Stadtwerken und Energieversorgungsunternehmen. Man kann nur staunen, wie viele Einzelheiten über den erzielten Umsatz kleine Geschäftsleute in Erholungsorten dem Bürgermeisteramt zur Berechnung der Fremdenverkehrsabgaben mitteilen müssen; wie Bürgermeister, damit dem Stadtsäckel ja kein Pfennig Kurtaxe entgeht, mitten in der Nacht vor Hotels geparkte Autos mit auswärtigen Kennzeichen notieren und mit den Kurtaxemeldungen abgleichen; wie Gemeinden inzwischen jeden Käufer einer Müllmarke aufschreiben und diese Notizen mit den Kundenlisten der Elektrizitätswerke vergleichen, um den letzten Haushaltungsvorstand ohne erstandene Müllmarke herauszufiltern; wie schwäbische Städte ihre Wasserzählerableser und Boten anweisen, auf ihren Gängen von Haus zu Haus klammheimlich aufzupassen, wo da überall ein Hund bellt oder springt, um so den letzten Hundebesitzer aufzuspüren, der noch keine Hundesteuer bezahlte.

2. Folgen des Sparkurses von Bund und Ländern

Was sich vor Ort im kleinen abspielt, geschieht bei Bund und Ländern infolge der angespannten Haushaltslage inzwischen in großem Stil. Wir bewegen uns in Gelddingen immer mehr auf den gläsernen Bürger zu. Zum Greifen nahe ist es so bereits im Gesundheitswesen und auf sozialem Sektor:

- Der "gläserne Patient"

Leider schon fast ein Dauerbrenner ist die Kostenexplosion
im Gesundheitswesen. Um sie in den Griff zu bekommen, führte das Gesundheitsstrukturgesetz von 1988 den Computer offiziell in die Krankenversicherung ein. Seitdem können die
Krankenkassen und Kassenärztlichen Vereinigungen voneinander arzt - und teils auch versichertenbezogene Daten über
ärztliche und ärztlich verordnete Leistungen auf maschinell
verwertbaren Datenträgern anfordern und damit per Computer
eine ganze Reihe von Wirtschaftlichkeitsprüfungen durchführen, die früher wegen des damit verbundenen Aufwands gar
nicht möglich waren. Das Gesundheitsstrukturgesetz 1992
verstärkte diesen Trend: künftig müssen z.B. Krankenhäuser
den Krankenkassen die Abrechnungsdaten maschinenlesbar zu-
kommen lassen, dazu die Diagnose in Form des 4stelligen
ICD-Schlüssels, noch intensivere Wirtschaftslichkeitsprü-
fungen sind die Folge. Zu alledem kommt in Bälde die neue
Krankenversicherungs-Chipkarte, die den altgedienten Kran-
kenschein ablösen und unausweichlich in Arztpraxen und
Krankenhäusern die Computerisierung vorantreiben wird. Das
Fazit all dessen ist: um halbwegs mit dem Geld zu Rande zu
kommen, haben wir inzwischen im Gesundheitswesen eine Elek-
troniklandschaft, in der der Patient längst nicht mehr im
Mittelpunkt steht, sondern nur ein kleines Rädchen ist,
über das Informationen zwischen den vielen am Leistungsge-
schehen Beteiligten hin- und hergeschoben werden. Datenschutz und ärztliche Schweigepflicht innerhalb dieses Ge-
flechts sind schon bald ein Fremdwort.

- Der "gläserne Empfänger sozialer Hilfen"

Wer auf staatliche Hilfen angewiesen ist, muß, um solche zu

erhalten, seit jeher vielerlei Angaben über seine finanzielle und familiäre Situation machen. Auch konnten die Äm-
ter dafür Nachweise verlangen und in Verdachtsfällen Nach-
prüfungen vornehmen. Sie scheuten freilich bislang meist
den damit verbundenen Aufwand. Wiederum soll's nun der Computer richten; so will es der Solidarpakt. Mit automatisierten Datenabgleichen der Empfänger von Sozialhilfe, Ar-
beitslosenhilfe und Renten will man die schwarzen Schafe
herausfiltern. Damit wird praktisch jeder Sozialhilfeem-
pfänger als potentieller Betrüger behandelt - also auch
alle die, die ihre Angaben völlig korrekt machten, und das
ist die ganz überwiegende Zahl.

V. Datenschutz und innere Sicherheit

Vergleichbare Probleme stellen sich im Verhältnis von Datenschutz und innerer Sicherheit. Keine Frage, die Kriminalität in
der Bundesrepublik hat zugenommen und muß nachhaltig bekämpft
werden. Aber auch keine Frage, der Datenschutz steht der Polizei
dabei nicht im Wege. Kein Datenverarbeitungsprojekt der Polizei
ist je, wie ich aus jahrelanger Tätigkeit weiß, an Einwänden von
Datenschutzbeauftragten gescheitert. Wer trotzdem so tut, als
sei die polizeiliche Datenverarbeitung durch den Datenschutz im
Postkutschenzeitalter steckgeblieben, weiß nicht, wovon er spricht, oder täuscht das Publikum. Tatsächlich verlief die polizeiliche Datenverarbeitung von der Automatisierung des Fahndungs-
buchs und anderer traditioneller Sammlungen hin zur beständigen
Ausweitung der registrierten Personenkreise. Ursprünglich waren
es allein Straftäter und Verdächtige; in den letzten Jahren
richtete sich dann der polizeiliche Blickwinkel immer mehr auch

auf deren Vor- und Umfeld, die sog. Kontakt-, Begleit- und anderen Personen - allesamt unverdächtige Leute. Mancher würde staunen, wüßte er im einzelnen, wie viele Unverdächtige die Polizei z.B. bloß deshalb registriert, weil sie sich in räumlicher Nähe von Personen, auf die die Polizei ein Auge hat, bewegen; weil sie als Zeuge, Hinweisgeber oder Anzeigeerstatter die Arbeit der Polizei unterstützen; weil sie bestohlen oder sonstwie Opfer einer Straftat wurden oder weil sie in der Nähe des Hauses einer womöglich gefährdeten Persönlichkeit des öffentlichen Lebens spazierengingen oder daran vorbeifuhren. Solche Unverdächtigen speichert die Polizei zusammen mit Straftätern und Straftatverdächtigen - und zwar je nach Situation z.B. in APIS zusammen mit Staaatsfeinden und Terroristen, in APR zusammen mit Rauschgiftdealern, in vielerlei SPUDOK's zusammen mit Bankräubern, Erpressern und Betrügern. Bis es dahin kommt, hat die Polizei viele dieser Unverdächtigen schon recht intensiv durchleuchtet. Abgecheckt wird der Unverdächtige oft nach dem, wo und wie und mit wem er wohnt; wie er es mit Post und Telefon hält; ob er Strom, Wasser oder Gas bezieht und die Tarife dafür bar bezahlt, abbuchen läßt oder selbst überweist; was sein Nachbar oder Hausmeister von ihm hält; in welchen Kreisen seine Töchter und Söhne verkehren; an wen er kurzfristig untervermietet und was Einwohnermeldeamt, Kfz-Zulassungsstelle und andere Behörden über ihn wissen. Hat der gespeicherte Unverdächtige noch das Pech, bei Recherchen im polizeilichen Datensystem in das Raster zu fallen, kann weiteres Unbill drohen.

Zu alledem kommt erschwerend hinzu, daß die Polizei ständig nach neuen Eingriffbefugnissen ruft und einfach nicht wahrhaben will, daß mehr Eingriffbefugnisse für die Polizei keineswegs automa-

tisch weniger Kriminalität für die Bürger bedeuten. Kaum war im
Sommer 1992 der Einsatz von Verdeckten Ermittlern, Peilsendern,
Videokameras und Richtmikrofonen durch das Gesetz zur Bekämpfung
der Organisierten Kriminalität beschlossen, forderte die Polizei
die Einführung des großen Lauschangriffs. Damit will sie jetzt
auch noch die privatesten Unterhaltungen in Wohn- und Schlafzim-
mern mit Hilfe heimlich angebrachter Mikrofone und Wanzen abhören und auswerten. Eine Fülle weiterer, völlig unverdächtiger
Personen wäre davon unausweichlich betroffen. Es mag schon sein,
daß ein solcher Lauschangriff der Polizei vielleicht hie und da
weiterhelfen könnte - so sicher sind sich darüber freilich nicht
einmal die Experten. Bloß, zum demokratischen Rechtsstaat gehört
eben, daß jedem ein persönlicher Bereich verbleibt, der heimli-
cher obrigkeitlicher Ausforschung entzogen ist.

Ich meine, aus all diesen Gründen ist es höchste Zeit einzuhal-
ten und einmal gründlich nachzudenken, was eigentlich unserer
Staat alles seinen gesetzestreuen Bürgern an Eingriffen in ihr
Grundrecht auf Datenschutz zumuten kann, ohne sie zum bloßen
Überwachungsobjekt zu degradieren. Diese Frage stellt sich um so
dringlicher, weil die Polizei natürlich die Vorzüge der modernen
Computertechnologie voll ausnützen will, dies aber zusätzliche
Schwierigkeiten für die Wahrung der Persönlichkeits- und Daten-
schutzrechte mit sich bringt. Gegenwärtig arbeitet z.B. das Bundeskriminalamt daran, das gemeinsam von Bund und Ländern betrie-
bene Informationssystem INPOL auf ein relationales Datenbanksy-
stem umzustellen. Die vielen bislang in getrennten polizeilichen
Dateien gespeicherten Personen - in die Hunderttausende geht
ihre Zahl - kommen dann alle in einen einheitlichen Datenpool;
dazu die vielerlei bislang nicht in INPOL integrierten Spurendo-

kumentationssysteme, ferner die polizeiliche Vorgangsverwaltung, die Kilometer von Aktenschränken füllt, und schließlich auch noch alles für die Kriminalstatistik. Eines der vielen Probleme dieses allwissenden Datenpools, des Herzstück der künftigen Arbeit der ca. 220 000, miteinander vernetzten Polizeibeamten im Bundesgebiet, wird sein: was hat technisch zu geschehen, damit die vielen darin registrierten Unverdächtigen nicht noch mehr als jetzt schon mit polizeilichen Maßnahmen überzogen werden. Die Aussichten sind bislang trübe. Denn die Maxime der Polizei lautet: zunächst einmal alle technischen Möglichkeiten in vollem Umfang ausschöpfen; dann erst überlegen, ob man z.B. Zugriffsberechtigungen unterschiedlicher Art installieren, die Daten auf ihrem Weg von Ort zu Ort verschlüsseln und die getätigten Transaktionen wann und wie protokollieren soll, und zum Schluß schließlich die schon längst anstehende Novellierung des BKA-Gesetzes auf den Weg bringen. So wird der Gesetzgeber vor vollendete Tatsachen gestellt; ihm bleibt dann gar nichts anderes übrig als alles, was mit teurem Geld ins Werk gesetzt wurde, abzusegnen. Es wäre nicht das erste Mal, daß es im Sicherheitsbereich nach diesem Schema abläuft und damit die Technik das Kommando übernimmt, anstatt daß die Polizei zunächst einmal ihre bisherige Speicherpraxis kritisch hinterfragt und zusieht, wo sie überall im Interesse der gesetzestreuen Bürger Ballast abwerfen kann.

VI. Fazit

Alles in allem: wir haben es gegenwärtig mit einer schleichenden Aushöhlung des Grundrechts auf Datenschutz zu tun. Wie eine Krankheit, die lange Zeit nicht weh tut, befällt sie jeden von uns. Daran kommt niemand vorbei, der die vielerlei staatlichen Eingriffe in das informationelle Selbstimmungsrecht in einer Gesamtschau sieht. Gerade unter den Bedingungen der modernen Informations- und Kommunikationstechnik beeinträchtigen viele, für sich allein gesehen vielleicht wenig einschneidende Eingriffe in ihrer Gesamtheit das Grundrecht auf Datenschutz erheblich. Das sollte der Gesetzgeber bedenken, falls es in Zukunft erneut um Maßnahmen zu Lasten des Datenschutzes gehen sollte; ansonsten läuft das Grundrecht auf Datenschutz Gefahr, über kurz oder lang Makulatur zu werden. Zugleich gilt es, dafür zu sorgen, daß die Schutzvorkehrungen für die vielerlei umlaufenden Daten, also die Bremsen auch tatsächlich greifen. Dieser Aufgabe sollte sich die Informatik verstärkt stellen. Gut wäre, wenn ihr mit der Zeit auch gelänge, datenschutzfreundlichere Techniken anzubieten. Und noch eins: der Verfassungsgeber sollte das Grundrecht auf Datenschutz ausdrücklich im Grundgesetz festschreiben - sucht man darin bislang doch vergeblich nach diesem Wort. 45 Jahre nach Inkrafttreten des Grundgesetzes ist es nicht mehr zu früh, ein solches Signal zu setzen und damit auf die Veränderungen unseres Lebens durch die IuK-Technik zu reagieren. Der Datenschutz würde so neue Schubkraft erhalten, die er bitter nötig hat.

Beastware (Viren, Würmer, trojanische Pferde): Paradigmen Systemischer Unsicherheit

Klaus Brunnstein

Abstract: Die Vielfalt bösartiger Software (auch Computer-Bestiarium genannt, von Kettenbriefen über Trojanische Pferde und Zeit-Bomben bis zu Viren und Würmern) nimmt nach Qualität und Quantität weiter zu. Der Vortrag gibt einen Überblick über den Stand der Bedrohung am Beispiel ausgewählter Vorfälle. Ursächlich für solche MalWare sind weniger bösartige Insider oder irregeleitete Jugendliche als vielmehr inhärent unsichere Konzepte heutiger Computer- und Netztechniken, wie am Beispiel der Von-Neumann-Systeme sowie der heutigen Software-Produktion dargestellt wird. Nur durch recht drastische Restriktionen in Nutzung und Systemadministration kann Beastware derzeit gebändigt werden.

1. Einleitung: Beastware und Verletzlichkeit der Informationstechnik

Durch das schnelle Zusammenwachsen zeitgenössischer Informationstechnik (IT-Systeme, also Großrechner, Arbeitsplatzrechner und Personal Computer) zu lokalen, regionalen und weltweiten Netzen (Local Area Networks: LANs bis zu Wide Area Networks: WANs) entstehen durch rationellere Arbeitsweisen, Verbesserungen herkömmlicher Methoden sowie neuartige Produkte und Verfahren deutliche "Mehrwerte" im Bereich der IT- und Netzarbeit. Weil aber vernetzte Systeme erheblich komplexer sind als die ohnehin schon schwer durchschaubaren Einzel-Systeme, entsteht mit der höheren Abhängigkeit von solchen Techniken auch eine merklich verstärkte Verletzlichkeit. Wenn sich auch höhere Komplexität schon im "Normalbetrieb" durch gelegentliche, zumeist unerklärliche Systemabstürze (die inzwischen zum Erfahrungsschatz jedes PC-Anwenders gehören) bemerkbar macht, so werden diese gern durch Verweis auf Computer-"Viechereien", vor allem auf die nahezu sprichwörtlichen Computer-"Viren" zurückgeführt.

Eine genauere Betrachtung praktischer Vorfälle zeigt nicht bloß qualitative und quantitative Unterschiede verschiedenartiger Computer-"Bestien" (Abschnitt 1: Phänomenologie). Vielmehr sind solche Vorfälle zutiefst auf Schwächen in den grundlegenden Konzepten der von-Neumann-Technik sowie heutiger Software-Produktion begründet (Abschnitt 2: Systematik). So kann man den schädlichen Wirkungen solcher Computer-"Beastware" nur begrenzt, und zwar durch recht rigide Sicherheitsmaßnahmen vorbeugen (Abschnitt 3: Gegenmaßnahmen).

2. Phänomenologie: Ein Überblick über bösartige Software

Unter den Formen bösartiger Software, die schwer erkennbar oder sogar getarnt zwischen den System- und Anwendungsschichten von Arbeitsplatzrechnern und Personal Computern, Netzrechnern und Großrechnern "nisten", werden vor allem drei Formen besonders beachtet:

> **Trojanische Pferde**, welche vor allem bei Hacker-Angriffen eingesetzt werden, stellen zusätzliche Funktionen dar, die einem Programm oder System mit bekannten Funktionen hinzugefügt werden.

> **Computer-"Würmer"** und deren Sonderformen wie Kettenbriefe treten als selbständige Programm-Segmente in Computer-Netzen auf, wo sie sich selbständig ausbreiten, untereinander kommunizieren und im Netz vielfältige (destruktive oder auch hilfreiche) Wirkungen ausüben können.

> **Computer-"Viren"** sind Programmstücke mit der Eigenschaft, sich in einem (Personal) Computer auf Programmen (als "Programm-Viren") oder Systemfunktionen (als "System-Viren") vervielfältigen zu können, wobei sie Wirkungen unterschiedlichster Art, von der Zerstörung von Programmen und Daten bis zu spaßhaften Bildern und Texten hervorrufen können.

Angesichts zahlreicher bisher aufgetretener bösartiger Software (MalWare) soll hier ein Überblick mit ausgewählten Beispielen gegeben werden.

2.1 Trojanische Pferde

In Anlehnung an die griechische Geschichte, in welcher die scheinbar abziehenden Griechen den Trojanern ein hölzernes Pferd als Geschenk an die Götter zur Gewährung glücklicher Heimkehr hinterließen, während es doch im Innern eine todbringende Fracht griechischer Soldaten enthielt, bezeichnet man solche Programme als Trojanische Pferde, deren bekannte Funktionen verändert oder erweitert worden sind. **Trojanische Pferde sind "Lieblings-Tiere" vieler Hacker**, welche etwa die Programme zur Eingangskontrolle vor Benutzung eines Computers (die sogenannte LOGIN-Prozedur) so veränderten, daß sie durch Hintertüren jederzeit auch ohne Angabe eines legalen Paßwortes in ein System gelangen können.

Eine solche Technik verwendeten norddeutsche Hacker beim **"NASA-Hack" im Sommer 1986**, als sie ein Trojanisches Pferd unter Ausnutzung eines **Sicherheitslochs** in der Eingangsprozedur (LOGINOUT) des DEC/VAX-Betriebssystems VMS einpflanzten und sich so Zugang zu rund 135 VAX-Computern im Rahmen des weltweiten Weltraumphysik-Forschungsnetzes SPANET (Space Physics Analysis Network) verschafften. Bei diesen Angriffen, die über die Eingangsrechner der NASA (CASTOR, POLLUX) in das Netz führten, waren neben Universitäts- und Forschungs-Rechnern (z.B. DESY, CERN) auch staatliche Forschungsorganisationen (etwa zwei Rechner der französischen Atomenergiekommission in Saclay) sowie Auswertungsrechner der Goddard und Marshall Raumflug-Zentren der NASA betroffen. Von dem Rufschaden der NASA und des Betriebssytemherstellers DEC abgesehen, sind materielle Schäden nicht bekannt

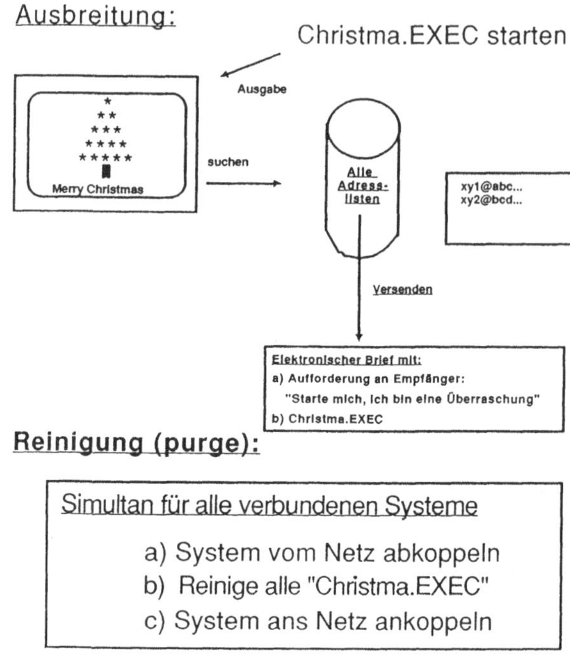

Bild 1: **Der Christma.EXEC-Kettenbrief**

geworden. Jedoch hat sich der Chaos Computer Club, der Protokolle einzelner Sitzungen später für 100,-- DM verkaufte, mit der öffentlichen Berichterstattung über diese Angriffe einen Namen und manche Freunde bei interessierten Journalisten gemacht.

Nach demselben Schema und aus ähnlichem Umfeld ("CCC-Leitstelle Hannover"), wenn auch mit krimineller Energie und Absicht, erfolgte beim **KGB-Hack 1986/87** eine Reihe von Angriffen, bei denen Paßwort-Ratetechniken, Systemlücken und Trojanische Pferde benutzt wurden, um von Norddeutschland über Universitätsrechner in Karlsruhe und Bremen in zahlreiche Rechner militärischer Entwicklungs- und Anwendungsinstitutionen (Firmen, Universitäten, staatliche Organisationen) einzudringen. Wie primitiv und damit auch von wenig vorgebildeten männlichen Jugendlichen anwendbar diese Angriffstechniken sind, zeigt ein Angriff des jungen Berliners "Pengo" (siehe Bild 1), der Anfang 1987 in zwei Sitzungen über die schon zuvor erwähnte Lücke im DEC/VAX-Betriebssystem über das Max-Planck-Institut für Nuklearphysik in Heidelberg und internationale Leitungen in einen VAX-Rechner des DEC-Regionalbüros Südostasien in Singapur eingebrochen ist. Dabei entdeckte er bei der Inspektion der Dateien des Systemmanagers 52 Dateien namens "SECU PACK". Mit seinem Kommunikationsprogramm (KERMIT) kopierte er diese Dateien auf einen holländischen Hehlerrechner ASME, von dem er später eine Kopie auf einer

Diskette bezog, die er mit seinen Komplizen mit weiteren Programmen (neben zwei weiteren Disketten mit Dateien anderer Provenienz) zum Stückpreis von 30.000,-- DM an den KGB verkaufte.

Die weitere spektakuläre Geschichte dieser KGB-Hacks sowie die Aufklärung durch einen Astronomen, der durch eine kleine Unregelmäßigkeit den Angreifern zufällig auf die Spur kam, ist in den Medien (TV, Zeitungen, Bücher) weitgehend berichtet worden. Bei diesen Angriffen auf mittlere und große Rechner ist deutlich geworden, mit wie bisweilen **primitiven Mitteln männliche Jugendliche mit wenig Vorkenntnissen, aber großer Hingabe zur Nachtarbeit** sogar in Rechner der US-Streitkräfte in Deutschland und Japan sowie in den Rechner der US-Armee-Datenbank (mit personenbezogenen Daten über Admiräle und Generäle) einbrechen konnten. Übrigens sind die norddeutschen Urheber des KGB-Hack rechtskräftig verurteilt worden: sie mußten 17.000 (von 90.000) DM Strafe zahlen und einige hundert Stunden Sozialarbeit leisten; die Gefängnisstrafen wurden zur Bewährung ausgesetzt. Lediglich der Berliner "Pengo" entging als Kronzeuge der Strafe, weil damals Berlin verfassungsrechtlich nicht zur Bundesrepublik Deutschland gehörte.

2.2 Computer-"Würmer"

Seit den 80'er Jahren breiten sich Computernetze mit zunehmender Geschwindigkeit aus, wobei Arbeitsplatz- und Großrechner zunehmend als Übermittler schneller Information ("Elektronische Post", Email) benutzt werden. Zwischen den ursprünglich isolierten Verbundnetzen von Universitäten, Computerherstellern, Wirtschaftsunternehmen und staatlichen Organisationen sind inzwischen viele Brückenfunktionen (Gateways) aufgebaut, so daß die Kommunikation quer über die Netze schnell und weltweit durchgeführt werden kann. Solche Computernetze sind (in Hardware, Software, Organisation und Betrieb) sehr komplex, so daß nur wenige Experten ihre Funktionsweise verstehen und kontrollieren können.

Auf der Grundlage der Systemsoftware solcher Netze ist es möglich, selbständige Programme im Netz verbreiten zu lassen, welche entsprechend den Wünschen des Programmierers vielfältige Funktionen auslösen können. Eine Spezialform eines solchen Computer-Wurmes, nach seiner Verhaltensweise **"Kettenbrief"** genannt, wurde im Dezember 1988 von einem Informatikstudenten der Universität Clausthal-Zellerfeld freigesetzt. Dieser schrieb ein kleines Programm für IBM-Großrechner (Betriebssystem VM), welches über die Postverteilsysteme automatisch an alle Adressaten auf beliebigen Adreßlisten versandt werden konnte (siehe Bild 2).

Das **"CHRISTMA.EXEC"** genannte Programm erzeugte - scheinbar harmlos - auf dem Bildschirm einen Weihnachtsbaum mit der Meldung "Merry Christmas". Während dieser Text auf dem Bildschirm ausgegeben wird, sucht das Programm CHRISTMA.EXEC im Hintergrund, ob Adreßlisten dieses Benutzers vorhanden sind, an welche das Programm selbst versandt werden kann. Da Adreßlisten in der Regel eine Vielzahl von Adressaten haben, und weil oft Anwender über mehr als eine Adreßliste zur Verteilung von Informationen verfügen, ging vom Universitätsrechner in Clausthal-Zellerfeld aus eine sich lawinenartig ausbreitende Welle von CHRISTMA.EXEC-

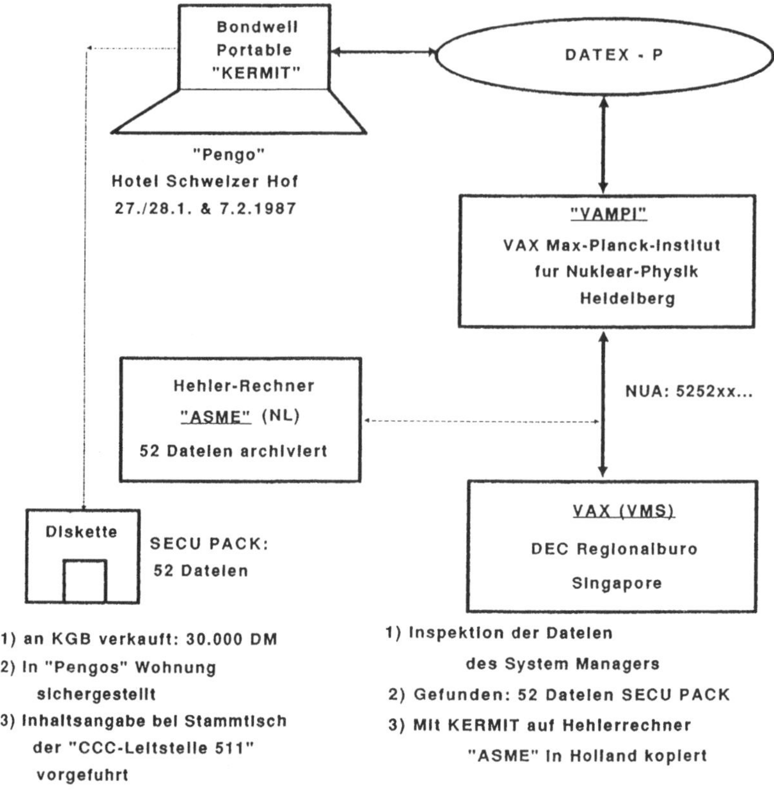

Bild 2: **Der KGB-Hack:** **Diebstahl von DEC's SECU-PACK**

Programmen auf andere Universitätsrechner, über Rechner der Firma IBM in deren internationales Kommunikationsnetz (VNET) bis in Wirtschaftsrechner weltweit.

Zwar hat dieser Kettenbrief keine Daten zerstört; jedoch wurden vielfältig CHRISTMA.EXEC-Dateien angelegt, wodurch Platten, Hauptspeicher, Übertragungskanäle u.a.m. belegt wurden. Einige Systeme waren so belastet, daß sie vom Netz genommen und einer Reinigungsprozedur unterworfen werden mußten, wobei alle bekannten CHRISTMA.EXEC-Dateien zerstört wurden. Nachdem ein Jahr später eine - wenn auch weniger gewichtige - zweite Welle desselben Kettenbriefes ausgelöst wurde, ist in das IBM-Netz VNET ein "Filter" eingebaut worden, welches automatisch Dateien mit dem Namen CHRISTMA.EXEC zerstört. Diese Maßnahme würde jedoch nicht wirksam sein, wenn bei einer weiteren Wiederholung dieses Vorfalles bloß der Name geändert würde; erst nach dem ersten Auftreten eines neuen Kettenbriefes kann man einen speziellen Filter entwickeln und einbauen - **Prävention ist nicht möglich.**

Weltweit bekannt wurde **ein Computer-"Wurm" namens INTERNET-Wurm,** welcher sich am 2./3. November 1988 lawinenartig über US-Computernetze bei über 50.000 Arbeitsplatzrechnern unter dem Betriebssystem UNIX ausbreitete, wobei rund 10.000 UNIX-Systeme mit Wurmkommunikation so überlastet waren, daß sie zeitweilig

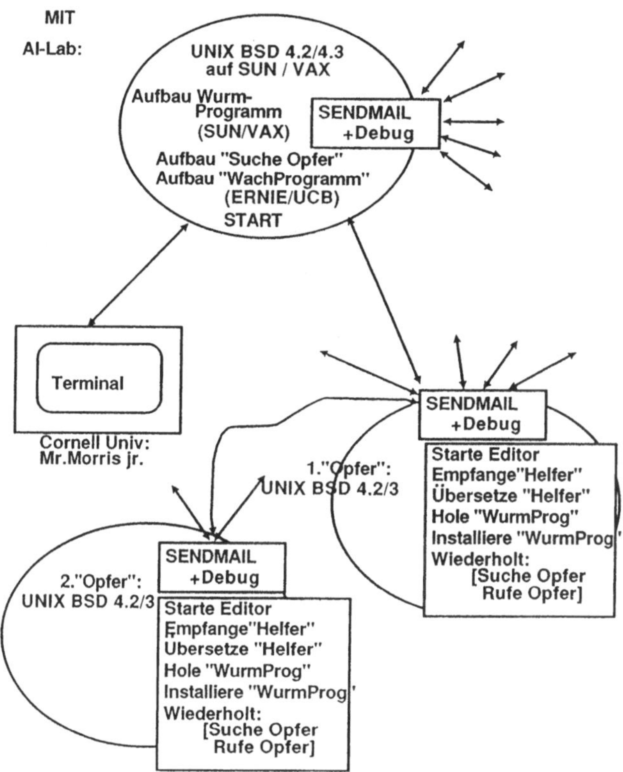

Bild 3: Der "UNIX-Wurm" im weltweiten INTERNET

(einige davon für mehrere Wochen) vom Netz genommen werden mußten. Wie beim KGB-Fall ist dies eines der wenigen Beispiele für Angriffe auf Computer/Netze, bei denen der Urheber gerichtlich belangt und verurteilt werden konnte (im wesentlichen zu Sozialarbeit).

Ein junger Informatikstudent, Sohn eines führenden Sicherheitsexperten der amerikanischen Regierung, machte von seinem Terminal an der Cornell-Universität aus ein Experiment mit einem Wurm. Auf dem Rechner des MIT-Labors für künstliche Intelligenz benutzte er die Möglichkeiten des dortigen UNIX-Betriebssystems, Programme an andere Rechner zu versenden, dort vom Ursystem aus übersetzen und starten zu können. Das Wurmprogramm, dessen grobe Funktionsweise in Bild 3 dargestellt ist, sucht aus einer Liste häufig verwendeter Paßwörter ein "Opfer", repräsentiert durch eine Benutzererlaubnis mit einem festgelegten, aber einfach erratbaren Paßwort. Von dort wird automatisch eine Kommunikation zu einer vom Opfer häufig benutzten Verbindung mit einem Benutzer auf einem anderen Rechner aufgebaut, wobei dieses Wurmprogramm auch in etwas unterschiedlichen Betriebssystemversionen (sowohl auf VAX- wie auf SUN-Rechnern) arbeiten konnte. Auf jedem der so adressierten Rechner wurde wiederum eine Opfer-Such-Routine gestartet, von wo aus ein weiteres Wurmsegment in einem anderen Rechner gestartet werden konnte.

50

Man mag diesen Vorfall im weltweiten INTERNET für einen Betriebs-
unfall bei einem Experiment eines Informatikstudenten halten.
Tatsächlich ist ein materieller Schaden in Form verlorener
Dateien oder Programme nicht entstanden, sieht man von den
erheblichen Aufwendungen zur Erkennung und Behebung der Wurm-
segmente einmal ab; tatsächlich ist der Student zu Geldstrafe und
Sozialarbeit verurteilt worden, und er wurde von seiner Universität für ein Jahr relegiert.

Ähnlich anderen Beispielen zeigt der INTERNET-Wurm-Vorfall
schlaglichtartig, **mit welch einfachen Mitteln ein verbreitetes
Betriebssystem (UNIX) und verbindende Computernetzte heute lahm-
gelegt** werden können. Wenn man bedenkt, daß das ursprünglich für
technisch-wissenschaftliche Anwendungen konzipierte UNIX-System
sich heute mit zunehmender Geschwindigkeit in wirtschaftliche und
staatliche Anwendungen ausbreitet, so läßt dies schlimme Befürch-
tungen für zukünftige ähnliche Fälle aufkommen. Das hier zugrunde
gelegte UNIX-Betriebssystem ist nämlich vom Konzept her mit
schweren Sicherheitsmängeln behaftet, die auch nachträglich kaum
geheilt werden können. Unter solchen Umständen kann der Einsatz
solcher Systeme in wichtigen wirtschaftlichen Anwendungen nur als
"mutig" bezeichnet, wie übrigens eine Unzahl "kleinerer" UNIX-
Unfälle beweisen.

2.3 Computer-"Viren"

Umgangssprachlich werden mancherlei bösartige Computerprogramme
(so auch der oben beschriebene INTERNET/UNIX-Vorfall) oft als
Computer-"Viren" bezeichnet. Im engeren Sinne sind "Viren" jedoch
Programmstücke (keine selbständigen Programme), welche zumeist
über Disketten, dort gebunden an Anwendungsprogramme oder auf
Systemsektoren, vorwiegend in PC-Systeme hineingelangen. Bei
jugendlichen Anwendern werden Viren auch zunehmend über Software
von elektronischen Bulletin-Board-Systemen (BBS) übertragen.

Die Fortpflanzung von Computer-Viren auf Programmen (als
"Programm-Viren") oder über Systemladesektoren auf Disketten oder
Platten (als **"System-Viren"**), die auch vom Hauptspeicher aus
erfolgen kann, falls diese Viren speicherresident installiert
werden, kann von Bedingungen abhängen, wie auch die Wirkungen
unter mannigfachen Bedingungen, etwa zu einem gegebenen Datum
("Freitag der 13." oder zu Michelangelo's Geburtstag am "6.
März"), einer Uhrzeit (wenn etwa zur Teezeit um 5 Uhr nachmittags
die Yankee-Doodle-Melodie abgespielt wird) oder auch zu zufällig
gewählten Zeiten (etwa beim **Stoned-Virus**, der stochastisch
jeweils ausgewählte Sektoren auf den Datenträgern überschreibt)
eintreten können.

Während viele Viren überhaupt keine Wirkungsfunktion haben (etwa
die Experimentier-Viren, mit denen Viren-Autoren den kürzest
möglichen Virus, derzeit 25 Byte lang, programmieren wollen),
findet man recht häufig spaßige Effekte auf Bildschirmen
(**Herbstlaub-Virus**: Herunterfallen der Buchstaben wie bei den
Blättern im Herbst), graphische Darstellungen und Tonfolgen (etwa
beim **Ambulance Car-Virus**, der mit "Tatü Tata" ein kleines Rot-
kreuz-Auto über den Bildschirm fahren läßt, oder dem Mabuhay-
Virus, bei welchem die philippinische Nationalhymne zum Zeigen

der Nationalflagge gespielt wird). Rund 10% der derzeit etwa 3.000 Viren haben auch gezielte Zerstörungsmechanismen unterschiedlicher Schadenstiefe: beim **Jerusalem-Virus** wird am Freitag den 13. das soeben gestartete Programm auf dem Rechner gelöscht, während beim **Michelangelo-Virus** an jedem 6. März die ersten rund 21 MByte der angeschlossenen Platten gelöscht werden.

Um die Entdeckung und Bekämpfung der Viren zu behindern, haben Viren-Autoren verschiedene Techniken zum **Selbstschutz der Viren** entwickelt. Neben der Möglichkeit, Viren zu verschlüsseln werden auch Betriebssystemaufrufe (im PC: Interrupt) geändert, so daß der Suchvorgang entdeckt und irregeleitet werden kann. Seit einiger Zeit sind auch Verfahren bekannt, mit denen Viren ihre Erscheinungsform (d.h. die Reihenfolge der Instruktionen und damit die Struktur des Programmes) durch "Mutation" verändern können. Solche **polymorphischen Viren** sind mit den derzeit vorwiegend eingesetzten Scanner-Verfahren, bei denen nach virentypischen Programmcodes (sog. "Signaturen") gesucht wird, nicht entdeckbar; erfolgreiche Antiviren setzen denn auch spezielle algorithmische und heuristische Verfahren ein.

Neuartige Methoden der Virenprogrammierung werden von Viren-Autoren international über spezielle elektronische Verteilsysteme (Virus-Verteil-Bulletin Board System: VxBBS) zur Verfügung gestellt. Dazu gibt es auch zunehmend Viren-Programmierhilfen, sogenannte **Virus-Generatoren**, mit denen spezielle Viren erzeugt und mit einer bestimmten Wirkung ausgestattet werden können. Darüber hinaus sind auch Bücher und neuerdings eine vierteljährlich erscheinende Zeitschrift im Handel, in denen in hinreichendem Detail Techniken der Virenprogrammierung vermittelt und sogar Anleitungen gegeben werden, etwa wie an einem Nationalfeiertag das Inhaltsverzeichnis eines Datenträgers zerstört werden kann (so in einem Buch eines süddeutschen Fachhochschulprofessors, der nebenher auch einen Antivirus vertreibt; jüngst erschien sogar ein "UNIX Security Tutorial" mit detaillierter Anleitung zu Entwurf und Realisierung eines UNIX-Virus).

Tabelle 1: Entwicklung bösartiger PC-Programme

Jahr	Viren/ Trojaner	Zuwachs- faktor	Viren- Stämme	Tarnkappen- verfahren
1987/88	10		5	--
1989	50	*5	25	--
1990	200	*4	75	1
1991	~1000	*5	~200	15
1992	~2000	*2	~400	~50
Schätzung				
1993	~3.500	*1.75	~600	~100
1994	~5.200	*1.50	~1000	~150

Computer-"Viren" sind derzeit vor allem auf IBM- und kompatiblen PCs verbreitet. Mitte 1993 sind etwa 3000 PC-Viren bekannt; angesichts der zunehmenden Programmiertätigkeit i.: Osteuropa (sowie zunehmend in Ostasien) ist mit weiteren Zuwächsen zu rechnen (siehe Tabelle 1). Zwar sind nur wenige dieser Viren weit verbreitet, jedoch sind zahlreiche Einzelfälle bekannt, bei denen Unternehmen auch von vermeintlich wenig verbreiteten Viren befallen wurden, mit entsprechenden Schäden. Weil (nach einfachen theoretischen Überlegungen) bei einem Programm seine **virale Eigenschaft nicht von vornherein erkannt** werden kann, können nur solche Viren zuverlässig erkannt werden, die schon irgendwo aufgetreten und von kompetenten Fachleuten analysiert worden sind. Vor allem größere Unternehmen mit vielen PCs können daher grundsätzlich Opfer des ersten Auftretens eines Virus sein, bevor dieser von den Antivirus-Programmen erkannt wird.

Weil es (vor allem bei selbstschützenden Viren) nicht immer einfach ist, die Viren korrekt zu analysieren und einen erweiterten Schutz in die bestehenden Antivirus-Programme einzubauen, kann es einige Zeit nach dem Erstauftreten eines Virus dauern, bis eine Gegenmaßnahme am Markt verfügbar ist. Das Problem der Virenübertragung gerade in Unternehmen wird auch dadurch vergrößert, daß gelegentlich selbst gut beleumundete Softwarehäuser unabsichtlich Viren weitergegeben haben. So hat der bekannte Netzwerkhersteller NOVELL im Dezember 1991 zahlreiche große amerikanische Kunden mit einer Diskette versorgt, auf welcher die neueste Version der NOVELL-Netware-Enzyklopädie (einer ausführlichen Beschreibung des Netzschutzprogrammes) gespeichert war. Als in öffentlichen Medien bekannt wurde, daß auf dem Bootsektor dieser Datendiskette der Stoned-Virus unbeabsichtigt weitergegeben wurde, verloren die NOVELL-Aktien zunächst erheblich an Wert. Tatsächlich ist die Annahme vieler NOVELL-Kunden (und pikanterweise von NOVELL-Managern selbst), von einer Datendiskette könnten sich Viren nicht ausbreiten, falsch; wenn nämlich eine Diskette (gleichgültig ob Daten- oder Systemdiskette) unbeabsichtigt im Laufwerk A bei einem Warm- oder Kaltstart-Prozeß liegt, wird grundsätzlich von der Diskette gestartet, wodurch ein dort liegender Virus auch von einer "Daten-Diskette" automatisch in das System übertragen wird!

Wie schwierig die Probleme der Softwarequalitätskontrolle bei PCs zu handhaben sind, hat auch **Anfang 1992 die weltweite Medien-Hysterie um den sogenannten Michelangelo-Virus** gezeigt. Dieser Virus, eine Variante des Stoned-Virus mit allerdings verstärkter Schadenswirkung, wurde ab Sommer 1991 zunächst in privaten PCs, später auch von einigen größeren Herstellern unbeabsichtigt ausgebreitet. Um die Jahreswende 1991/1992 hatten in USA und Deutschland mehrere große PC-Händler sogar neue PCs mit auf der Systemplatte installierten Michelangelo-Viren weitergegeben; einige, so INTEL, haben dies kurz vor dem Schadenstag am 6. März auch öffentlich zugegeben und ihre Benutzer gewarnt. Als einige Antiviren-Experten auf diesen Umstand aufmerksam machten, stürzten sich weltweit JournalistInnen auf diese Nachricht, um in schwärzesten Farben die Gefahren darzustellen. Die verbreitete Inkompetenz der meisten Medienarbeiter führte zu zahlreichen Falschmeldungen, Übertreibungen und einer Hysterie, die angesichts der Ausbreitungscharakteristik in diesem Umfang nicht gerechtfertigt war.

Tatsächlich sind in Deutschland (wie vom Bundesamt für Sicherheit in der Informationstechnik und anderen Fachleuten prognostiziert) in einigen Tausend Fällen vor dem Schadenstag (6. März, Geburtstag des großen italienischen Malers Michelangelo, nach dem dieser Virus benannt ist) entdeckt und entfernt worden, und auf einigen Hundert PCs sind allein in Deutschland am 6. März auch Daten und Programme durch den Michelangelo-Virus zerstört worden. So wenig die Medienhysterie berechtigt war, so sehr muß man darauf beharren, daß Warnungen - zweckmäßigerweise von der Software-industrie, notfalls auch von Hochschulen - an unkundige Benutzer gegeben werden sollten, wenn in größerem Maße derartige Viren vom Handel an Benutzer weitergegeben werden. Ähnliches wird im Automobilbereich (siehe Rückrufaktionen) schon lange praktiziert, jedoch ist diese Form des Verbraucherschutzes im PC-Bereich hierzulande noch sehr unpopulär: die Warner mußten sich im Michelangelo-Fall für die Inkompetenz der Journalisten von ebendiesen beschimpfen lassen, obwohl diese die Medienhysterie durch ihre mangelhaften Kenntnisse erst erzeugt haben.

3. Systematik: Inhärente Risiken der Informationstechnik

Eine detaillierte Darstellung der Risiken, die sich aus grundlegenden Konzepten (Paradigmen) der heutigen IT- und Netzsysteme ergeben, ist hier aus zeitlichen Gründen nicht möglich; hierzu sei auf die einschlägige Literatur, etwa Arbeiten des Autors verwiesen. Nach diesen Analysen geht das heutige Verständnis von "Sicherheit" (Security) als Schutz von Daten und Programmen vor unberechtigtem Zugriff und Verfälschung historisch und inhaltlich von militärischen Denkweisen aus, welche nach verbreiteter Meinung für wirtschaftliche Anwendungen zumeist weniger wichtig sind als die Gewährleistung eines verläßlichen und hinreichend korrekten IT-Betriebes. Neben dem Grunddilemma, was denn unter "IT-Sicherheit" zu verstehen sei, liegen wesentliche Ursachen für die dargestellten Risiken in der Architektur der von-Neumann-Maschine sowie im Prozeß der Software-Herstellung, wie nachfolgend erläutert.

2.1 Risiken der von-Neumann-Architektur

Bei der Analyse inhärenter Risiken setzt man zweckmäßigerweise beim Ur-Konzept heutiger Informationstechnik, der "von-Neumann-Maschine" an. John von Neumann, genialer Mathematiker und Erfinder der von ihm EDVAC (Electronic Discrete Variable Automatic Computer) genannten Technologie, welche heutigen PCs, Arbeitsplatzrechnern, Prozeßrechnern, Großrechnern und Kommunikationsrechnern zugrunde liegt, ging in seiner grundlegenden Arbeit (First Draft of a Report of the EDVAC, Juni 1945) von der Annahme aus, sein aus einem Hauptspeicher M (zur gemeinsamen Speicherung von Programmen und Daten vorgesehen), einer Zentraleinheit C sowie Peripheriegeräten und diese Einheiten verbindenden Datenpfaden bestehendes Konzept stelle eine **Analogie zur menschlichen Informationsverarbeitung** dar. Diese von ihm an vielen anderen Stellen fortgeführte Analogie kann zutreffend durch Begriffe wie "Elektronen-Gehirn" gekennzeichnet werden. Ohne auf Einzelheiten (etwa der sequentiellen Computerarbeit versus assoziativen Denkens) einzugehen, kann jedoch gesagt werden, daß **diese Analogie unzutreffend** ist. Wenn heutige IT-Systeme (ob Großrechner oder

54

PCs) so häufig in relativ einfachen Situationen fehlfunktionieren
(jedenfalls viel mehr als Menschen in normalen, also nicht von
Drogen beeinflußten Umständen), so erscheint eine solche Analogie
schon auf den ersten Blick ungerechtfertigt.

Leider hat die Analogie jedoch direkte Folgen in der Von-Neumann-
Technik. Weil von Neumann nämlich davon ausging, daß das - seiner
Maschine analoge - menschliche Gehirn die Operationen (im Sinne
des "imperativen" Konzeptes, wonach man präzise beschreibt, was
eine Maschine unter allen relevanten Bedingungen zu tun hat)
seiner damals noch sehr langsamen und kleinen Maschine kontrollieren könne, hat er **keinerlei Kontrollmechanismen** (im Sinne des
"funktionalen" Konzeptes, wonach die gültigen logischen Zusammenhänge zu prüfen sind) vorgesehen. Tatsächlich kann die Korrektheit einer komplexen Anwendung nur durch Experimentieren mit
ihrem Verhalten in Abhängigkeit von gegebenen Eingaben und darauf
beobachteten Reaktionen analysiert werden; daraus kann allenfalls
ein **behavioristisches Modell,** jedoch keine Ableitung der zugrunde
liegenden Strukturen und Zusammenhänge gewonnen werden.

Tatsächlich dürfte John von Neumann der Einzige gewesen zu sein,
der jemals seine Maschine in einem Spezialfall punktuell prüfen
konnte, als er bei einer komplizierten mathematischen Operation
auf einer langen Zahl mit Hilfe ihm bekannter mathematischer
Tricks das Ergebnis schneller als seine (allerdings noch sehr
langsame) Maschine den Zuschauern korrekt voraussagen konnte.
Selbst wenn mathematische Algorithmen von Menschen kontrolliert
werden könnten, so trifft dies jedoch für die normalen Anwendungen etwa der Zeichen-, Bild- und Datenverarbeitung keineswegs zu.

Eine von Neumann's Konzepten inhärente Annahme führt geradewegs
zu den heute viel diskutierten **Angriffen auf Computersysteme,** in
Form des **"Informatik-Bestiariums".** Um nämlich die Dienstleistungen der Von-Neumann-Hardware für die Anwendungsprogramme nutzbar
zu machen, wird eine **Schichtung der Software** (siehe Bild 4)

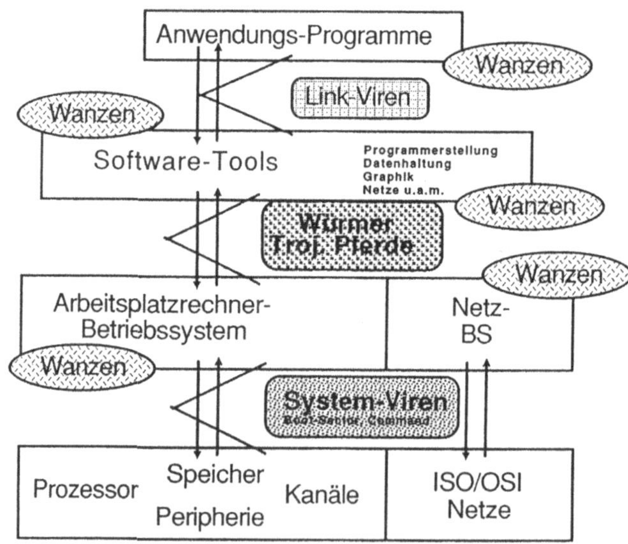

Bild 4: Gefährdung von System- und Anwendungs-Software

eingeführt, welche die Hardwareoperationen schrittweise (über Betriebsytem und Softwaremethoden) an die Bedürfnisse der Anwendungsprogramme anpaßt. In einem solchen Schichtensystem geht man davon aus, daß die nächst niedere Ebene (etwa das Betriebssystem) von der höheren Ebene (etwa dem Anwendugsprogramm) aufgerufen werden kann, wobei die spezifizierten Dienstleistungen ohne jede Einbuße erbracht werden. So geht ein Anwendungsprogramm, welches eine Adreßdatei bearbeitet, davon aus, daß schrittweise die auf Platten hinterlegten Informationen vermittels Betriebssystem aufgerufen, ausgelesen und modifiziert wieder gespeichert werden.

Diese Schichtenbildung erweist sich vor allem auf PCs als so unzuverlässig, daß selbst pubertierende Jugendliche mit minimalen Kenntnissen von Betriebssystemen und Anwendungsprogrammen diese zum Absturz bringen können. Wenn etwa die Dienstleistungen des Betriebssystems (durch sogenannte System-Viren) beim Laden so verändert werden, daß aus der Aufforderung, eine Kundendatei zu lesen (Systemaufruf open/read) ein Befehl zur Löschung (Systemaufruf delete) wird, so wird ein Anwendungsprogramm mit jedem Lesebefehl sogleich durch das so geschädigte Betriebssystem seine Datenbasis und in speziellen Fällen auch sich selbst zerstören. Auf höherem Niveau können auch Anwendungsprogramme selber Träger von bösartigen Aktionen sein (Programm-Viren), welche ihrerseits vom Betriebssystem in der modifizierten Form ausgeführt werden und damit zur Schädigung beitragen. Schließlich können andere "Computer-Bestien" Programmfunktionen verändern (sogenannte Trojanische Pferde), und in den heute zunehmend eingesetzten (lokalen und überregionalen) Computernetzen können sich Computer-"Würmer" ausbreiten, welche das ganze Netz unter die Kontrolle der in ihnen enthaltenen bösartigen Verfahren bringen können.

2.2 Risiken beim Problemlösungsprozeß

Auch der **Problemlösungsprozeß**, welcher der Planung, Erstellung, Qualitätssicherung und Erweiterung heutiger IT-Anwendungen dient, weist erhebliche Risiken auf. Ein typisches Vorgehen bei der Erstellung eines neuen Systemes (Bild 5: Problemlösungsprozeß) besteht darin, daß zu einem gegebenen Zeitpunkt (T0) die Anforderungen an das System hinsichtlich seiner Leistungsmerkmale und Vorgaben festgelegt werden. Daraus werden in mehreren Schritten (im sogenannten Top-Down-Zugang), von der Problemspezifikation zur Detail-Implementation, eine Systemarchitektur auf hohem Niveau (Top-Level) spezifiziert, über einen Zeitraum T1..T2 eine Modellarchitektur entwickelt und daraus das komplexe Programmsystem implementiert, dokumentiert und getestet. Methoden qualitativ guter Softwareproduktion (wie sie heute allerdings im PC-Bereich kaum eingesetzt werden) sollen vor der Verteilung an die Kunden noch für eine Qualitätssicherung (zum Teil mit formalen Verfahren der Verifikation) sorgen. Wenn in diesem schrittweisen Prozeß unvorhergesehene Probleme auftreten, insbesondere weil Korrekturen erforderlich oder erweiterte Anforderungen zu unterstützen sind, so kann dieser Prozeß auch später an bestimmten Stellen erneut aufgenommen werden.

Bei der **komplexen Aufgabenstellung**, die zugleich umfangreiche Konzeptions- und Implementationsaufwendungen impliziert, **dauert dieser Prozeß oft mehrere Jahre**, wenn nicht überhaupt wegen dauernd neuer Anforderungen und Erweiterungen eine häufige

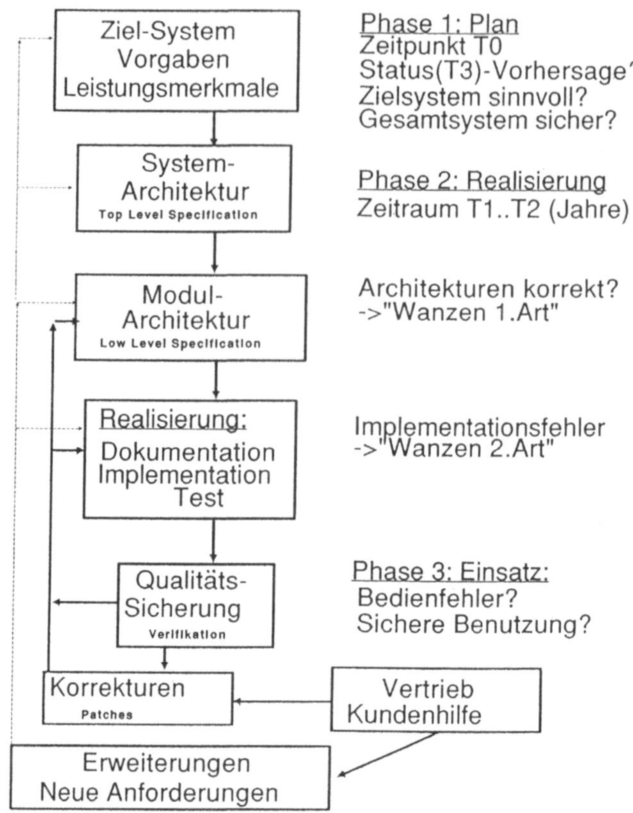

Bild 5: Problemlösungs-Prozeß:

Wiederholung einzelner Schritte erfolgt. Risiken für die Architektur der Systeme ergeben sich insbesondere dann, wenn die Zielvorgabe zum Zeitpunkt T0, zumeist mehrere Jahre vor der Erstanwendung, erheblich von den Rahmenbedingungen des Einsatzes abweicht. Vor allem im Bereich der PC-Anwendungen findet man heute viele Lösungen, die vor einigen Jahren in einer Art Bastelprozeß, also nicht mit der hier beschriebenen Systematik angegangen (um den hier unzutreffenden Begriff: "geplant" zu vermeiden) wurden, so daß heute insbesondere die damals vernachlässigten Aspekte der IT-Sicherheit sich negativ auf die Qualität von PC-Software auswirken.

Weitere Risiken liegen in der Dauer des Realisierungszeitraumes, wenn nicht nur die Programm-Architekturen möglicherweise fehlerhaft konzipiert wurden (Denkfehler, auch **"Wanzen 1. Art"** genannt), und insbesondere Implementierungsfehler (genannt Bugs = **Wanzen 2. Art**) häufig zum Absturz von Programmen unter kaum reproduzierbaren Umständen führen. Auch die Realisierung der Benutzerschnittstelle ("Mensch-Maschine-Schnittstelle" genannt) spielt eine oft negative Rolle, wenn eine mangelnde Anpassung an die Bedürfnisse und Kenntnisse der Benutzer oft zu Fehlbedienung oder Abstürzen führt. Die häufig erwähnten **Bedienungsfehler** der Nutzer erweisen sich nämlich oft als Folge unzureichender Systemarchitekturen oder Benutzeroberflächen.

Mit den unwägbaren Konsequenzen der dem Problemlösungs-Prozeß innewohnenden Risiken werden Benutzer schon bald nach dem Beginn ihrer Arbeit mit "modernen Informationstechniken" vertraut. Solche Erfahrungen werden gerne in spöttischer Weise dargestellt, etwa in der Form von **"Murphy's Gesetzen"**, welche für Projekte, technische Aufgaben u.a.m. (hier als "Dinge" abstrahiert) etwa lauten:

- **Dinge sind komplexer als sie zu sein scheinen.**

- **Dinge brauchen länger als erwartet.**

- **Dinge kosten mehr als man erwartet.**

- **Wenn etwas schiefgehen kann, so wird es schiefgehen.**

Selbst in Fachkreisen werden solche Darstellungen als zutreffend eingestanden und sogar noch verschärft, etwa wenn auf einem IBM-Seminar ein leitender Mitarbeiter das folgende zusätzliche Gesetz (Callahan's Corolar) zu Murphy's Gesetzen aufstellte:

"Murphy war ein Optimist".

Etwas präziser auf die Probleme der Software-Qualität bezogen, formuliert der Autor folgende **drei Hauptsätze der Informations-technik:**

1. Hauptsatz = "Fehlertracht von Software":

    Größere Programme enthalten unerkannte Fehler (Regel: pro 5 - 10 KByte mindestens 1 Fehler).

2. Hauptsatz = "Prinzip der größten Gemeinheit"

    Fehler treten immer zum ungünstigsten Zeitpunkt auf und sie verursachen größtmöglichen Schaden.

3. Hauptsatz = "Teufelskreislauf (Circulus Vitiosus)"

    Fehler müssen korrigiert werden und dabei treten neue Fehler auf (sodann folgt Satz 1).

4. Gegenmaßnahmen: Durchsetzung einer Sicherheitspolitik

Aus den obigen Darstellungen kann man folgende Schlußfolgerungen und Ratschläge ableiten:

    1) **Heutige IT-Systeme sind inhärent unsicher. Man rechne stets mit einem Ausfall oder Unfall!**

    2) **Man organisiere die Arbeit so, daß Unfallfolgen (oder Datenverlust) schnell behoben werden können!**

Vor allem im PC- und Netzbereich erweisen sich System- und Anwendungsprogramme als oft recht instabil. Nicht nur in der Anfangsphase bei Erlernung der Benutzung eines neuen Programmes oder Betriebssystems sind Abstürze oder unerklärliche Programm-fehler häufig zu beobachten. Oftmals werden solche Vorgänge auf

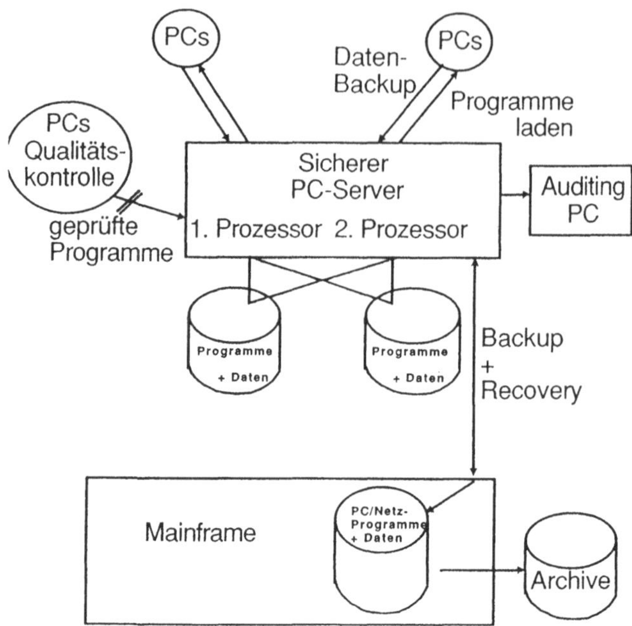

Bild 6: **Sicherheit von PC-Netzen durch Administration und Backup**

die sprichwörtlichen "Computer-Viren" zurückgeführt, auch wenn es sich lediglich um unzureichende Konfigurierung der Systeme sowie um Programm- und Bedienfehler handelt.

Bei der Erkennung bösartiger Software helfen spezielle Diagnose- programme, **Antiviren-Programme** (AVP) genannt, mit denen Viren, die den Autoren bei der Herstellung der gerade benutzten Programmversion bekannt waren, erkannt und ggfs. entfernt werden können. Weil nur wenige Antiviren-Hersteller eine genügend umfangreiche Viren-Datenbank haben, ist die **Qualität solcher Antiviren-Programme höchst unterschiedlich.** Tatsächlich erreichen bei Tests im Virus Test Center der Universität Hamburg (welches über eine in weltweiter Kooperation auf neuestem Stand gehaltene Viren-Datenbank zu Testzwecken verfügt) nur wenige Produkte aktuelle Erkennungsraten von über 90 %. Insbesondere deutsche Hersteller haben erhebliche Schwierigkeiten, ihre Antivirus- Programme für zuerst in Russland oder Taiwan auftretende Viren stets auf dem neuesten Stand zu halten.

In dieser Situation ist Unternehmen, die sich auf das derzeit häufig praktizierte "Downsizing", also den Übergang von Groß- rechnern auf einen Verbund mittlerer und kleiner Rechner, vor allem PCs eingelassen haben, anzuraten, für ihre PC-Netze ein relativ **rigides "Sicherheitskonzept"** zu entwickeln und zu installieren, bei dem **Viren möglichst gar nicht erst in die** Systeme hineinkommen können. Hierzu sind folgende Maßnahmen zu erwägen (siehe Bild 6):

1) Qualitätskontrolle:

1.1 Jedes neue Betriebssystem und jedes neue Anwendungs-programm wird von einer **IT-Sicherheitsabteilung** zunächst auf Korrektheit, Virenfreiheit und Funktionalität **kontrolliert.**

1.2 Grundsätzlich sollen wichtige Programme auf speziellen Rechnern (Servern) nur von der IT-Sicherheitsabteilung **installiert** werden können, wozu die **Server-Nutzung** zu Beweiszwecken aufzuzeichnen ist (Auditing).

1.3 Von den wichtigen Programmen und Daten auf den Servern werden automatisch **Datensicherungen** herge-stellt, entweder auf Server-eigenen Archiv-Daten-trägern (z.B. Streamer-Bändern) oder auf dem ange-schlossenen Großrechner, bei dem eine weitere Generation der Archivierung (z.B. Robot-Kassetten-Systeme) hergestellt werden kann.

2) Einschränkung der PC-Nutzung:

2.1 Um grundsätzlich das Einschleppen von Viren über benutzerbetriebene Disketten zu vermeiden, sollten **PCs keine Diskettenschächte** haben; ihre Programme und Daten sollten über den Anschluß des PCs an einen Server beschafft und gespeichert werden.

2.2 Um die Benutzer beim sicheren Arbeiten zu unter-stützen, wird vor jedem Programmstart die Korrektheit (Integrität) dieses Programms **kontrolliert** (Integritätskontrolle), und wichtige System/Programm-Aktivitäten werden **überwacht.**

2.3 Durch die **Verknüpfung von PC (als Klient-System) und Server** können Datensicherung (Backup) und Wieder-gewinnung (Recovery) verlorener Daten automatisch durchgeführt werden, so daß die Anwender die müh-seligen (und häufig vergessenen) Datensicherungen nicht mehr durchführen müssen.

3) Unfallmaßnahmen:

3.1 Treten **Unstimmigkeiten** wie Programm- oder Daten-verlust auf einem einzelnen PC auf, so kann ein PC-System vom Server aus unter bestimmten Rahmen-bedingungen automatisch oder manuell gereinigt und neu installiert werden. Auf diese Weise wird die **Arbeitsfähigkeit** am PC so **schnell** wie möglich und unter **Minimierung der Datenverluste wieder** herge-stellt.

3.2 Bei einem **Netzunfall** wird die IT-Sicherheitsabteilung zunächst den Server (eventuell automatisch von der Großrechnerverbindung her) säubern und neu installie-ren, bevor dann so schnell wie möglich die ange-schlossenen PCs wieder "hochgefahren" werden.

Eine solche Organisation von PC-Netzen mag manchem als Einschränkung erscheinen, weil die Benutzer keinen Zugriff auf eigene Disketten mehr haben. Andererseits erscheint dies als einzige Möglichkeit, die **Verletzlichkeit von Unternehmen** als Folge auftretender und unter Umständen unzureichend behandelter IT-Unfälle zu minimieren.

Nationale und internationale Datenschutzgesetzgebung

Joachim Jacob

Nationale und internationale Datenschutzgesetzgebung haben das Ziel, Persönlichkeitsrechte und Privatsphäre zu schützen und die notwendigen Impulse zur weiteren Verbesserung und Abrundung dieses Schutzes zu geben. Mit dem nunmehr schon vor zwei Jahren in Kraft getretenen neuen Bundesdatenschutzgesetz ist in dieser Richtung ein weiterer, wichtiger Schritt erfolgt. Dieses Gesetz ist - wie Sie wissen - nach schweren Geburtswehen zustande gekommen. Der gefundene Kompromiß, nämlich

- grundsätzliche, aber modifizierte Einbeziehung des nicht-öffentlichen Bereichs

- Erstreckung des Gesetzes auf personenbezogene Daten in Akten nur für den öffentlichen Bereich

- Erweiterung des Gesetzes auf die Phase der Datenerhebung im öffentlichen und - abgeschwächt - im nicht-öffentlichen Bereich

- Einbeziehung der Phase der Datennutzung im öffentlichen und nicht-öffentlichen Bereich

ist zwar sowohl von Datenschutzexperten als auch von der Wirtschaft teilweise heftig attackiert worden; der Bundesbeauftragte für den Datenschutz hat sich an diesen Angriffen jedoch nicht beteiligt, sondern das Konzept des neuen Bundesdatenschutzgesetzes trotz mancher Mängel und Ungereimtheiten verteidigt. Allerdings wurde insoweit auch stets deutlich gemacht, daß so schnell wie möglich erforderliche ergänzende bereichsspezifische Regelungen sowohl für den nicht-öffentlichen wie auch für den öffentlichen Bereich geschaffen werden müßten.

Für den nicht-öffentlichen Bereich halte ich bereichsspezifische, den Datenschutz verstärkende Regelungen insbesondere dort für erforderlich, wo Betroffene ihrem Vertrags- oder Geschäftspartner nur formal, nicht aber wirklich gleichberechtigt gegenübertreten, wie dies bei Arbeitnehmern, bei Kreditnehmern oder Versicherten in der Privatversicherung der Fall ist. Bedarf für ergänzende bereichsspezifische Regelungen sehe ich auch, soweit Privatunternehmen erfahrungsgemäß die Privatsphäre der Betroffenen besonders intensiv berührende Datenerhebungsmethoden anwenden und sich für besonders sensible Datenbereiche interessieren, wie dies z.B. bei Privatdetekteien und privaten Sicherheitsdiensten der Fall ist. Es darf nicht sein, daß Privatdetekteien und privaten Sicherheitsdiensten erlaubt ist, mit Daten von Bürgern großzügiger umzugehen als es Polizeibehörden gestattet ist. Bereichsspezifische Regelungen sind auch dringend erforderlich, wenn personenbezogene Daten einem besonderen Schutz unterliegen, wie etwa dem Brief-, Post- und Fernmeldegeheimnis oder dem Patientengeheimnis.

Wie steht es nun mit solchen bereichsspezifischen Regelungen?
Festzustellen bleibt, daß insoweit weitgehend Fehlanzeige zu
vermelden ist.

Der einzige Versuch, etwas zu unternehmen war die aufgrund
des § 14 a des Fernmeldeanlagengesetzes erlassene Unter-
nehmensdatenschutzverordnung, die nach der Entscheidung des
Bundesverfassungsgerichts vom 25. März 1992 als weitgehend
verfassungswidrig angesehen werden muß. Der Versuch,
spezielle Regelungen zu schaffen, ist also insoweit mißlun-
gen.

Beim <u>Arbeitnehmerdatenschutz</u> gibt es für den öffentlichen Bereich trotz mehrfacher Aufforderungen aus dem Bundestag immer
noch keine Regelung, noch nicht einmal einen 1. Entwurf. Das
gleiche gilt für das Kreditwesen, die Versicherungswirt-
schaft, für Detekteien und private Sicherheitsunternehmen wie
.auch für den Bereich der Daten, die dem "Arzt"- besser dem
"Patienten"-Geheimnis unterliegen. Hier denke ich insbesondere an die gerade in jüngster Zeit forcierten Versuche, die
Chip-Karte mit Gesundheitsdaten populär zu machen und an die
Fragen, die sich auf zahlreichen Gebieten aus der Anwendung
der Genomanalyse ergeben.

Auch für den öffentlichen Bereich reichen die Regelungen des
Bundesdatenschutzgesetzes wegen ihres notwendigen abstrakten
Inhalts nicht aus, um die nach der Rechtsprechung des Bundesverfassungsgerichts notwendige normenklare Rechtsgrundlage
für Eingriffe in das Persönlichkeitsrecht der Bürger zu

schaffen. Das gilt besonders für die Fälle, in denen personenbezogene Daten ohne Wissen der Betroffenen, unter Umständen sogar heimlich, erhoben und zu Eingriffen in Grunarechte
der Bürger benutzt werden sollen. Bereichsspezifische Regelungen sind deshalb besonders für Sicherheits- und Strafverfolgungsbehörden, aber auch in besonders sensiblen Bereichen
der eingriffs- ja sogar der leistungsgewährenden Verwaltung
erforderlich. Das hat der Gesetzgeber auch anerkannt, als er
in dem "Gesetz zur Fortentwicklung der Datenverarbeitung und
des Datenschutzes" vom 20. Dezember 1990, mit dem das Bundesdatenschutzgesetz neu gefaßt wurde, auch ein neues Verfassungsschutzgesetz und Gesetze über den MAD und den BND verabschiedete.

In den genannten Aufgabenfeldern, die noch bereichsspezifische Regelungen verlangen, laufen gegenwärtig verschiedene
Initiativen. Hervorzuheben sind:

1. Der Gesetzentwurf über das Bundeskriminalamt

2. der Entwurf eines Gesetzes über den Bundesgrenzschutz

3. der Entwurf eines Krebsregistergesetzes

4. ein Referentenentwurf zum Ausländerzentralregistergesetz

5. die Verhandlungen über eine datenschutzrechtliche Ergänzung der Abgabenordnung und

6. die Verhandlungen über eine Regelung für die Nutzung der
   Genomanaylse im Strafverfahren.

Anzumahnen bleiben eine umfassende Überarbeitung der Straf-
prozeßordnung unter Gesichtspunkten des Persönlichkeitsschut-
zes wie auch klare Regelungen über die Befugnisse der Zoll-
verwaltung zur Erhebung, Verarbeitung und Nutzung personenbezogener Daten. Desgleichen ist nach der Entscheidung des Bundesverfassungsgerichts vom März 1992 zur Telekom-Datenschutzverordnung schnell eine gesetzliche Regelungen gefordert.

Bei all den laufenden und noch anstehenden Gesetzesvorhaben
wird der Bundesbeauftragte insbesondere darauf zu achten haben, daß bei der Einführung neuer Kontroll- und Überwachungs-
maßnahmen die Gesamtsituation der Bürger und nicht nur das
jeweils verfolgte einzelne Ziel in die Abwägung einbezogen
werden. Wie sich nämlich bei der Bestandsaufnahme des Bundesbeauftragten in seinem 14. Tätigkeitsbericht gezeigt hat, war
der Berichtszeitraum 1991/92 insbesondere auch dadurch geprägt, daß zahlreiche Gesetze und Rechtsvorschriften erlassen
und vorbereitet wurden, die die Überwachung und Kontrolle der
Bürger deutlich verstärkten und den Behörden zusätzliche
Eingriffsbefugnisse in das Persönlichkeitsrecht und die
Privatsphäre der Bürger ermöglichten. Beispielhaft will ich
hier nennen:

-   Das Gesetz zur Änderung des Außenwirtschaftsgesetzes vom
    28. Februar 1992, das erstmals eine Überwachung des
    Brief-, Post- und Fernmeldeverkehrs bei der Kontrolle der
    Außenwirtschaft eingeführt hat

- das Gesetz zur Bekämpfung des illegalen Rauschgifthandels und anderer Erscheinungsformen der Organisierten Kriminalität vom 15. Juli 1992, das Rechtsgrundlagen für die Rasterfahndung, den Einsatz verdeckter Ermittler, die Anwendung technischer Observationsmittel und die polizeiliche Beobachtung geschaffen hat

- das Gesetz zur Neuregelung des Asylverfahrens vom 26. Juli 1992, das die erkennungsdienstliche Behandlung nahezu aller Asylbewerber vorgeschrieben hat und

- das Gesetz zur Umsetzung des föderalen Konsolidierungsprogramms, das regelmäßige Datenabgleiche zwischen den Träger der Sozialhilfe einerseits sowie den Rentenversicherungsträgern und der Bundesanstalt für Arbeit andererseits einführt und eine Intensivierung der Kontrollen durch die Bundesanstalt für Arbeit bei Außenprüfungen vorsieht.

Diese rechtliche Entwicklung wird zudem durch den weiteren Ausbau und eine verstärkte Nutzung der technischen Möglichkeiten zur Überwachung und Kontrolle verstärkt:

- Am 03. Dezember 1992 hat das Bundeskriminalamt die erste Ausbaustufe des neuen automatisierten Fingerabdruck-Identifizierungssystems AFIS in Betrieb genommen, das die automatisierte Verformelung aller Fingerabdrücke einer Person in etwas zwei bis drei Minuten ermöglicht und damit etwa 30 mal schneller ist als das bisherige halbautomatisierte Verfahren

- die Computer der Bundesanstalt für Arbeit gleichen in dem
  Verfahren DALEB laufend die Datei der Versicherten, in
  der etwa 40 Millionen Personen gespeichert sind, mit der
  Datei der Leistungsbezieher (etwas 10,5 Millionen Personen) ab, und dies mit beachtlichen Erfolg

- demnächst soll auf dem Flughafen Frankfurt ein Verfahren
  zur automatisierten Grenzkontrolle mit Hilfe bio-
  metrischer Daten getestet werden

- in dem immer weiter ausgebauten ISDN-Telefonnetz werden
  Verbindungsdaten aller Telefongespräche für eine bestimmte Zeit gespeichert.

Entscheidungen im internationalen Bereich, insbesondere dem
der EG, kommen hinzu. Im europäischen Rahmen werden immer
mehr zentrale automatisierte Datenverarbeitungssysteme geschaffen. Ich erwähne ebenfalls nur beispielhaft:

- Das Schengener Informationssystem, das durch ein System
  EIS ergänzt werden soll, dem auch das Vereinigte Königreich, Irland und Dänemark angehören

- EUROPOL, ein gemeinsames System zur Bekämpfung schwerwie-
  gender Kriminalität

- CIS, ein gemeinsames Zollinformationssystem

- InVeKoS, das integrierte Verwaltungs- und Kontrollsystem

für gemeinschaftliche Beihilferegelungen im Bereich der Landwirtschaft.

Für alle diese Maßnahmen gibt es natürlich gute Gründe. Aber bei jeder einzelnen Entscheidung werden bislang - verständlicherweise - nur die jeweiligen Einzelprobleme gesehen - in der Regel Mißbräuche auf einem bestimmten Gebiet -. Die Gründe sind meist auch so überzeugend, daß eine Ablehnung der Maßnahmen nicht in Betracht kommt. Deshalb hat der Bundesbeauftragte für den Datenschutz auch versucht darauf hinzuwirken, daß jeweils nur in dem wirklich erforderlichen Umfang in Persönlichkeitsrecht und Privatsphäre der Bürger eingegriffen und zugleich die erforderlichen Schutzvorschriften geschaffen wurden. Es bleibt aber die zwingende Notwendigkeit, die Gesamtentwicklung im Auge zu behalten und feinfühlig zu reagieren.

Was den internationalen Bereich anlangt, so ist er gegenwärtig dadurch gekennzeichnet, daß die EG-Datenschutz-Richtlinie in eine entscheidende Phase getreten ist. Für uns bleiben insoweit vor allem folgende Ziele, die wir gerne noch verwirklicht sähen bzw. die verwirklicht bleiben sollen:

1. Die Mitgliedstaaten müssen die Möglichkeit behalten, den Datenschutz national fortzuentwickeln.

2. Da wo die Richtlinie keine Regelungen trifft, aber nationale Regelungen getroffen sind, bleiben diese bestehen.

3. Meldepflichten bei der Kontrollbehörde über vorgesehene Datenverarbeitungen müssen so eng wie möglich gefaßt werden. Datenschutz braucht Akzeptanz. Zuviel Bürokratie, zuviel Verwaltungsaufwand sind kontraproduktiv. Wenn denn überhaupt Meldepflichten bei der Verarbeitung von Daten, die die Rechte und Freiheiten der betroffenen Personen beeinträchtigen können, festgelegt werden, dann müssen sie sich an der Schwere des Eingriffs in die Rechte der Betroffenen und der Höhe des Risikos einer Verletzung dieser Rechte orientieren und auch nicht abstrakt, also allein nach dem Inhalt der Daten und dem Zweck der Verarbeitung, sondern unter Berücksichtigung der gesamten datenschutzrechtlichen Regelungen und der datenschutzmäßigen organisatorischen und technischen Gegebenheiten.

4. Auch einer Meldung von Datensicherungsmaßnahmen zum Register der Kontrollbehörde kann ich wenig Freude abgewinnen, denn die Einschätzung der Datensicherheitslage anhand von Maßnahmelisten geht doch gegen Null, wenn man nicht den Rahmen einer Registermeldung sprengen will. Entscheidender und besser wäre dann eine Verpflichtung der datenverarbeitenden Stellen zu veranlassen, intern ein Datensicherungskonzept zu führen, das der Aufsichtsbehörde auf Verlangen hin vorzulegen wäre.

Unabhängig von diesen Punkten muß m.E. sichergestellt werden, daß über Art. 8 der Richtlinie der Schutzumfang nicht zu weit gezogen wird und damit die Schutzqualität leidet. Ich meine damit, daß der richtige Ansatz, die Verarbeitung von Daten,

aus denen z.B. auf moralische Überzeugungen zu schließen ist,
zu untersagen nicht soweit getrieben werden darf, daß etwa
Angaben über tier- oder umweltfreundliches Verhalten höchsten
Schutz genießen. Ein letzter Hinweis: mit Art. 8 Abs. 5 der
Richtlinie wird die nationale Personenkennziffer hoffähig gemacht. Hier muß klargestellt werden und auch klar sein, daß
mit der Einführung der Richtlinie keinesfalls eine Verpflichtung entsteht, national die Personenkennziffer einzuführen.

Ich wäre hiermit mit dem kurzen Überblick über die nationale
und internationale Datenschutzgesetzgebung am Ende und hoffe,
Ihnen einen zwar komprimierten aber doch nachvollziehbaren
Einblick gegeben zu haben.

Herzlichen Dank!

Internationale Standardisierung für Informationssicherheit

Dr. Klaus Vedder

GAO Gesellschaft für Automation und Organisation mbH [*]
Euckenstr. 12, D-81369 München

Zusammenfassung. Diese Arbeit gibt einen Einblick in die Entstehung einer
Norm, einen Überblick über die Normungsgremien und deren Aktivitäten auf
dem Gebiet der IT-Sicherheit sowie einen Ausblick auf die in den nächsten
Jahren zu erwartenden Normen auf diesem Gebiet. Hierbei liegt der
Schwerpunkt auf den Normen und Normvorhaben des internationalen Komitees
SC27, dem weltweit für Fragen im Bereich allgemeiner Sicherheitsmechanismen und Kriterien für IT-Sicherheit zuständigen Gremium von ISO
und IEC, und denen des ETSI, welches sich im Rahmen der Standardisierung
der Telekommunikation für Europa auch mit Fragen der Sicherheit beschäftigt.

1   Einleitung

Die Forschung auf dem Gebiet der Kryptographie und demzufolge auch die
Anwendung derselben zur Sicherung von Informationen war bis in die siebziger Jahre
im wesentlichen auf die Hoheitsbereiche der einzelnen Staaten beschränkt. Mit dem
immer stärker werdenden Einfluß der Informationstechnologie und ihrem Bedarf an
Sicherheitsprodukten erfolgte zwangsweise eine Öffnung dieses Bereiches, die nicht
nur die Industrie sondern auch die Hochschulen erfaßte. Inzwischen vergeht kaum ein
Monat, in dem es keine internationale Konferenz zu Fragen der Informationssicherheit gibt. Die Notwendigkeit zur Sicherung (offener) Systeme schlug sich
konsequenterweise auch in der internationalen Normung nieder. Maßgeblich beteiligt
waren hier insbesondere die CCITT mit der Veröffentlichung der Empfehlung X.509
[8] zur Authentisierung im Jahr 1988 (die Normen des CCITT wurden als sogenannte
Empfehlungen an die Mitglieder herausgegeben) und das Bankenwesen. Basierend
auf Normen des National Bureau of Standards (NBS) der USA für die Sicherung
nicht klassifizierter Informationen der Bundesbehörden (wie den berühmten
Standards FIPS 46: 1977, *Data Encryption Standard* (DES) [16] und FIPS 81: 1980,
DES Modes of Operation [17]), die vom American National Standards Institute
(ANSI) Anfang der achtziger Jahre als nationale Normen übernommen wurden,
erschienen dann Mitte der achtziger Jahre die ersten auf diesen "Urnormen"
beruhenden internationalen Normen [20] sowie [21,22] der International Organization
for Standardization (ISO). Letztere wurden vom Technischen Komitee ISO/TC68
"Banking and Related Financial Services" herausgegeben.

In diesen Zeitraum fällt auch die Einrichtung des ersten Normungsgremiums der ISO, das sich ausschließlich mit kryptographischen Techniken befaßte. Eine der wesentlichen Aufgaben des 1984 gegründeten Unterkomitees SC20 "Data Cryptographic Techniques" des Technischen Komitees TC97 "Information Processing Systems" bestand in der Normung kryptographischer Algorithmen. Als erste Norm sollte der DES, der als amerikanischer Standard ANSI X 3.92 unter dem Namen DEA bereits 1981 [1] veröffentlicht worden war und bis heute in vielen Bereichen sozusagen "standardmäßig" verwendet wird, als internationale Norm publiziert werden. Nach mehrjähriger Vorarbeit, Normung ist stets ein langwieriges da auf Konsens ausgerichtetes Vorhaben, wurde dieses jedoch kurz vor der Veröffentlichung vom Council, dem höchsten Gremium der ISO, gestoppt. Auch die Arbeiten an dem wohl bekanntesten Public Key Algorithmus, dem RSA [32], mußten ebenso wie die an einem technischen Bericht zu Public Key Kryptosystemen kurz darauf eingestellt werden. Die internationale Normung kryptographischer Algorithmen war damit bis auf weiteres beendet. Diese Entscheidung stieß und stößt bei vielen Mitgliedern der entsprechenden Normungsgremien auf Unverständnis; die Algorithmen können in jedem Lehrbuch nachgelesen werden und, im Falle des DES, auch als nationale Norm bzw. Normentwurf bezogen werden. Es liegt jedoch in der Natur der Sache, daß die Normung kryptographischer Methoden auf Grund ihres für die nationale Sicherheit sensiblen Charakters eine nicht unwesentliche hoheitspolitische Seite besitzt. Die bevorstehende Verabschiedung des auf starke Kritik stoßenden Digital Signature Standards (DSS) [18,33] durch das National Institute of Standards and Technology (NIST), der Nachfolgebehörde des NBS, und der ANSI Normen [2,3] zu diesem Gebiet, könnte die Diskussion um die internationale Normung von Algorithmen durchaus aufleben lassen.

Kryptographische Algorithmen, eine Definition (zum Zweck der Registrierung eines solchen Algorithmus) findet man im Internationalen Standard ISO/IEC 9979 [24], sind vielleicht der bekannteste Aspekt der Informationssicherheit. Sie bilden jedoch nur einen Teil des Sicherheitspaketes, welches man für die (kryptographische) Sicherung von Informationssystemen benötigt. Die Authentisierung von Nachrichten zur Erkennung von Manipulationen, die von Netzknoten, Rechnern und Teilnehmern zur Verhinderung von Einbrüchen in ein System, die Verwaltung der für die Algorithmen verwendeten (geheimen) Schlüssel und die Kriterien für die Evaluierung von Systemen und Geräten sind nur einige Beispiele von Normungsvorhaben im Bereich der IT-Sicherheit.

Einen tabellarischen Überblick der Normungsgremien und ihrer Aufgabengebiete findet man in [4] und [19]. Zu Fragen des "Electronic Data Interchange" (EDI) sei auf [29] verwiesen. CCITT/ISO Standards zum Thema "secure message handling" werden in [30] behandelt. Den Schwerpunkt dieser Abhandlung bilden Struktur und Aktivitäten der internationalen Normungsgremien ISO und IEC (International Electrotechnical Commission) und das Europäische Institut für Telekommunikationsnormung (ETSI).

2 Normungsgremien

Neben den internationalen Normungsinstituten ISO, IEC und der International Telecommunication Union (ITU), dessen Telecommunication Standardization sector (ITU-TS) die Aufgaben des CCITT übernommen hat, sowie den diesen entsprechenden Gremien auf europäischer Ebene und den nationalen Normungsinstituten, gibt es zahlreiche nationale und internationale Behörden und Institutionen, die die (internationale) Normung aktiv beeinflussen. Dieses kann durch die Übernahme von Behördenstandards als nationale Norm und anschließendes Einbringen in die internationale Szene oder auch durch das Schaffen von Industriestandards geschehen. Als Beispiele seien hier nur der bereits zitierte DES, an dessen Entwicklung die IBM maßgeblich beteiligt war, und die ebenfalls zitierten Normentwürfe zur digitalen Unterschrift von NIST und ANSI erwähnt. Bei der Kommission der Europäischen Gemeinschaften liegt eine offizielle Anfrage von NIST vor, ob diese Normen nicht übernommen werden könnten. Dieses hätte, sofern es denn geschieht, einen nicht zu überschätzenden Einfluß auf die internationale Normung.

Erwähnt seien an dieser Stelle insbesondere das Direktorat B des DG XIII der Kommission, welches an der Herausgabe eines Grünbuchs zur Sicherheit von Informationssystemen [5] arbeitet, die European Computer Manufacturers Association (ECMA), dessen TC 32 "Communications Networks and Systems Interconnection" als Technisches Komitee des ETSI fungiert [13], und IEEE, welches in Zusammenarbeit mit ISO/IEC Sicherheitsfunktionen für POSIX (Portable Operating System Interface) standardisiert. Einzelheiten zu Normungsaktivitäten von Behörden und Interessenvereinigungen findet man in [4,19].

2.1 Normen für die Welt (ISO und IEC)

Im Jahr 1987 gründeten ISO und IEC (International Electrotechnical Commission) ein gemeinsames Komitee, das Joint Technical Committee 1 (JTC1) "Information technology", zur Harmonisierung der Normen auf dem Gebiet der Informationstechnologie. Dieses übernahm die Aufgaben des bereits erwähnten TC97. Nicht integriert wurden jedoch die Normen und Normvorhaben des "Bankenkomitees" TC68, welches weiterhin als ISO Komitee Normen mit starkem Bezug zur Informationstechnologie entwickelt. Das JTC1 von ISO/IEC ist in 18 "Subcommittees" (SCs) untergliedert, die für einzelne Themenbereiche zuständig sind und in Eigenverantwortung die hierzu gehörenden Normen entwickeln. Die Aufgabengebiete der SCs reichen von "Vocabulary" (SC1), einer für die Kompatibilität der Normen sehr wichtigen Aufgabe, über "Programming Languages, their Environments and Systems Software Interfaces" (SC22), dessen WG15 das bereits erwähnte POSIX bearbeitet, bis zu "Coded Representation of Picture, Audio and Multimedia/Hypermedia Information", das vom jüngsten Komitee, dem SC29, bearbeitet wird. Normen zu Produkten und Fragen der IT-Sicherheit entwickeln insbesondere der SC17 "Identification Cards & Related Devices", der SC21 "Information Retrieval, Transfer and Management for OSI" und der SC27 "IT

Security Techniques". Während das Aufgabengebiet des SC17 vor allem sogenannte Smart Cards, also Chipkarten mit Mikrocomputer umfaßt, beschäftigt sich der SC21 auf Grund der allgemeinen Themenstellung mit sogenannten Sicherheits-Frameworks etwa zur Authentisierung. Auf die Aufgaben des SC27, welches ein "reines" Sicherheitskomitee" ist, wird später noch im Detail eingegangen. Zusammengefaßt läßt sich sagen, daß sich der SC27 mit von speziellen Anwendungen, und Einbettungen in solche, losgelösten Mechanismen, Fragen des Managements von IT-Sicherheit und Kriterien für die Evaluierung von IT-Produkten befaßt.

Im SC27 wird wie in den meisten SCs die fachliche Arbeit an der Norm in Arbeitsgruppen, den sogenannten Working Groups (WGs), geleistet. Der Plenarsitzung des SC, unter der Leitung des auf drei Jahre gewählten Chairman und mit Unterstützung durch das Sekretariat, obliegt die fachliche und politische Steuerung der WGs. Sie ernennt die Vorsitzenden (convener) der Arbeitsgruppen, bestätigt auf Vorschlag der WG die Herausgeber der Normen, ist zuständig für die Einrichtung neuer und die Promotion in Bearbeitung befindlicher Projekte (z.B. von einem Working Draft zum Committee Draft) und befaßt sich mit allgemeinen Fragen des Arbeitsgebietes. Einen aktuellen Überblick über die Arbeitsgebiete, Mandate, Sekretariate und Chairmen der SCs geben die Berichte der Sekretariate des JTC1 und der SCs, die zu jeder der im Rhythmus von neun Monaten stattfindenden Plenarsitzungen des JTC1 erscheinen. Die Sekretariate, die für die technische und administrative Unterstützung der Komitees verantwortlich sind, werden von den Mitgliedern des JTC1 gestellt.

Mitglieder im JTC1 und seiner SCs sind nationale Normungsinstitute, wobei jedes Land nur durch ein Institut repräsentiert werden kann. Die Interessen der Bundesrepublik Deutschland vertritt der Normenausschuß Informationsverarbeitungssysteme im DIN (kurz DIN-NI). Mit Stand Juli 1993 sind 28 Nationen als abstimmungsberechtigte Mitglieder (Participating Members) und 27 Nationen als Beobachter (Observing Members) im JTC1 vertreten. Hierzu zählen neben den Industriestaaten aus Westeuropa, die nicht ganz die Hälfte der "P-Members" stellen, und Nordamerika, insbesondere Japan, Südkorea, China und Rußland. In Abwandlung eines bekannten Redewendung gilt für Abstimmungen: one body, one vote. Daß diese Regel, auch wenn in der Realität der Stimme eines kleineren Mitgliedslandes nicht so viel Gewicht beigemessen wird wie der einer großen Industrienation, bei einigen Delegierten den Wunsch nach einem Vereinten Europa mit nur einer Stimme auslöst, ist verständlich.

Zu Einzelheiten zur Struktur des JTC1 und seiner Arbeitsweise sei auf die "Directives" [26] und die Veröffentlichung des NI [11] verwiesen.

2.2 Normen für Europa

Im Zeitalter der internationalen Verflechtung von Unternehmen und eines (mehr oder weniger) offenen Weltmarktes erscheint die Existenz regionaler Normungsgremien auf den ersten Blick antiquiert und der allgemeinen technischen und wirtschaftlichen Weiterentwicklung nicht unbedingt zum Vorteil gereichend. Normen spiegeln jedoch auch *gemeinsame* Interessen, welche sich wiederum wesentlich schneller in eine

Norm und damit Marktanteile umsetzen lassen. Die Bedeutung (eigener) europäischer Normen hat die EG-Kommission in ihrem Grünbuch vom 8. Oktober 1990 zur Entwicklung der europäischen Normung unterstrichen [28]. Eine "eigene" Norm kann durchaus eine internationale Norm sein, die ohne Änderung in das europäische Normenwerk übernommen wurde. Zur Vermeidung von Parallelarbeit wurde 1991 das sogenannte Wiener Abkommen zwischen ISO und CEN geschlossen. Dieses regelt Fragen der Liaison und die Vorgehensweise bei Normungsvorhaben zwischen den zwei Normungsinstitutionen.

Den drei internationalen Normungsgremien ISO, IEC und ITU entsprechen auf europäischer Ebene das Europäische Komitee für Normung (CEN), das Europäische Komitee für Elektrotechnische Normung (CENELEC) und das Europäische Institut für Telekommunikationsnormen (ETSI). Das von den drei Institutionen monatlich gemeinsam publizierte *Bulletin of the European Standards Organizations* enthält eine Aufstellung der verabschiedeten und zur Verabschiedung anstehenden Normen sowie Informationen zu wichtigen Entscheidungen und Mandaten der drei Gremien.

Mitglieder von CEN und CENELEC sind, analog zu ISO und IEC, die entprechenden nationalen Normungsgremien der EG-Länder und der EFTA-Länder. Anders als bei ISO und IEC gilt jedoch ein gewichtetes Abstimmungsverfahren, wobei die Gewichtung von 1 (z.B. Island) bis 10 (Deutschland, Frankreich, Vereinigtes Königreich) reicht. Von CEN und CENELEC ratifizierte Normen werden in den drei offiziellen Normungssprachen Deutsch, Englisch und Französisch veröffentlicht und sind als nationale Normen der Mitgliedsländer zu implementieren. Auch wenn die Veröffentlichung einer deutschen Norm auf deutsch aus mehreren Gesichtspunkten angebracht erscheint, so ist jedoch zu bedenken, daß die Vorlage hierzu in der Regel nicht auf deutsch erarbeitet wurde und sich somit bei der nachfolgenden, aufwendigen Übersetzung Fehler und Mehrdeutigkeiten einschleichen können. Von Vorteil ist es hingegen, daß Fehler und Mehrdeutigkeiten des "Originals" ans Licht kommen können. Für Einzelheiten zu Fragen der europäischen Normung und damit zusammenhängenden Fragen des europäischen Binnenmarktes sei auf den Leitfaden des DIN [10] verwiesen.

3   Normen

Normungsgremien produzieren Normen. Was aber ist eine Norm? Welchen Richtlinien unterliegt sie?

3.1   Die Norm

Was ist eine Norm? 'A technical specification or other document available to the public, drawn up with cooperation and consensus or general approval of all interests affected by it, based on the consolidated results of science, technology and experience, aimed at the promotion of optimum community benefits and approved by a body recognised on the national, regional or international level.' Diese wohlklingende Definition [35] ist, wie die Aussagen zur Verfügbarkeit einer Norm für die Öffentlichkeit und den Grundlagen, auf denen sie basieren soll(te), zeigen, nicht ohne eine gewisse Substanz. Eine Norm ist somit auch weder eine Forschungsarbeit noch eine Verordnung. Für diese Abhandlung hingegen ist diese Definition bei weitem zu allgemein.

Eine mögliche Klassifizierung der für die IT-Sicherheit relevanten Normen stellt, in erster Näherung, die folgende Beschreibung dar.

- **Mechanismen**
  Hierunter fallen die von der Anwendung losgelösten generischen Methoden des Komitees SC27.
- **Frameworks**
  Rahmenbedingungen und Szenarien wie das Authentication Framework des SC21.
- **Kriterien und Richtlinien**
  Zu einem sicheren System gehören auch Management Richtlinien und Bewertungskriterien. Im Sinne der obigen Definition sind die harmonisierten Bewertungskriterien für IT-Produkte von Deutschland, Frankreich, den Niederlanden und dem Vereinigten Königreich (ITSEC 1.2 [6]) keine Norm; sie präjudizieren jedoch durch ihre Existenz die internationale Normung auf diesem Gebiet.
- **Normen für bestimmte Bereiche**
  Hierzu zählen die für das Bankenwesen vom Technischen Komitee TC68 der ISO entwickelten Normen.
- **Normen für bestimmte Anwendungen**
  Die Norm bildet einen integralen Bestandteil einer bestimmten Anwendung und ist nur bedingt auf andere Anwendungen zu übertragen. Als Beispiele seien die vom ETSI spezifizierten Sicherheitsnormen für das pan-europäische, digitale Mobilfunknetz GSM (in Deutschland als D-Netz und E-Netz bezeichnet) [14,15] sowie für das Digital European Cordless Telephone (DECT) [12] genannt.
- **Normen für den Einsatz bestimmter sicherheitsrelevanter Produkte**
  Hierunter fallen insbesondere die Normentwürfe von ETSI, TC68 und SC17 für den Einsatz von Chipkarten mit Mikroprozessor.

Wünschenswert wäre es, wenn die Normen der letzten drei Kategorien auf den Mechanismen und Frameworks aufsetzen würden. Das Eigenleben der Komitees, eine manchmal nicht zu vermeidende Parallelität bei der Entwicklung oder einfach das Nichtvorhandensein der grundlegenden Normen kann jedoch zu internationalen Normen führen, die trotz derselben Thematik und derselben Zielvorgaben nicht miteinander kompatibel sind. Eine nicht zu unterschätzende Schwierigkeit bei der Erstellung einer Norm stellt auch die Definition der verwendeten Begriffe dar. Aufgrund des relativ geringen Alters der öffentlichen Kryptographie und nicht zuletzt wegen gewisser Vorlieben und Abneigungen der Experten sind Normen nicht notwendig "normiert" in der Wahl und der Definition der Begriffe.

Normen werden von Individuen im Spannungsfeld der Industrie und hoheitlicher Institutionen in auf Konsens bedachten Sitzungen erstellt.

3.2   Der Lebenslauf einer Norm

In der Regel durchläuft ein Internationaler Standard die folgenden Stufen in seinem Leben:

- **Study Period.** Sie dient der Studie eines Themas, welches noch nicht als Projekt vom SC bearbeitet wird und von dem angenommen wird, daß es der Standardisierung bedarf.
- **New work item Proposal (NP).** Vorschlag des Sekretariats des JTC1 (auf Antrag eines SC) zur Aufnahme eines Themas in das Arbeitsgebiet dieses SC. Die Abstimmung erfolgt unter den "P-members" des JTC1.
- **Working Draft (WD).** Interne Arbeitspapiere der das Projekt bearbeitenden WG oder des SC.
- **Committee Draft (CD).** Gilt ein WD als ausgereift, wird er mit Zustimmung des SC als CD (früher *Draft Proposal*) bei der Information Technology Task Force (ITTF) von ISO/IEC registriert und unter den Mitgliedern des SC zu einer dreimonatigen (nationalen) Abstimmung gestellt.
- **Draft International Standard (DIS).** Hat ein CD die notwendige Unterstützung erreicht und stehen keine technischen Änderungen mehr zu erwarten, erfolgt auf Veranlassung des SC eine Abstimmung des Vorschlages durch das ITTF als DIS auf JTC1-Ebene. Die Abstimmungsfrist beträgt sechs Monate. Erhält der DIS die erforderliche Unterstützung steht einer Veröffentlichung als Internationalem Standard in der Regel nichts mehr im Wege.
- **International Standard (IS).** Nach der Veröffentlichung können technische Fehler durch einen sogenannten Defect Report aufgezeigt werden. Auf der Grundlage dieses von einem Mitglied eingebrachten Berichtes entscheidet das SC, ob der Standard revidiert oder gegebenenfalls sogar zurückzuziehen ist.
- **Review.** Alle fünf Jahre steht eine Norm zur Überprüfung durch JTC1 an. Dabei kann die Norm für weitere fünf Jahre bestätigt werden, zurückgezogen werden oder in revidierter Form herausgegeben werden.

Betrachtet man die Verweilzeiten eines Normvorhaben in den verschiedenen Stadien, wobei mehrere Abstimmungen als CD erforderlich sein können, und berücksichtigt man, daß eine WG in der Regel zweimal im Jahr zusammentritt, so wird verständlich, daß eine Zeit von drei Jahren von der Konzeption bis zur Veröffentlichung als Norm nur unter optimalen Bedingungen erreicht werden kann und eher die Ausnahme darstellt. In der Informationstechnologie sind dieses Zeiträume, die nicht immer den Anforderungen des Marktes gerecht werden. Zu Einzelheiten der Lebensphasen einer Norm und der Regeln, nach denen sie erstellt wird, sei auf [26,27] verwiesen.

4   Sicherheitsnormen

Dieses Kapitel befaßt sich mit dem Arbeitsgebiet des "Sicherheitskomitees" ISO/IEC JTC1/SC27 IT Security Techniques und stellt einige der Aktivitäten des ETSI auf dem Gebiet der IT-Sicherheit vor.

4.1 Die Normen des SC27

Der SC27 wurde 1989 vom JTC1 als Nachfolgekomitee des im gleichen Jahr aufgelösten SC20 ins Leben gerufen. Das Arbeitsgebiet des SC27 [25,11] besteht in der Standardisierung generischer Methoden und Techniken für die IT-Sicherheit. Zu den Schwerpunkten der Arbeit, die über den rein kryptographischen Aspekt der IT-Sicherheit hinausgehen, gehören Terminologie, Richtlinien für das Management von IT-Sicherheit und Kriterien für die Bewertung von Systemen. Ausdrücklich ausgeschlossen sind hingegen die Standardisierung kryptographischer Algorithmen und die Einbettung der Sicherheitsmechanismen in Anwendungen.

Das Sekretariat des SC27 liegt beim DIN; Vorsitzender ist der Verfasser dieser kurzen Einführung in die internationale Normung für Informationssicherheit. Die Convener der drei Arbeitsgruppen stammen aus England (WG1, Mr T. Humphreys), Frankreich (WG2, Mr L. Guillou) und Norwegen (WG3, Mr S. Knapskog).

Wie zu allen Komitees des JTC1 gibt es auch zum SC27 ein Spiegelgremium beim DIN-NI, den NI-27 IT-Sicherheitsverfahren [11]. Dieser erarbeitet die deutschen Stellungnahmen zu den Papieren des SC27 und seiner Arbeitsgruppen.

SC27/WG1 Requirements, Security Services and Guidelines. Die Aufgaben der WG1 umfassen somit im wesentlichen
- die Identifizierung von Sicherheitsanforderungen;
- Modelle für von der WG2 zu erarbeitende Mechanismen,
- die Erstellung von Glossaren;
- die Erarbeitung von Richtlinien und Leitfäden für das Management.

Von besonderem Interesse sind die "Guidelines for the Management of IT Security", die bis zum Jahr 1995 als dreiteiliger technischer Bericht erscheinen sollen und das Register für kryptographische Algorithmen [24]. Dieses wurde eingerichtet, um zumindest die Erfassung kryptographischer Algorithmen und ihrer Parameter zu ermöglichen. Der Antrag (NP) zur Einrichtung eines Registers für Hash-Funktionen, in dem mehrere Delegierte und Mitglieder des SC27 den ersten Schritt in Richtung auf die Abschaffung der Normung solcher Funktionen sehen, erhielt bei JTC1 nicht die erforderliche Unterstützung. Hash-Funktionen werden zur Berechnung digitaler Unterschriften von Nachrichten großer Länge benötigt.

SC27/WG2 Security Techniques and Mechanisms. Die WG2 hat im wesentlichen die Aufgaben des alten SC20 übernommen, dessen zwei Arbeitsgruppen symmetrische bzw. asymmetrische (public key) Verfahren bearbeiteten. Die Zusammenlegung dieser Gebiete erwies sich als positiv für die Normungsarbeit, da sie Aufteilung der Resourcen aufhob und Kommunikationsprobleme der Experten zumindest reduzierte.

Als der erste (internationale) Standard zur digitalen Unterschrift wurde 1991 ein auf dem RSA beruhendes Verfahren als ISO/IEC 9797, *Digital signature scheme giving message recovery*, veröffentlicht [23]. Zum Stand der Normung auf dem Gebiet der Authentisierung von "Einheiten" (entity authentication) und Nachrichten (*Message Authentication Codes*) sowie der digitalen Unterschrift sei auf [9] verwiesen.

Das Arbeitsgebiet der WG2 schließt ferner die folgenden Bereiche ein:
- Betriebsmodi für Algorithmen. Zu diesem Thema existieren zwei Standards ISO 8372: 1987 und ISO/IEC 10116: 1990. Letzterer ist eine Verallgemeinerung des speziell auf den DES zugeschnittenen ISO 8372, welcher 1992 gegen die Stimmen mehrerer Mitglieder des SC27 für weitere fünf Jahre bestätigt wurde.
- Hash-Funktionen. Die Teile 1 (General Model) und 2 (Blockchiffren) stehen zur Abstimmung als DIS. Mit einer Veröffentlichung als Standard ist im kommenden Jahr zu rechnen.
- Non repudiation. Die Arbeitspapiere haben den Status eines WD.
- Schlüsselverwaltung. Die Teile zur Schlüsselverwaltung symmetrischer und asymmetrischer Algorithmen liegen als CD vor. Bei den asymmetrischen Verfahren gibt es Abstimmungsprobleme mit dem TC68/SC2, der ebenfalls derartige Verfahren normiert [34].

Laut vorliegender Planung sollen sämtliche in Bearbeitung befindlichen Projekte bis 1995 oder spätestens 1996 zu einem Internationalen Standard führen.

SC27/WG3 Security Evaluation Criteria. Das Schwergewicht der Arbeit der WG3 liegt, wie der Name sagt, auf Bewertungskriterien für IT-Sicherheit. Ein dreiteiliger Standard soll auf der Basis der harmonisierten Kriterien für Deutschland, Frankreich, die Niederlande und das Vereinigte Königreich (ITSEC 1.2 [6]) bis 1995 verabschiedet werden. Zur Zeit liegen zu jedem der drei Teile "General model", "Functionality classes of IT systems, products and components" sowie "Assurance of IT systems" ein relativ fortgeschrittener Working Draft vor. Einzelheiten zu diesem Themenkomplex findet man im Bericht einer CEN Arbeitsgruppe [7], welcher auch einen Vorschlag für eine europäische Lösung enthält. Dieses Papier ist jedoch auf Grund der Aktivitäten von Deutschland, Frankreich, Kanada, den USA und dem Vereinigten Königreich, die eine Arbeitsgruppe zur Harmonisierung der "Provisional Harmonised Criteria" (ITSEC) mit denen der USA und Kanadas gebildet haben, auf Eis gelegt. Offen ist zur Zeit auch der Einfluß der Ergebnisse dieser Arbeitsgruppe, die von nationalen Behörden wie dem BSI und NIST getragen wird, auf die Normungsaktivitäten der WG3.

4.2 ETSI

Das Europäische Institut für Telekommunikationsnormen mit Sitz in Sophia Antipolis, Frankreich, wurde 1988 im Hinblick auf den gemeinsamen Markt mit dem Ziel der Beschleunigung der technischen Harmonisierung aller Bereiche der Telekommunikation gegründet. Die Mitgliedschaft ist offen für alle Firmen und Organisationen mit einem Interesse an der Erarbeitung europäischer Telekommunikationsnormen. Im Unterschied zu ISO, IEC, CEN und CENELEC, werden die Delegierten von ihren Firmen *direkt* für die entsprechenden Komitees und Arbeitsgruppen nominiert. Die nationalen Normungsbehörden koordinieren lediglich die Abstimmungen zu den einzelnen Normentwürfen. Die deutschen Mitglieder sind im Technischen Beirat ETSI des DKE zusammengeschlossen. Im Gegensatz zu den

Normen von ISO/IEC findet nur *eine* Abstimmung auf technischer Ebene statt. Diese sogenannte Public Enquiry dauert in der Regel 17 Wochen. Nach Bearbeitung der technischen Kommentare wird der modifizierte Entwurf zur nationalen Abstimmung gestellt. Wie bei CEN und CENELEC erfolgt eine Gewichtung der nationalen Stimmen. Im Unterschied zu den anderen beiden europäischen Normungsinstituten sind auch (europäische) Firmen, Behörden, Netzbetreiber und Forschungsinstitute von Ländern, die nicht der EG oder EFTA angehören, Mitglied mit allen Rechten.

Die von ETSI erarbeiteten anwendungsspezifischen Normen sind zugleich Spezifikation und bilden die Grundlage für die Implementierung. Somit unterscheidet sich auch die von ETSI gegeben Definition einer Norm wesentlich von der bereits zitierten: 'A standard is a document that contains technical specifications laying down the characteristics required of a product, such as levels of quality, performance, safety or dimensions. It includes the requirements applicable to the product, as regards terminology, symbols, testing and test methods, packaging, marking or labelling.' Insbesondere für GSM und DECT wurden Spezifikationen entwickelt, die Sicherheitsmodelle und Risikobetrachtungen sowie die für die Implementierung der Sicherheitsfunktionen notwendigen Parameter und Abläufe beinhalten.

GSM. Das *G*lobal *S*ystem for *M*obile Communications (D-Netz) wurde als paneuropäisches, digitales, zellulares Mobilfunknetz bereits seit 1983 im Rahmen der CEPT spezifiziert. Mit Gründung des ETSI gingen diese Arbeiten auf das TC GSM über. Sicherheitsfunktionen sind hier insbesondere die kryptographische Authentisierung des Teilnehmers, die mit Hilfe einer Chipkarte mit Mikroprozessor erfolgt, die Verwendung von temporären Kennungen zur Verhinderung des Ortens eines Teilnehmers und die Verschlüsselung von Benutzer- und Signalisierungsdaten auf der Luftschnittstelle. Die hierbei verwendeten (vertraulichen) kryptographischen Algorithmen wurden speziell für GSM entwickelt. Die funktionalen Eigenschaften der Sicherheitsmechanismen und ihre Parameter sowie Abläufe sind in den Technischen Spezifikationen GSM 02.09 [14] und 03.20 [15] festgelegt. Einen Überblick über die Sicherheitsaspekte mobiler Kommunikation unter besonderer Berücksichtigung von GSM findet man in [36].

DECT. Wie für GSM wurden die Sicherheitsfunktionen und Algorithmen für das *D*igital *E*uropean *C*ordless *T*elephone speziell für dieses System entwickelt. Auch bei DECT kommt, allerdings optional, eine Chipkarte zur Authentisierung des Teilnehmers zum Einsatz. Die Sicherheitsfunktionen, die in DECT wesentlich mehr Optionen als in GSM und damit eine größere Implementationsvielfalt beinhalten, sind ausführlich in der europäischen Telekommunikationsnorm ETS 300 175-7 [12] dargestellt.

STAG und SAGE. Zur Koordinierung der Sicherheitsaktivitäten der einzelnen Komitees und ihrer Beratung in Sicherheitsfragen wurde 1992 die Security Techniques Advisory Group (STAG) gegründet [13]. Neben diesen Aufgaben ist sie unter anderem zuständig für Leitfäden für die Einführung von Sicherheitsdiensten und die Erstellung von Pflichtenheften für Algorithmen. Die Entwicklung dieser Algorithmen und der Protokolle obliegt der Security Experts Group (SAGE) [13].

5   Ausblick

Die Normung für die IT-Sicherheit befindet sich momentan in einem interessanten Stadium. Das Grünbuch der Kommission zur Sicherheit von Informationssystemen, weitere (nationale) Normen zur digitalen Unterschrift sowie internationale Normen aus den Bereichen Authentisierung und Hash-Funktionen stehen kurz vor der Veröffentlichung. Bewertungskriterien für die IT-Sicherheit sowie Mechanismen und Leitfäden des SC27 sind in den kommenden drei Jahren vermehrt zu erwarten. Man kann ohne Zweifel sagen, daß in den kommenden Jahren einiges auf dem Gebiet der Normung in Bewegung kommen wird. Dieses ist umso erfreulicher, als zur Zeit auf Grund der Wirtschaftslage die Bereitwilligkeit nachläßt, finanzielle Mittel für die Normung zur Verfügung zu stellen. Sicherlich ließen sich durch eine bessere Koordinierung der Komitees, entsprechende Liaison und Abgrenzung der Gebiete sowie, so paradox dieses auch klingen mag, kürzeren Abständen zwischen den Arbeitssitzungen, erhebliche Mittel einsparen. Über Jahre gewachsene Strukturen und Arbeitsweisen sind jedoch nur schwer zu ändern.

Zum Abschluß dieser Einführung sei deshalb die folgende Aussage [31] zur Normung des pan-europäischen Mobilfunknetzes, das sich immer mehr zu einem globalen System entwickelt, zitiert, und die der Autor auf Grund seiner jahrelangen Tätigkeit auf dem Gebiet der Normung für die GSM-Chipkarte voll bestätigen kann.

"Das Fundament für solch komplexe Systeme erarbeiten internationale Normenkommissionen. Im Grunde genommen - und das ist das Erstaunliche an dieser Entwicklung - wird der wichtigste Teil der Systementwicklung in internationaler Kooperation geleistet. Es ist sicher keine Übertreibung, wenn man behauptet, daß nur eine aktive Teilnahme in den entsprechenden Normengremien den rechtzeitigen Zugang zu den überlebenswichtigen Informationen sichert."

Oder: Nur wer die Norm hat, hat den Markt.

Abkürzungen

ANSI	American National Standards Institute
BSI	Bundesamt für Sicherheit in der Informationsverarbeitung
CCITT	Comité Consultatif International Télégraphique et Téléphonique
CD	Committee Draft
CEC	Commission of the European Communities
CEN	Europäisches Komitee für Normung (Comité Européen de Normalisation)
CENELEC	Europäisches Komitee für elektrotechnische Normung (Comité Européen de Normalisation Electrotechnique)

CEPT	Conférence Européenne des Postes et Télécommunications
DIN	Deutsches Institut für Normung e.V.
DIS	Draft International Standard
DKE	Deutsche Elektrotechnische Kommission im DIN und VDE
ECMA	European Computer Manufacturers Association
ETSI	Europäisches Institut für Telekommunikationsnormen (European Telecommunications Standards Institute)
IEC	International Electrotechnical Commission
IEEE	Institute of Electrical and Electronics Engineers, Inc
ISO	International Organization for Standardization
ITSEC	Information Technology Security Evaluation Criteria
ITU-TS	International Telecommunication Union - Telecommunication Standardization sector
JTC1	ISO/IEC Joint Technical Committee 1
NIST	National Institute of Standards and Technology (der USA)
SAGE	Security Experts Group (or Security Algorithms Group of Experts)
SC	Subcommittee
STAG	Security Techniques Advisory Group
TC	Technical Committee
WG	Working Group

Literaturverzeichnis

[1]   ANSI X3.92: 1981, *Data Encryption Algorithm*, American National Standards Institute

[2]   ANSI X9.30, *Public Key Cryptography Using Irreversible Algorithms for the Financial Services Industry*, 4 parts (part 1 is FIPS XX [18]), 199X

[3]   ANSI X9.31, *Public Key Cryptography Using Reversible Algorithms for the Financial Services Industry*, 4 parts (part 1 is based on ISO/IEC 9796), 199X

[4]   C. Bourstin, *Security and Standardization*, AFNOR, preprint 1992

[5]   CEC, *Green Book on the Security of information Systems*, Draft 3.6, July 1993

[6]   CEC, *Information Technology Security Evaluation Criteria (ITSEC)*, Office for Official Publications of the European Communities, Luxemburg 1991 (version 1.2)

[7]   CEN, *European Standardization of the IT Security Evaluation Criteria*, CEN Project Team PT05, issue 1.1, March 1993

[8]   CCITT Recommendation X.509: 1988, *The Directory - Authentication Framework*

[9]   M. De Soete and K. Vedder, *Authentication Standards*, in: W. Wolfowicz (ed.): *Proceedings of the 3rd Symposium on: State and Progress of Research in Cryptography*, Fondazione Ugo Bordoni, Rome 1993, 207-218

[10]   DIN, *Europäische Normung - Ein Leitfaden des DIN*, DIN Deutsches Institut für Normung e.V., Berlin 1991

[11]   DIN-NI, *Wir geben der Informationstechnik Profil*, *NI-Gremienliste*, Normenausschuß Informationsverarbeitungssysteme im DIN, Berlin 1993

[12]   ETS 300 175-7: 1992, *Digital European Cordless Telecommunications (DECT), Common interface, Part 7: Security Features*

[13]   ETSI, *Terms of Reference for Technical Committees and Sub Committees of the European Telecommunications Standards Institute*, Sophia Antipolis, July 1993

[14]   ETSI, *Technical Specification GSM 02.09: "Security Aspects"*, Phase 1, Release 1992

[15]   ETSI, *Technical Specification GSM 03.20: "Security Related Network Functions"*, Phase 1, Release 1992

[16]   FIPS 46: 1977, *Federal Information Processing Standards Publication, Data Encryption Standard*, National Bureau of Standards

[17]   FIPS 81: 1980, *Federal Information Processing Standards Publication, DES Modes of Operation*, National Bureau of Standards

[18]   FIPS XX, *Federal Information Processing Standards Publication, Digital Signature Standard*, National Institute of Standards and Technology, 199X

[19]   T. Humphreys, *Taxonomy and Directory of European standardisation requirements for information system security*, ITAEGV N69, April 1992 (version 2.0)

[20]   ISO 8372: 1987, *Information processing - Modes of operation for a 64-bit block cipher algorithm*

[21]   ISO 8730: 1986/90, *Banking - Reqirements for message authentication (wholesale)*

[22]   ISO 8731-1: 1987, *Banking - Approved algorithms for message authentication - Part 1: DEA*

[23]   ISO/IEC 9796: 1991, *Information technology - Security techniques - Digital signature scheme giving message recovery*

[24]   ISO/IEC 9979: 1991, *Data cryptographic techniques - Procedures for the registration of cryptographic algorithms*

[25]   *ISO/IEC JTC1/SC27 Secretariat's Report for presentation to JTC1 Plenary, Berlin, March 1993*, JTC1/SC27 Secretariat, December 1992

[26]   ISO/IEC, *Directives, Procedures for the technical work of ISO/IEC JTC1 on Information Technology*, Geneva 1992 (second edition)

[27]   ISO/IEC, *Directives Part 3, Drafting and presentation of International Standards*, Geneva 1989 (second edition)

[28]   Kommission der Europäischen Gemeinschaften, *Grünbuch der EG-Kommission zur Entwicklung der europäischen Normung: Maßnahmen für eine schnellere technologische Integration in Europa*, KOM(90) 456 endg., Brüssel 1990

[29]   G. Lennox, *EDI security*, in: B. Preneel, R. Govaerts and J. Vandewalle (eds.): *Computer Security and Industrial Cryptography, State of the Art and Evolution*, Lect. Notes in Comp. Science 741, Springer-Verlag, Berlin 1993, 235-243

[30]   C.J. Mitchell, M. Walker and P.D.C. Rush, *CCITT/ISO standards for secure message handling*, IEEE Journal of Selected Areas in Communications, Vol.7 (1989), 517-524

[31]   H. Ochsner: *Das zukünftige paneuropäische digitale Mobiltelephonsystem, Teil 3: Digitalisierung der Sprache und Netzwerkaspekte*, Bull. ASE/UCS 79 (1988) 21, 1318-1324

[32]   R.L. Rivest, A. Shamir and L. Adleman, *A method for obtaining digital signatures and public-key cryptosystems*, Comm. ACM, Vol 21 (1978), 120-126

[33]   R.L. Rivest, M.E. Hellman and J.C. Anderson, *Who Holds the Key, Responses to NIST's Proposal*, Comm. of the ACM, Vol 35, No. 7, 41-52

[34]   R.A. Rueppel, *Criticism of ISO CD 11166 Banking - Key Management by Means of Asymmetric Algorithms*, in: W. Wolfowicz (ed.): *Proceedings of the 3rd Symposium on: State and Progress of Research in Cryptography*, Fondazione Ugo Bordoni, Rome 1993, 207-218

[35]   W.H.W. Tuttlebee (ed.): *Cordless Telecommunications in Europe*, Springer-Verlag, London, 1990

[36]   K. Vedder, *Security Aspects of Mobile Communications*, in: B. Preneel, R. Govaerts and J. Vandewalle (eds.): *Computer Security and Industrial Cryptography, State of the Art and Evolution*, Lect. Notes in Comp. Science 741, Springer-Verlag, Berlin 1993, 193-210

Denkansätze und Methoden der Kryptologie

Albrecht Beutelspacher

1 Einleitung

1.1 Kryptologie – Vertrauen durch Geheimhaltung?

Viele technische Vorgänge in Wirtschaft und Verwaltung beruhen auf Vertrauen – und zwar auch an Stellen, an denen man dies nicht erwartet. Einige Beispiele:
– Wenn eine Instanz X Daten einer Person A erfaßt, muß A darauf vertrauen, daß die Daten unverfälscht gespeichert werden. (Beispiel: Kommunikationsgebühren)
– Ein Diensteanbieter muß darauf vertrauen könne, daß der Teilnehmer, der seinen Dienst in Anspruch nimmt, wirklich derjenige ist, der er zu sein behauptet.
– Ebenso muß bei einem electronic-cash-System die Abrechnungsstelle darauf vertrauen, daß der Kunde authentisch ist.
– Andererseits muß der Kunde darauf vertrauen, daß seine Daten (der "elektronische Scheck") nicht manipuliert wird.

Bei der Planung und Entwicklung solcher technischen Systeme muß es das Ziel sein, daß die Partner nicht blind vertrauen müssen, sondern daß *solches Vertrauen technisch realisiert und nachweisbar objektiv garantiert wird.* Dies zu leisten ist Aufgabe der Kryptologie. Etwas genauer gesagt versucht die Kryptologie,
– Vertrauen durch technische Maßnahmen zu schaffen, und
– die Qualität (Sicherheit) dieser Maßnahmen durch mathematische Methoden zu garantieren.

Kurz: Kryptologie versucht, *mit Hilfe mathematischer Methoden Vertrauen zu fördern, zu bilden, zu erhalten und zu übertragen.*

Wie kann man "Vertrauen" technisch fassen? In der Kryptologie wird *Vertrauen durch geheime Daten* (Schlüssel) repräsentiert. Einige Beispiele machen dies klar:

– Ein Teilnehmer A weist seine **Identität** dadurch nach, daß er nachweist, ein bestimmtes Geheimnis K = K(A) zu besitzen. Die gebräuchlichsten Methoden, einen Rechner davon zu überzeugen, ein Geheimnis K zu haben, basieren darauf, daß auch der Rechner das Geheimnis K kennt und sich damit direkt oder indirekt davon überzeugen kann, daß A das gleiche Geheimnis hat. (Bei einer direkten Methode wird das Geheimnis übertragen; Beispiel hierfür sind Systeme, die auf Paßwörtern oder persönlichen Geheimzahlen (PIN) beruhen. Indirekte Methoden benutzen ein Challenge-and-Response-Protokoll.)

In diesen Fällen wird durch das gemeinsame Geheimnis Vertrauen ausgedrückt. Wer das Geheimnis K(A) kennt, kann A's Rolle spielen; insofern kann ein Teilnehmer A im Prinzip nur dann an einem solchen System teilnehmen, wenn er der Gegenstelle vertraut, daß sie keinen Mißbrauch mit seinem Geheimnis treiben wird.

– Ein Geheimnis kann nicht nur als **Echtheitsmerkmal** für eine Person, sondern auch für einen Datensatz benutzt werden. Dazu dienen die Mechanismen eines **Message Authentication Codes** bzw. die einer **elektronischen Unterschrift**. Beide Mechanismen beruhen darauf, daß aus dem eigentlichen Datensatz D mit Hilfe eines geheimen Schlüssels K = K(A) eine neue Nachricht $M = f_K(D)$ gemacht wird. Der Unterschied besteht in der Verifizierung: Im ersten Fall muß auch der Verifizierer das Geheimnis K besitzen, während eine "elektronische Unterschrift" auch ohne Kenntnis geheimer Daten verifiziert werden kann.

– Um Daten zu **verschlüsseln**, müssen diese so verändert werden, daß nur der berechtigte Empfänger diese wieder entschlüsseln kann. Mit anderen Worten: der Empfänger braucht ein Geheimnis, das seinen Vorsprung vor jedem Angreifer darstellt. Bei den klassischen ("symmetrischen") Algorithmen besitzt der Sender das gleiche Geheimnis: der Sender verschlüsselt, der Empfänger entschlüsselt mit demselben geheimen Schlüssel. Demgegenüber besteht der Vorteil der modernen ("asymmetrischen" oder "public key") Verfahren darin, daß der Sender kein Geheimnis braucht: Er verschlüsselt mit öffentlich zugänglicher Information; dann kann niemand außer dem Empfänger (nicht einmal der Sender) wieder entschlüsseln.

Etwas präziser kann man die Ziele der Kryptologie also in folgenden Fragen formulieren:

– Wie kann man ein gemeinsames Geheimnis erzeugen?

– Was kann man mit einem gemeinsamen Geheimnis anfangen?

– Wie kann man ein Geheimnis so speichern, daß es auch dann geheim bleibt, wenn man es verwendet?

– Kann A auch Vertrauen auf B übertragen, ohne daß sie ein gemeinsames Geheimnis haben?

1.2 Sicherheit mit traditionellen Mechanismen oder Sicherheit durch Kryptologie?

Die Kryptologie verwendet zunehmend *mathematische Methoden* zum Entwurf und zur Analyse von Algorithmen. Warum? Dafür gibt es zwei Hauptgründe.

– In der Mathematik werden Behauptungen nur dann akzeptiert, wenn sie streng logisch bewiesen sind. Das heißt: Man versucht, Verfahren zu entwickeln, die *beweisbar sicher* (vorsichtiger gesagt: mathematisch analysierbar) sind. Damit haben kryptographische Verfahren einen grundsätzlichen Vorsprung vor allen anderen Sicherheitsmechanismen: Wenn die Sicherheit eines Verfahrens bewiesen werden kann, kann diese durch neue technologische Entwicklungen (schnellere Rechner, bessere Mathematik) nicht zunichte gemacht werden.

– Viele kryptographische Verfahren die eine gewisse Sicherheit bieten (etwa eine Betrugswahrscheinlichkeit von 2^{-56} haben) können zu Verfahren umgestaltet werden, die einen höhere Sicherheit bieten (zum Beispiel eine nur halb so große Betrugswahrscheinlichkeit von 2^{-57} haben).

2 Drei kryptologische Anwendungen

Die im vorigen Abschnitt entwickelten Thesen sollen nun an drei Beispielen verdeutlicht (und relativiert) werden.

2.1 Verschlüsselung und Authentikation oder Aus Wenig mach Viel

Die Verschlüsselung von Daten beruht auf folgendem Mechanismus: Beide Kommunikationspartner A und B sind im Besitz eines gemeinsamen geheimen Schlüssels K, der aus einer Menge K von Schlüsseln gewählt wurde. (Bei dem am häufigsten eingesetzten Algorithmus, dem Data Encryption Standard (DES), ist K eine zufällig gewählte binäre Folge der Länge 56; K ist die Menge aller binären 56-Tupel.)

Ein **symmetrischer Verschlüsselungsalgorithmus** ist eine Abbildung f, die bei gegebenem Schlüssel K jedem Klartext M den Geheimtext $C = f_K(M)$ zuordnet. Diese Abbildung f muß folgende Eigenschaften haben:

– *Bei bekanntem* $K \in K$ *ist die Abbildung* f_K *leicht invertierbar.* Das bedeutet, daß der Empfänger B den empfangenen Geheimtext C leicht zu $M = f_K^{-1}(C)$ entschlüsseln kann.

– *Wenn der Schlüssel unbekannt ist, ist es äußerst schwierig, von* C *auf den Klartext* M *(oder gar auf den Schlüssel* K*) zu schließen.* Das bedeutet: Ein Angreifer, der den Geheimtext C abhört) hat nur eine sehr geringe Chance, den Geheimtext zu entschlüsseln.

Bei den meisten Algorithmen ist es so, daß der Schlüssel eine feste Länge, meist eine sehr geringe Länge hat (typische Zahlen dafür sind 56 oder 128 Bit), die zu übertragenden Nachrichten aber beliebige Längen haben dürfen. Das heißt: *Man versucht, die Geheimhaltung großer Datenmengen (der Nachrichten) auf die Geheimhaltung einer kleiner Datenmenge (des Schlüssels) zurückzuführen.*

Wie behandeln noch kurz das Thema Benutzerauthentikation. Wie schon in Abschnitt 1.1 erwähnt, überzeugt ein Teilnehmer einen Rechner von seiner Identität, indem er dieser nachweist, ein bestimmtes Geheimnis zu haben. Es gibt mindestens vier Qualitätsstufen, auf denen dieser Prozeß ablaufen kann.

1. Rechner und Teilnehmer haben das gleiche Geheimnis; der Teilnehmer überzeugt den Rechner von der Existenz des Geheimnisses, indem er ihm das Geheimnis überträgt. Auf dieser Basis sind alle Paßwort- oder PIN-Systeme aufgebaut.

2. Rechner und Teilnehmer haben das gleiche Geheimnis, der Rechner überzeugt sich aber nur *indirekt*, daß der Teilnehmer das gleiche Geheimnis wie der Rechner hat (Challenge-and-Response-Protokolle auf Basis symmetrischer Algorithmen).

3. Der Rechner kennt das Geheimnis des Teilnehmers nicht, kann sich aber durch ein asymmetrisches Challenge-and-Response-Protokoll davon überzeugen, daß der Teilnehmer das Geheimnis hat.

4. Der Rechner kennt das Geheimnis des Teilnehmers nicht, kann sich aber mit Hilfe eines Zero-Knowledge-Protokolls davon überzeugen, daß der Teilnehmer das Geheimnis hat. Der Teilnehmer ist sicher, daß durch das Protokoll kein Bit seines Geheimnisses verraten wird.

Wir gehen hier etwas näher auf 2. und 3. ein; für 4. verweisen wir auf die Literatur (etwa [BeSch]).

Ein **Challenge-and-Response-Protokoll** ist im Grunde ein Frage-und-Antwort-Spiel: der Rechner stellt eine Frage, die nur der spezielle Teilnehmer beantworten kann; der Rechner seinerseits ist in der Lage, überprüfen zu können, ob die Antwort paßt.

Technisch gesehen ist die Frage eine Zufallszahl, die an den Teilnehmer mit der Aufforderung geschickt wird, diese einem kryptologischen Algorithmus zu unterwerfen. Bei einem klassischen Verfahren ("symmetrisches" Challenge-and-Response-Protokoll) kann auch der Rechner die Antwort berechnen und verifiziert die Antwort auf diese Weise (siehe Bild 1).

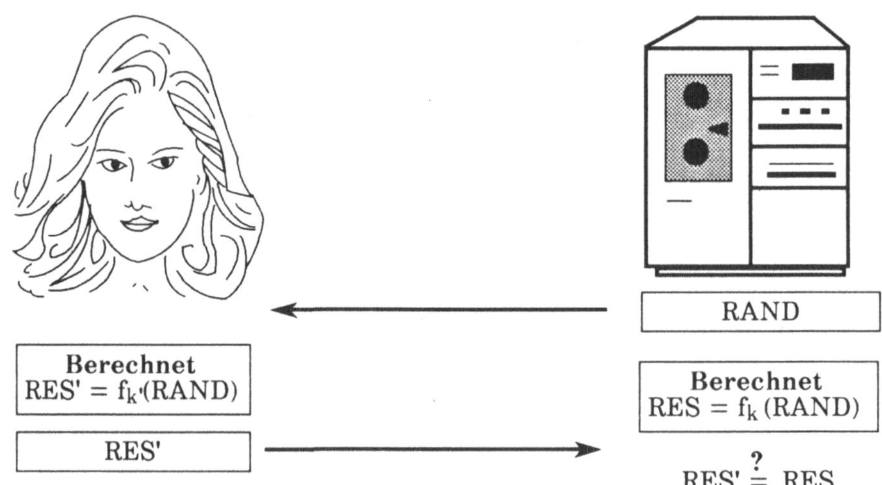

Bild 1 Ein symmetrisches Challenge-and-Response-Protokoll

Bei einem modernen Verfahren ist es hingegen so, daß der Rechner kein Geheimnis besitzt, aber dennoch die Zusammengehörigkeit von Frage und Antwort überprüfen kann.

2.2 Schlüsselaustausch oder Aus Nichts wird nicht Nichts

Ein zentraler Begriff der modernen Kryptologie, der in Theorie und Praxis eine entscheidende Rolle spielt, ist der einer **Einwegfunktion**. Hierbei handelt es sich um eine Abbildung f, die folgende scheinbar paradoxe Eigenschaften hat:
– Für jedes x ist f(x) leicht zu berechnen.
– Die Funktion f ist umkehrbar, aber für jedes y ist es außerordentlich schwierig,, ein x zu finden mit y = f(x).

Dies scheint ein paradoxes Konzept zu sein, aber im täglichen Leben wimmelt es von Einwegfunktionen: Jedes Telefonbuch stellt eine Einwegfunktion dar (es ist leicht, die zu einem Namen gehörende Nummer zu finden, aber schwer, aus einer Nummer auf den Namen zu schließen). Die meisten Vorgänge, die eine zeitliche Dimension haben, stellen Einwegfunktionen dar, so etwa das Kochen (es ist leicht, die entsprechenden Zutaten zu einem Rührei zu verquirlen, aber praktisch unmöglich, diese Zutaten wieder zu isolieren).

Als kryptologisch verwertbare Einwegfunktion wird vor allem die **diskrete Exponentialfunktion** studiert. Diese Funktion heißt diskret, weil sie nur auf ganzzahligen Werten operiert und nicht auf dem Kontinuum aller reellen Zahlen). Man wählt eine Primzahl p (den **Modul**) und eine ganze Zahl g (die **Basis**).

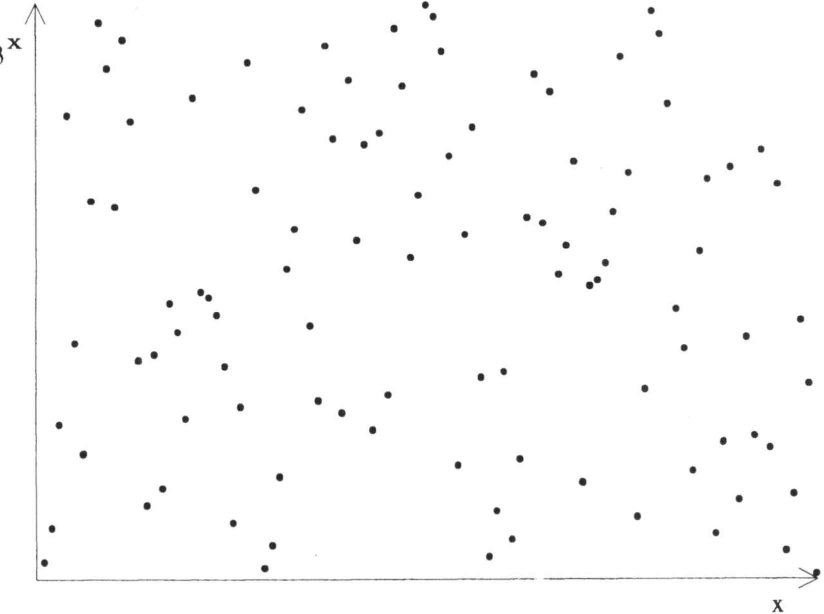

Bild 2 Eine diskrete Exponentialfunktion

Dann definiert man die diskrete Exponentialfunktion ε zum Modul p und Basis g wie folgt:

1. Schritt: Für eine beliebige ganze Zahl x berechnet man g^x.

2. Schritt: Man teilt g^x ganzzahlig durch p; der hierbei entstehende Rest ist $\varepsilon(x)$.

Schon der erste Blick (siehe Bild 2) auf eine diskrete Exponentialfunktion suggeriert, daß dies eine völlig unbeherrschbare Funktion ist. Insbesondere kann man sich – im Gegensatz zur reellen Exponentialfunktion – einem Wert nicht approximativ nähern. (Wenn man das Urbild von 15 und 17 kennt, sagt einem das nichts über das Urbild von 16.)

Nach dem heutigen Stand der Mathematik können wir sagen: Die diskrete Exponentialfunktion ist einfach auszurechnen, aber (für große, geeignet gewählte p) nur mit sehr großem Aufwand zu invertieren; das bedeutet, daß wir diese Funktion als Einwegfunktion benützen können.

Das prominenteste Anwendungsbeispiel der diskreten Exponentialfunktion ist das Diffie-Hellman-Protokoll zur Vereinbarung eines gemeinsamen Schlüssels. Diese Protokoll löst folgendes unlösbar scheinende Problem: Zwei Personen A und B, die sich noch nie getroffen haben, unterhalten sich in aller Öffentlichkeit. Am Ende der Unterhaltung haben A und B ein gemeinsames Geheimnis, das aber keiner der Zuhörer kennt.

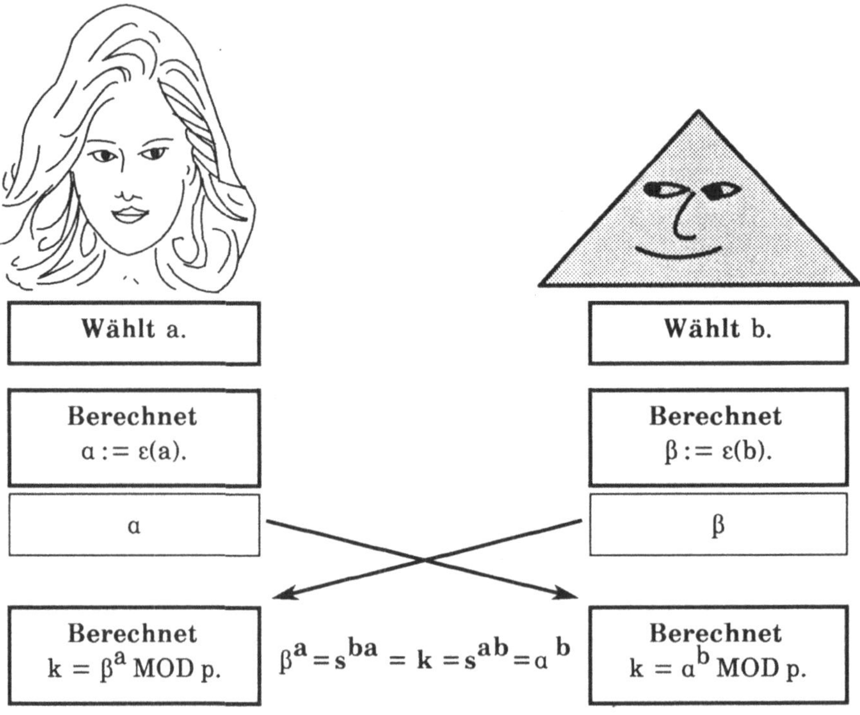

Bild 3 Diffie-Hellman-Schlüsselaustausch

Dazu vereinbaren A und B zunächst eine Primzahl p und eine ganze Zahl g, so daß die diskrete Exponentialfunktion zum Modul p und Basis g eine Einwegfunktion ist. Dann wählt jeder der beiden individuell eine geheime Zahl: A wählt a, und B wählt b. Dann berechnet A die Zahl $\alpha := \varepsilon(a)$, und B berechnet die Zahl $\beta = \varepsilon(b)$. Diese beiden Zahlen werden nun dem jeweiligen Partner mitgeteilt, das heißt, ihre Unterhaltung besteht im Aufsagen der Zahlen α und β. Danach potenziert A die empfangene Zahl $\varepsilon(b)$ mit seiner Geheimzahl a, und B potenziert entsprechend die erhaltene Zahl $\varepsilon(a)$ mit seiner Geheimzahl b. Dadurch erhält A die Zahl

$$\varepsilon(b)^a \bmod p = (g^b)^a \bmod p = g^{ba} \bmod p,$$

und B berechnet die Zahl

$$\varepsilon(a)^b \bmod p = (g^a)^b \bmod p = g^{ab} \bmod p.$$

Also haben beide dieselbe Zahl g^{ab} erhalten (siehe Bild 3).

Wenn ein Angreifer die diskrete Exponentialfunktion invertieren (also a aus α oder b aus β berechnen) könnte, so könnte er das Protokoll "knacken". Man kennt bis heute keinen Angriff auf dieses Protokoll, der nicht auf die Invertierung der diskreten Exponentialfunktion führen würde, es ist aber nicht bewiesen, daß dies so sein muß.

2.3 Verteilte Geheimnisse

"Ein geteiltes Geheimnis ist kein Geheimnis" könnte man ein Sprichwort abwandeln, und damit etwas Richtiges sagen: Wenn ich mein Geheimnis jemand anderes gebe, dann habe ich keine Kontrolle mehr darüber; der andere kann darüber verfügen. Meine wahren Geheimnisse sind diejenigen, die nur ich kenne.

Dies ist hier aber nicht gemeint. Ein Geheimnis soll nicht "verdoppelt" werden, sondern es darum, ein Geheimnis *in Teile* aufzuteilen. Warum? Man möchte damit zwei Ziele erreichen. Offensichtlich ist, daß damit die Verantwortung für das Geheimnis auf viele Schultern verteilt wird. Nicht ganz so offensichtlich ist, daß damit auch die Verfügbarkeit erhöht werden kann.

Dies wird durch die sogenannten **Shared Secret Schemes** erreicht. Wir schildern hier nur den vergleichsweise einfachen Fall der **Threshold Schemes**. In einem t-Threshold Scheme wird ein Geheimnis in viele Teilgeheimnisse aufgeteilt, und zwar so, daß die folgenden beiden Eigenschaften erfüllt sind:

- Aus je t Teilgeheimnissen kann das Geheimnis rekonstruiert werden.
- Wenn man nur t–1 oder weniger Teilgeheimnisse kennt, kann das Geheimnis nicht (und das heißt: nur mit unvertretbarem Aufwand) rekonstruiert werden.

Als Beispiel schildern wir den Fall t = 2. Wir geben eine geometrische Realisierung an (siehe dazu auch [Sim], [BeKe], [BeRo]).

Dazu wählen wir eine Gerade g in einer Ebene (bei konkreten Realisierungen wählt man eine "projektive Ebene" der Ordnung q).

Das Geheimnis ist irgendein Punkt K der Geraden g. Um dieses Geheimnis aufzuteilen, wählt man zufällig eine weitere Gerade h durch K und auf h viele Punkte. Diese Punkte sind die Teilgeheimnisse.

Bei der Geheimnisrekonstruktion empfängt ein System (das nur die Geometrie und die Gerade g kennt) gewisse Punkte; es berechnet die Gerade h' durch diese Punkte und bestimmt den Schnittpunkt K' von h' mit g. Wenn die eingegebenen Punkte echte Teilgeheimnisse waren, so ist K' = K. Andernfalls ergibt sich mit hoher Wahrscheinlichkeit ein anderer Punkt (siehe Bild 4).

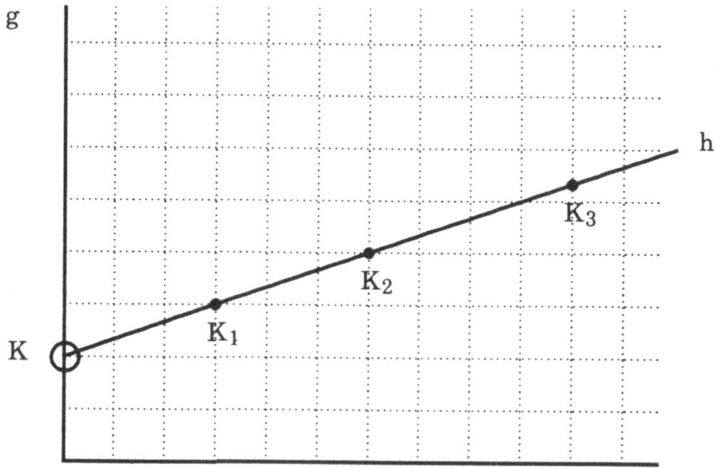

Bild 4 Ein 2-Threshold Scheme

Sicherheitsanalyse: Hat die Gerade g genau q Punkte, so ist die Betrugswahrscheinlichkeit gleich $1/q$. Dies ist auch für Insider (das heißt Besitzer eines korrekten Teilgeheimnisses) nicht größer; solche Systeme nennt man **perfekt**.

Fazit: Geometrisch realisierte Shared Secret Schemes bieten beweisbare Sicherheit auf beliebig vorgebbarem Niveau (der Anwender wählt die Betrugswahrscheinlichkeit, der Mathematiker stellt das gewünschte System zur Verfügung). Ein weiterer Vorteil besteht darin, daß man, um vernünftige Sicherheitsniveaus zu erreichen (etwa eine Betrugswahrscheinlichkeit, die garantiert nicht größer als 10^{-9} ist), nur "kleine" Körper (mit nur 2^{30} Elementen beherrschen muß. Das bedeutet, daß die zugrundeliegende Arithmetik einfach und performant zu implementieren ist.

Resümee

Geheimnisse (geheime Schlüssel) spielen in der Kryptographie eine entscheidende Rolle. Sie dienen einerseits als Echtheitsnachweis für Personen und Daten; andererseits kann man Geheimnisse zur Verheimlichung (Verschlüsselung) prinzipiell großer Datenmengen benutzen.

Die Aufgabe der Kryptologie ist es, solche Systeme zu entwickeln, und zwar so, daß die erzielte Sicherheit eine möglichst hohe Qualität erreicht. Dies wird daran gemessen, wie nahe man einer mathematisch beweisbaren Sicherheit kommt. Wir unterscheiden folgende Stufen:
- **Informell analysierbare Sicherheit.** Beispiel: Challenge-and-Response-Protokoll.
- **mathematisch analysierbare Sicherheit.** Beispiel: Diskrete Exponentialfunktion.
- **mathematisch beweisbare Sicherheit.** Beispiel: Geometrisch realisierte Shared Secret Schemes.

Beweisbar sichere Mechanismen, die gleichwohl praktikabel sind, sind bislang nur in Einzelfällen bekannt. Es bleibt das vordringliche Ziel der Kryptologie, solche Verfahren zu entwickeln.

Literatur

[Beu]   A. Beutelspacher: *Kryptologie*, 3. Auflage, Verlag Vieweg 1993.

[BeKe] A. Beutelspacher, A. Kersten: *Die Bedeutung von Shared Secret Schemes als Mechanismus zur Realisierung von Sicherheitsfunktionen in informationstechnischen Systemen.* Erscheint.

[BeSch] A. Beutelspacher, J. Schwenk: *Was ist Zero-Knowledge?* Math. Semesterberichte **40** (1), 73-85 (1993).

[BeRo] A. Beutelspacher, U. Rosenbaum: *Projektive Geometrie. Von den Grundlagen bis zu den Anwendungen.* Verlag Vieweg 1992.

[DH]   W. Diffie, M. Hellman: *New Directions in Cryptography.* Trans. IEEE Inform. Theory, IT-22, 6 (1976), 644-654.

[ISO]   ISO Security Addendum ISO IS 7498/2: *Open Systems Interconnection Reference Model – Part 2: Security Architecture.*

[Sim]   G. Simmons (ed.): *Contemporary Cryptology.* IEEE Press 1992.

[ZSI]   Zentralstelle für die Sicherheit in der Informationstechnik (Hg. im Auftrag der Bundesregierung): *IT-Sicherheitkriterien: Kriterien für die Bewertung der Sicherheit von Systemen der Informationstechnik (IT).* Fassung vom 11. 1. 1989, veröffentlicht im Bundesanzeiger, Bundesanzeigerverlagsgesellschaft mbH, ISBN 3-88784-192-1.

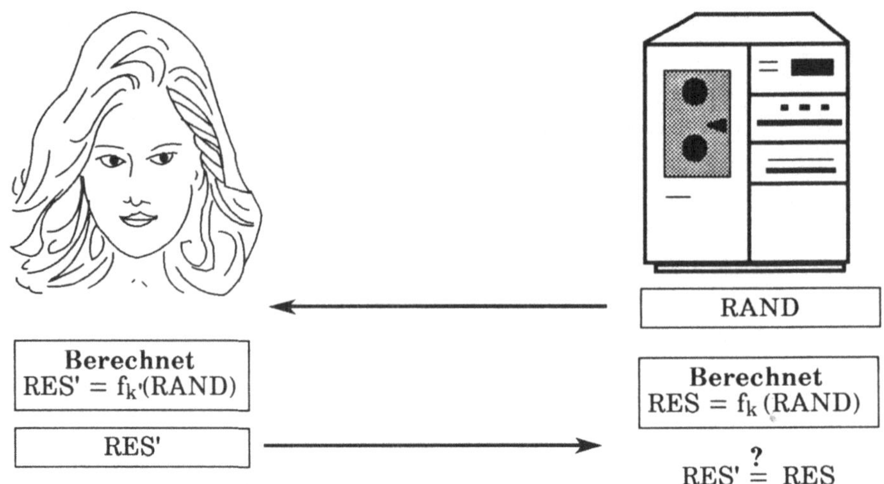

$$RES' \overset{?}{=} RES$$

Bild 1 Ein symmetrisches Challenge-and-Response-Protokoll

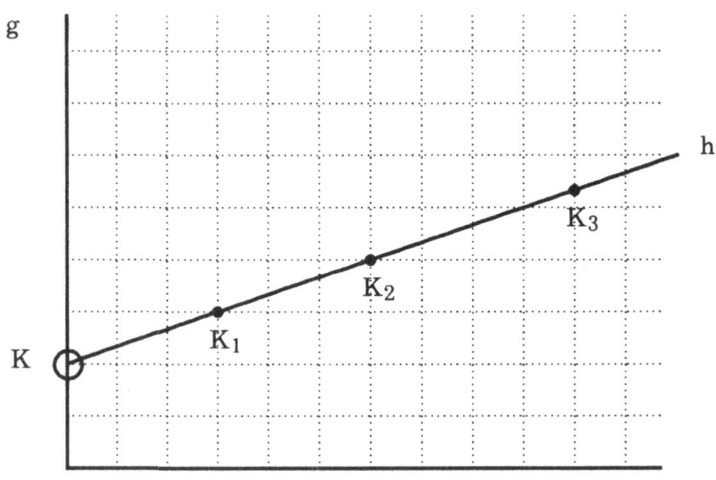

Bild 4 Ein 2-Threshold Scheme

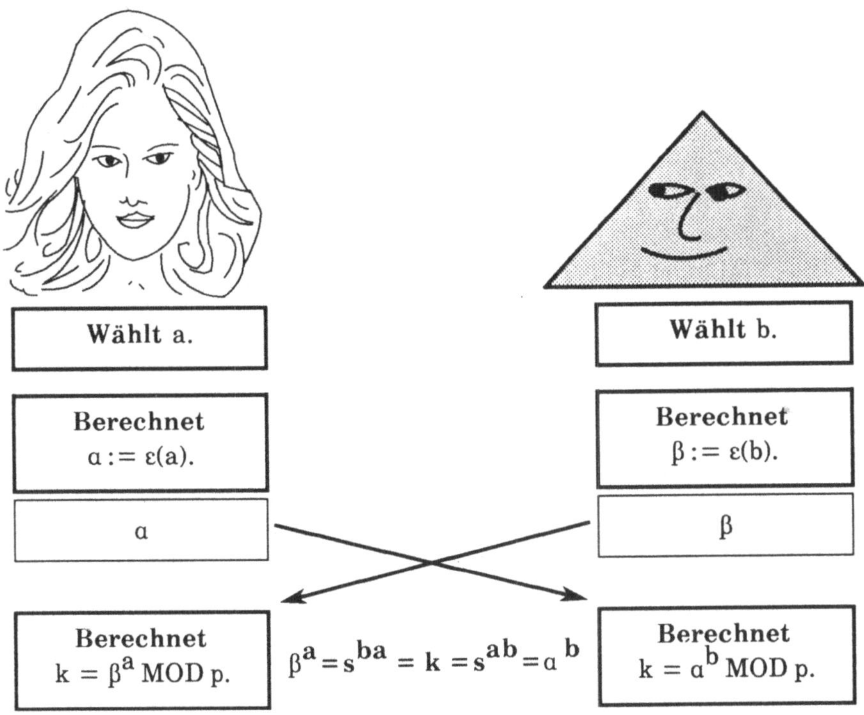

$$\beta^a = s^{ba} = k = s^{ab} = \alpha^b$$

Bild 3 Diffie-Hellman-Schlüsselaustausch

Geräte für die End-zu-Ende-Verschlüsselung

Wolfgang Bitzer

1 Einleitung

Die Kryptologie, die Lehre von der Verschlüsselungstechnik, ist in den letzten Jahren zu einer recht populären Wissenschaft geworden und es gibt inzwischen eine Unmenge von allgemein zugänglicher Fachliteratur über dieses Thema.
Das war in der Vergangenheit nicht immer so, ja es gab eine Zeit, wo die an diesem Thema Beteiligten nicht einmal darüber reden durften, auf welchem Gebiet sie arbeiten, geschweige denn über die Projekte, mit denen sie beschäftigt waren. Ja selbst die Namen eines großen Teiles der Geräte, die ich Ihnen nachher vorstellen möchte, waren klassifiziert und durften nicht öffentlich genannt werden. In dieser Richtung sind inzwischen erhebliche Lockerungen eingetreten, sonst wäre dieser Vortrag nicht möglich geworden.

1.1 Übersicht

Zunächst möchte ich Sie einen kurzen Einblick in den Beginn der Entwicklung der elektronischen Schlüsseltechnik in Deutschland nach dem zweiten Weltkrieg nehmen lassen, daran anschließend versuche ich Ihnen einen Eindruck zu vermitteln von dem gegenwärtig verfügbaren Gerätespektrum und dessen Leistungsmerkmalen um dann abschließend noch einen kleinen Ausblick auf die nächste Zukunft, das heißt auf derzeit in Entwicklung bzw. in der Konzeptphase befindliche Geräte und Systeme zu geben.

2 Die Anfänge der Verschlüsselungstechnik in Deutschland nach dem Zweiten Weltkrieg

Schon kurz nach dem zweiten Weltkrieg wurde in Bonn- Mehlem, unter ihrem Gründer Dr. Hüttenhain, von der Öffentlichkeit völlig unbemerkt, die *Zentralstelle für das Chiffrierwesen (ZfCh)* gegründet. Ihr nächster Leiter war Dr. Goeing und nach dessen unerwartetem Tod bis Ende 1992 Dr. Leiberich. Sie hieß später *Zentralstelle für Sicherheit in der Informationstechnik (ZSI)* und seit 1. Januar 1991 bis heute *Bundesamt für Sicherheit in der Informationstechnik (BSI)* und wird heute von Dr. Henze geleitet. Schon von Anfang an war eine ihrer wichtigsten Aufgaben, die Bundeswehr und andere deutsche Behörden sowie später teilweise auch die NATO außerhalb Deutschlands mit sicheren Schlüsselgeräten zu versorgen.
Der Schock, daß das für mit am sichersten gehaltene deutsche Verschlüsselungsgerät im zweiten Weltkrieg, die "Enigma" von den Engländern gebrochen worden war, was mit zum Zusammenbruch des deutschen U-Bootkrieges im Atlantik beigetragen hatte, saß bei den Kryptologen tief. Man ließ deshalb zunächst zur Verschlüsselung von Staatsgeheimnissen, also von "Verschlußsachen" (VS) nur sogenannte "Mischer" zu *(Bild 1)*, die mit einem echten, d.h. physikalischen und nicht reproduzierbaren Zufallsprozess arbeiteten und damit mathematisch beweisbar absolut sicher, d.h. nicht "knackbar" waren. Am bekanntesten war der Lorenz- Mischer, es gab aber auch ein entsprechendes Gerät von Siemens.
Als aber die zu verschlüsselnden Datenmengen immer größer wurden, war dieses Mischer- Verfahren wegen der gewaltigen Mengen des benötigten Schlüsselmaterials in Form von Fernschreiblochstreifen nicht mehr handhabbar. Man benötigte Schlüsselgeräte, die die benötigte Zufallsbitfolge *elektronisch* aus einem zuvor eingegebenen relativ kleinen Schlüssel in Form einer reproduzierbaren Pseudozufallsbitfolge berechneten.
Daher stammt auch die Bezeichnung dieser Geräte *El*ectronic *Cry*pto (equipment) (ELCRO...) gefolgt von einem Kürzel für die jeweilige Anwendung.
Mit ihrer Entwicklung wurde im Jahre 1958 begonnen. Von Anfang an waren dabei die deutschen Firmen Siemens in München und AEG-Telefunken (heute ANT) in Backnang beteiligt. Die Entwicklung wurde schon sehr bald von der ZfCh betreut.

2.1 ELCROTEL

Eine Information, die sicher verschlüsselt werden soll (ich spreche hier nicht von "Verschleierung"), muß in digitaler Form vorliegen. Zum damaligen Zeitpunkt war das einzige in der Nachrichtentechnik verwendete digitale Signal das Fernschreibsignal mit dem internationalen Telegraphenalphabet (ITA) Nr.2 mit 5 Bit/Zeichen, das später noch durch den 8-Bit-Code ITA Nr.5 ergänzt wurde.

So überrascht es nicht weiter , daß mit einem elektronischen Gerät zur Verschlüsselung von Fernschreibtexten (Telegrafie) begonnen wurde, dem ELCROTEL *(Bild 2)*, das mit einem deutschen, von AEG - Telefunken in Zusammenarbeit mit der ZfCh entwickelten Kryptoalgorithmus ausgestattet wurde, der bis heute als absolut sicher gilt.

Integrierte Schaltkreise oder gar Mikroprozessoren waren damals noch unbekannt. Das gesamte Gerät mußte mit diskreten Bauelementen unter Verwendung von legierten Germaniumtransistoren aufgebaut werden. Dabei konnten vier FlipFlops auf einer (wie man es heute nennt) Europakarte untergebracht werden *(Bild 3)*.

Es wurde eine Taktfrequenz von 500 kHz erreicht. Als Kurzzeitspeicher (entsprechend einem RAM) dienten gefädelte Matrizen aus Ferrit - Ringkernen *(Bild 4)*. Entsprechend groß waren auch die Abmessungen, das Gewicht (und natürlich auch der Preis) des Gerätes: Allein der Schlüsselrechner war in einem Einheitskoffer der Größe "2" untergebracht. Dazu kam noch die von SIEMENS entwickelte und hergestellte Steuer- und Synchronisiereinheit für das Interface zum Endgerät und zum Fernschreibnetz, die in einem Einheitskoffer der Größe "3" untergebracht und damit noch einmal anderthalb mal so groß war wie der Schlüsselrechner. Bei Duplexverbindungen wurden allerdings zwei Schlüsselrechner benötigt, die dann zusammen größer waren als die Steuer- und Synchronisiereinheit. Ich glaube, das kann einen Eindruck davon vermitteln, daß ein Schlüsselgerät damals noch etwas anderes vorstellte als heutzutage!

Das Gerät wurde im Jahre 1963 der ZfCh zur Abnahme vorgestellt.

Es ist in den darauffolgenden Jahren mehrfach überarbeitet und modernisiert worden. Unter anderem wurde es auf TTL- Logik mit integrierten Schaltkreisen umgestellt und ist damit erheblich kleiner geworden. Die Interoperabilität mit dem "Urvater" wurde dabei aber immer gewahrt.

Als "Langzeitspeicher" sowohl für unverschlüsselte als später auch für verschlüsselte Texte kam damals nur der 5- Bit- Fernschreiblochstreifen in Betracht, der dann auch als Datenträger zur Speicherung und zum Transport der benötigten geheimen Schlüssel ausgewählt wurde. Daher rührt es, daß bis zum heutigen Tage noch bei Bundeswehr und NATO auch für moderne Schlüsselgeräte Fernschreiblochstreifen zur Verteilung und Eingabe der Grundschlüssel verwendet werden. Darauf komme ich später noch einmal zurück.

2.2 ELCROVOX

Wie ich dargestellt habe, wurde aus technischen Gründen mit der Entwicklung eines Fernschreibschlüsselgerätes begonnen,aber natürlich war von Anfang an das primäre Interesse auf eine Verschlüsselungsmöglichkeit für Sprachsignale ausgerichtet.

Hierzu mußte aber das Sprachsignal erst digitalisiert werden. Damals konnten über eine normale Fernsprechleitung nur maximal 2400 bit/s übertragen werden und selbst das nur in einer Richtung (simplex). PCM oder Deltamodulation schieden deshalb aus, und es kam nur ein Vocoder hierfür infrage.

Zu dieser Zeit waren nur Kanalvocoder bekannt, und es wurde ein solcher, bei dem das Sprachfrequenzband in 18 Frequenzkanäle unter Verwendung von LC- Filtern (später aktiv-RC-Filtern) aufgeteilt wurde, in, mit Ausnahme der letztendlichen Digitalisierung, praktisch reiner Analogtechnik aufgebaut *(Bild 5)*. So entstand aus diesem Kanalvocoder mit einem speziellen Verschlüsselungsrechner und einem Leitungsmodem das erste ELCROVOX zur Verschlüsselung von Telefongesprächen *(Bild 6)*.

Die Sprachqualität war nach heutigen Maßstäben (und auch nach Ansicht vieler damaliger Zeitgenossen) nicht akzeptabel. Außerdem konnte über eine Zweidrahtleitung nur in einer Richtung gesprochen werden (Richtungswechsel über Sprechtaste). Für ein Duplex- Gespräch anläßlich besonderer Anlässe waren zwei Gerätesätze erforderlich und es mußten zwei Wählleitungen aufgebaut werden.

Aber immerhin konnte man nach einiger Übung seinen Gesprächspartner ganz gut verstehen, obschon dessen Erkennung an der Stimme auch dann nicht möglich war. Aber trotz der geringen Akzeptanz und des hohen Volumens, Gewichtes und Preises dieses Gerätes wurde es doch über längeren Zeitraum und in größerer Stückzahl mit ständigen Verbesserungen hergestellt und eingesetzt, da der Bedarf dafür vorhanden war und es keine Alternative gab.

3 Heute verfügbares Gerätespektrum

Der eingangs erwähnte deutsche ELCROTEL- Kryptoalgorithmus wird in den heute gefertigten Schlüsselgeräten nicht mehr verwendet, sondern in den USA entwickelte und einheitlich in der NATO eingeführte Algo-

rithmen, um eine Kompatibilität mit Schlüsselgeräten anderer NATO- Partner zu ermöglichen. Soweit nicht ausdrücklich anders erwähnt, sind alle diese Geräte in Zusammenarbeit von SIEMENS und ANT (bzw. deren Vorgängerin) mit dem BSI (bzw. ZfCh und ZSI) entstanden.
Sie können im folgenden nur ganz kurz vorgestellt werden, es stehen aber ausführliche Unterlagen darüber zur Verfügung.

3.1 Geräte zur Verschlüsselung von Telegraphiesignalen

3.1.1 ELCROTEL 5

Das letzte Fernschreibschlüsselgerät, das ELCROTEL 5 *(Bild 7)*, befindet sich noch in der Fertigung. Da der Einsatz von TELEX laufend weiter zurückgeht, wird es wohl dafür kein Nachfolgemodell mehr geben. Fernschreiben wird aber heute noch häufig zur Informationsübertragung über Kurzwelle eingesetzt, die in einem Krisenfall gelegentlich die letzte Kommunikationsmöglichkeit darstellt. Es liegt auf der Hand, daß gerade hier besonders leicht abgehört werden kann und ein solches Abhören überhaupt nicht bemerkbar ist. Deshalb ist in diesem Falle eine Verschlüsselung besonders wichtig.

3.2 Geräte zur Verschlüsselung von Sprachsignalen

Das gesprochene Wort ist nach wie vor das primäre Kommunikationsmittel, deshalb stehen Sprachverschlüsselungsgeräte immer noch im Vordergrund. Die meisten der heute produzierten Sprachschlüsselgeräte sind aber auch zur verschlüsselten Übertragung von Daten geeignet. Sie heißen dann nicht mehr "ELCROVOX..." sondern "ELCRODAT...", sofern es sich um Geräte handelt, die für amtlich geheim zu haltende Informationen (VS) zugelassen sind. (Diese Geräte sind dann im allgemeinen zur Verschlüsselung von Informationen aller Geheimhaltungsstufen bis mindestens streng geheim zugelassen. Sie müssen dazu bei nationalen Anwendungen vom BSI, bei NATO- weitem Einsatz zusätzlich von SECAN, einer US- Sicherheitsbehörde, evaluiert und freigegeben sein.)

3.2.1 ELCROVOX 1-4 D

Das ELCROVOX 1-4 D *(Bild 8)* ist gemäß einer Kundenforderung noch mit alten ELCROVOX- Geräten, aber auch mit Geräten der neuen Generation kompatibel. Es enthält deshalb zwei verschiedene Kryptoalgorithmen, Leitungsmodems und Vocoder, unter anderem trotz der eingeschränkten Sprachqualität den bereits erwähnten 18- Kanal- Vocoder, der hier jetzt aber, wie die anderen auch, mittels Signalprozessoren realisiert ist. Es ist vor allem zum Einsatz an analogen Fernsprechleitungen (mit 3 kHz Bandbreite) vorgesehen.

3.2.2 ELCRODAT 1-5

Das ELCRODAT 1-5 *(Bild 9)* stellt das derzeit modernste und kleinste Gerät zur verschlüsselten Sprach- und Datenübertragung über analoge Fernsprechkanäle dar, das die BZT- Zulassung hat und derzeit vom BSI begutachtet wird. Es wurde in Zusammenarbeit mit einer französischen Firma und dem BSI entwickelt. Es ist äußerlich kaum von einem normalen Fernsprecher zu unterscheiden und kann auch als solcher benutzt werden. Wenn aber der Kommunikationspartner über ein gleiches Gerät verfügt, kann von Klar- auf verschlüsselte Übertragung umgeschaltet werden. Der eingebaute Modem erlaubt dabei eine Bitrate von 4,8 kbit/s duplex. Bei sehr schlechten Leitungsverbindungen wird automatisch auf 2,4 kbit/s zurückgeschaltet. Dementsprechend sind auch zwei Vocoder (ein Celp- Vocoder für 4,8 kbit/s und ein LPC10E für 2,4 kbit/s) eingebaut, die eine gute Sprachqualität liefern, natürlich bei vollem Gegensprechen, ohne eine Sprechtaste betätigen zu müssen.
Zum Anschluß einer Datenendeinrichtung (z.B. eines PC oder eines Facsimilegerätes) gibt es eine V.24- Schnittstelle, so daß auch von dort stammende Daten verschlüsselt übertragen werden können.
Zur Schlüsseleingabe und zur Authentikation des Benutzers ist eine Chipkarte vorgesehen.
Das realisierte Schlüsselmanagement ist komfortabel, so daß der Benutzer außer den Einstecken der Chipkarte und (falls gewünscht) der Eingabe seiner PIN keine sicherheitsspezifischen Handlungen durchzuführen hat.

3.2.3 ELCRODAT 4-1

Das ELCRODAT 4 - 1 *(Bild 10)* ist ein Sprach- und Datenschlüsselgerät in "klassischer" vollmilitärischer Ausführung, das speziell zum Einsatz bei Kurzwellenübertragung vorgesehen ist. Dementsprechend enthält es einen hochwertigen HF- Modem mit einer passenden FEC, der es erlaubt, Vocoder- und andere, über V.24 Schnittstelle zugeführte Daten mit einer Nettobitrate von 2,4 kbit/s zu übertragen.

3.2.4 ELCRODAT 5-2

Das ELCRODAT 5-2 *(Bild 11)* ist ein Sprach- und Datenschlüsselgerät, das vorwiegend bei der Bundesmarine und auf Schiffen eingesetzt wird. Die Sprache wird hier über einen Deltacodec mit 16 kbit/s digitalisiert. Die Sprachqualität ist dabei trotz der erheblich höheren zu übertragenden Bitrate eher schlechter als bei modernen Vocodern. Der Deltacodec hat aber diesen gegenüber die Vorteile einer deutlich einfacheren Implementierung und einer größeren Robustheit sowohl gegen Hintergrundgeräusche im Sprachsignal als auch gegen Bitfehler bei der Übertragung, die über bereits vorhandene UHF- Funkgeräte erfolgt.

3.2.5 ELCRODAT 6-1

Das ELCRODAT 6-1 *(Bild 12)* weist sehr ähnliche Merkmale auf wie das zuvor beschriebene ELCRODAT 1-5. Auch es kann als normales Komforttelefon aber auch zur verschlüsselten Übertragung von Sprache und Daten eingesetzt werden.
Der wesentliche Unterschied ist, daß dieses Gerät am ISDN, genau gesagt, an der S_0 - Schnittstelle eingesetzt wird. Dies hat den großen Vorteil, daß im ISDN die Sprachsignale ohnehin PCM- codiert, also digital übertragen werden. Hier bietet sich eine Verschlüsselung direkt an, und es gibt überhaupt keinen Qualitätsunterschied mehr zwischen klar und verschlüsselt übertragener Sprache.
Auch hier wird zur Benutzerauthentikation eine Chipkarte und wahlweise auch eine PIN benutzt, die Schlüsselverwaltung ist hier aber noch komfortabler. Insbesondere kann dieses Gerät für beliebige Wählverbindungen im ISDN zu anderen zugelassenen ELCRODAT- 6- Geräten über die später noch vorzustellende Kryptomittel- Verteiler- Zentrale mit aktuellen Verbindungsschlüsseln versorgt werden.

3.3 Geräte zur Verschlüsselung bei der Datenübertragung

Wie erwähnt, sind die vorher erwähnten Sprachschlüsselgeräte nebenbei auch zur Verschlüsselung von extern zugeführten Daten geeignet. Für diesen Zweck gibt es aber auch spezielle Geräte:

3.3.1 ELCROBIT 3

Das ELCROBIT 3 *(Bild 13)* ist ein reines Datenverschlüsselungsgerät für Daten aller Art (Rechner-, PC-, FAX- DATEN, selbst digitalisierte Sprache) bis 64 kbit/s, sofern diese über eine geeignete Schnittstelle geführt werden. Das ist immer der Fall, wenn zur Übertragung ein Modem oder eine andere DÜE (z.B. ein Datenfernschaltgerät) vorgesehen ist. Das ELCROBIT 3/1 verwendet dabei die V.24/V.10- Schnittstelle, während das ELCROBIT 3/2 darüberhinaus an V.24/V.25- und an X.21- Schnittstellen eingesetzt werden kann, also wahlfähig ist.

3.3.2 TELEKRYPT - DAT P9

Das TELEKRYPT - DAT P9 *(Bild 14)* ist, wie schon aus dem Namen hervorgeht, als einziges der hier vorgestellten Geräte nicht zur Sicherung von VS- Daten zugelassen. Es verwendet zwar einen sicheren Chiffrieralgorithmus, erfüllt aber aufgrund seines physikalischen Aufbaus nicht die hohen Anfordrungen an Freiheit von kompromittierender Abstrahlung, die an VS- Schlüsselgeräte gestellt werden. Es wird in den Netzzugang zu DATEX-P- Netzen (X.25- Schnittstelle) eingeschleift und kann bis zu 9 virtuelle Kanäle "gleichzeitig" bedienen. Im Gegensatz zu den bisher beschriebenen Geräten, die auf der Schicht 1, der "physikalischen Schicht" des ISO- OSI- 7- Schichten- Modells aufsetzen, verschlüsselt es nur den Inhalt der Datenpakete, d.h. alles was von oberhalb der Ebene 3 kommt. Dazu wird dann u.a. auch die zur Fehlererkennung auf der Schicht 2 benötigte Redundanz neu berechnet und hinzugefügt, da sich der Inhalt der Pakete ja durch die Verschlüsselung verändert hat.

3.4 Geräte zur Sicherung von Datenbündeln (Multiplexsignalen)

Über leitungsgebundene Weitverkehrsstrecken, Richtfunk- oder Satellitenverbindungen werden aus ökonomischen Gründen meist gemultiplexte Digitalsignale hoher Bitrate übertragen. Wenn man diese "Bündel" zur Übertragung verschlüsselt, hat man also große Informationsmengen gleichzeitig gesichert.

100

Außerdem sind Richtfunk- und Satellitensignale Spionageangriffen besonders ausgesetzt, da sie relativ leicht und ohne Entdeckungsgefahr zugänglich sind. Ihr Schutz ist deshalb besonders wichtig. Die hierzu eingesetzten Verschlüsselungsgeräte heißen "ELCROMUX".

3.4.1 ELCROMUX 1

Das Bündelschlüsselgerät ELCROMUX 1 *(Bild 15)* wird üblicherweise zwischen Multiplexer und Leitungsendgerät bzw. Richtfunkgerät in den Übertragungsweg eingefügt. Dazu stehen Schnittstellen nach EUROCOM elektrisch, nach EUROCOM optisch und nach CCITT G.703 mit HDB - 3 - Codierung zur Verfügung. Es verschlüsselt Datenströme bis zu 2, 048 Mbit/s transparent, d.h. auf der physikalischen Ebene. Im verschlüsselten Signal sind also keinerlei Strukturen mehr erkennbar. Auch es weist, wie auch die zuvor vorgestellten VS-Schlüsselgeräte, die standardisierte NATO- "fill"- Schnittstelle zur Schlüsseleingabe auf.

3.5 Mittel zur Schlüsselverteilung

An diese standardisierte NATO- "fill"- Schnittstelle können verschiedene Schlüsseleingabegeräte angeschlossen werden *(Bild 16)*.

3.5.1 KLL 1 (*K*rypto*l*ochstreifen*l*eser)

Wie ich bereits im "historischen" Teil meiner Ausführungen dargelegt habe wird immer noch zu einem großen Teil der altertümliche 5- Bit- Fernschreiblochstreifen als Datenträger für geheime Schlüssel verwendet. Das hat immerhin die Vorteile, daß er billig ist und leicht zu versenden. Während dieser Lochstreifen in die ältesten Schlüsselgeräte körperlich eingelegt wurde und dort während seiner gesamten Nutzungsdauer verbleiben mußte, wird bei den heutigen nur die darauf enthaltene Information in einen elektronischen Schlüsselspeicher eingelesen. Der Lochstreifen kann daraufhin sofort vernichtet werden. Der Schlüssel kann dann nur noch in dem Schlüsselgerät benutzt, aber nicht mehr aus diesem ausgelesen, also verraten werden. Außerdem kann er im Notfall durch Tastendruck oder Schalterbetätigung notgelöscht werden.
Zum Einlesen des Schlüssels kann der Kryptolochstreifenleser KLL 1 verwendet werden, der zu diesem Zweck an die NATO- "fill"- Schnittstelle angeschlossen wird und durch den dann der Kryptolochstreifen manuell hindurchgezogen wird.

3.5.2 KSP 1 (*K*ryptovariablen*sp*eicher)

Der Lochstreifen hat auch Nachteile: Man braucht zu seiner Herstellung einen Stanzer und er kann leicht und nicht nachträglich feststellbar kopiert oder anderweitig ausspioniert werden. Um ihn zu umgehen, gibt es einen Kryptovariablenspeicher, der bis zu 32 Schlüssel in einem batteriegepufferten RAM speichern und genau wie der Kryptolochstreifenleser in Schlüsselgeräte einlesen kann. Er wird z. B. über einen Kryptolochstreifenleser oder andere Geräte geladen.

3.5.3 KEV 1 (*K*ryptovariablen- *E*rzeugungs- und *V*erwaltungs- Zusatz)

So ein anderes Gerät ist z.B. der Kryptovariablen - Erzeugungs- und Verwaltungs - Zusatz KEV 1, der Schlüssel in größerem Umfang sammeln, verwalten, zu- und verteilen und in Verbindung z.B. mit einem ELCROBIT 3 auch verschlüsselt fernübertragen kann.

3.5.4 KVZ (*K*ryptomittel- *V*erteiler- Zentrale)

In Nachrichtenwählnetzen mit einer großen Zahl von Teilnehmern, die über Verschlüsselungseinrichtungen verfügen, wobei jeder mit jedem anderen verschlüsselt verkehren können soll, ohne daß er von einem Dritten belauscht werden kann, ist eine manuelle Schlüsselverteilung nicht mehr praktikabel. Man braucht eine elektronische Schlüsselverteilung, die jeder Kommunikationsverbindung einen eigenen Schlüssel zuteilt. Diese Aufgabe übernimmt die Kryptomittel- Verteiler- Zentrale (KVZ) *(Bild 17)*, die Ende März dieses Jahres an das BSI ausgeliefert wurde und sich derzeit im Probebetrieb befindet. Sie teilt den Netzteilnehmern beim Verbindungsaufbau automatisch die benötigten Verkehrskryptovariablen (Schlüssel) zu, die zu diesen dann jeweils individuell verschlüsselt übertragen werden. Die KVZ wird zunächst im ISDN mit dem bereits vorgestellten Kryptotelefon ELCRODAT 6-1 betrieben. Dazu muß nur bei der Erstinstallation in jedes an dem Dienst teilnehmende ELCRODAT 6-1 mittels eines der beschriebenen Schlüsseleingabegeräte eine geheime Kryptovariable eingelesen werden, die später nur zur Verschlüsselung der übertragenen Kommunikationsschlüssel verwendet wird. Diese Geräte sind dann in der KVZ "eingebucht". Andere können nicht an dem verschlüsselten Dienst teilnehmen. Sie können auch jederzeit vom Operator in der KVZ wieder gesperrt, d.h von einer weiteren Schlüsselversorgung ausgeschlossen werden.

4 Einige aktuelle Neuentwicklungen

Abschließend möchte ich noch einen kurzen Ausblick auf derzeit laufende Neuentwicklungen geben.

4.1 Bündelverschlüsselung

4.1.1 ELCROMUX 3

In heutigen Multiplexsystemen werden wesentlich höhere Bitraten als nur 2 Mbit/s übertragen. Außerdem dürfen dort oft nicht mehr alle in dem Impulsrahmen enthaltenen Daten transparent verschlüsselt werden. Dem wird das Bündelschlüsselgerät ELCROMUX 3 Rechnung tragen, für das derzeit in einer Studie die Grundlagen erarbeitet werden. Es wird Datenraten bis 155 Mbit/s, entsprechend STM1 der Digitalen Synchronen Hierarchie ver- und entschlüsseln können. Außerdem wird einstellbar sein, welche Teile des Impulsrahmens verschlüsselt werden sollen (z.B. die Nutzinformation), welche unverschlüsselt bleiben müssen (z.B. das Rahmenkennungswort und/oder Signalisierungsinformationen) und welche anderweitig benützt werden können (z.B. durch die Schlüsselgeräte selbst zur internen Signalisierung).

4.2 Sicherung von LANs

4.2.1 ELCROLAN

Zum Schutz von Informationen, die zwischen über ein LAN vernetzten Arbeitsplatzcomputern (PC's) ausgetauscht werden sollen, wurde in Zusammenarbeit der Firmen GEI, Bonn und ANT, Backnang ein Verschlüsselungssystem namens ELCROLAN entwickelt, das aus einer Sicherheits- Steckkarte in jedem angeschlossenen Sicherheits- APC (*Arbeitsplatz*computer - hier gegen kompromittierende Abstrahlung abgeschirmte PCs) mit jeweils zugehöriger Software besteht. Außerdem gibt es in dem LAN einen Sicherheitsserver, genannt SAD. Das System bietet eine sichere Authentikation der Nutzer über Chipkarte und PIN, verbunden mit einer Zugangskontrolle, Verschlüsselung der auf der Festplatte und ggf. Diskette abgespeicherten Daten und aller über das LAN übertragenen sensitiven Daten.
Die Verschlüsselung erfolgt durch eine auf der Sicherheits- Steckkarte untergebrachte Hardware *(Bild 18)*. Eine weitere Hardware auf dieser Karte überwacht die Zugriffe über den PC- Bus und verhindert somit absolut zuverlässig, daß die Sicherheitsshell z.B. durch eingeschleuste oder bösartig manipulierte Software umgangen werden kann. Bei derartigen Versuchen wird sofort Alarm ausgelöst und der weitere Betrieb des Sicherheits- APC's gestoppt.
Übertragungen von Datenfiles von einem Sicherheits- APC an einen offenen APC sind weiterhin möglich, müssen aber vorher vom SAD genehmigt werden und werden dort auch protokolliert, wie auf Wunsch auch alle anderen sicherheitsrelevanten Vorgänge im Netz.

4.3 Sicherung von Funknetzen

4.3.1 Verschlüsselungszusatz für BOS- Funksprechgeräte

Behörden und *Organisationen* mit *S*icherheitsaufgaben (BOS) -Polizei, Feuerwehr, Krankentransport...- verwenden in großer Zahl Funksprechgeräte, die mit analoger Frequenzmodulation arbeiten und somit absolut keinen Schutz gegen unbefugtes Abhören bieten. Empfänger ("Scanner"), die dieses Abhören erlauben, waren in Deutschland schon immer im Handel erhältlich, lediglich ihre Benutzung war bei Strafe verboten. Im Zuge der europäischen Harmonisierung ist das aber inzwischen erlaubt, lediglich das Abhören des Polizeifunks ist noch verboten. Es ist aber natürlich klar, daß dies überhaupt nicht mehr kontrollierbar ist.

Aus diesem Grunde wurde eine dringende Forderung nach kurzfristiger Realisierung einer hochwertigen Sprachverschlüsselung für diese BOS- Funknetze erhoben. Auch hier muß das Sprachsignal zur Verschlüsselung digitalisiert werden und auch hier ist dies wegen der relativ geringen zulässigen Bandbreite des Sendespektrums nur mittels Vocoder möglich. Heute steht mit der jetzt gerade abgeschlossenen Entwicklung des TETRA- Codecs ein Vocoder, der bei netto ca. 4,6 kbit/s (incl. Fehlersicherung - FEC - 7,2 kbit/s) und bis zu 5% Fehlerrate im Funkkanal eine hervorragende bis akzeptable Sprachqualität liefert. Unter Verwendung dieses Vocoders, eines Schlüsselrechners und weiterer "Zutaten" wird derzeit ein Verschlüsselungszusatz zu der neuen Generation des FuG 8b entwickelt, der in einer späteren Entwicklungsstufe in das FuG 8b integriert werden soll. Der Vorteil dieser Lösung ist, daß dieses im unverschlüsselten Betrieb weiterhin interoperabel zu den alten Funkgeräten bleibt.

4.4 Verschlüsselung im ISDN

4.4.1 ELCRODAT 6-2

Das letzte Entwicklungsprojekt, über das ich heute berichte, ist ein Verschlüsselungsgerät für das ISDN namens ELCRODAT 6-2 *(Bild 19)*, das in den S_0- Bus zwischen bis zu 8 Endgeräten und NT eingeschleift werden und somit die verschlüsselte Übertragung aller von handelsüblichen ISDN- Endgeräten stammenden Informationen ermöglichen soll. Dabei soll es auch zu dem bereits vorgestellten ELCRODAT 6-1 interoperabel sein und auch von der Kryptomittel- Verteiler- Zentrale mit Kommunikationsschlüsseln versorgt werden können. Darüber hinaus soll es auch noch zwischen NT und einer Nebenstellenanlage und zwischen Endteilnehmern und Nebenstellenanlage eingesetzt werden. Das zu erreichen wird nicht einfach sein, zumal einige Standards und Protokolle im ISDN (insbesondere europaweit) noch keineswegs stabil sind. Hier wird unsere Entwicklung noch viel zu tun haben!

1. Additionsverfahren - Mischertechnik

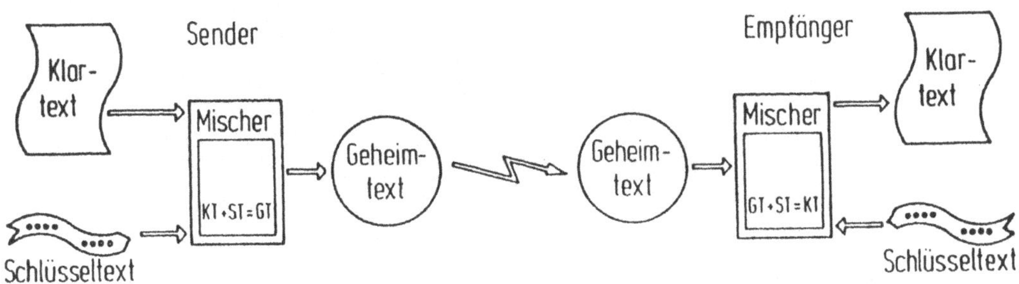

Bild 1: Mischverfahren

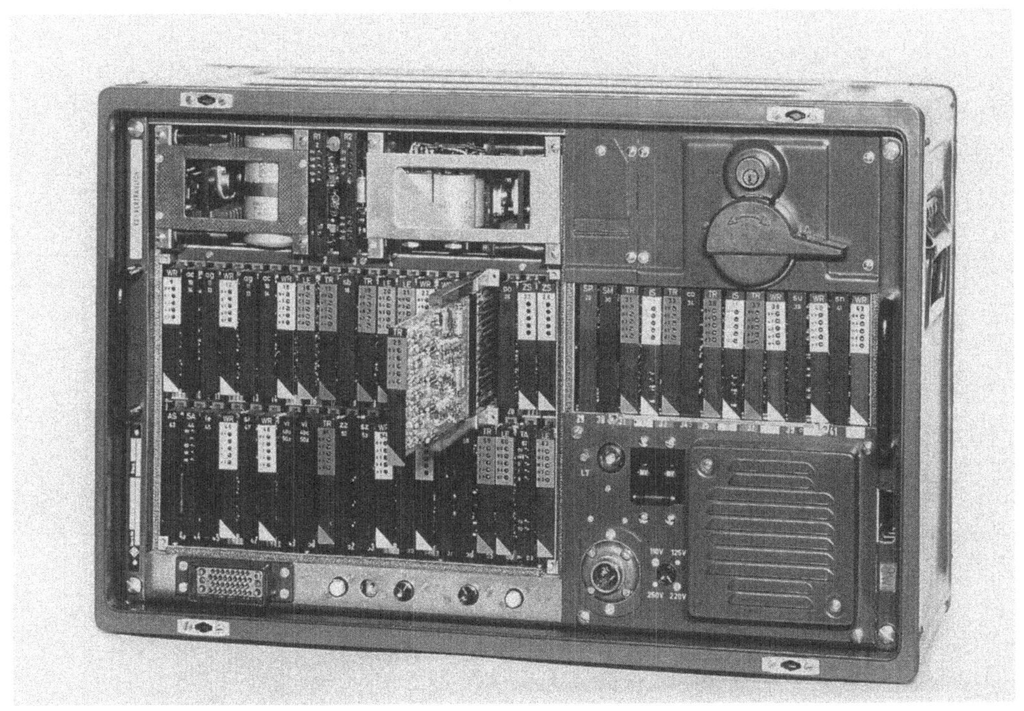

Bild 2: ELCROTEL - Koffer

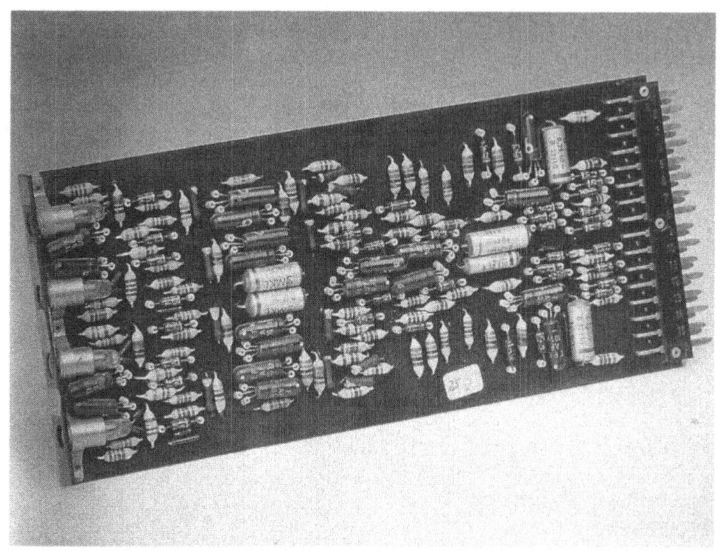

Bild 3: Vier Flip-Flops mit Ge- Transistoren

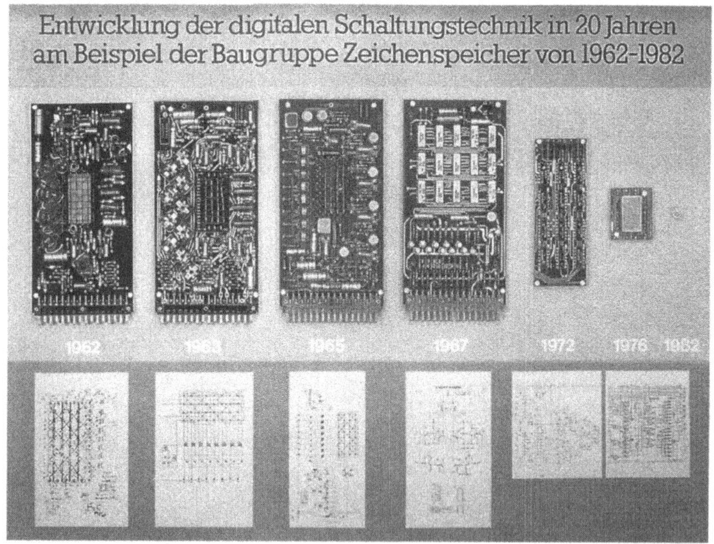

Bild 4: Vom Magnetkernspeicher zum RAM

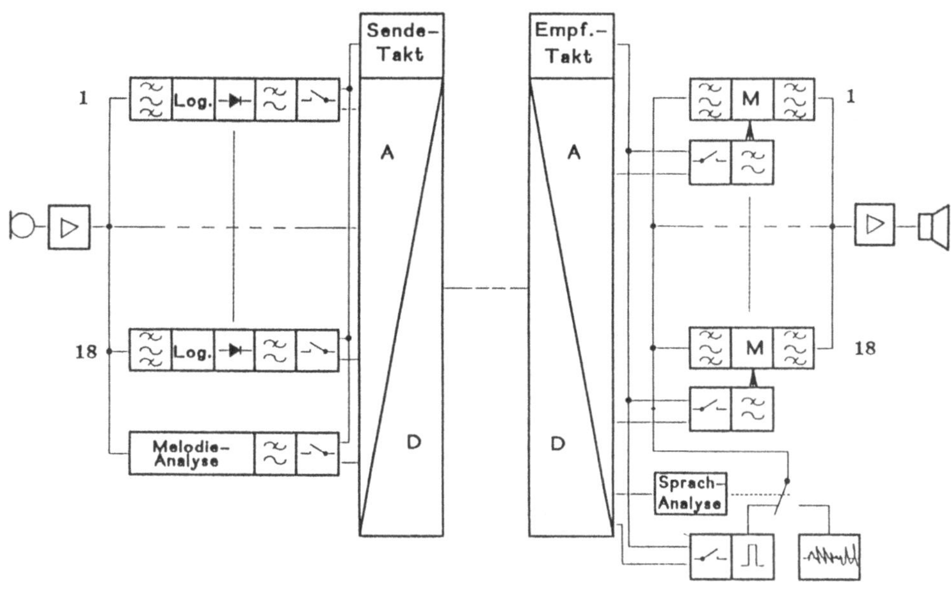

Bild 5: Aufbau eines 18- Kanal- Vocoders

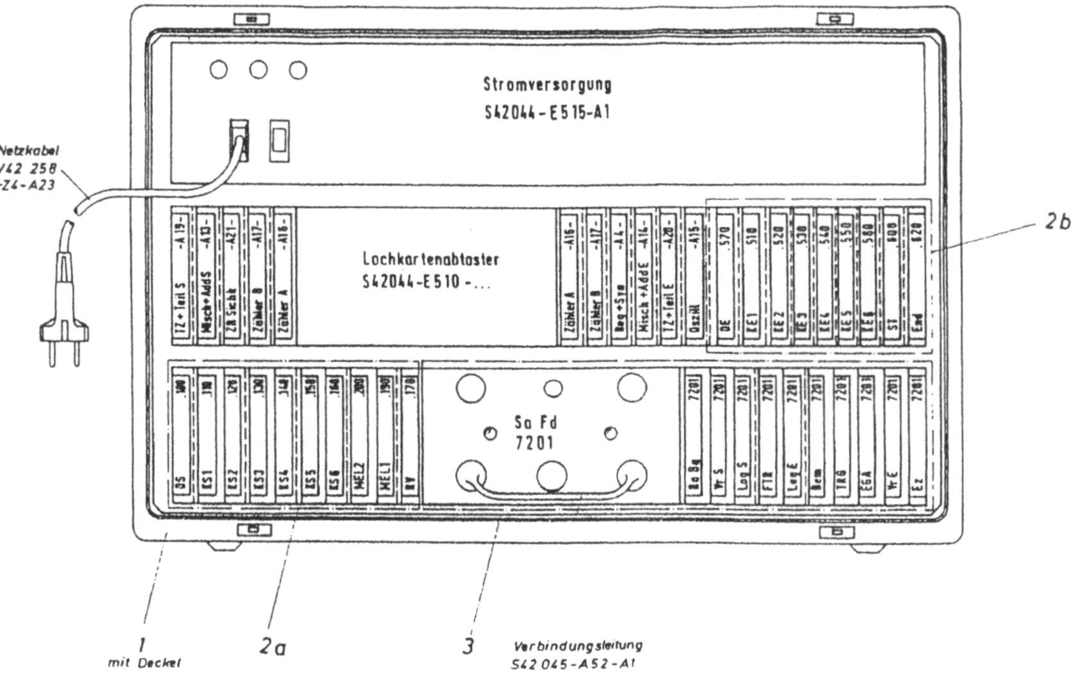

Bild 6: ELCROVOX- Koffer

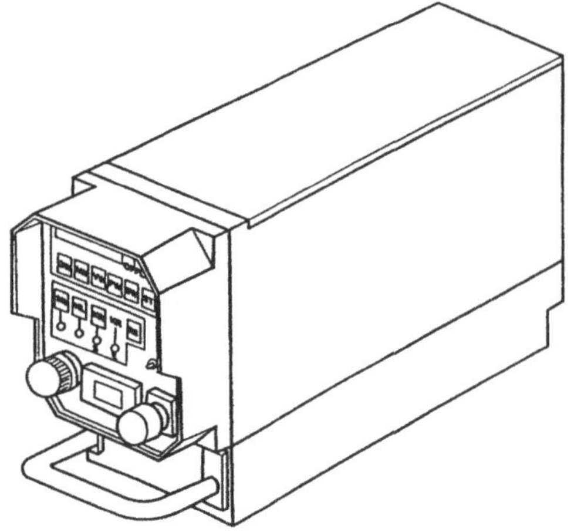

- Übertragungsgeschwindigkeit bis 1200 Baud
- On-line Verschlüsselung für alle Geheimhaltungsstufen
- Verkehrsarten: sx, hx, dx
- Fernschreibschnittstelle nach V.24/V.10, V.28, Anpasseinheiten APO und APU
- Betriebsspannung 115/230 Volt - oder 24 Volt -
- Selbstprüfeinrichtung BITE
- Variableneingabe an genormter EUROCOM Eingabeschnittstelle
- Kryptieren von Fernschreibnachrichten im ITA 2 und ITA 5-Code

Bild 7: ELCROTEL 5

- Übertragungsgeschwindigkeit 2400 Bit/s
- On-line Verschlüsselung für alle Geheimhaltungsstufen
- Verkehrsarten: hx und dx
- Mode A kompatibel zu EX 1/3 (dx) und EX 1/6 (hx)
- Mode B kompatibel zu STU-II, SPENDEX 40 (hx und dx)
- Datenschnittstelle V.24/V.28 synchron und asynchron
- Betriebsspannung 115/230 V
- Selbstprüfeinrichtung BITE
- Variableneingabe an genormter EUROCOM Eingabeschnittstelle oder über KDC und CIK (Chipkarte)

Bild 8: ELCROVOX 1-4

- Übertragungsgeschwindigkeit 2,4 bzw. 4,8 kbit/s
- On-line Verschlüsselung für alle Geheimhaltungsstufen
- Verkehrsart: dx
- Netzschnittstelle 2dr, integrierter Modem nach V.32 und V.22 bis
- Datenschnittstelle nach V.24/V.28, asynchron, 2,4 bzw. 4,8 kbit/s
- Rufnummernspeicher, Wahlwiederholung, Freisprecheinrichtung
- Erweiterter LPC-Vocoder für 2400 bit/s nach STANAG 4198
- CELP-Coder für 4800 bit/s
- Variableneingabe über Tastatur oder Chip-Karte

Bild 9: ELCRODAT 1-5

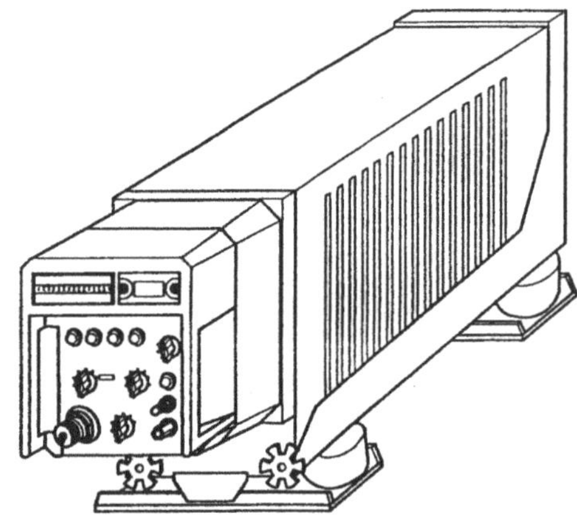

- Übertragungsgeschwindigkeit 300 bis 2400 Bit/s in HF-Funknetzen
- On-line Verschlüsselung für alle Geheimhaltungsstufen
- Verkehrsart: hx
- Vocoder LPC10, FEC, Krypto Modul, Modem
- Datenschnittstelle V24/V28
- Betriebsspannung 19 bis 32 V -
- Selbstprüfeinrichtung BITE
- Variableneingabe an genormter EUROCOM Eingabeschnittstelle

Bild 10: ELCRODAT 4-1

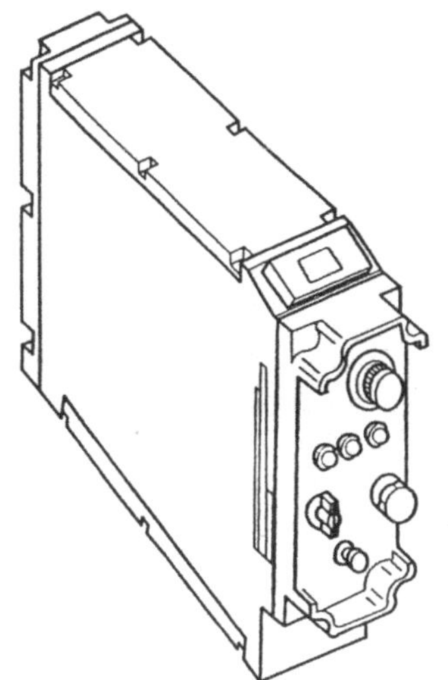

- Übertragungsgeschwindigkeit bis 16 kbit/s
- On-line Verschlüsselung für alle Geheimhaltungsstufen
- Verkehrsart: hx
- Datenschnittstellen nach V.24/V.28
- Betriebsspannung 115/230 Volt - oder 24 Volt -
- Selbstprüfeinrichtung BITE
- Variableneingabe an genormter EUROCOM Eingabeschnittstelle

Bild 11: ELCRODAT 5-2

- Übertragungsgeschwindigkeit Sprache/Daten 64 kbit/s (1B-Kanal)
- On-line Verschlüsselung für alle Geheimhaltungsstufen
- Verkehrsart: dx, synchron
- Netzschnittstelle So
- Datenschnittstelle 9600 bit/s, V.24/V.28; 64 kbit/s, X.21
- PCM-CODEC
- 24V- aus externem Steckernetzgerät
- Variableneingabe an genormter EUROCOM Eingabeschnittstelle
- Chipkarte zum Starten des Schlüsselbetriebs
- Betrieb mit KDC

Bild 12: ELCRODAT 6-1

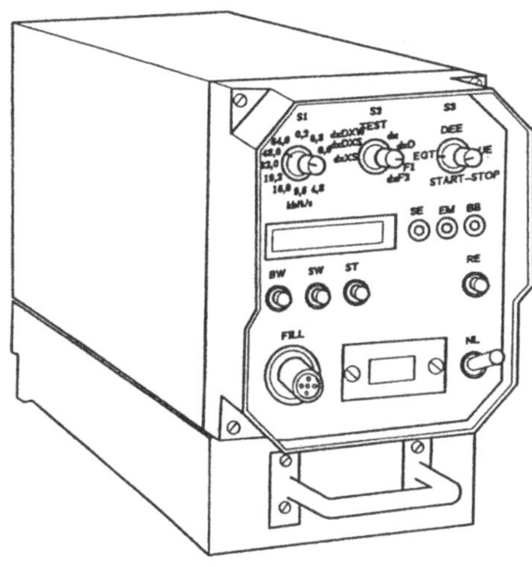

- Übertragungsgeschwindigkeit bis 64 Kbit/s
- On-line Verschlüsselung für alle Geheimhaltungsstufen
- Verkehrsart: dx
- Datenschnittstellen nach V.24/V.28 und V.10, X.21/X.27
- Betriebsspannung 115/230 Volt   oder 24 Volt -
- Selbstprüfeinrichtung BITE
- Variableneingabe an genormter EUROCOM Eingabeschnittstelle
- EBIT 3-1: prozedurunabhängig, synchr., V.24/V.28 und V.10
- EBIT 3-2: prozedurabhängig, synchr.,V.25 bis X.21/X.27

Bild 13: ELCROBIT 3

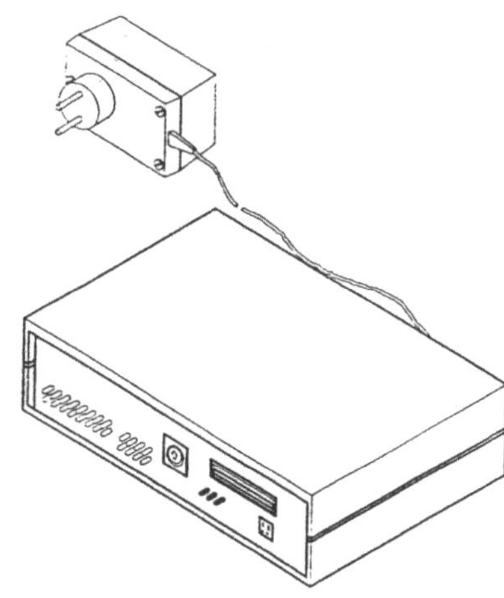

- Übertragungsgeschwindigkeit bis 9,6 Kbit/s
- On-line Verschlüsselung für Nicht-VS-Daten (Banken, Behörden und ähnliche Institutionen)
- Datenschnittstelle nach X.21/V.11
- Einsatz in paketvermittelten Netzen nach X.25-Protokollen
- Selbstprüfeinrichtung BITE
- Variableneingabe über Chip-Karte
- Externes Steckernetzgerät

Bild 14: TELEKRYPT DAT P9

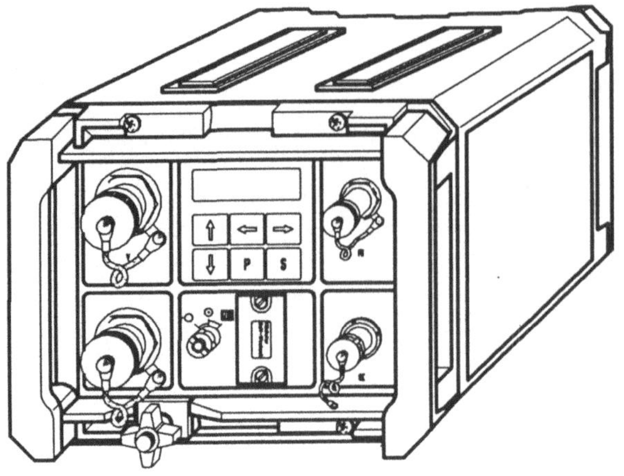

· Übertragungsgeschwindigkeit bis 2,048 Mbit/s
· On-line Verschlüsselung für alle Geheimhaltungsstufen
· Verkehrsart: dx
· Datenschnittstellen nach EUROCOM D/1, CCITT G.703
· Betriebsspannung 19 bis 70 Volt-
· Selbstprüfeinrichtung BITE
· Variableneingabe an genormter EUROCOM Eingabeschnittstelle

Bild 15: ELCROMUX 1

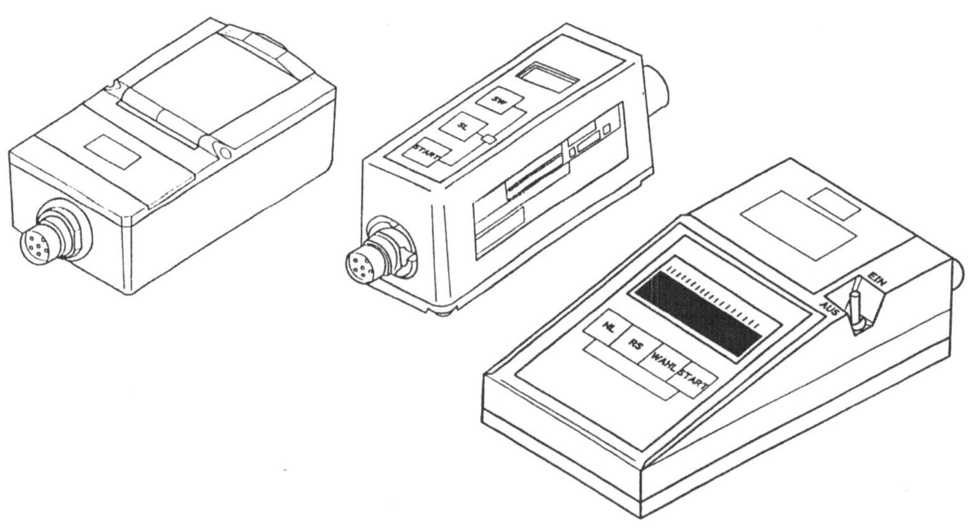

Bild 16: EKV- Geräte. Von links nach rechts: KLL 1, KSP 1, KEV 1

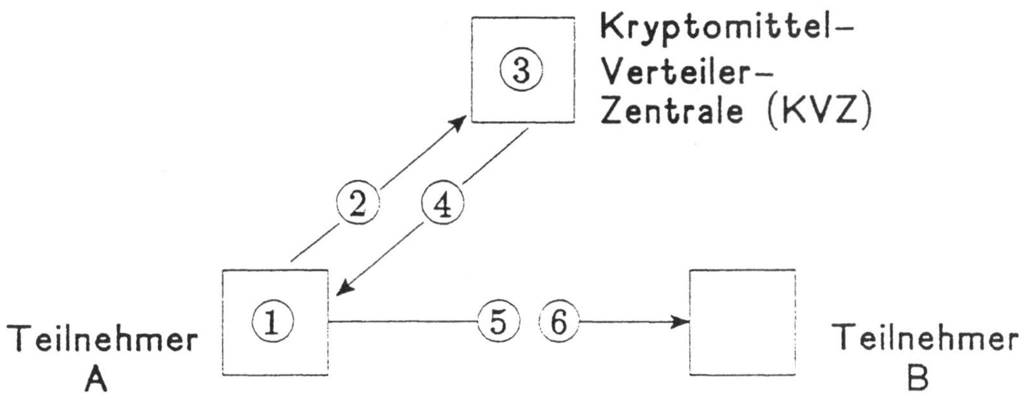

1: Teinehmer A gibt Rufnummer des Teilnehmers B ein.

2: A teilt seinen Verbindungswunsch (A–B) der KVZ mit.

3: Die KVZ erzeugt für diese Verbindung einen Schlüssel und ...

4: Überträgt diesen verschlüsselt an A, wo er entschlüsselt und
   abgespeichert wird.

5: Der Schlüssel wird jetzt verschlüsselt an B übertragen und dort
   ebenfalls entschlüsselt.

6: Die Information wird damit verschlüsselt übertragen und
   der Schlüssel anschliesend wieder gelöscht.

Bild 17: Automatische Schlüsselverteilung

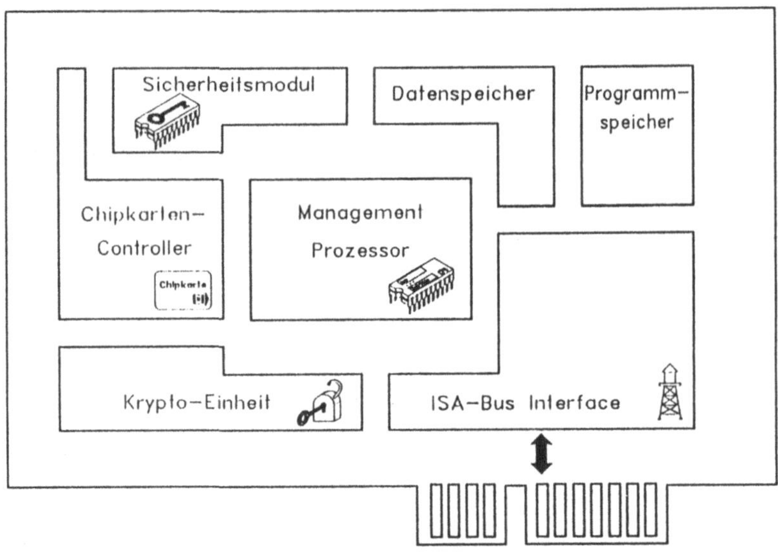

Bild 18: PC- Steckkarte für das SLAN- System

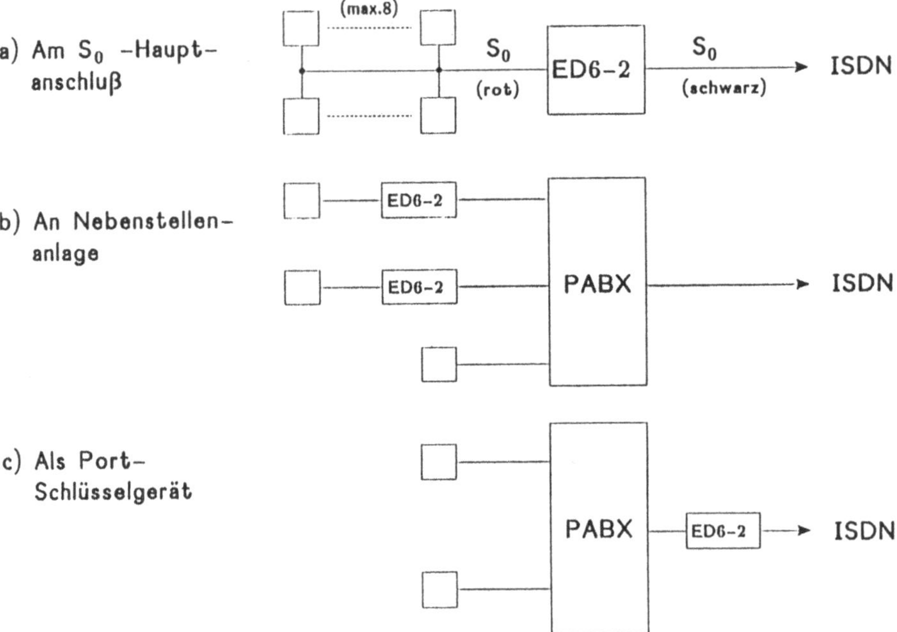

Bild 19: ELCRODAT 6-2: Mögliche Netzkonfigurationen

Datensicherheit in Chipkarten
- Schlüssel zu neuen Applikationen

W. Conrads

Mit Chipkarten werden Daten gespeichert und verarbeitet. Fast immer stellen die Anwendungen erhöhte Anforderungen an Sicherheit und Zuverlässigkeit. Typische Beispiele für den Einsatz von Chipkarten sind die Speicherung von Geldwerten in der Karte wie z.B. beim Kartentelefon, die Berechtigung auf Leistungen oder Informationen zuzugreifen wie beim Mobilfunk oder PayTV oder die Sicherung der Authentizität von Dokumenten in der Öffentlichen Kommunikation.

Gegen mögliche Manipulationsversuche setzen Sicherheitsstrategien für Chipkarten an drei Punkten an: Mit physikalischen Maßnahmen, Vorkehrungen in der Architektur sowie mit Verschlüsselungsalgorithmen. Zu den physikalischen Maßnahmen zählen integrierte Reset-Schaltungen, die ein undefiniertes Ein- und Ausschalten der Chipkarte verhindern, damit irreguläre Zustände für Mißbräuche vermieden werden. Definierte aber nicht ausgewiesene verdeckte Eigenheiten der Schaltungen als Reaktion auf bestimmte Stimuli können schließlich als 'elektrisches Wasserzeichen' benutzt werden. Busse werden auf der Schaltung topologisch verwürfelt. Ein sinnvoller Zugriff auf Signale auf dem Chip wird damit unmöglich. Weitere Maßnahmen verhindern eine mögliche Analyse des dynamischen Versorgungsstromes und damit Rückschlüsse auf interne Abläufe.

Zu den Architekturmaßnahmen gehören elektronische Sicherungen, die das Test ROM nach dem Abschlußtest beim Kartenhersteller blockieren, um undefinierte Zugriffe auf den Speicher grundsätzlich unmöglich zu machen. Auch der Speicherzugriff ist so ausgelegt, daß ein Zugriff auf das EEPROM von außen nicht erfolgen kann. Taktsignale außerhalb des Sollfrequenzbereiches können undefinierte Systemzustände bewirken, die eine mögliche Angriffsfläche bieten. Dies wird durch eine Frequenzüberwachungsschaltung verhindert.

Neben physikalischen Maßnahmen und Vorkehrungen in der Konzeptarchitektur können Verschlüsselungsalgorithmen die Datensicherheit in Chipkarten wesentlich verbessern. Mit der erstmaligen Integration einer Logik zur asymmetrischen Verschlüsselung wie z.B. RSA auf einem Chipkarten-Controller ist es gelungen, die Datensicherheit in Chipkarten entscheidend zu verbessern.

"Public Key"-Verschlüsselung (RSA)

Herkömmliche Verschlüsselungsverfahren - wie DES - (Data Encryption Standard) verwenden für Ver- und Entschlüsselung den gleichen geheimen Schlüssel. Das erfordert einen hohen Aufwand bei der sicheren Verwaltung und Verteilung der Schlüssel. Bei "Public Key Algorithmen" dagegen, die auch als unsymmetrische Verschlüsselung bezeichnet werden, die für die Verschlüsselung einen öffentlichen Schlüssel (Public Key) und nur für die Entschlüsselung einen geheimen Schlüssel (Secret Key) benutzen, vereinfacht sich die Verwaltung der Schlüssel wesentlich. Dieses Verfahren erschließt neue Anwendungen wie die "digitale Unterschrift", die grundsätzlich nur mit einer unsymmetrischen Verschlüsselung möglich ist.

Digitale Unterschrift (Signatur)

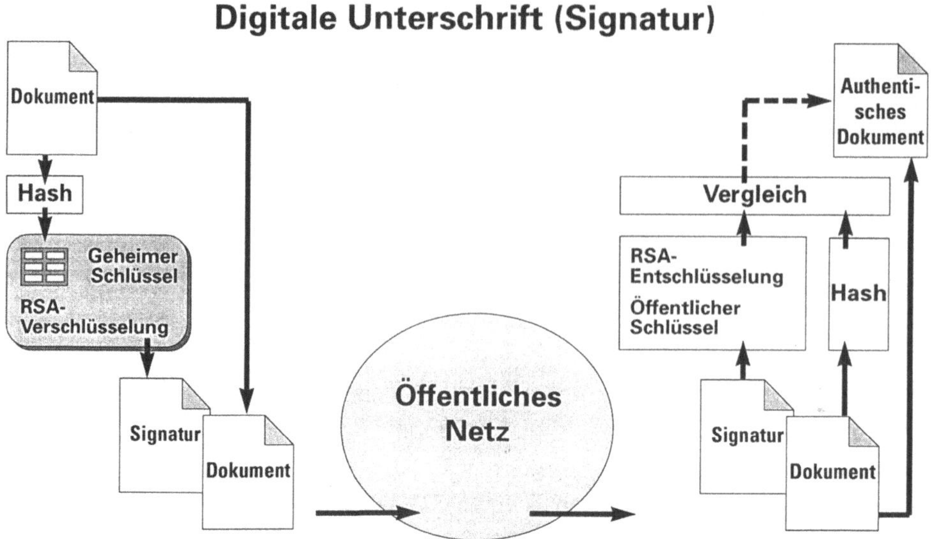

Bild 1: **Digitale Unterschrift**

Mathematisch sind Public Key Algorithmen - wie RSA (benannt nach R.L. Rivest, A. Schamir und L. Adleman) - schon lange bekannt, jedoch reicht die Rechenleistung herkömmlicher SmartCard-Controller für diese Algorithmen nicht aus. Mit der Entwicklung des P83C852 hat Philips Semiconductors hier einen großen Schritt nach vorne getan. Eine "Calculation Unit" als integrierter Coprozessor zu einer 8051-CPU unterstützt die zahlreichen Multiplikationen und Additionen der Verschlüsselungsalgorithmen mit bis zu 512 bit langen Operanden.

Die Digitale Unterschrift stellt die Authentizität eines Dokumentes z.B. nach der Übertragung über ein öffentliches Netz sicher. Sie wird durch Verschlüsseln einer Botschaft mit dem gehei-men Schlüssel erzeugt. Jedermann, der den entsprechenden öffentlichen Schlüssel zur Ver-fügung hat, kann die Digitale Unterschrift daraufhin überprüfen, ob sie tatsächlich von der ge-nannten Person stammt. Nur mit dem passenden öffentlichen Schlüssel wird die Chiffre wie-der lesbar. Dabei ist eine unabdingbare Voraussetzung die absolut sichere Verwahrung des geheimen Schlüssels, eben die Speicherung in einer Chipkarte.

In der Praxis kann die Verschlüsselung eines längeren Textes mit dem geheimen Schlüssel - die Generierung der Digitalen Unterschrift - zu viel Zeit in Anspruch nehmen (Scenario Bild). Deshalb extrahiert man aus dem Dokument den sogenannten Hash-Wert - vergleichbar einer Prüfsumme -. Dieser Hash-Wert besitzt unabhängig vom Text eine konstante Länge (etwa 64 Byte - Blocklänge). Dieser Hash-Wert wird nun in der Karte mit dem geheimen Schlüssel chif-friert. Das Ergebnis wird als Digitale Unterschrift an den Text angehängt und kann nun über das öffentliche Netz verschickt werden.

Der Empfänger muß nun zwei Dinge tun. Einmal entschlüsselt er mit dem Public Key des Ab-senders die Digitale Unterschrift (mit dem RSA Algorithmus) und erhält als Ergebnis den Ori-ginal Hash-Wert, den der Absender erzeugt hat. Zum anderen kann er selbst aus dem emp-fangenen Text einen Hash-Wert bilden. Wenn beide Hash-Werte identisch sind, ist die Digita-le Unterschrift verifiziert, d.h. es ist bewiesen, daß der genannte Absender das Schriftstück tatsächlich selbst "unterschrieben" hat.

Außerdem ist mit der Verifikation der Unterschrift sichergestellt, daß der Text vor, während oder nach der Übertragung nicht manipuliert wurde.

Sicherheit von RSA/Rechenzeit für Faktorisierung

Die Sicherheit des RSA Algorithmus beruht auf der aufwendigen und zeitintensiven Faktorenzerlegung für große Zahlen. Eine Schlüssellänge von 512 bit erforderte 1978 auf einem Großrechner noch eine theoretische Rechenzeit von 440000 Jahren für die Zerlegung. Heutige Rechner sind deutlich leistungsfähiger. Aber selbst 1995 wird diese Faktorisierung noch mehr als fünf Jahre erfordern.

Schlüssel bleibt in der Karte

Bisher reichte die Rechenleistung für eine unsymmetrische Verschlüsselung in der Chipkarte nicht aus. Der geheime Schlüssel (secret key) mußte vom Terminal aus der Karte gelesen werden, ein entscheidender Schwachpunkt.

Erst mit der Rechenleistung von Kryptocontrollern für Chipkarten, wie P83C852, kann die Verschlüsselung in der Karte erfolgen, ohne daß der Schlüssel die Karte verläßt (siehe digitale Unterschrift). Die unsymmetrische Verschlüsselung eröffnet der Chipkarte neue Wachstumsfelder. Auf 3 Anwendungsbeispiele soll im folgenden kurz eingegangen werden.

Elektronische Geldbörse

Das bekannte Problem des fehlenden Kleingeldes wird beim Telefonieren schon heute durch die Chipkarte als vorausbezahlte Telefonkarte einfach gelöst.

Ein allgemeinerer Ansatz führt zu einer wieder aufladbaren SmartCard, die gleichzeitig für mehrere Anwendungen eingesetzt und die mit asymmetrischer Verschlüsselung auf den erforderlichen und heute möglichen Sicherheitsstandard gebracht werden kann. Bei Anwendungen, wie Parken, Verkaufsautomaten, Nahverkehr, Kantinen wird so eine größere Benutzerfreundlichkeit erreicht und gleichzeitig dem Vandalismus Einhalt geboten. Die Konzepte werden allgemein als "Elektronische Geldbörse": (Electronic Purse) bezeichnet. Die erforderliche Standardisierung wird in CEN Arbeitsgruppen behandelt. Entsprechende Feldversuche laufen z.B. in Dänemark.

Da es um finanzielle Transaktionen über die SmartCard geht, ist die Sicherheit und die Authentizität der einzelnen Transaktionen wesentlich. Eine Lastschrift ist vergleichbar mit einem Dokument, das durch eine elektronische Unterschrift abgesichert werden muß. Hier öffnet sich deshalb ein neues Feld für den Einsatz von unsymmetrischer Verschlüsselung.

Pay - TV

Hardware Descrambler für Pay - TV sind in der Vergangenheit vielfach Gegenstand erfolgreicher Manipulationen und Nachbauten geworden. Leistungsfähige Chipkarten-Controller bieten hier einen weitaus besseren Schutz. Werden die Algorithmen zum Descrambeln des Videosignals in der Karte abgearbeitet, so ist eine Manipulation ausgeschlossen.

Die Algorithmen steuern das zeitliche Auslesen aus dem Speicher für das Videosignal im Descrambler. Das Videosignal läuft deshalb nicht über die Chipkarte.

Die zugehörigen Schlüssel und Steuersignale werden in der Austastlücke des Videosignals übertragen und in der Chipkarte ausgewertet. Zusätzlich wird die Karte durch spezifische Tests periodisch auf ihre Authentizität geprüft. Mehrfache physikalische elektronische und algorithmische Sperren schützen die Karte darüber hinaus vor Sicherheitsangriffen.

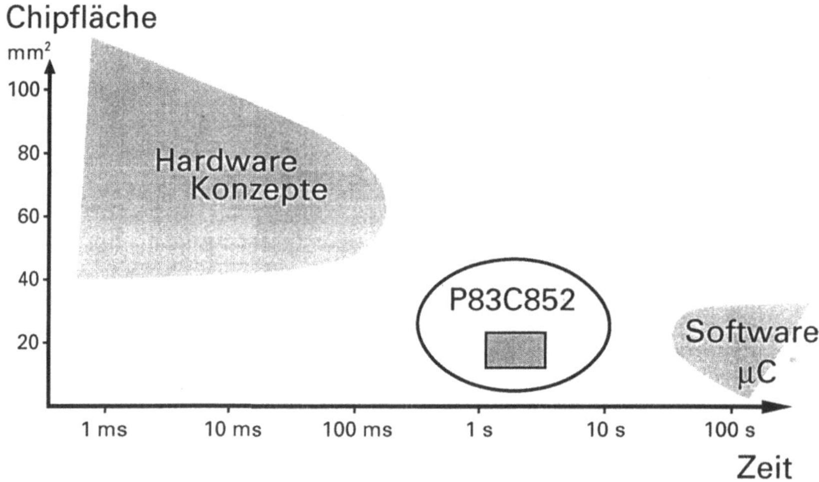

Bild 2: **Krypto-Controller P83C852: Verschlüsselung in kaum mehr als einer Sekunde**

Bild 2: **Krypto-Controller P83C852: Verschlüsselung in kaum mehr als einer Sekunde**

Road pricing oder Mautgebühr

Die elektronische Erfassung von Straßenbenutzungsgebühren über eine an der Windschutz-
scheibe angebrachte On Board Unit (OBU) ist eine weitere Anwendung für Chipkarte mit erhöhten Sicherheitsanforderungen.

Die Chipkarte in der OBU wird dazu - wie eine Electronic Purse - mit Geld aufgeladen. Beim
Passieren einer Bake an der Straße findet eine Kommunikation zwischen OBU und Bake
über eine 5,8 GHz Mikrowellenstrecke statt. Dabei werden entsprechende Gebühren von der
Chipkarte abgebucht.

Diese Transaktionen erfolgen bei Geschwindigkeiten mit bis zu 160 km/h mit entsprechenden
Datenraten. Erfolgt dann die Authentifikation mit Public Key Verfahren, dann ist die Leistungsfähigkeit heutiger Kryptocontroller bis aufs äußerste gefordert.

Bisher erforderten unsymmetrische Verschlüsselungsverfahren - wie RSA -. relativ komplexe
integrierte Schaltungen für Spezialanwendungen. Sie orientierten sich z.B. an den
Anforderungen für Sprachverschlüsselung in Echtzeit. Für Chipkarten waren diese Schaltungen unbrauchbar.

Softwarelösungen waren dagegen unakzeptabel langsam für Chipkartencontroller. Auf einer
80C51 CPU z.B. benötigt die Verschlüsselung einer Nachricht zirka 160 Sekunden. Selbst mit
einer 32 bit-CPU käme man mit einer Rechenzeit von vier Sekunden kaum zu einerakzep-
tablen Zeit, geschweige denn zu einer für Chipkarten akzeptablen Chipfläche von weniger als
25 mm² .

Erst eine wohl ausbalancierte "Mischung" aus Hardware und Software hat die Integration auf
einem Chipkarten-Controller ermöglicht. Dabei wird die asymmetrische Verschlüsselung im
P83C852 in einem separaten Coprozessor durchgeführt.

Montierter Kryptocontroller P83C852

Bild 3: **Chipfoto**

Erstmalig ist es gelungen, Mikrocontroller und Coprozessor auf einem einzigen Chip von weniger als 25 mm^2 Fläche zu integrieren wie sie durch die Geometrie des Kontaktfeldes und Anforderung an Bruchfestigkeit vorgegeben sind.

Die Familie der Kryptocontroller wächst ständig
in Richtung höherer Speicherkapazitäten für ROM, RAM, EEPROM und weiterer Funktionalität. Mit dem P83C852 ist ein technologischer Stand erreicht, der die asymmetrische Verschlüsselung erstmalig zu geringen Mehrkosten gestattet. RSA bietet erhöhte Sicherheit und wird deswegen auch viele neue Anwendungen erschließen. Einige, wie z.B. die digitale Unterschrift, sind ohne unsymmetrische Schlüssel grundsätzlich nicht möglich. Asymmetrische Schlüssel werden darüber hinaus den Aufwand für das Key-Management, d.h. die Zuordnung von Schlüsseln, wesentlich vereinfachen.

Marktentwicklung Kryptocontroller

Wir gehen davon aus, daß im Jahre 2000 rund 40 % des SmartCard-Controllermarktes von rund 1,8 Milliarden Dollar Kryptocontroller sein werden.

Biometrische Daten

Für die Benutzung von Chipkarten ist heute der Besitz der Chipkarte und das Wissen des PIN Codes nötig. In Zukunft werden auch biometrische Daten in der Chipkarte gespeichert, die eindeutig dem Eigentümer der Karte zugeordnet werden können und so einen wesentlichen zusätzlichen Schutz der Karte vor Mißbrauch bieten.

Datensicherheit in öffentlichen Kommunikationsnetzen

Klaus-Dieter Wolfenstetter

I Das Problem und seine Tragweite

Sicher ist es ein hervorstechendes Charakteristikum unserer
Zeit, daß Informations- und Kommunikationssysteme in nahezu
sämtliche gesellschaftliche wie private Lebensbereiche zunehmend eindringen. An Beispielen mangelt es nicht: So wickeln
z.B. immer mehr Firmen ihren Kunden- und Handelsdatenaustausch
über öffentliche oder eigene Netze ab. Und der schnelle und
problemlose Zugriff auf interne oder allgemein marktrelevante
Informationen hat sich zu einem unverzichtbaren Instrument der
Unternehmensführung entwickelt.

Die Tendenz zeigt dabei eindeutig eine Verlagerung von Host-basierten Informationssystemen hin zu dezentralen, verteilten Systemen, durch die nicht nur Informationen bloß abgefragt, sondern immer mehr auch komplexe Aufgaben gelöst werden. Wer heute
den Wettbewerb bestehen will, muß über derartige Werkzeuge verfügen und sie intensiv nutzen.

Nicht erst seit der Vereinigung mit den neuen Bundesländern
wissen wir, wie empfindlich ein arbeitsteiliges Wirtschaftssy-
stem und ein föderales Gesellschaftssystem von der Leistungsfähigkeit seiner Kommunikationsinfrastruktur abhängen. Wir verstehen darunter nicht nur das reibungslose Funktionieren der
systemtechnischen Komponenten, sondern zusätzlich auch die Verläßlichkeit und Vertrauenswürdigkeit aller Kommunikationsabläu-
fe. Neue Attribute, die sich zu unverzichtbaren Voraussetzungen
für eine breite Akzeptanz der den Benutzern angebotenen Kommunikationsanwendungen und Informationsdienstleistungen entwickelt haben. Die Garantie von Informationssicherheit wird deshalb die gesellschaftliche Akzeptanz neuer Medien ebenso beeinflussen wie die Konkurrenzfähigkeit eines Unternehmens.

Aber mehr noch müssen auch heute schon die möglichen sozialen
Auswirkungen künftiger Kommunikationsmedien erfaßt und analysiert werden, vor allem dort, wo persönliche oder auch nur personenbezogene Daten einer öffentlichen, von den Betroffenen
nicht kontrollierbaren Verarbeitung ausgesetzt werden.

Die in den letzten Jahren immer lauter gewordenen Forderungen
der Datenschützer - und vor allem jener, die sich zu solchen
erklären - nach mehr Schutz der Benutzer von digitalen Kommunikationssystemen (z.B. dem ISDN) mündeten schließlich in eine
spezialgesetzliche "Telekommunikationsdatenschutzverordnung"
TDSV (für die Deutsche Bundespost Telekom), in der datenschutz-
relevante Dienstemerkmale (z.B. die optionale Rufnummernanzeige
oder der Einzelentgeltnachweis) definiert und ihre Realisierungen der Telekom zur Auflage gemacht werden.

Diese Rechtsverordnung ist zugleich sensibler Ausdruck eines
gesellschaftlichen Konsenses über die Zulässigkeit von Informationsverarbeitung. Sie regelt den Umgang mit personenbezogenen
Daten und trägt zweifellos zu einem höheren Schutz der Privatsphäre der Telekommunikationsteilnehmer bei als bisher. Konnte
man früher fragen: "Stört das denn den Betroffenen?", so lautet
die Frage jetzt: "Was geht das den Datenverarbeiter an?"

Die TDSV ist zudem eine erste Annäherung zu der vorgeschlagenen
Richtlinie der Europäischen Gemeinschaft zum Schutz der Privatsphäre in digitalen Telekommunikationsnetzen. Die Berücksichtigung der jeweiligen, auch länderübergreifenden Datenschutzbestimmungen wird die internationale Wettbewerbsfähigkeit und die
Vollendung des europäischen Binnenmarktes nicht behindern. Sie
ist vielmehr eine Bedingung für ihren Erfolg.

Doch ein Datenschutz mit dieser Ausprägung bietet in vielen
Fällen nur eine Art Grunddatenschutz, der ja im originären Interesse sowohl von Kommunikationsdienstleistungsanbieter als
auch -verbraucher liegt. Und diesen Grunddatenschutz, die Netze
und deren Dienste vor mißbräuchlicher Nutzung zu schützen, hat
die Telekom schon seit Jahren bei allen sicherheitssensiblen
Diensten, vor allem den Funkdiensten, zu erfüllen sich bemüht.

So verfügen etwa alle modernen Funkdienste wie z.B. das Funknetz C und das paneuropäische Mobilkommunikationssystem Netz D,
über Zugangskontrollmechanismen, die sich selbst wieder auf moderne Chipkartentechnik und kryptografische, also wissenschaftlich gesicherte Verfahren abstützen. Aber auch das öffentliche
Kartentelefon in seiner kreditorischen Anwendung oder der Bild-
schirmtextdienst über den Chiptel-Zugang machen sich die gleiche Sicherheitstechnologie zunutze. Und in der Planung oder
Standardisierung neuer Kommunikationsmedien hat die Sicher-
heitsthematik ihren festen Platz. Das folgende Bild gibt ein
Beispiel für einen modernen (Mobil-)kommunikationsdienst, der
zugleich neue Gefährdungen aufweist.

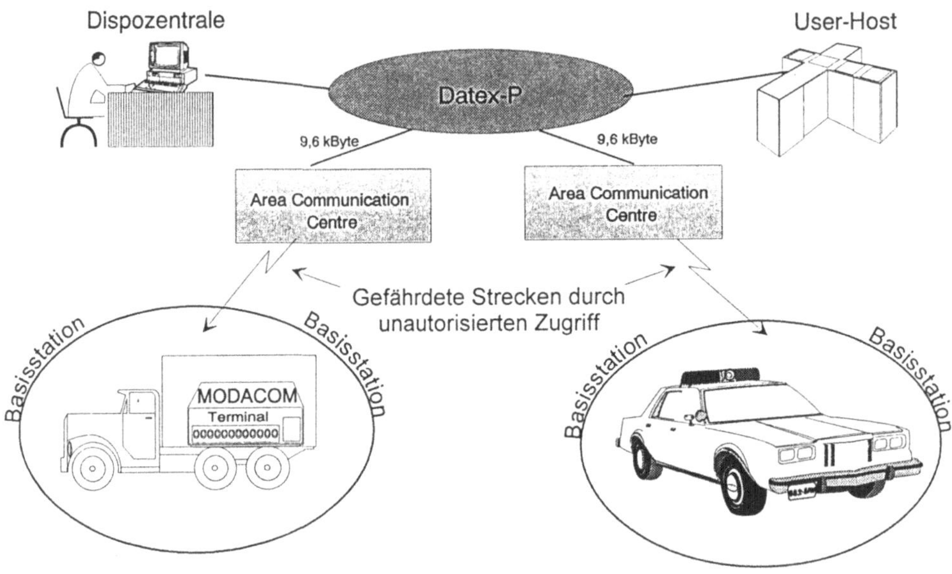

Bild 1: Disposition und Datenzugriff per MODACOM und ihre
Gefährdungen

Heute stellen wir aber mit der zunehmenden Vernetzung und Komplexität von Netzen und Diensten vielerorts einen erhöhten Si-
cherheitsbedarf fest; denn die wachsende Abhängigkeit von derartigen Systemen, die für den Benutzer zugleich immer weniger
überschaubar, kontrollierbar oder gar beherrschbar sind, erhöht
zwangsläufig auch die Verletzlichkeit ihrer Anwender.

Nicht wenige mußten für ihren allzu sorglosen Umgang mit der
Informationstechnik letztlich teuer bezahlen. So haben Computerviren, die wertvolle Datenbestände vernichten oder kostbare
Computerkapazität binden können, immer wieder für Schlagzeilen
gesorgt. Und Vielfalt, Verbreitung und Raffinesse solcher pro-
grammierter "Fremdkörper" oder allgemein "subversiver Software"
nehmen laufend zu.

Deshalb wird der Wunsch nach individueller, mit den Kommunikationsanwendungen abgestimmter Sicherheit, inzwischen immer häufiger an den öffentlichen Netzbetreiber sowie an die Endgeräte
herstellende Industrie herangetragen. Ein Mehr an Sicherheit
kostet zwar Geld, sie nicht zu haben, kann sehr viel mehr kosten. Folglich entsteht ein Sicherheitsmarkt für Sicherheits-
dienstleistungsprodukte. Auch wenn dieser Markt wegen der ver-
ständlichen Zurückhaltung vieler Anwender bei der Offenlegung
ihres Sicherheitsbedarfs (und damit der Sicherheitslücken) nur
sehr schwer abzuschätzen ist, stellen wir fest, daß der Anteil
der Aufwendungen für Sicherheitseinrichtungen an den Gesamtin-
vestitionen wächst. Kaum ein Gewerbe oder ein Unternehmen, das
wegen seiner dezentralen Ressourcen auf Telekommunikation angewiesen ist, und keine besonderen Sicherheitsvorkehrungen
trifft. Die Telekom hat diesen Sicherheitsmarkt schon sehr früh
identifiziert und zunächst durch eigene Bemühungen im synerge-
tischen Zusammenwirken zwischen der Telekom-eigenen Forschung
und dem Projekt Telesec, später im Verbund mit externen Partnern, leistungsfähige und dennoch kostengünstige Sicherheitskomponenten zur Produktreife gebracht.

II Ein Gesamtkonzept für Informationssicherheit

Sicherheit ist längst nicht mehr nur eine nationale Angelegen-
heit. Die europäische informationstechnische Industrie sowie
Netzbetreiber und Anwender engagieren sich zunehmend in internationalen und europäischen Standardisierungsgremien wie ISO,
CCITT, ECMA, ETSI u.a.m., aber auch bei Forschungs- und Ent-

wicklungsprojekten bzw. -institutionen wie RACE und EURESCOM
auf dem Gebiet der Informations- und Kommunikationssicherheit.
Wir wollen hier beispielhaft nur zwei Sicherheitsstandards nennen, die schon kurz nach ihrem Erscheinen in der Sicherheitstechnologie eine herausragende Rolle gespielt haben: Zunächst
das von der Telekom maßgeblich mitentwickelte "Authentication
Framework" bei CCITT und ISO, eine wegweisende, auf modernen
kryptografischen Methoden aufbauende Sicherheitskonzeption für
offene Kommunikationssysteme.

Auch das Telesec-Projekt der Telekom, das einen vielverspre-
chenden ersten Schritt zur Einführung von Sicherheitsprodukten
darstellt und in Abschnitt V beschrieben wird, stützt sich auf
die dort beschriebenen Sicherheitsprozeduren und -konventionen
ab. Als zweite Initiative im europäischen Sicherheitsbereich
verdienen die vom neuen Bundesamt für Sicherheit in der Informationstechnik (BSI) entworfenen, und für den europäischen kommerziellen Informationsaustausch empfohlenen Kriterien zur Sicherheit in der Informationstechnik Beachtung: Ein Katalog von
unterschiedlichen Anforderungen hinsichtlich Funktionalität und
Qualität an sichere oder zumindest gesicherte Informationssysteme für die Computerindustrie.

Wir sehen anhand der nur skizzenhaft dargestellten Problemfel-
der und der schon laufenden Aktionen im Bereich sicherer Kommunikation, welche Dimension und Tragweite Schutz und Sicherheit
für den einzelnen Kommunikationsteilnehmer und damit auch für
uns haben.

Der Schutz der übertragenen oder der dem Vermittelndem anvertrauten Informationen muß ein ernstes Anliegen und fester Bestandteil der Netz- und Diensteplanung sein.

Der Schutz von Information betrifft alle. Und was alle angeht,
können nur alle gemeinsam lösen. Wir müssen und wir können gemeinsam, das heißt Technikentwickler und Anwender miteinschlie-
ßend, fach- und länderübergreifend, den Bürgern eine Technik
dienstbar machen, die nicht einfach nur das technisch Mögliche
bietet, sondern auch vertrauenswürdig, verläßlich und damit so-

zial annehmbar ist. Dieses Ziel vor Augen wollen - und müssen -
wir gemeinsam neue Wege suchen und gehen - neue Wege zu einer
sicheren Kommunikation.

III Einblicke in die Lösungsmethoden

Dabei liegt ein Stück Weges schon hinter uns. In der Vergangenheit beschränkten sich die Sicherheitsverfahren auf die Zu-
gangs- und Zugriffskontrolle zu Telekommunikationsdiensten,
d.h. auf die zweifelsfreie Identifizierung - die Authentikation
- des Teilnehmers an diesen Diensten. Die Methode zur Überprüfung des Teilnehmers vom Netzverantwortlichen aus folgt - zumindest bei allen neueren Systemen - einem Schema aus der Kryptologie, das als "challenge-and-response-protocol" bezeichnet
wird und mit dieser Bezeichnung schon den Ablauf nahelegt.

Nach dieser Vorschrift inspiziert eine technische Institution
auf der Netzseite, im allgemeinen ein Sicherheitsmodul, das
Vorhandensein einer geheimen Information, die dem Benutzer nach
der Etablierung des Teilnehmerverhältnisses ausgehändigt wird.
Diese geheime Kennung wird jedoch nicht als einfaches Paßwort
benutzt, das ja nach einmaligem Senden auf dem Übertragungska-
nal im Prinzip abgehört werden kann. Vielmehr wird sie vor der
Übertragung mittels einer kryptographischen Funktion - einer
sog. Einbahnfunktion - knacksicher und immer wieder neu verpackt.

Als Muster für dieses Sicherheitsprotokoll gilt das Funktele-
fonsystem Netz C der Telekom, bei der der gesamte Zugangskon-
trollmechanismus vom Netzteilnehmer über seine Chipkarte zum
Netz in zwei Schritten abläuft: Zunächst authentisiert sich der
Teilnehmer gegenüber seiner Chipkarte über die Eingabe seiner
persönlichen Identifikationsnummer (PIN), die auf der Chipkarte
als Referenzwert abgespeichert ist. Dabei durchläuft die PIN
von der Eingabe über eine Tastatur des Funkgerätes bis zur
Chipkarte einen (u.U. langen) Weg, ein sogenanntes PIN-Pad. Die

so eingegebene PIN wird dann mit dem Referenzwert der Karte
verglichen. Insoweit gleicht diese Zugangsprozedur der weit
verbreiteten (und aus heutiger Sicht konservativ anmutenden)
Paßwortkontrolle. Doch die alternative Lösung dazu, nicht abzu-
fragen, was ein Teilnehmer weiß, sondern was er ist, also ein
biometrisches Echtheitsmerkmal (wie z.B. die Retinastrukturen
des Auges, die Vermessung der Fingerlängen oder gar die Genomanalyse) zu messen, wird im kommerziell-öffentlichen Bereich
als dem Schutzzweck nicht angemessen betrachtet und als ethisch
nicht vertretbar abgelehnt.

Dieser vergleichsweise schwachen Authentikation des Teilnehmers
gegenüber seiner Chipkarte folgt dann allerdings eine weitaus
sicherer gestaltbare Authentikation von der Chipkarte hin zur
Netz- oder Dienstautorität.

Im Fall des Funktelefonsystems Netz C überprüft nun die Funkvermittlungsstelle das Vorhandensein der geheimen Chipkarten-
kennung, indem sie der Chipkarte über eine Funkfeststation hinweg eine Zufallszahl übermittelt und sie herausfordert, diese
zusammen mit der chipkartenspezifischen geheimen Kennung einer
komplexen Einbahnfunktion zu unterwerfen und danach das Funkti-
onsergebnis, also gleichsam die signierte Zufallszahl, zurück-
zuschicken. Die Chipkarte soll also die "richtige" Antwort
(response) geben, ohne daß ein Abhörer des Übertragungsweges
daraus einen Nutzen ziehen könnte. Im Bereich der Netzautorität
erfolgt (etwa innerhalb eines Sicherheitsmoduls) der gleiche
Prozeß, so daß die eingangs erwähnte, geschützte Inspizierung
des "Chipkartengeheimnisses" vollbracht ist.

"Challenge and response" als Basisschema für die Authentikation
bietet viele Varianten und Abwandlungen, deren Behandlung allerdings den Rahmen des Themas sprengen würde. Nur die folgenden Stichpunkte sollen den Interessierten zu weiterführender
Literatur verhelfen: Gegenseitige Authentikation durch Umdrehen
des Rollenspiels (wie bei einigen moderneren paneuropäischen
Kommunikationssystemen vorgesehen), Authentikation, ohne daß
ein Geheimnis zwischen Authentikator und Verifikator geteilt
wird auf der Basis asymmetrischer (Public Key-)Kryptosysteme

(vorwiegend im Anwendungsbereich wie z.B. bei Telesec); Inspektion des von einem Zufallsvektor völlig verdeckten Geheimnisses
(Zero Knowledge Proofs) u.a.m.. Der hier Interessierte muß auf
die Literatur zu dem neuen und fesselnden Wissenschaftsgebiet
der Kryptologie verwiesen werden (siehe Literaturverzeichnis,
z.B.[12]).

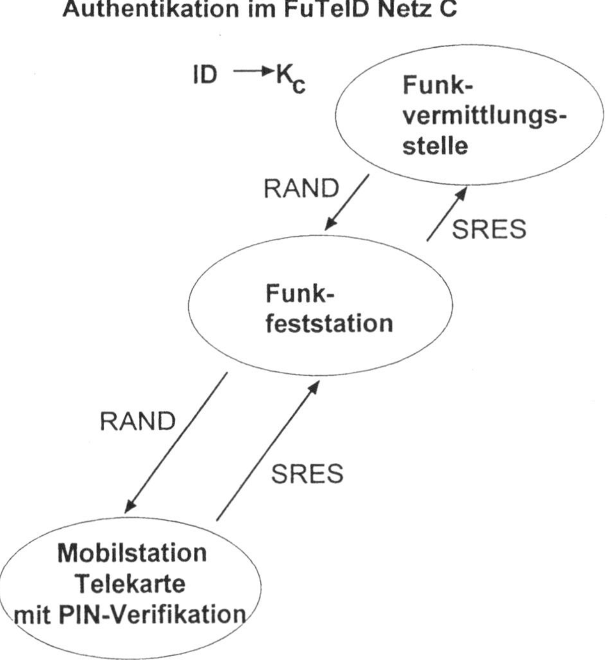

Bild 2: Authentikation im Funknetz C

Gleichzeitig mit dem Funknetz C wurde als eines der ersten Mas-
senkommunikationsdienste das öffentliche Kartentelefon ÖKOM mit
wichtigen Sicherheitsfunktionen ausgestattet.

Von den zur Zeit mehr als 125000 öffentlichen Telefonen (wobei
noch weitere 20000 öffentliche Telefonstellen in Postämtern
hinzukommen) wurden bis Ende 1992 über 30000 als öffentliche
Kartentelefone ausgerüstet. Bis 1996 plant die Telekom den
weiteren Ausbau, so daß schließlich mehr Kartentelefone als
Münztelefone vorhanden sein werden.

Die Sicherheit bezieht sich gegenwärtig wie beim Netz C nur
auf die Verhinderung des unautorisierten Zugriffs auf das
ÖKOM-System, d.h. auf die Gebührensicherheit. Zu diesem Zweck
kommen sowohl Debit- bzw. Speicherchipkarten als auch Kredit-
bzw. Prozessorkarten zum Einsatz. Bei der Debitkarte (von denen 1992 über 60 Mio. Stück verkauft wurden) besteht die Sicherheitsfunktion aus der Überprüfung von sog. physischen
Echtheitsmerkmalen des Speicherchips über eine im Speicher
fest eingebaute, nichtmanipulierbare Sicherheitslogik. Dies
geschieht innerhalb des Kartentelefons.

Wesentlich höhere Anforderungen an das Netz stellt dagegen im
Kreditfall die Sicherheitsprozedur der Telekarte. Dort bedarf
es zur Überprüfung der Karte und sicheren Gebührenfeststellung
einer mit der Prozessorkarte kommunizierenden Gegenstelle, der
sog. **A**nschalte-**E**inheit-**K**artentelefon AEK. Die AEK dient als
Systemschnittstelle zum öffentlichen Telefonnetz und zugleich
zum Datex-Wählnetz zur Informationsübertragung. Zur Übertragung der Signalisierungsinformationen auf der Anschlußleitung
(zwischen Telefon und AEK), etwa zum Zweck der Abbuchung der
Geldeinheiten von der Karte, kommt bisher das Data Over Voice
– Verfahren zum Einsatz. Im Betrieb, d.h. im Gesprächsfall
kommunizieren Kartentelefon und AEK autark miteinander. Alle
weiteren innerbetrieblichen Prozesse, wie z.B. Administration
und Statistik, Wartung, Fernladung von AEK- und Terminalpro-
grammen, Konzentration von Gebührendaten etc., übernehmen weitere Netzkomponenten, die über Datex-P und (z.Z. noch) Datex-L
miteinander verbunden sind.

Das Sicherheitsprotokoll für die Teilnehmerauthentikation
läuft ausschließlich zwischen der Chipkarte und der AEK ab.
Dazu schaltet die Zentraleinheit der zuständigen AEK eine Verbindung zwischen einem ihr angeschlossenen Sicherheitsmodul
und der Karte. Wie beim Netz C erfolgt nun zunächst die Identifikation des Karteninhabers gegenüber "seiner" Karte über
ein PIN-Pad: er gibt über die Tastatur seine vierstellige PIN
ein, die in der Karte überprüft wird. Bemerkenswert ist, daß
vor der eigentlichen Authentikationsprozedur ein Schlüsselma-

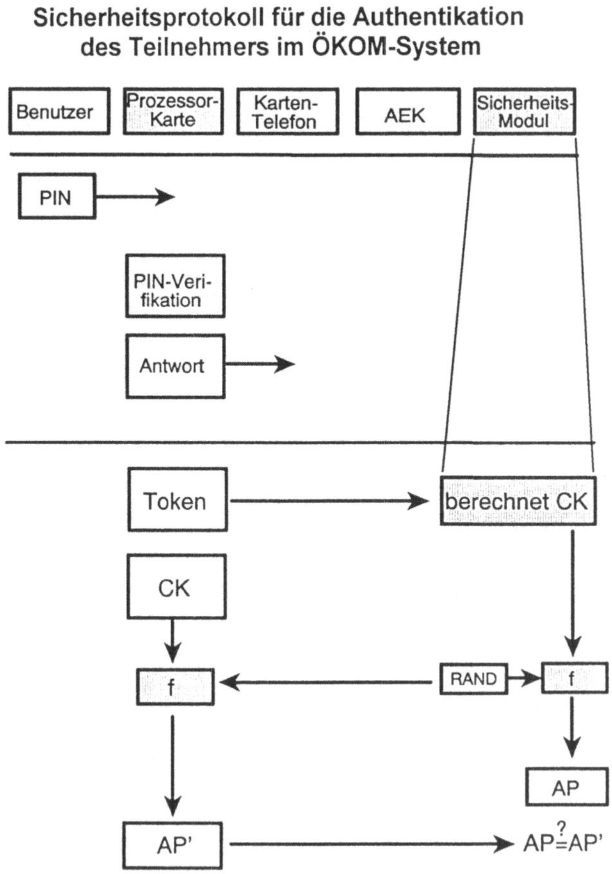

Bild 3: Authentikation der Telekarte im ÖKOM-System

nagement zur Bereitstellung des kartenspezifischen Schlüssels
erfolgt. Dies ist notwendig, da andernfalls jede AEK stets alle aktuellen Schlüssel vorrätig haben müßte, was bei Millionen
Teilnehmern einen nicht vertretbaren Aufwand bedeuten würde.

Nach diesem Schlüsselmanagement wird der Schlüssel, der mit
einem systemweiten einheitlichen Schlüssel gesichert und damit
gleichsam als "Token" verpackt ist, dem Sicherheitsmodul der
AEK übermittelt. Daraufhin initiiert das Sicherheitsmodul das
oben beschriebene "Challenge-and-response"-Protokoll. Eine
ausführliche Beschreibung der Authentikationsprozedur von ÖKOM
findet man in [1].

IV Fallbeispiel europäische Mobilkommunikation

Das unter dem Kürzel GSM, d.h. Groupe Spécial Mobile, bekannt
gewordene Telekommunikationssystem ist ein im 900 MHz-Bereich
betriebenes gesamteuropäisches digitales Mobilkommunikationssystem. Die besondere Bedeutung dieses Dienstes liegt vor allem
darin, daß erstmals Funkteilnehmer "ihr" Funkgerät (bzw. ihre
Chipkarte) mit ins Ausland nehmen und von dort aus freizügig
telefonieren, und da das System vollständig digital ist, auch
Daten-, Text- oder gar Bildinformationen übertragen können.

Zu Beginn der europäischen Standardisierungsarbeiten zu diesem
System stand u.a. eine Bedrohungsanalyse, in der die systemim-
manenten Sicherheitsrisiken zum Ausdruck kommen sollten. Zu
diesen Bedrohungen zählten die unbefugte Teilnahme am System
durch Personen, die manipulierte Mobilstationen, d.h. Funktele-
fone, benutzen oder versuchen, autorisierte Teilnehmer zu im-
personifizieren, sowie das Abhören von Informationen (auch von
"nur" teilnehmerbezogenen), die auf der Funkstrecke ausgetauscht werden.

Das Ziel der daraufhin in den Normungsgremien entwickelten Sicherheitsmechanismen bestand stets darin, dem digitalen zellu-
laren System mit seiner "offenen" Luftschnittstelle den gleichen Schutz für Betreiber und Benutzer zu verleihen, wie es
traditionelle Fernmeldenetze (Fernsprech- und Datennetze) per
se bieten. Dies bedeutet, daß eine Ende-zu-Ende Sicherheit als
Teleservice außerhalb der Möglichkeiten dieser Mechanismen
liegt, sondern in den Verantwortungsbereich des Teilnehmers
fällt, der solche Sicherheitsdienste in Zukunft aber als Mehr-
wertdienste wird in Anspruch nehmen können. Dennoch muß die
durch das GSM-System gegebene Informationssicherheit höher ein-
gestuft werden als diejenige eines konventionellen Netzes, das
keine zusätzlichen Sicherheitsfunktionen bietet.

Das GSM bietet vier allgemeine Sicherheitsdienstmerkmale:

- Authentikation der Teilnehmeridentität

- Vertraulichkeit der Teilnehmeridentität

- Schutz der (personenbezogenen) Zeichengabeinformationen

- Vertraulichkeit der Benutzerdaten

Die Authentifizierung des Teilnehmers gestattet dem Festnetz,
die Identität eines mobilen Teilnehmers festzustellen. Damit
wird sichergestellt, daß die angefallenen Entgelte für die Be-
anspruchung des Dienstes und seiner Merkmale wirklich dem Teilnehmer in Rechnung gestellt werden, der sie verursacht hat.
Hierzu besitzt jeder Teilnehmer eine eigene Chipkarte, die wie
beim Netz C eine chipkartenspezifische Kennung und eine Authen-
tikationsfunktion enthält.

Auf diese Weise können Versuche von betrügerischen Benutzern,
Zugang zum System zu bekommen, entdeckt und vereitelt werden.
Die Authentifikation ist obligatorisch für das GSM-System und
beruht (wieder dem Funknetz C ähnlich) auf dem challenge-and-
response-Schema.

In der Praxis wird hier als Sicherheitswerkzeug entweder eine
Chipkarte von der Größe einer Kreditkarte oder eine kleine Ein-
steckeinheit (plug-in) für Handapparate mit kleinen Karten-
schnittstellen oder Kartenlesern benutzt.

Die Authentikation erfolgt vom mobilen Teilnehmer über das
Funksubsystem und die von ihm besuchten, fremden Vermittlungs-
systeme (transparent) hinweg zum heimischen Netzbetreiber, mit
dem ein Teilnehmerverhältnis besteht ("authentication is a national matter"). Somit kann jeder Netzbetreiber seine Authenti-
kationsfunktion und damit den Grad an Netzsicherheit selbst bestimmen.

Die Wahrung der Anonymität des Teilnehmers erlaubt es mobilen
Benutzern, Gespräche aufzubauen und ihren Aufenthaltsort neu
anzugeben, ohne einem Abhörer der Funkstrecke ihre Identitäten
preiszugeben. Ausschließlich der Netzbetreiber und nicht ein
Abhörer des Informationsflusses auf der Luftschnittstelle soll
wissen, wer zu welchem Zeitpunkt und mit welchem Dienst- bzw.
Dienstmerkmal das Netz nutzt. Dieses Sicherheitsdienstmerkmal

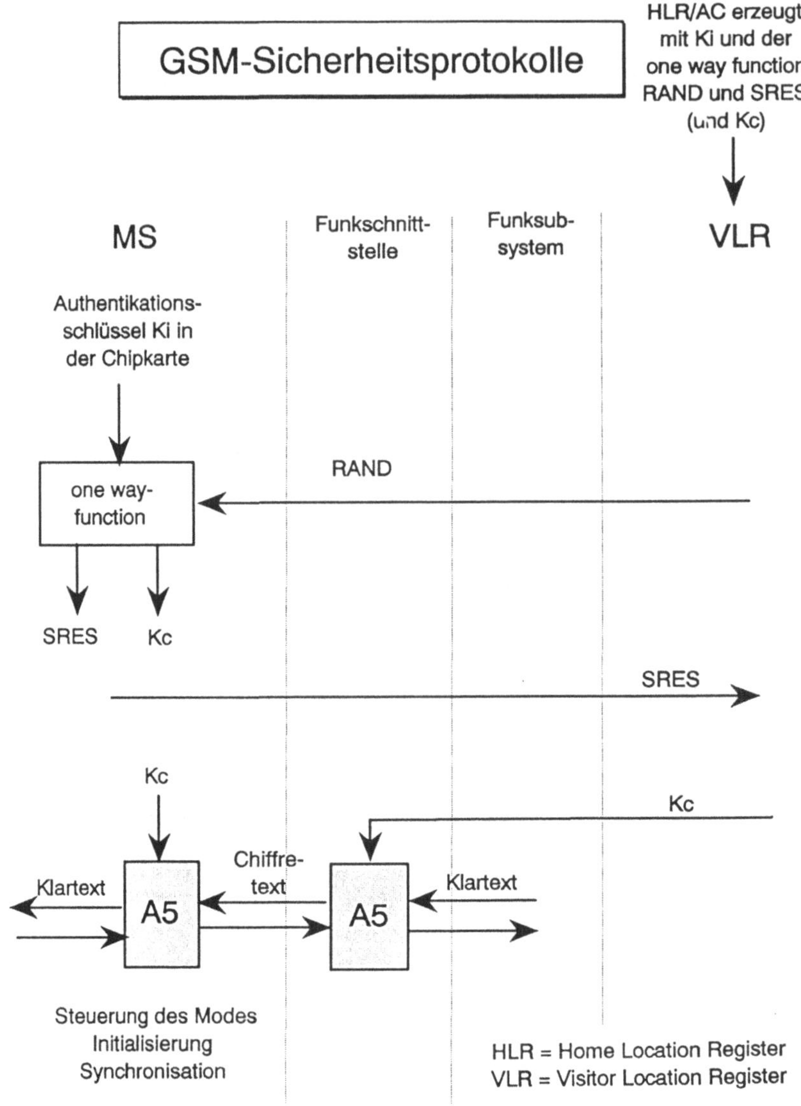

Bild 4: Protokoll für Authentikation und Vertraulichkeit im GSM-System

basiert auf der Verwendung einer temporären, ständig wechselnden Kennung des Mobilteilnehmers, die nach jedem Zugriff zum System aktualisiert wird. Die wahre Identität des Teilnehmers ist daraus für Außenstehende nicht abzuleiten. Es ist ein wesentliches Sicherheitsmerkmal, zu dessen Unterstützung Netzbetreiber verpflichtet sind und das natürlich nur denjenigen Benutzern angeboten wird, die dafür bezahlen.

Das eingangs erwähnte Ziel, dem Mobilteilnehmer ein dem Festnetz entsprechendes Sicherheitsniveau zu bieten, erfordert auch die Verschlüsselung aller potentiell kompromittierenden Nutzinformationen auf der Funkstrecke, also Sprache, Daten oder teilnehmerrelevante Netzinformationen. Die Generierung des dazu notwendigen Chiffrierschlüssels ist dabei an die Authentikationsprozedur gekoppelt, die sozusagen als "Nebenprodukt" diesen Schlüssel erzeugt. Die Gültigkeitsdauer des Schlüssels hängt also von der Häufigkeit der Authentikationen ab und liegt damit im Verantwortungsbereich des Netzbetreibers.

Mit dem GSM-Sicherheitssystem wurden zum ersten Mal im kommerziellen Bereich, die Ländergrenzen überschreitend, Sicherheitsmechanismen gemeinschaftlich erarbeitet, vereinbart und für den Einsatz vorgesehen. Die sicherheitspolitischen Bedenken gegen den Einsatz kryptografischer Werkzeuge, die bisher ausschließlich im Zusammenhang mit militärischen Anwendungen gestattet waren, konnten im Verantwortungsbereich der beteiligten paneuropäischen Länder (d.h. innerhalb des "MoU" = Memorandum of Understanding) bis heute soweit überwunden werden. Was dies aber für den Export von GSM-Komponenten in nichteuropäische Länder (COCOM-Staaten, Krisengebiete etc.) bedeutet, ist noch nicht abzusehen. An diesen "Sicherheitsproblemen" wird heute, lange nach Fertigstellung der Sicherheitsspezifikationen der GSM-Schnittstelle, noch gearbeitet.

Insgesamt stellt aber das GSM-System einen guten Kompromiß dar zwischen dem, was aus Gründen der Diensteakzeptanz und des Datenschutzes einerseits und dem jeweiligen nationalen Sicherheitsbedürfnis andererseits technisch, wirtschaftlich und politisch vertretbar ist.

V Telesec

Sicherheit muß ein gemeinsames Anliegen aller Verantwortlicher für Informationsverarbeitung und Telekommunikation sein. Daher hat sich die Telekom - wie schon an früherer Stelle erwähnt - mit ihrem Projekt Telesec dieser Problematik angenommen und

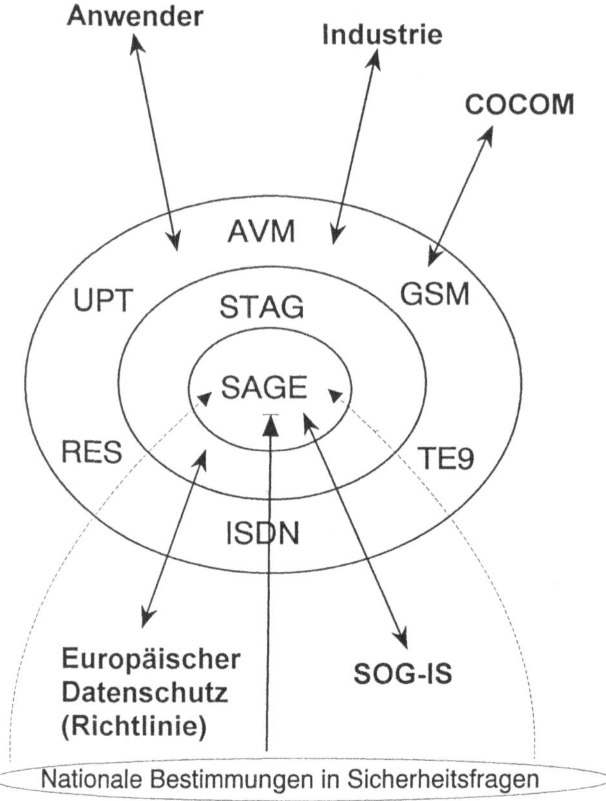

Bild 5: Interessen und Spannungsfelder im Sicherheitsbereich

entwickelt z.Z. gemeinsam mit Anwendern, Herstellern und unter
Nutzung eigener Wissens- und Entwicklungsressourcen Sicherheitsdienste, die als "Add on" zu gängigen, marktgerechten
Mehrwertdiensten dem Kunden angeboten werden sollen. Telesec
ermöglicht die verschlüsselte und authentische Übertragung jed-
weder Informationen, also sprachlicher ebenso wie nichtsprach-
licher, über öffentliche Netze. Dabei operiert Telesec auf allen Netzdienstleistungen (ISDN, Telefonnetz, Mobilkommunikati-
onsnetzen) und eignet sich sowohl für dialogorientierte als
auch für mitteilungsorientierte Anwendungen (z.B. EMAIL).
Die neuartige Dienstleistung besteht in der Bereitstellung und

Projekt/Dienst	Chipkarte *P=Prozessor* *S=Speicher*	Sicherheits= attribute	Krypto= verfahren	im Ein= satz seit	Auflage bzw. Tln
Öffentliches Kartentelefon (Wertkarte)	S	Authentikation Karte ⇨Tel.		1986	60 Mio. p.a.
Öffentliches Kartentelefon (TeleKarte)	P	Authentikation Karte ⇨AEK	Einbahn= funktion	1987	200000
Funktelefon Netz C	P	Authentikation Karte ⇨FVSt	Einbahn= funktion	1987	800000
Bildschirm= text mit Chiptel	P	Authentikation Karte ⇨VSt Karte ⇦⇨ER	Einbahn= funktion	1992	2000
Europäisches Funktelefon Netz D1/D2	P	Authentikation Karte ⇨MSC, "Privacy", Vertraulichkeit	Einbahn= funktion, Chiffrier= funktion	1992	100000 (in D, geschätzt)
MFC mit Kredit- und Debitfunktion	P	Authentikation Karte ⇨AEK, und innerhalb der Karte	Einbahn= funktion, Chiffrier= funktion	Projekt ab 1993	
Telesec	P	Authentikation/ Elektronische Unterschrift, Pseudonymität, Person-Person- Sicherheit	One way- hashing, Public key, Chiffrier= funktion	Projekt seit 1991	*"Ende-zu-Ende"* *evaluiert,* *transparent,* *systemneutral*

Abkürzungen:
AEK = Anschalteeinheit Kartentelefon
FVSt = Funkvermittlungsstelle
ER   = Externer Rechner
MSC = Mobile Switching Centre

Bild 6: Chipkarten als Sicherheitswerkzeug in der Telekommunikation

Wartung von Endgeräten, die Sicherheitskomponenten enthalten
und im Angebot von Beratungsdienstleistungen in den Problemfel-
dern der Datensicherung und des Datenschutzes. Telesec verfolgt
letztlich ein Gesamtkonzept für Systemsicherheit, das nicht nur
technische Komponenten enthält, sondern das auch rechtsrelevan-
te Fragen aufgreift und diskutiert. Ziel ist, neben der ange-

strebten Systemsicherheit auch die geforderte Rechtssicherheit
zu bieten, so daß über technische Medien hinweg auch Rechtsge-
schäfte abgewickelt werden können. Wie sich Telesec von anderen
sicherheitsrelevanten Projekten unterscheidet, läßt sich anhand
einer Gegenüberstellung aller bedeutender Chipkartenanwendungen
aufzeigen.

VI Ausblick

Es wird heute schon deutlich, daß die neuen Netzstrukturen, ihre Architektur (SDH), das dazugehörige Netzmanagement (z.B.
vermittels cross connectors), ihre Vermittlungs- und Transport-
prinzipien (Fast Packet Switching mit ATM), die entstehende
dienstespezifische Intelligenz (intelligente Netz- und Daten-
bankfunktionen) und schließlich die Mannigfaltigkeit neuer
(verteilter) Anwendungen auch neuartige und erhöhte Anforderungen an die Verläßlichkeit der Systeme stellen. Dieses Attribut
"Verläßlichkeit", also Vertrauenswürdigkeit, Zuverlässigkeit,
Integrität und Transparenz für den Teilnehmer, muß bei allen
neuen Systementwürfen und -beschreibungen, in allen Entwick-
lungsstadien eine anzustrebende Maxime sein. Nur so kann es gelingen, daß künftige Telekommunikationsmedien vom Bürger angenommen werden.

VII Literatur

[1] Beutelspacher, A., Hegenbarth, M., Wolfenstetter, K.-D.:
     ÖKart-Authentication Protocols for the Card Telephone of
     the German PTT, Smart Card 2000, D.Chaum (Editor), 1991

[2] Mouly, M., Rast, R., Wolfenstetter, K.-D.: Security
     Mechanisms in the Future European Digital Cellular
     System, International Conference on Digital Land Mobile
     Radio Communications, Venedig, 1987

[3] GSM-Spezifikationen 02.09, 02.17, 03.20, 11.11

[5] Michel, U.: Sicherheitsfunktionen im paneuropäischen
     Mobilfunknetz, GMD-Smart Card Workshop, 1991

[6] Weis, K.: Die Chipkarte im Funktelefonnetz C, ZPF, 1988

[7] Wolfenstetter, K.-D.: Studie über die Einbahnfunktion
     SCA-85 für ÖKOM und Netz C, Darmstadt, 1985

[8] Wolfenstetter, K.-D.: Neue Wege zur sicheren
     Kommunikation, International Symposium Telephone Cards
     Applications and Technology, Nürnberg,1990

[9] Wolfenstetter, K.-D.: Sicherheitsrelevante Projekte bei
     der Telekom, Vortrag Professorenkonferenz im FTZ der
     Telekom, nov. 1991 und DuD 1992 (8)

[10] Wolfenstetter, K.-D.: Multimedium Chipkarte -
     Informationsträger, Wertkarte, Sicherheitswerkzeug,
     erscheint in telekom praxis Jg. 1993, Heft 1

[11] Kowalski, B. Wolfenstetter, K.-D.: Trust Center für
     öffentliche Netze, Sonderheft it (1991), Heft 1

[12] Beutelspacher, A.: Kryptologie, Vieweg Verlag, 1992

Telesec - das Sicherheitsdienstleistungsangebot der TELEKOM

Bernd Kowalski

1 Bedeutung der Kommunkationssicherheit für die Informationsverarbeitung

Die **steigende Verarbeitungskapazität** heutiger Rechnersysteme und der zunehmende Einsatz der modernen Telekommunikation wird mittel- und langfristig zu einer weitgehenden Dezentralisierung und Spezialisierung der Datenverarbeitungsprozesse führen.

Die meist **örtlich getrennten** und mit Spezialaufgaben versehenen Einzelsysteme werden zunehmend **untereinander vernetzt** und liefern in dem so entstandenen **Informationsverbund** die gewünschte Gesamtfunktionalität. **Bild 1-1** vermittelt einen Eindruck über die gegenwärtige Entwicklung.

> **Datenverarbeitung (DV)**

- Spezialisierung

- Automatisierung

> **Telekommunikation (TK)**

- Integration der TK in die Verarbeitungsprozesse

- Anbindung grafischer Arbeitsplätze über LAN

- Einbeziehung öffentlicher Netze

- Bedienerzugang über Wählnetze

- Verschmelzung der klassischen TK-Medien

  - Telefon
  - Bild
  - Datenübermittlung

  z.B. durch ISDN, moderne TK-Anlagen und Multi Media Anwendungen

- Telefon und FAX dominieren weiterhin aufgrund ihrer einfachen Benutzung und geringen Kosten

Bild 1-1. Trends in der Informationsverarbeitung

Dieser Trend zur Dezentralisierung und Spezialisierung macht die moderne Informationsverarbeitung jedoch **zunehmend angreifbar** hinsichtlich **Datenausspähung, -mißbrauch und -manipulation.**

Die **wirtschaftliche Abhängigkeit** unserer Gesellschaftsordnung **von der Verfügbarkeit und Integrität** dieser Systeme steigt ständig. Außerdem werden immer mehr **Daten des einzelnen Bürgers** in immer mehr Systemen erfaßt und verarbeitet. Dies bedeutet für den Betreiber eines Informationssystems eine **zunehmende Verantwortung** mit allen geschäftlichen und haftungsrechtlichen Konsequenzen.

Aus diesem Grund kommt der **sicheren und vertrauenswürdigen Gestaltung** moderner Systeme der Informationsverarbeitung eine große Bedeutung zu. **Zugangssicherung, Integrität, Vertraulichkeit und Datenschutz** werden zu unverzichtbaren Bestandteilen jeder Sicherheitskonzeption für Informationssysteme.

Diesen Anforderungen müssen sich Telekommunikationssysteme und -dienstleistungen in gleicher Weise stellen wie Datenverarbeitungssysteme. Auch Dienstleistungen der Individual- und der Bürokommunikation, wie z.B. **Sprachkommunikation** und **Mitteilungsdienste**, insbesondere **FAX und EDI** sind hier mit einzubeziehen.

Die **Telekom investiert** in erheblichem Umfang **in die Sicherheit** ihrer internen Informationsverarbeitungssysteme und entwickelt darüber hinaus **neue Dienstleistungen**, welche auch dem Kunden künftig Möglichkeiten bieten, seine Kommunikationsverbindungen und Anwendungen individuell und **Ende-zu-Ende zu sichern.**

Wichtigste Funktionen der Kommunikationssicherheit sind hierbei:

- o   Partner-Authentikation
- o   Nachrichtenauthentizität und Integrität durch elektronische Unterschriften
- o   Nachrichtenvertraulichkeit
- o   Zugangssicherung
- o   Sicherheitsmanagement

Die **Telekom erprobt** diese Funktionen im Rahmen einer Vielzahl anwendungsnaher **Projekte.**

Das größte Problem bei der Implementierung von Sicherheitsfunktionen ist die **große Vielfalt** der im betrachteten Einzelfall benutzten **Netze, Übertragungsprotokolle** sowie die spezifischen Eigenschaften der **Endgeräte** HW, ihrer **Betriebssysteme** sowie deren **Anwendungssoftware** und unterschiedlich organisierte **Verarbeitungsprozesse.**

Daher wird es auch in Zukunft **kaum einheitliche technische Lösungen** für Authentikations-, Zugangssicherungs- und Vertraulichkeitsfunktionen geben. Dies ergibt sich insbesondere aus der Forderung, **Sicherheitsfunktionen möglichst anwendungsnah** zu realisieren.

Allerdings ist es durchaus möglich, einzelne **Sicherheitskomponenten** zu **modularisieren** und für den Einsatz bei unterschiedlichen Anwendungen entsprechend zu konfigurieren. Hierzu gehören vor allem Komponenten des Key Managements wie z.B. die **Chipkarte** bzw. das **Sicherheitsmodul** für die Aufbewahrung und Verarbeitung individueller bzw. persönlicher Schlüsselinformationen, sowie **zentrale** Dienstleistungsfunktionen für die **Schlüsselverwaltung.**

Bild 1-2. Unterscheidungskriterien für Kommunikationsanwendungen

► Sprachkommunikation **Sicherheitsanforderungen**

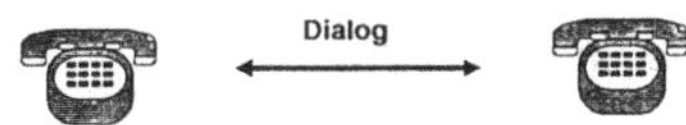

► Authentikation der Kommunikationspartner

► Protokollierbare Zugangskontrolle mit unterschiedlichen Benutzerprofilen

► Dialog Workstation ⟷ Host
und Host ⟷ Host

► Dialog-Integrität und -Authentizität

► Vertraulichkeit des Dialogs

Bild 1-3. Sicherheitsanforderungen bei dialogorientierten Kommunikationsformen

Anwendungsbeispiele

► Dokumentenversand

► Electronic Mail

► File Transfer

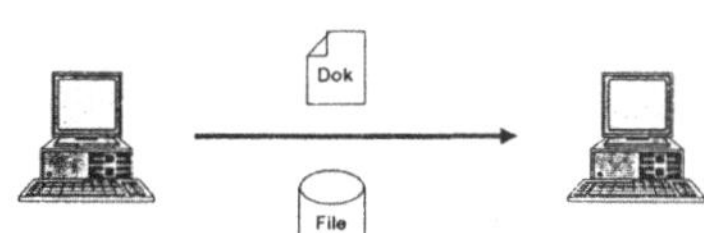

Sicherheitsmerkmale

► Dokumentenechtheit mit:

■ Nachweisbarkeit des Autors
■ Integrität des Dokumenteninhaltes
■ Beglaubigungsmöglichkeit
■ Hinterlegbarkeit

► Vertraulichkeit und Geheimhaltung mit:

■ File-Identifizierung

Bild 1-4. Sicherheitsanforderungen bei mitteilungsorientierten Kommunikationsformen

138

▶ **Impersonation der Kommunikationspartner**

▶ **Verlust der Rechtsverbindlichkeit beim Einsatz elektronischer Geschäftsdatenübermittlung**

▶ **Vertraulichkeitsverlust** bei Abruf von Datenbankinformationen und bei der Dokumentenübermittlung

▶ **verminderte Zugangssicherheit:**

- Verfügbarkeitsverlust

- Integritätsverlust

- Manipulations- und Mißbrauchsgefahr

▶ **Schwindende Kontrollierbarkeit der Gesamtprozesse,** Folge:

- Unentdeckbarkeit und

- Unaufklärbarkeit

  von Manipulationen

▶ **Verteilte Verantwortlichkeiten;** Folge:

- schwierige Zuordnung der Verantwortung (Mensch oder Maschine?)

- sinkendes Verantwortungsbewußtsein

▶ **Zunahme der Datenschutzprobleme** durch

- höheres Datenaufkommen und

- Vervielfachung der Verarbeitungsprozesse

Bild 1-5. Allgemeine Bedrohungen (vorsätzliche)

Die individuellen Lösungen für Sicherheitsanforderungen bei Kommunikations-Anwendungen fallen oft sehr unterschiedlich aus. **Bild 1-2** zeigt eine Reihe möglicher **Unterscheidungskriterien für Kommunikations-Anwendungen** auf, welche zu jeweils völlig verschiedenen **Sicherheitsanforderungen und -lösungen** führen können, wie anhand der **Bilder 1-3** und **1-4** beispielhaft gezeigt wird.

Es wird deutlich, daß sich schon aus jedem der in **Bild 1-2** aufgeführten Unterscheidungskriterien ganz spezifische Sicherheitsanforderungen für den Einzelfeld ableiten lassen. Das gleiche gilt, wenn im individuellen Betrachtungsfeld eine Kombination von zwei oder gar mehreren dieser Unterscheidungskriterien auftritt. Genau das macht die **Erstellung von Sicherheitskonzeptionen** für komplexe Netze und Anwendungen so **kompliziert**. Im Regelfall wird es daher **für jedes Untersuchungsobjekt ein individuelles Sicherheitskonzept** geben.

Bei der Ermittlung des Sicherheitsbedarfs für ein komplexes verteiltes System ist eine **systematische Vorgehensweise unverzichtbar**. Diese beginnt immer mit einer detaillierten **Infrastrukturanalyse**. Hierzu gehört die Untersuchung der **Netzstruktur**, der **Schnittstellen**, des **Verkehrsaufkommens**, der **Anwendungsarten**, der **Datenbankstruktur**, usw.

Trotzdem muß bei der Analyse der Sicherheitsanforderungen für ein individuelles informationsverarbeitendes System nicht stets das Rad neu erfunden werden. So gibt es z.B. eine Anzahl **allgemeiner Bedrohungen**, die eigentlich immer auftreten. Diese, im **Bild 1-5** dargestellten Bedrohungen sind dann für den Einzelfall lediglich genauer zu spezifizieren.

Der Aufwand bei der Erstellung von individuellen Sicherheitskonzepten läßt sich **nicht** durch die Spezifikation **einheitlicher Lösungen**, sondern nur durch die **Festlegung einer einheitlichen Methodik** reduzieren, wobei der **Ganzheitlichkeit der Problemstellung** und der Einbeziehung vorhandener Erfahrungswerte eine entscheidende Bedeutung zukommt.

2 Sicherheitsfunktionen für Telefon, Telefax und EDI

Die in der Überschrift genannten Medien werden **in der Praxis besonders häufig benutzt** und verdienen daher eine besondere Betrachtung.

Telefon, Telefax und die Übermittlung elektronischer Dokumente und Informationen kommen dem **natürlichen Kommunikationsbedürfnis** des Menschen am nächsten und werden folgerichtig am häufigsten in der **geschäftlichen** wie auch für die **private Kommunikation** eingesetzt.

Man bedenke, daß die Telekommunikation gerade in diesen Fällen anstelle des **persönlichen Gespräches** oder des **persönlich geschriebenen Briefes** verwendet wird. Für alle anderen Telekommunikationsformen gilt dies zwar auch, jedoch ist dort der Mensch durch die veränderten organisatorischen Randbedingungen und begleitenden Verarbeitungsprozesse nicht mehr so unmittelbar am Telekommunikationsgeschehen beteiligt.

Es handelt sich bei Telefon, Telefax und EDI auch um echte **"Massenanwendungen"**, d.h. um **"öffentliche"** Kommunikationsanwendungen, die auch **zwischen zwei nicht vorherbestimmbaren Partnern** auftreten können. Hier muß das im Geschäftsleben natürliche **Bedürfnis nach Richtigkeit und Verbindlichkeit** der erhaltenen Information, **Nachweis der Bezugsquelle**, Bestätigung des **gegen-seitigen Einverständnisses**, **Eindeutigkeit der Willenserklärung** und ggf. auch die **Vertraulichkeit gegenüber Dritten** durch entsprechende **telekommunikationsspezifische Sicherheitsmerkmale** befriedigt werden. Einige der für die hier behandelten Medien **charakteristischen Bedrohungsfälle** sind in **Bild 2-1** aufgeführt.

Telefongespräch

▷ Impersonation

▷ Abhören

FAX, stellvertretend für Mitteilungsdienste

▷ Fälschung der Absenderidentität, d.h.
- Urkundenfälschung, Schädigung Dritter oder
- Leugnung der Urheberschaft

▷ Manipulation des Dokumenteninhaltes durch
- Weglassen,
- Hinzufügen,
- Ändern

▷ Ausspähen von Dokumenten

▷ Unerlaubtes Kopieren und Doppeln

▷ Verlust des Originals

▷ Verlust der Rechtsverbindlichkeit

Bild 2-1. Anwendungsspezifische Bedrohungen bei Telefon, FAX bzw. Mitteilungs-
diensten

2.1 Telefon

Erinnern wir uns an die in **Bild 1-3** dargestellten Sicherheitsanforderungen bei dialogorientierten Anwendungen. Diese können direkt für die Sprachkommunikation übernommen werden.

Bild 2-2 zeigt die technische Realisierung zur Befriedigung dieser
Sicherheitsanforderungen bei einem **ISDN-Telefon.**

Die technischen Voraussetzungen sind hierbei die **persönlichen
Chipkarten als Schlüsselmittel** für die kommunizierenden Tele-
fonpartner, eine **Ausgabestelle für die beglaubigten Schlüsselmittel** und entsprechend **modifizierte ISDN-Telefongeräte.**

Das technische Verfahren beruht auf der Anwendung eines **Public Key
Kryptoverfahrens (hier: RSA)** und der Beglaubigung der öffentlichen
individuellen Benutzerschlüssel durch die Ausgabestelle.

Nach dem Verbindungsaufbau findet eine gegenseitige **Authentikation**
der Gesprächspartner mittels eines doppelseitigen **"challenge-
response"** Austausches und der gleichzeitigen Vereinbarung eines
sitzungsindividuellen Schlüssels zur Verschlüsselung der nachfolgenden Sprachkommunikation statt.

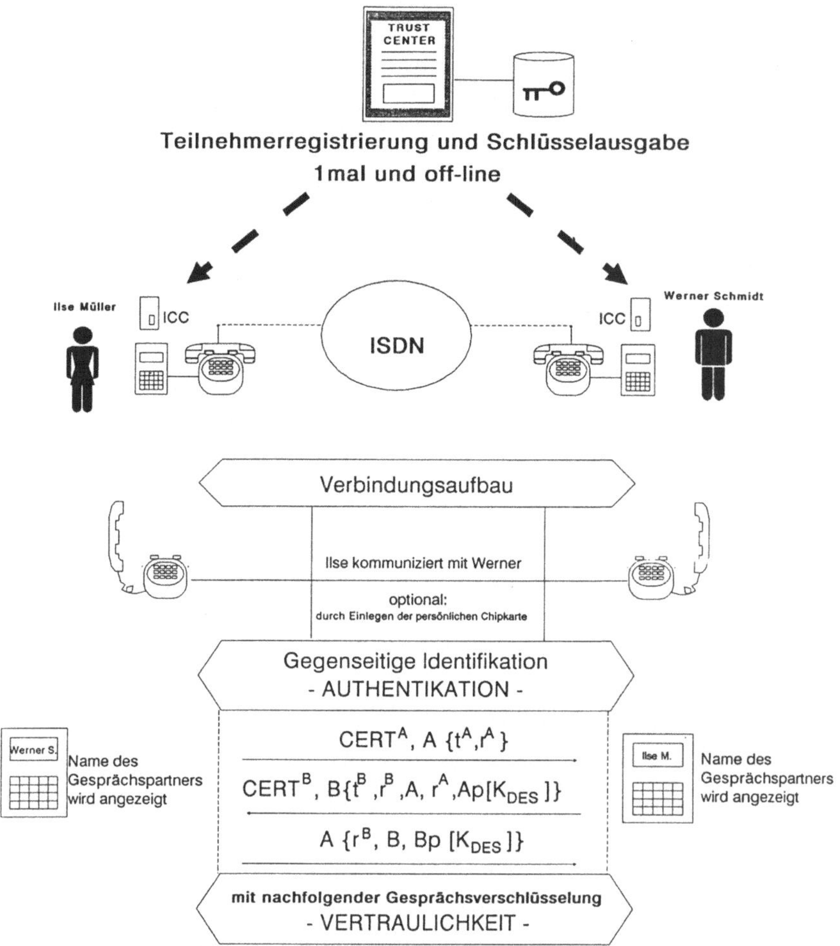

$$CERT^A, A\ \{t^A, r^A\}$$

$$CERT^B, B\{t^B, r^B, A, r^A, Ap[K_{DES}]\}$$

$$A\ \{r^B, B, Bp\ [K_{DES}]\}$$

Die Identifikation der Teilnehmer beruht auf einer kryptographisch gerichteten gegenseitigen Authentikation und der Anzeige der durch die Ausgabestelle beglaubigten eindeutigen Namen.

Bild 2-2. Produktentwicklung Telesec VOICE

Die Verschlüsselung erfolgt mittels des bekannten **symmetrischen DES-Kryptoverfahrens.** Dabei ist die **Sprachqualität** im Gegensatz zu bisherigen Lösungen **in keiner Weise eingeschränkt.**

Die Telekom hat diese Lösung im Rahmen der Prototypentwicklung **"ISDN voice"** realisiert. Sie ist für eine Vermarktung z.Zt. nicht vorgesehen und bleibt vorerst eine exklusive Ausstattung der Unternehmensleitung.

2.2 Telefax und EDI

Die meisten per Telefax übermittelten Informationen sind
Mitteilungen und Dokumente, die **aus einer Mischung von Texten und
Bildern** bestehen. Im Gegensatz zum Telefongespräch besteht hier
die Anforderung nach **Weitergabe, Aufbewahrung oder gar Weiterbe-
bzw. -verarbeitung.** Dies gilt es zu berücksichtigen, wenn man
technische Lösungen für die bereits in **Bild. 1-4** dargestellten
Sicherheitsanforderungen realisieren will.

Besonders erfolgreich ist das Medium Telefax als **Ersatz für die
herkömmliche Briefpost,** d.h. im Besonderen für den "Geschäfts-
brief". Eine besondere Schwierigkeit stellt hierbei die **Substitu-
tion der handschriftlichen Unterschrift** dar. Selbstverständlich
überträgt eine moderne Telefax-Maschine in guter Qualität das **Ab-
bild** einer handgeschriebenen Unterschrift, so daß es durchaus als
Persönlichkeitsmerkmal beim Empfänger zu erkennen ist.

Doch eine abbildungstreue Übermittlung der handgeschriebenen
Unterschrift wird dem eigentlichen Zweck der Unterschrift längst
nicht gerecht. Die Unterschrift soll vielmehr eine **Willenserklärung im direkten und ausschließlichen Bezug zur Mitteilung**
darstellen. Diese Eigenschaft geht jedoch bei der Nutzung elektronischer Datenverarbeitung und Telekommunikation verloren, weil
hier ohne technischen Aufwand **beliebige Zuordnungen von Unterschriften und Mitteilungen** vom Zeitpunkt der Erstellung bis zur
Weiterbearbeitung und damit **Fälschungen und Mißbrauch möglich**
sind.

Selbstverständlich gelten diese Gefahren auch für den Ge-
schäftsbrief der mit der Briefpost transportiert wird. Moderne
Scanner und Kopiertechniken ermöglichen dies. Jedoch ist dafür
wenigstens noch ein gewisser technischer Aufwand erforderlich.
Außerdem müßte zumindest auf dem Transportweg der Briefumschlag
unauffällig geöffnet und wieder verschlossen werden.

Die Sicherung des **elektronischen** Geschäftsbriefes muß nicht allein
den **Übermittlungsweg,** sondern auch den Vorgang der **Erstellung,
Archivierung** und **Weiterbearbeitung** miteinbeziehen.

Die Telekom hat auch für die **elektronische Unterschrift (EU)** eine
Reihe von Prototypanwendungen entwickelt. Für die EU wird wiederum
RSA als Public Key Verfahren in Kombination mit einem Kom-
primierungsverfahren (Hashfunktion) und das DES-Verfahren für die
Mitteilungsverschlüsselung eingesetzt. Unter der Bezeichnung **"DES-
FAX"** setzt die Telekom eine entsprechende **FAX-Maschine auf PC-
Basis** für interne Zwecke der Informationssicherung ein.

Bild 2-3 zeigt den prinzipiellen **Verarbeitungsablauf von der
Erzeugung bis zur Prüfung einer elektronischen Unterschrift** am
Beispiel einer Textmitteilung, bearbeitet und weiterverarbeitet
mit einem Textverarbeitungsprogramm in einem sendenden und einem
empfangenden PC. Wichtig ist hierbei, daß Signaturprüfung und -ve-
rifizierung **nicht** Bestandteil der Übermittlungsfunktion sind,
damit die vorgenannten Weiterverarbeitungserfordernisse erfüllt
werden können.

Bild 2-4 zeigt die **EU-Erzeugung und -verifizierung** anhand der dabei ablaufenden **Kryptoprozesse.**

In **Bild 2-5** ist die **technische Realisierung der EU-**Funktion an
einem PC mit Telefax-Kommunikationsmöglichkeit dargestellt.

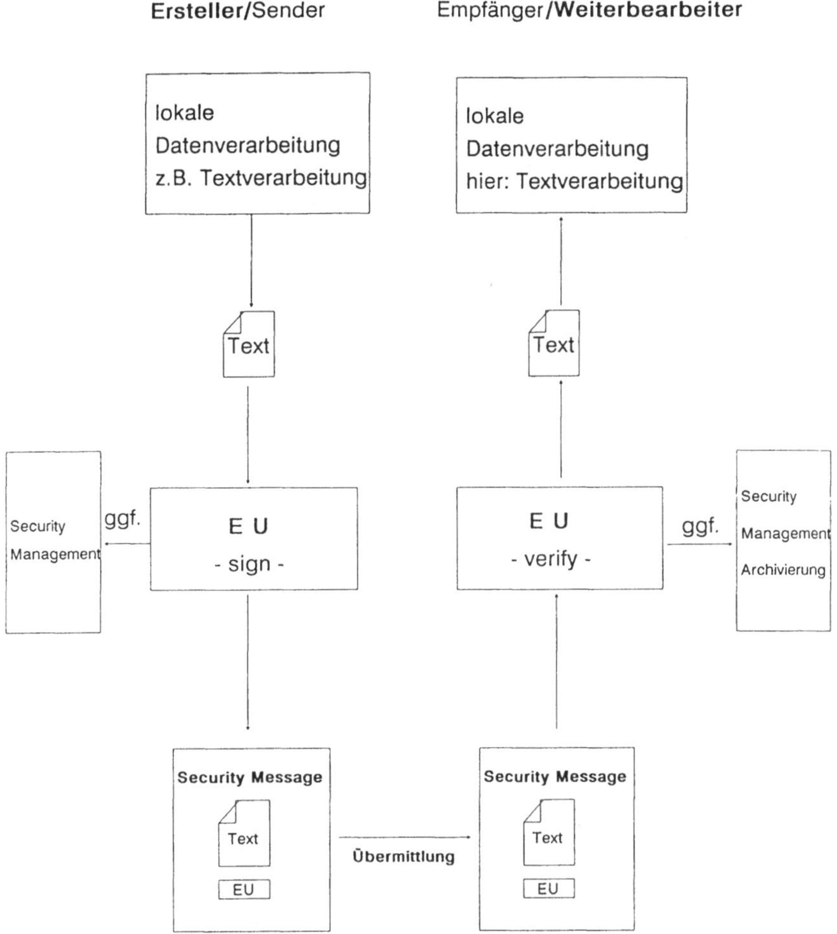

Bild 2-3. Verarbeitungsschritte für eine Textmitteilung mit elektronischer Unterschrift (EU)

Es fällt auf, daß die **Fax-Funktion mit einem PC** realisiert wird. Hierfür gibt es gute Gründe:

> **Einbeziehung der Bearbeitungs- bzw. Weiterverarbeitungsfunktion** für die elektronische Mitteilung,
> **Entwicklung eines** EU-spezifischen **dedizierten Telefaxgerätes entfällt**,
> Erweiterung für **Zusatzfunktionen unproblematisch und preiswert**

Als nächstes wird deutlich, daß eigentlich statt der herkömmlichen Telefax-Mitteilungen **auch binäre Files** übermittelt werden können und die PC FAX Karte dann lediglich als "Standard-" (FAX-) Modem dient.

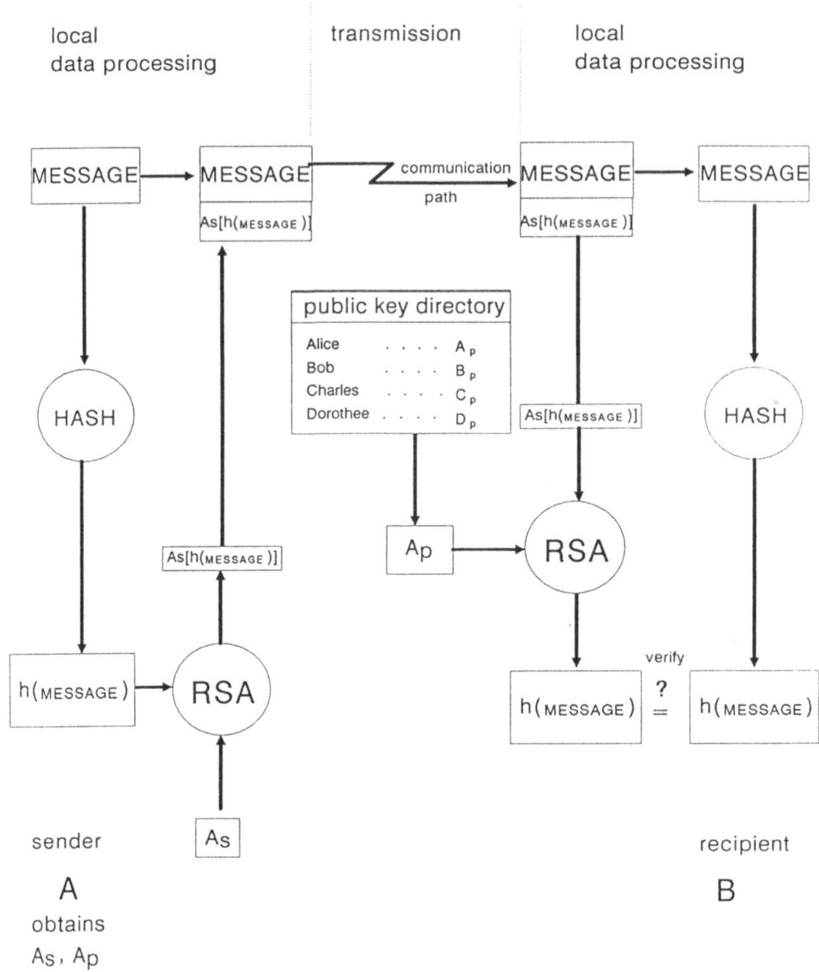

Bild 2-4. Erzeugung und Verifizierung einer EU mit RSA und Hash-Funktion

Weiterhin könnte die PC FAX Karte durch eine PC **ISDN** Karte oder
X.25-Karte usw. ersetzt werden. Auf diese Weise erreicht man die
universelle **Nutzung der EU-Funktion** sowohl **für beliebige
Telekommunikationsmedien**, wie auch **für beliebige Mitteilungs-
inhalte.**

Für die elektronische Dokumentenübermittlung **(EDI)** gibt es
standardisierte (z.B. **EDIFACT**) und nicht standardisierte **Übertragungsformate.** Von der EU-Funktion muß verlangt werden, daß sie
alle - z.B. die in **Bild 2-6** genannten - unterstützt.

Bevor jedoch standardisierte EDI-Formate den Großteil der
elektronischen, mitteilungsorientierten Geschäftskommunikation be-

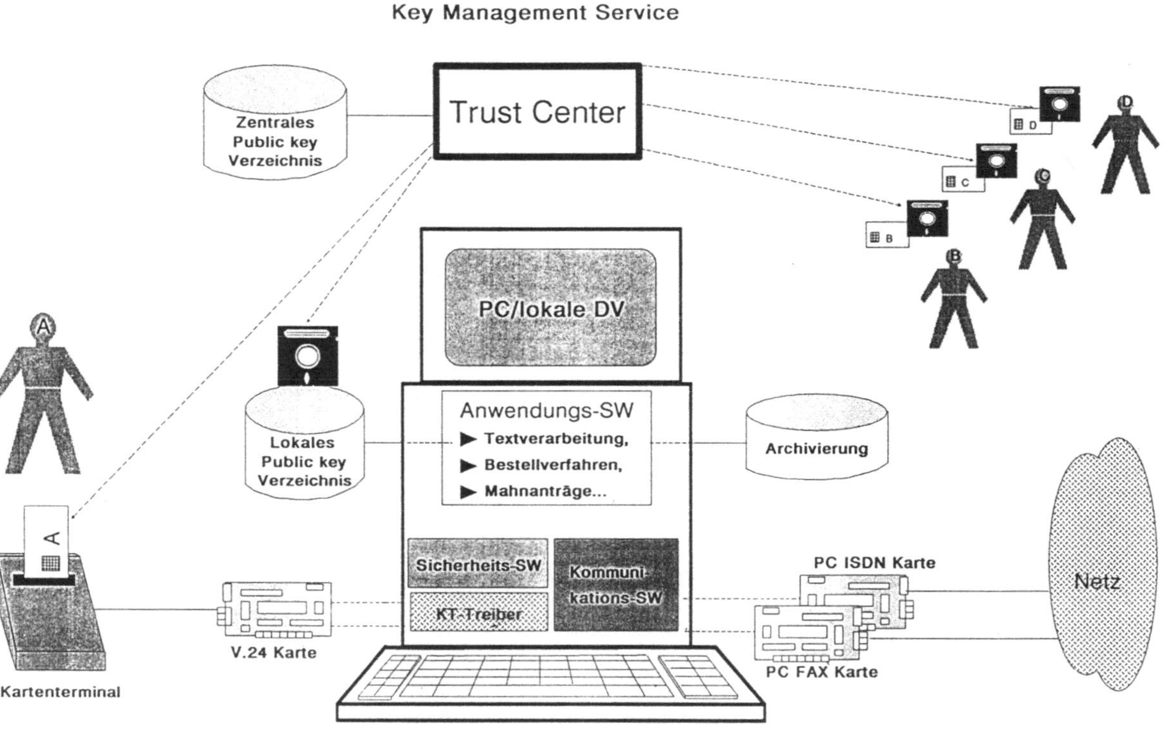

Bild 2-5. Technische Realisierung einer sicheren elektronischen Dokumentenübertragung

- ► EDI/EDIFACT u.ä.
- ► IPM/X.400   (personal messages)
- ► ASCII, IA5   Text
- ► BINARY FILE   (programmspezifisch)
- ► FAX/Pixel FORMAT
- ► DOCUMENT FORMAT (e.g. ODA/ODIF)
- ► GRAPHICS
- ► TELEX, IA2   Text
- ► DIGITAL VOICE
- ► PRIVATE

Bild 2-6. Übertragungsformate von Mitteilungen, die elektronisch unterschrieben werden sollen

Rechtsverbindlichkeit	HU — Realisierbarkeit	HU — Sicherheit	EU — Realisierbarkeit	EU — Sicherheit
Identifikation des Unterschreibenden	JA	mittel	JA	hoch
Unversehrtheit des Inhaltes	JA	mittel	JA	hoch
Nichtabweisbarkeit	JA	mittel	JA	hoch
Einmaligkeit	JA	mittel	JA	hoch
Originalität, Besitzernachweis	JA	mittel	BEDINGT	hoch
Vertraulichkeit	JA	mittel	JA	hoch
Qualifizierung der Unterschrift	JA	mittel	JA	hoch
Unterschriftszeitpunkt	JA	gering	JA	gering

Dokumentenhandling	HU — Realisierbarkeit	HU — Sicherheit	EU — Realisierbarkeit	EU — Sicherheit
Einsatz der DV für Unterschriftenerzeugung und -prüfung	sehr eingeschränkt	gering	JA	hoch
Einsatz der DV für Dokumentenarchivierung	sehr eingeschränkt	gering	JA	hoch
Unmittelbare Verwertung durch den Menschen	JA	mittel	NEIN	
Absendenachweis	JA	mittel	bedingt	hoch
Ablieferungsnachweis	JA	mittel	bedingt	hoch
Empfangsbestätigung	JA	mittel	JA	hoch

Bild 2-7. Eigenschaften von handunterschriebenen (HU) und elektronisch unterschriebenen (EU) Dokumenten

herrschen werden, kommt dem Medium Telefax eine besondere und wichtige Rolle zu, was dessen derzeitiger Markterfolg auch bestätigt. Telefax ist nämlich das ideale Medium für die **"halbautomatische" Bearbeitung,** Übermittlung und Weiterverarbeitung von Dokumenten, weil es einerseits der **unmittelbaren Nutzung durch den Menschen** noch zugänglich ist und sich überkommenen Arbeitsprozessen der Bürokommunikation problemlos anpaßt, aber andererseits eine **Teilautomatisierung** der Bearbeitungs- und Weiterverarbeitungsprozesse, insbesondere durch den Einsatz von PCs, zuläßt. Daher kommt auch der **Kombination von EU und Telefax** in dieser Phase eines **Generationenwechsels der Informationsverarbeitung** eine besondere Rolle zu. Dieser Trend wird bestätigt durch die Marktstatistiken, welche einen steigenden Anteil von PC-FAX Lösungen aufweisen.

Bild 2-7 stellt als Abschluß zum Thema EU die **Eigenschaften von EU und der handschriftlichen Unterschrift** gegenüber. Deutlich wird dabei, daß die technischen Lösungen zur EU nicht nur Sicherheitsfunktionen, sondern auch sinnvolle Weiterbearbeitungsfunktionen aufweisen müssen. Dies gilt besonders für das **Handling** elektronisch gesicherter Dokumente und Files.

Wie man sieht, kann auch die EU nicht alles: z.B. läßt sich **Original** von der **Kopie** nicht unterscheiden.

▶ Erzeugung der Benutzerschlüssel

▶ Personalisierung der Benutzerschlüssel

▶ Beglaubigung der Benutzerschlüssel

▶ Schlüsselausgabe, -aufbewahrung

▶ Schlüsselverteilung auf Anfrage,
u.a. Verzeichnisfunktionen

▶ Überwachung der Gültigkeitsdauer von Schlüsseln

▶ Zusatzfunktionen

Bild 2-8. Leistungsmerkmale eines Trust Centers

2.3   Key Management Service

Bild 2-5 zeigte bereits die wichtigsten Funktionen des für eine EU-Applikation erforderlichen **Key Management Service:** Bereitstellung von individuellen Schlüsselschnittstellen für die Kommunikationspartner mittels Chipkarten und Aktualisierung eines Verzeichnisses aller gültigen öffentlichen Schlüssel.

Bild 2-8 nennt die wichtigsten Leistungsmerkmale eines **Key Management Centers,** häufig auch "Trust Center" genannt. Der Begriff Trust Center kennzeichnet einen gemeinsamen Punkt des Vertrauens aller Kommunikationspartner, weil dort alle Partnerschlüssel beglaubigt werden müssen.

Die **Schlüsselmittel** bestehen aus dem **geheimen persönlichen Schlüssel,** welcher das **Schlüsselmedium** (hier: **Chipkarte**) miemals verläßt und dem sogenannten **Zertifikat,** dem persönlichen und beglaubigten öffentlichen Schlüssel. Der wesentliche **Inhalt des Zertifikates** ist in **Bild 2-9** aufgelistet.

Die **Bilder** 2-10 und 2-11 zeigen die Konzeption eines **Key Management Centers** im Überblick und im technischen Detail.

Einen **Key Management Service** hat die **Telekom** im Rahmen ihrer Telesec-Entwicklungen einschließlich einer exklusiv dafür durchgeführten Entwicklung **des Betriebssystems eines Smart Card-Kryptochips** für verschiedene Anwendungen vorbereitet. Diese **Kombination von Key Management Center** und **Chipkarte** soll nach Abschluß einer Erprobungsphase auch dem Kunden als **erste Sicherheitsdienstleistung** angeboten werden.

$$CA, A, Ap, T, CA_s \; [CA, A, A_p, T]$$

Bestandteile des Zertifikates:

A = Name des Benutzers

A_p = öffentlicher RSA-Schlüssel des Benutzers A

CA = Name der Beglaubigungsstelle

CA_s = geheimer RSA-Schlüssel der Beglaubigungsstelle

T = Gültigkeitsdauer des Benutzerschlüssels

[ ] = RSA-Prozeß

Bild 2-9. Wichtigste Bestandteile des Zertifikates nach CCITT X.509

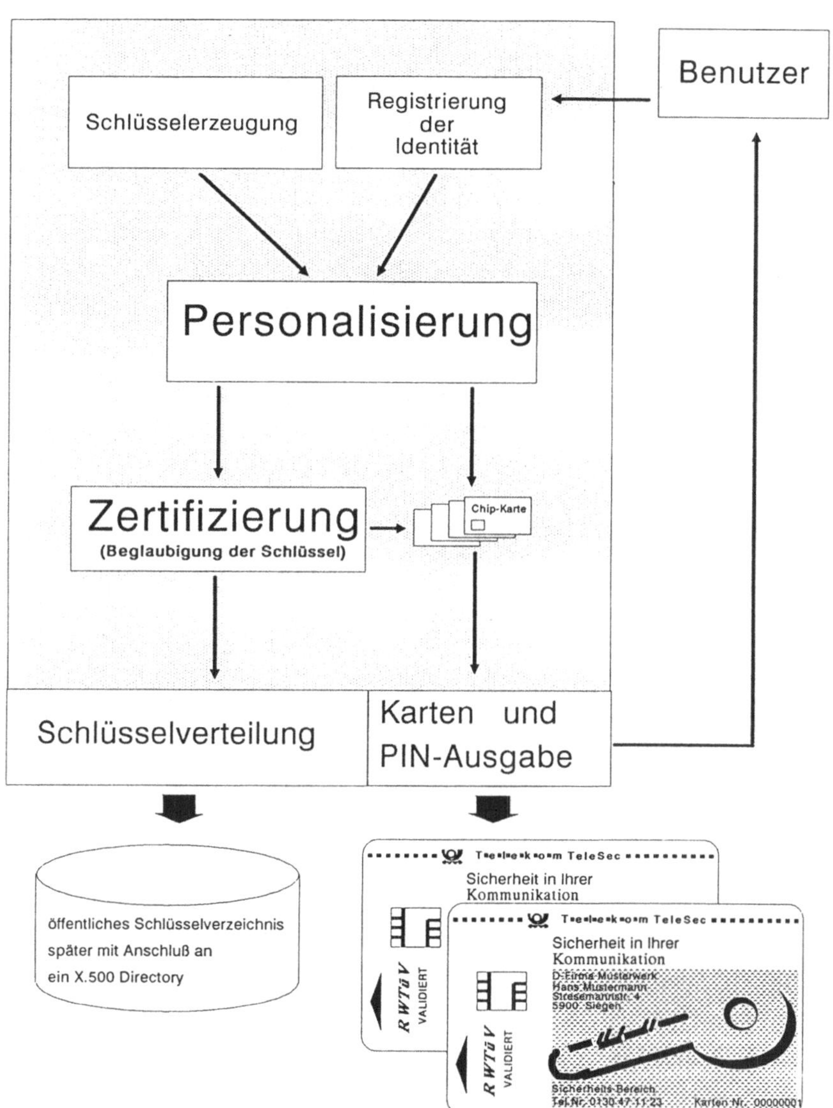

Bild 2-10. Key Management Center

150

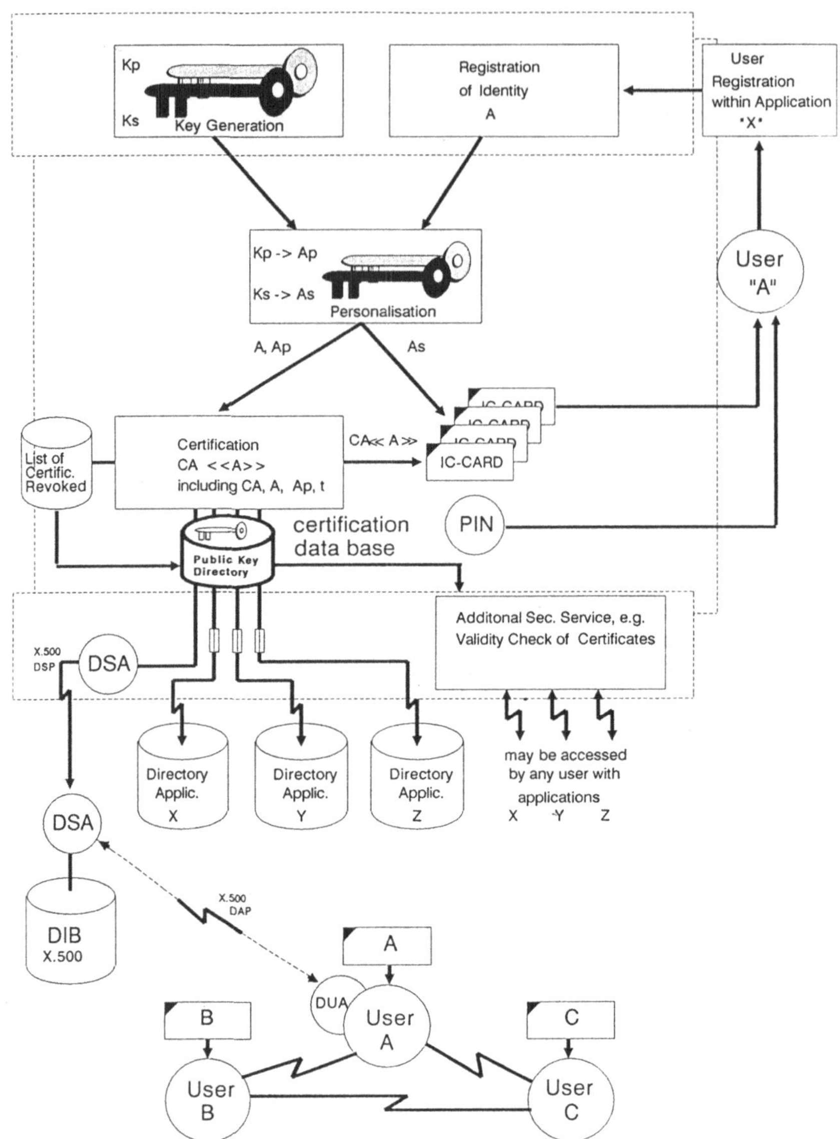

Bild 2-11. Technische Realisierung eines Key Management Service Centers

3   Sicherheitsfunktionen für kundenspezifische Netze

Jedes moderne, große Unternehmen unterhält heutzutage ein wie auch immer geartetes **Verbundnetz aus Datenverarbeitung und Telekommunikation.** Je nach Organisation und Tätigkeitsinhalt wird dies ein für jedes Unternehmen **individuelles, einzigartiges Netz** mit entsprechend **unternehmensspezifischen Sicherheitsanforderungen** sein.

Vom Sicherheitsstandpunkt aus gesehen geht es um ein **Sicherheitskonzept für dieses Gesamtnetz.** Natürlich könnte man einen besonders gefährdeten Übermittlungsweg "verschlüsseln" oder für einzelne Anwendungen die Verwendung elektronischer Unterschriften oder den Versand verschlüsselter Mitteilungen vorsehen.

Sicherheitskonzepte für kundenspezifische Netze zielen jedoch auf einen hohen Sicherheitslevel für den Betrieb des Gesamtnetzes, d.h. eine hohe Verfügbarkeit und Integrität aller Datenbanken, Verarbeitungsfunktionen und Verbindungswegen gegen vorsätzliche Beeinflussung. Dies gilt um so mehr, wenn Telekommunikation und Datenverarbeitung im weitgehend automatisierten Verbund arbeiten und der Mensch nur noch periphere Beobachtungs-, Kontroll- und Regelfunktionen hinsichtlich der Informationsverarbeitungsprozesse hat.

Bild 1-1 zeigte, daß sich gerade der Trend zur **Automatisierung,** also hin zu immer **komplexeren Netzen** verstärkt. Die **Folgen dieser Entwicklung** verdeutlicht **Bild 3-1.**

Dabei stimmt es sehr bedenklich, daß die Zugänge zum weitaus größten Teil dieser Informationssysteme lediglich durch Paßwortsysteme geschützt werden, also auf die gleiche Weise wie in den Anfangszeiten der Datenverarbeitung.

▶ örtlich verteilte Gesamtprozesse

▶ Zusammenschluß der Einzelsysteme über

Kommunikationsverbund

▶ viele Anwendungen auf einem System

▶ viele Nutzer pro System und Kommunikationsverbund

▶ örtliche Trennung der Bediener-Arbeitsplätze vom RZ

▶ Standard-Schnittstellen zwischen Bediener und RZ

▶ Leistungsfähiges Netzmanagement

▶ Komplexe Betriebsorganisation

Bild 3-1. Folgen der jüngsten Entwicklung in der DV und TK

Datenverarbeitung/-kommunikation

▶ Impersonation eines Bedieners

▶ Unzulässige Ausweitung der Bedienerrechte

▶ unzulässiger Datenbankzugriff

▶ Passwort-Ausspähung, Abhören eines Bediener-Dialogs

▶ Ausspähung eines Files während der Übermittlung

▶ Sabotage

▶ Verlust des Datenschutzes für

- Kunden,
- Geschäftspartner,
- Auftraggeber,
- Mitarbeiter,
- sonstige Dritte

▶ Manipulationen im Netz-Management

Bild 3-2. Anwendungsspezifische Bedrohungen beim Dialog zwischen Operator-Terminal und Host

Paßwörter wurden damals erstmals für den Zugangsschutz vom Operator-Terminal zum Hostrechner **innerhalb eines örtlich begrenzten Rechenzentrums (RZ)** benutzt. Beide Systeme wurden also in derselben örtlichen und physikalisch geschützten Umgebung betrieben.

Im Laufe der Jahre wurden die Operatorarbeitsplätze zunehmend außerhalb der RZ installiert, jedoch ohne daß die Verfahren der Zugangssicherung grundsätzlich geändert oder verbessert wurden.

Die leicht ausspähbaren und umständlich zu handhabenden **Paßwortsysteme werden den heutigen Anforderungen eines verteilten Systemverbundes nicht mehr gerecht.** Ein Bedrohungsprofil nach **Bild 3-2** entsteht.

Bekanntgewordene Hackerfälle beruhen vorwiegend auf den grundsätzlichen Schwächen dieser unzeitgemäßen Zugangssicherung. In kaum einem dieser Fälle war ein besonderer technischer Aufwand erforderlich, meist war es lediglich minimales Insiderwissen, etwas Phantasie und einfache Ausspähung.

Neben dem "spielerisch" zu bewertendem Hackerproblem gibt es jedoch ein ganzes **Spektrum unterschiedlicher Motive** entsprechend

Motivation interner Täter (mehr als 80% aller Fälle):

▶ mangelhaftes Problem- oder Verantwortungsbewußtsein,
hohe Risikobereitschaft - z.T. bedingt durch Zeitmangel
oder anderweitige Prioritäten, Nachlässigkeit

▶ Bereicherung

▶ Beeinflussung durch Außenstehende

▶ Rache

▶ Geltungsbedürfnis

▶ Spieltrieb

Motivation externer Täter:

▶ Wettbewerbsnachteilige Ausspähung unternehmens-
sensibler Daten (Wirtschaftsspionage)

▶ Publikumswirksame Aktionen, Spieltrieb (Hacker)

Bemerkungen:

▶ außer bei aufgrund von Geltungsbedürfnis motivierten Tätern
haben alle ein großes Interesse unerkannt zu bleiben

▶ entstandene Schäden sind meist schwer zu beziffern

▶ Aufklärung und Strafverfolgung sind schwierig, ein Großteil
der Täter bleibt unentdeckt

Bild 3-3. Tätermotive

Bild 3-3. Von besonderer Bedeutung sind natürlich solche Motive, bei denen seitens des Täters kein Interesse an der Aufklärung oder Öffentlichkeit der Vorfälle besteht.

Moderne Zugangssicherungssysteme benötigen **Kryptografie** in Verbindung mit **Chipkartentechnik** und ein **leistungsfähiges Security Management**, d.h. ein ausgefeiltes **Auditing** und **Event Handling**. Die Realisierung solcher Sicherheitsysteme ist jedoch kompliziert, weil - wie in den **Bildern 3-4** und **3-5** gezeigt - **herstellerspezifische Schnittstellen** der Einzelsysteme, insbesondere der Terminals und Hosts, **preiswerte Lösungen verhindern**.

▶ Herstellerspezifische Netzwerklösungen

▶ Koexistenz von Netzwerken
unterschiedlicher Hersteller

▶ wenige Standardlösungen

▶ Sprachkommunikation

▶ Message-orientierte Anwendungen, wie File-
und Dokumententransfer für die

- Stapelverarbeitung und die

- Geschäftsdaten-Kommunikation

▶ Dialoganwendungen an Zentralrechnern

Bild 3-4. Kommunikations-Charakteristika heutiger, verteilter Systeme

Es ist natürlich viel zu aufwendig, alle Systeme auszuwechseln und durch solche zu ersetzen, bei denen die Realisierung eines modernen und **systemunabhängigen Sicherheitskonzepts** möglich ist.

Sicherheitskonzepte sind fast immer teuer, lassen sich aber in der Regel nicht durch eine Steigerung der Produktivität rechtfertigen. Es handelt sich vielmehr um **Zusatzinvestitionen gegen Risiken**, die sich ebenfalls nur selten in Geldwerten beziffern lassen.

Nur in einigen Fällen ergeben sich **Kostenvorteile durch die Einführung von Sicherheitstechnik. Bild 3-6** zeigt hierfür einige Beispiele.

Voraussetzung für die Realisierung eines Sicherheitskonzeptes ist daher in der Regel eine **Unternehmensentscheidung** auf der Grundlage einer nachvollziehbaren **Risikobewertung der ermittelten Bedrohungsfälle.**

Die Erstellung eines Sicherheitskonzepts muß nach einer **Systematik** entsprechend **Bild 3-7** erfolgen. Sie setzt bei den Fachkräften eine sehr große Erfahrung mit Sicherheitsproblemen, aber auch einen umfassenden Kenntnisstand über das zu analysierende Gesamtsystem voraus.

Es ist schwierig, **allgemein gültige** und zugleich doch **konkrete Sicherheitskonzepte** für verteilte Systeme unter Einbeziehung aller Einflußgrößen zu machen. **Bild 3-8** soll dazu einen Einblick vermitteln.

Häufig wird versucht, das Thema **Datenschutz** aus der Sicherheitsdiskussion herauszuhalten. Dies kann nicht gelingen, da **Sicherheitsfunktionen und Datenschutzanforderungen oft kontraproduktiv**

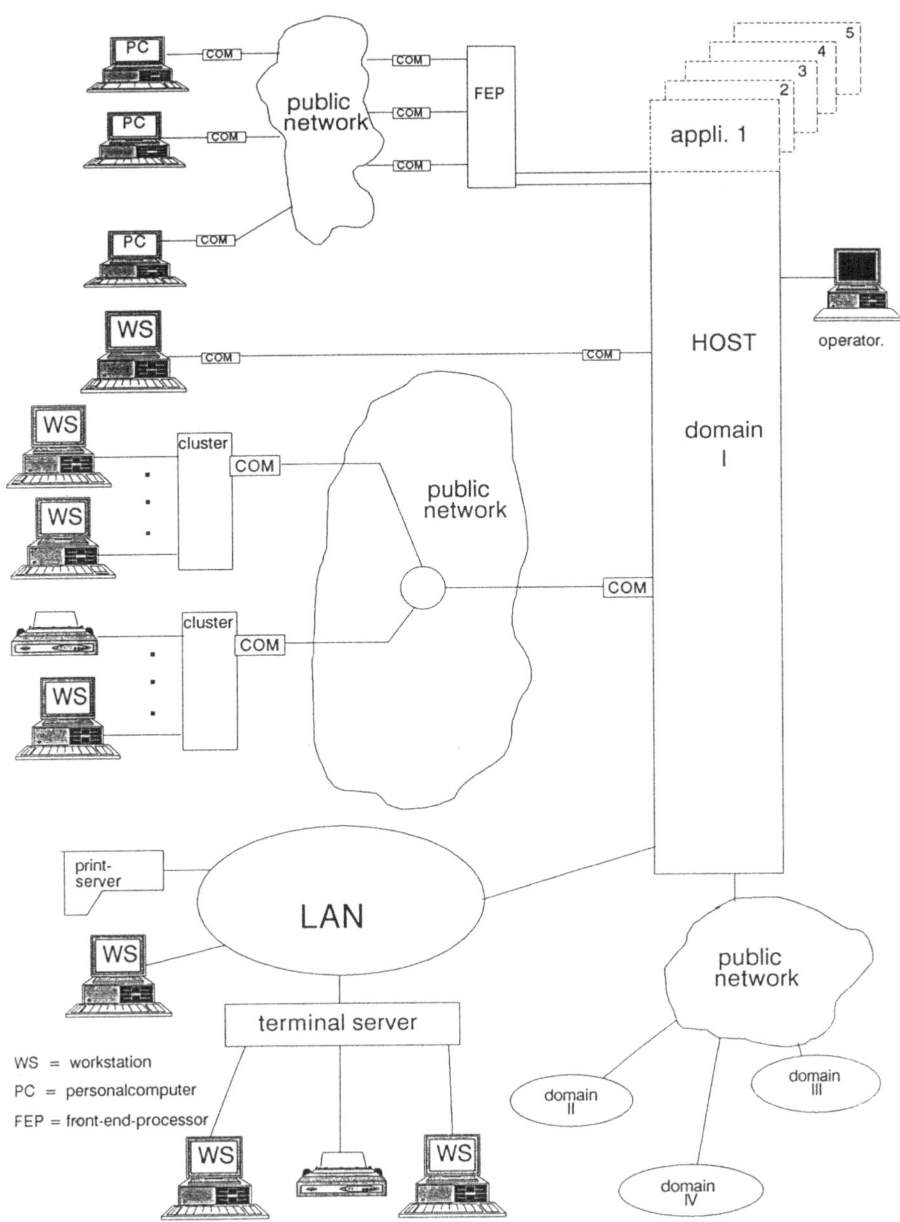

Bild 3-5. Beispiel eines "realen" verteilten Systems

▶ Nutzung elektronischer Mitteilungsdienste
für sensitive Anwendungen, die aus (daten-
schutz-) rechtlichen oder Sicherheitsgründen
noch auf physikalischen Transport und Archivierung angewiesen sind:

■ medizinische und personenbezogene Daten

■ Konstruktions- und Produktionsdaten

■ Bestell- und Rechnungswesen, Frachtpapiere

■ Verträge

■ Geldüberweisungen u.ä.

▶ Weitervermietung von Netz- und Verarbeitungskapazität an Dritte

Bild 3-6. Anwendungsbereiche, in denen mit Sicherheitsfunktionen Kosteneinsparungen bzw. zusätzliche Gewinne möglich sind

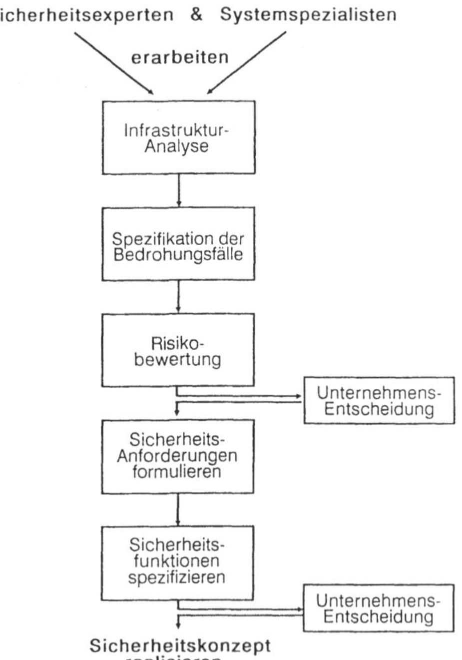

Bild 3-7. Grundsätzliche Vorgehensweise bei der Erstellung eines Sicherheitskonzeptes

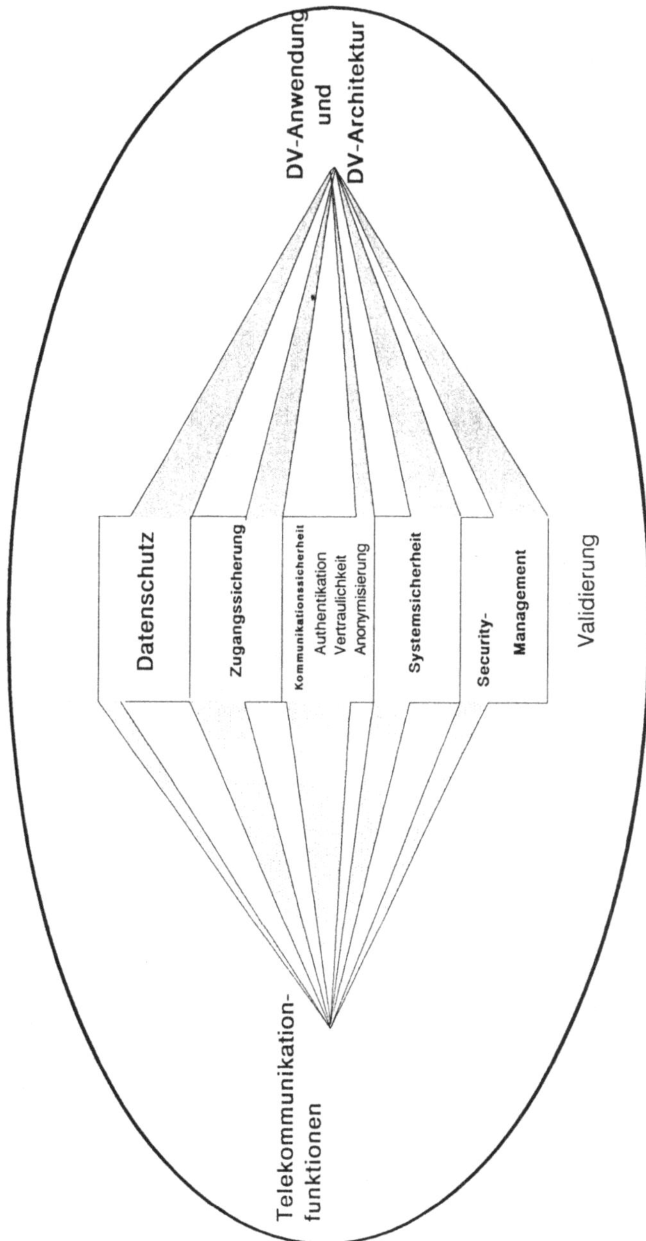

Bild 3-8. Allgemeine Sicherheitsanforderungen für kundenspezifische Netze

gegenüber:

▶ Kunden,

▶ Geschäftspartnern,

▶ Auftraggebern,

▶ Mitarbeitern,

▶ sonstigen Dritten,

▶ gesetzlichen und sonstigen behördlichen Auflagen

▶ Erfüllung des operationellen Zieles des Auftraggebers

hinsichtlich:

▶ der ihm anvertrauten Daten/Informationen des Verarbeitungsgegenstandes

▶ der ihm anvertrauten bzw. der bei der Verarbeitung entstehenden personenbezogenen Daten

▶ der Verfügbarkeit und Integrität der Verarbeitungs-prozesse

Bild 3-9. Systembetreiber ist verantwortlich für die Sicherheit seiner IT - Systeme

sind. Nur als Beispiel sei hier eine **detaillierte Zugangs-protokollierung** und der Anspruch des Betriebspersonals auf ausreichenden Datenschutz vor zu weitgehender **Leistungsüberwachung** genannt.

Mit der zunehmenden Komplexität moderner Verbundsysteme wächst auch die Vielfalt der teils haftungsrechtlich relevanten **Verant-wortlichkeit des Systembetreibers** nicht nur gegenüber **Mit-arbeitern,** sondern vor allem gegenüber **Kunden** und **Außenstehenden,** wie in **Bild 3-9** dargestellt. Die Gewährleistung der reinen Aufgabenerfüllung des Systems ist längst nicht mehr das einzige, künftig vielleicht nicht einmal mehr das wichtigste Ziel von Sicherheitsvorkehrungen.

Die Frage liegt nahe, ob etwa **spezialisierte Dienstleistungs-unternehmen** den Systembetreibern **anforderungsgerechte Sicherheits-lösungen** bieten können. **Bild 3-10** gibt einige Überlegungen der Telekom zu diesem Thema wieder. Es liegt auf der Hand, daß die attraktivsten Angebote von Dienstanbietern kommen werden, die selbst große IT Systeme betreiben.

Sicherheitsdienstleistungen
für kundenspezifische Netze

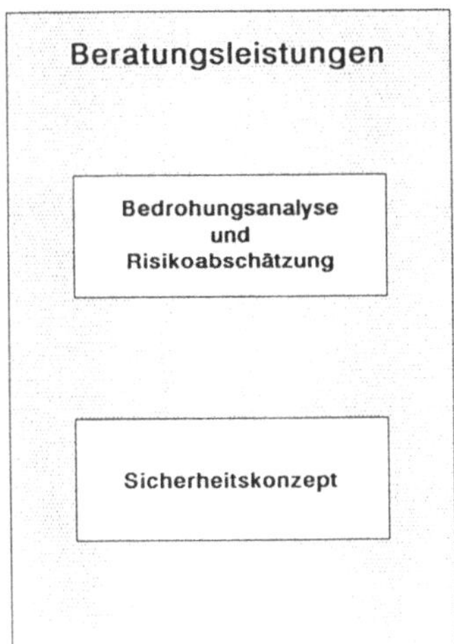

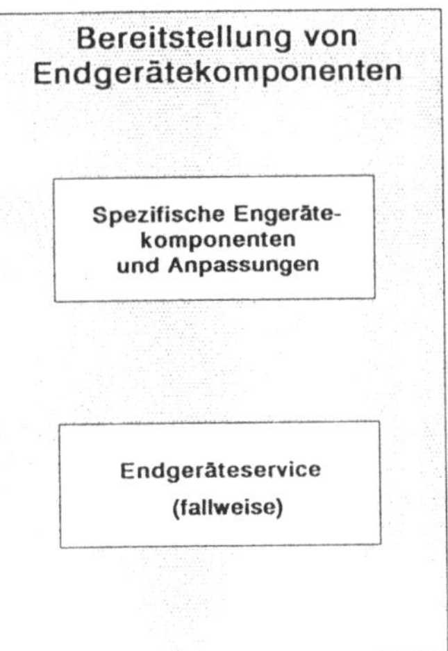

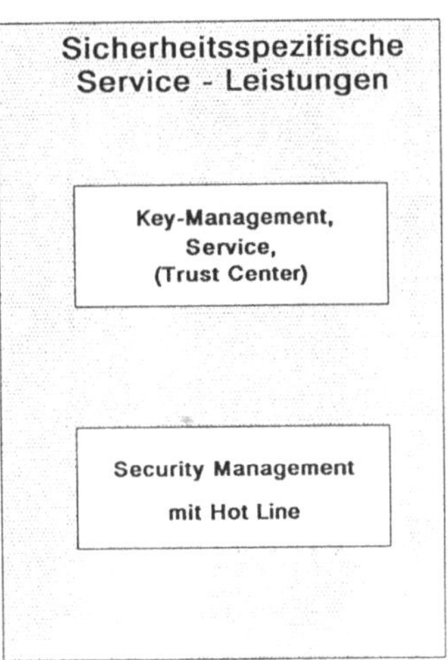

Bild 3-10. Mögliche Komponenten eines Sicherheitsdienstleistungsangebotes für komplexe IT - Systeme

Der potentielle Kunde steht vor der Frage, ob er Leistungen wie etwa das Security Management durch **"Outsourcing"** lösen und ob er alle Sicheheitsleistungen komplett oder nur teilweise aus einer Hand (**"One-Stop-Shopping"**) beziehen soll. Diese Problematik ist durchaus mit dem Thema Netzmanagement vergleichbar.

Die Telekom plant z.Zt. nur das Angebot des Key Management Service aus der im **Bild 3-10** gezeigten Gesamtpalette.

Eine mögliche technische Lösung für eine **systemunabhängige Zugangssicherungstechnik** ist in den **Bildern 3-11** und **3-12** am **Beispiel ISDN** gezeigt. Diese Varianten sind auch Gegenstand intensiver Telekom-interner Entwicklungsarbeiten.

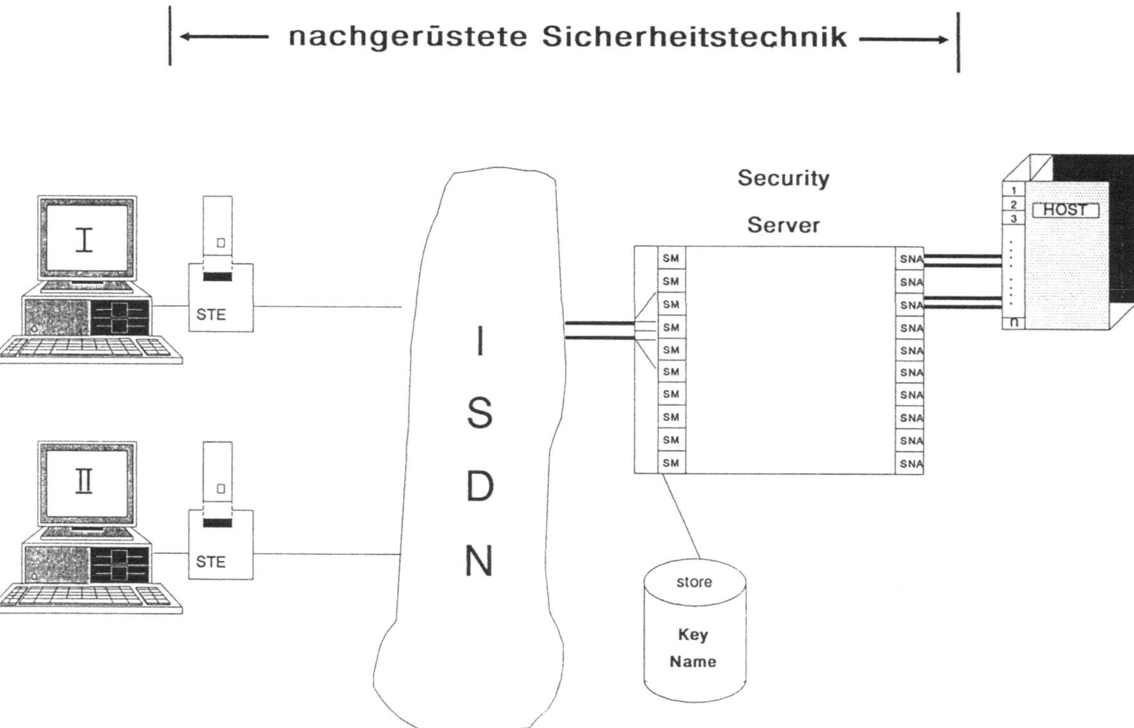

Bild 3-11. Beispiel einer Zugangskontrolle für Anwenderdatennetze im ISDN

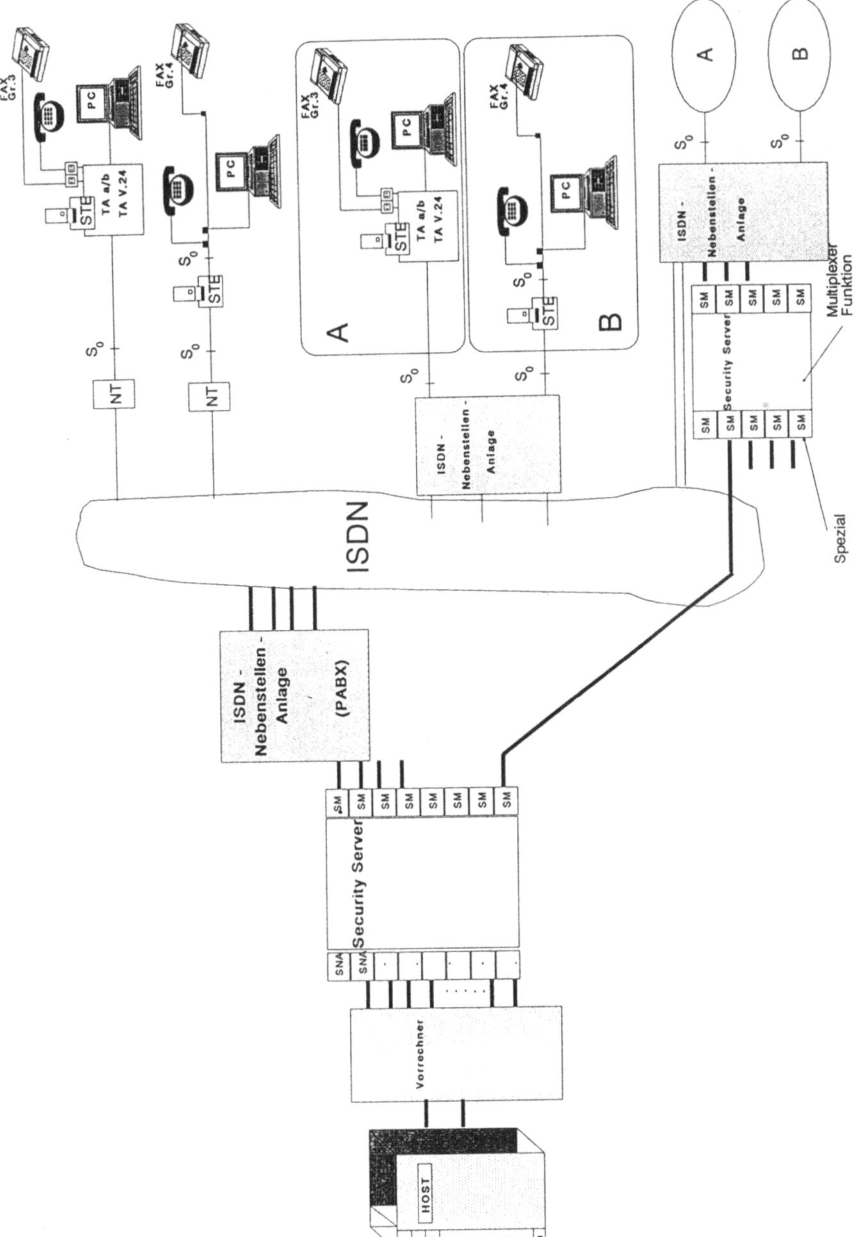

Bild 3-12. Vorteile von ISDN bei der nachträglichen Sicherheitsfunktion in einem komplexen Anwenderdatennetz

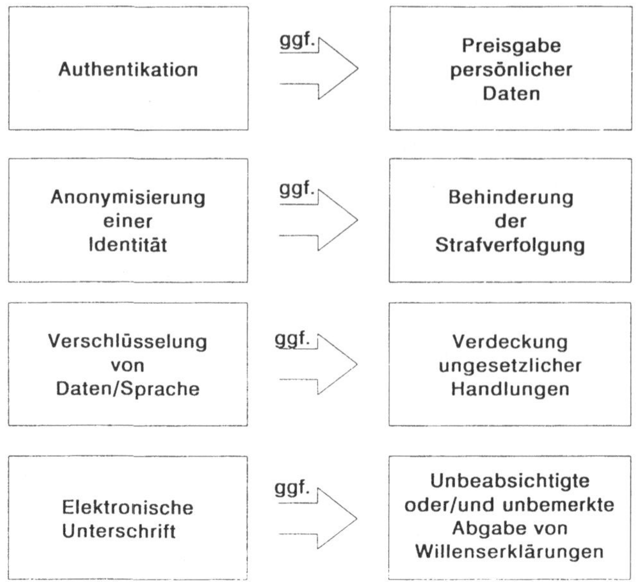

Bild 4-1. Sicherheitsmerkmale und ihre Risiken

4   Nicht-technische Probleme

Sicherheitsprobleme sind nicht allein durch den Einsatz von Technik und Änderung der Betriebsorganisation zu lösen. Vielfach werfen gerade neue Sicherheitsfunktionen **neue Probleme** oder gar Bedrohungen auf, wie in **Bild 4-1** beispielhaft gezeigt wird. Dies gilt insbesondere für:

> **Rechtsverbindlichkeit** elektronischer Dokumente
> unter besonderer Berücksichtigung der **EU**
> als Mittel zur Bekundung von Willenserklärungen,
> **Datenschutz,**
> **Interessen des Gemeinwohles und der inneren Sicherheit,**
> **Export-/Importprobleme** für Kryptotechnik

Aufgrund mangelnder Harmonisierung zwischen den EG-Mitgliedsländern wurden von der **EG-Kommission Untersuchungen** bzw. **Gesetzesvorschläge** insbesondere zu den beiden erstgenannten Punkten entsprechend **Bild 4-2** unternommen. Erschwerend ist hierbei die z.T. völlig **unterschiedliche Gesetzesregelungen der einzelnen Mitgliedsländer.**

Das Thema innere Sicherheit oder **"nationale Sicherheitsinteressen"** ist besonders kompliziert. Auf diesem Gebiet ist auch in Zukunft kaum eine europäische Lösung zu erwarten, weil hier individuelle einzelstaatliche Interessen am stärksten berührt werden. Allein die aktuelle Diskussion über den Verschlüsselungsalgorithmus für das GSM-Mobilfunksystem liefert hierfür ein Indiz.

```
Title:    "P R O T E C T I O N   O F   P E R S O N A L
           D A T A   I N   R E L A T I O N   T O   T H E
           P R O C E S S I N G   O F   P E R S O N A L
           D A T A "
Source:   CEC, COM (90) 314, SYN 287


Title:    "P R O T E C T I O N   O F   P E R S O N A L
           D A T A   A N D   P R I V A C Y   I N   T H E
           C O N T E X T T   O F   P U B L I C
           D I G I T A L   T E L E C O M M U N I -
           C A T I O N   N E T W O R K S "
Source:   CEC, COM (90) 314, SYN 288


Title:    "L E G A L   P O S I T I O N   O F   M E M B E R
           S T A T E S   W I T H   R E S P E C T   T O
           E D I "
Source:   TEDIS / DGXIII
```

Bild 4-2. Important CEC documentation on INFOSEC

Aus **Bild 4-1** wird jedoch auch ein **Interessenkonflikt zwischen
individuellen Bürgerrechten und Gemeinwohlinteressen** deutlich.
Bild 4-3 erläutert dieses Spannungsfeld zusätzlich.

In **Bild 4-4** wird hierzu ein **Lösungsansatz** mit Bezug auf die
gegenwärtige rechtliche Situation aufgezeigt. Für die genannten
Lösungen wird es Kompromisse geben müssen, welche keine Seite voll
zufriedenstellen. Diese können langfristig jedoch nur im **Dialog
mit den Betroffenen** entstehen. Die **Akzeptanz der modernen Informationsverarbeitung** wird möglicherweise zu einem beträchtlichen
Teil davon abhängen, wie erfolgreich dieser Dialog verläuft.
Parallelen zur Diskussion über die Kernenergie drängen sich auf.

Gerade Sicherheitsdienstleistungen berühren diese Interessen-
konflikte und müssen daher **gegenüber allen Beteiligten transparent**, zumutbar und **vertrauenswürdig** sein.

Bild 4-5 erläutert abschließend die **Position der Telekom** hier zu
dem letztgenannten Punkt.

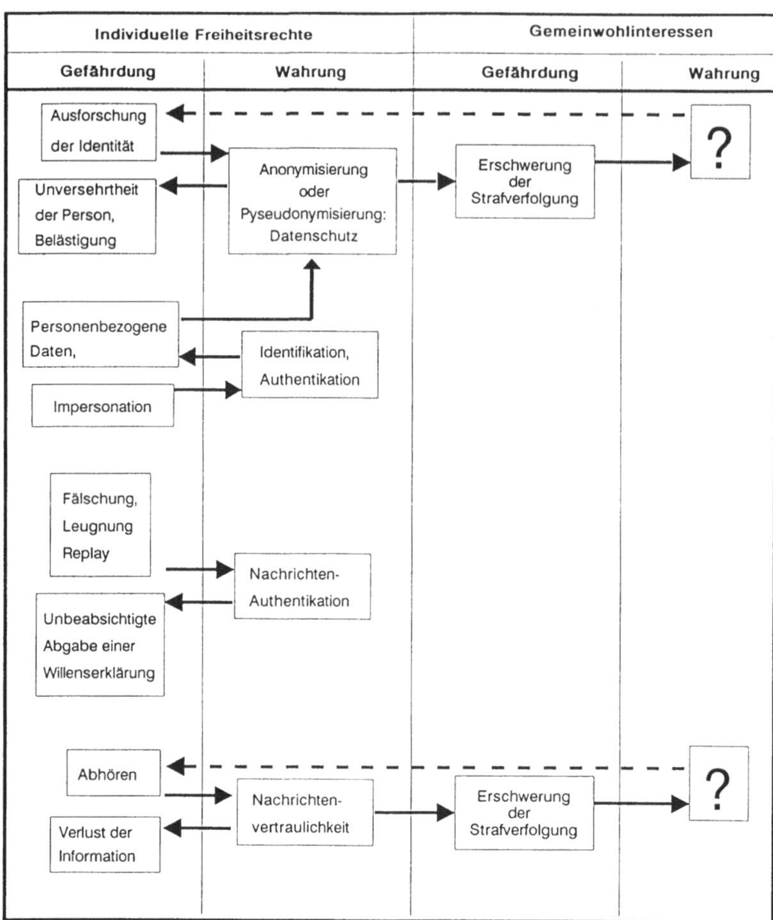

Bild 4-3. Spannungsfeld der Verfassungsgrundsätze "individuelle Freiheitsrechte" und "Gemeinwohl"

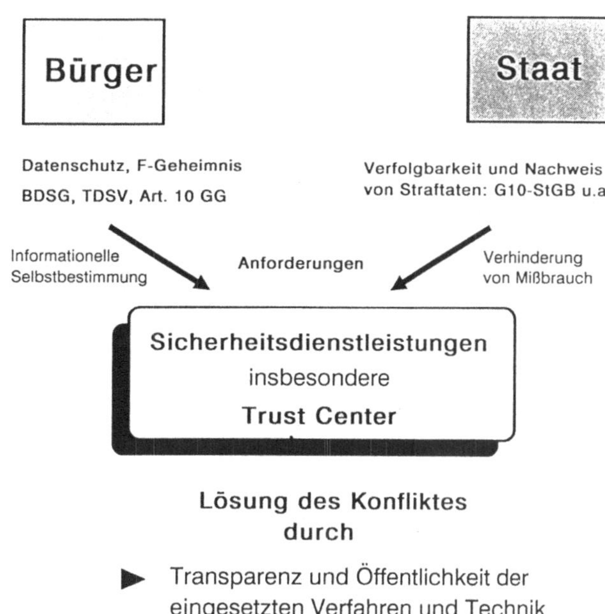

Bild 4-4. Gesetzeskonflikte und mögliche Lösungen

▶ Transparenz der eingesetzten Sicherheitstechnik

▶ öffentliche und veröffentlichte Kryptoverfahren,
zumindest im Bereich öffentlicher Anwendungen,
wie z.B. Telefon und Telefax

▶ standardisierte Kommunikationsschnittstellen
zwischen Sicherheits- und Anwendungskomponenten

▶ Selbstverantwortlichkeit, Selbstbestimmung und
Berücksichtigung des Anonymitätsanspruchs des
Kunden für seine individuellen Sicherheitsfunktionen

▶ Autarkie der Ende-zu-Ende Kommunikation

▶ Konzentration der zentralen Sicherheitseinrichtungen
für Schlüsselmanagement in einem Trust Center

▶ Prüfung der Sicherheitskomponenten durch eine
neutrale technische Instanz

▶ ganzheitliches Sicherheitskonzept

Bild 4-5. Telekom - Ziele für vertrauenswürdige Sicherheitsdienstleistungen

Datenschutz im ISDN

Detlef Garbe

1.   Einleitung

Die Modernisierung der Fernmeldenetze durch die Digitalisierung der Übertragungs-
und Vermittlungstechnik sowie die Einführung des ISDN sind europaweite Trends.
Mit diesem technischen Fortschritt verändert sich auch der technisch bedingte Umgang mit Kommunikations- und Rechnungsdaten; neue Dienste für den Kunden wie
der Einzelgebührennachweis und neue Leistungsmerkmale im Telefondienst wie die
Rufnummernanzeige oder die Anrufweiterschaltung erfordern neue Überlegungen
und Regelungen hinsichtlich des Schutzes personenbezogener Daten. Die Notwendigkeit, neue Datenschutzregeln für den Telekommunikationssektor zu erlassen, trifft
alle Länder, die diese neuen Techniken und Dienste einführen; ebenso ergibt sich die
Notwendigkeit, z.B. durch die grenzüberschreitende Kommunikation und internationale Abrechnungsmodalitäten, eine Regelung auf europäischer Ebene voranzutreiben.

Allerdings könnte ein Beobachter der Medien den Eindruck gewinnen, daß nur in
Deutschland der Schutz der Kommunikation bedroht sei; das in den Ländern unterschiedliche Reaktionsniveau von Daten- und Verbraucherschützern ist zumindest er-
klärungsbedürftig. Solche Erklärungsversuche scheitern zunächst einmal daran, daß
kaum Informationen über Regelungen bzw. intendierte Änderungen zum Datenschutz
in der Telekommunikation für die einzelnen europäischen Länder vorliegen. Solche
zu sammeln, systematisch auszuwerten und zu vergleichen, war primäres Anliegen
der Studie "Datenspuren in digitalisierten Telekommunikationsnetzen. Ein Vergleich
der Datenschutzregelungen in europäischen Ländern am Fall ISDN"[1].

Dieser Beitrag umfaßt eine Skizze der Ausgangs- und Problemlage sowie eine Dokumentation des Sachstands in europäischen Ländern in den folgenden Bereichen:

---

[1]   Garbe, Detlef, Datenspuren in digitalisierten Telekommunikationsnetzen. Ein Vergleich
der Datenschutzregelungen in europäischen Ländern am Fall ISDN, WIK-
Diskussionsbeiträge Nr. 103, Bad Honnef, Dezember 1992

- die Verankerung des Datenschutzes in Grundrechten bzw. der Verfassung

- Aussagen der Datenschutzgesetzgebung mit Relevanz für das Fernmeldewesen

- die Art und Weise der Kommunikationsdatenverarbeitung im ISDN bzw. in digitalisierten Netzen

- die Regelungen für Leistungsmerkmale des ISDN, z.B. den Einzelgebührennachweis und die Rufnummernanzeige.

In einem weiteren Schritt unternimmt der Beitrag den Versuch, Forschungsansätze für ein besseres Verständnis des Zusammenhangs von Technikentwicklung und Regulierungsbedarf einerseits und Normengenese und Normgestaltung andererseits aufzuzeigen.

1.1   Problembewußtsein zum Datenschutz in der Telekommunikation

Berücksichtigt man in einem ersten Zugriff offizielle Verlautbarungen und Aktivitäten zum Thema in den einzelnen Ländern, wird ein unterschiedlich ausgeprägtes, aber zunehmend differenzierteres Problembewußtsein offenbar. Einige Beispiele aus einzelnen Ländern bzw. für die europäische Ebene können dies verdeutlichen.

Für die europäische Ebene sind ein Indikator z.B. die offiziellen Beschlüsse der Internationalen Konferenz der Datenschutzbeauftragten. Noch 1983 ging die Konferenz davon aus, daß der Einsatz Neuer Medien zwar eine erhebliche Gefährdung der Persönlichkeitsrechte mit sich bringen kann, daß aber gleichzeitig die Speicherung personenbezogener Daten in einem gewissen Umfang erforderlich ist, soweit die Kommunikation zwischen Informationsanbietern und Teilnehmern durch elektronische Datenverarbeitungsanlagen gesteuert wird.[2] 1987 zeigte sich die Konferenz - eher pauschal - besorgt über die zunehmende Zahl gespeicherter personenbezogener Daten durch Massenkommunikations- und Telekommunikationsdienste, weder auf nationaler noch auf internationaler Ebene seien zur Verhinderung des Mißbrauchs hinrei-

---

[2]   Beschluß der Internationalen Konferenz der Datenschutzbeauftragten vom 18. Oktober 1983, abgedruckt in: Materialien zum Datenschutz 10: Datenschutz in Berlin 1984 - 1989, herausgegeben vom Berliner Datenschutzbeauftragten, Berlin Dezember 1989, S. 74

chende rechtliche Regelungen in Kraft.[3] Erst 1990 konzentrierte sich das Interesse der Konferenz auf die Telekommunikation und trifft einen besonderen Beschluß zu ISDN, der sich materiell mit dem Schutz personenbezogener Daten und dem Schutz des informationellen Selbstbestimmungsrechts der Teilnehmer an der Telekommunikation auseinandersetzt.[4]

Auf europäischer Ebene sind die Aktivitäten des Europarats und der EG-Kommission anzuführen:

- Der Europarat hat eine Arbeitsgruppe Nr. 9 (Neue Technologien - Telekommunikationssektor) des Expertenkommitees für Datenschutz mit dem Ziel eingerichtet, die durch die neuen digitalen Telefondienste auftretenden Probleme zu untersuchen und eine entsprechende Datenschutz-Resolution des Europarats vorzubereiten.

- Die DG XIII der EG-Kommission hat angesichts der öffentlichen Diskussion um den Datenschutz im ISDN die Initiative ergriffen und im Mai 1990 den Entwurf der Richtlinie des Rates "zum Schutz personenbezogener Daten und der Privatsphäre in öffentlichen digitalen Telekommunikationsnetzen insbesondere im diensteintegrierenden digitalen Telekommunikationsnetz (ISDN) und in öffentlichen digitalen Mobilfunknetzen" vorgelegt.[5]

In Frankreich entwickelte sich Ende der 60er und zu Beginn der 70er Jahre eine intensive, öffentliche Debatte über den Schutz von Privatheit, insbesondere über den Schutz personenbezogener Daten, die von Datenverarbeitungsanlagen gespeichert und automatisch verarbeitet werden. Im Oktober 1970 wurde ein erstes Datenschutz-Gesetz, allerdings ohne Erfolg, in das Parlament eingebracht.[6] Dennoch brachte das

---

3   Beschluß der Internationalen Konferenz der Datenschutzbeauftragten 1987 zum Datenschutz und neue Medien, in: Materialien zum Datenschutz 10, a.a.O., S. 151

4   Beschluß der Internationalen Konferenz der Datenschutzbeauftragten vom 30. August 1989 zu ISDN auf Vorschlag der Arbeitsgruppe Telekommunikation und Medien, in: Materialien zum Datenschutz 10, a.a.O., S. 249

5   Im folgenden zitiert als EG-Richtlinienentwurf

6   vgl. Nugter, A.C.M., Transborder Flow of Personal Data within the EC, A comparative analysis of the privacy statutes of the Federal Reupblic of Germany, France, the United Kingdom and the Netherlands and their impact on the private sector, Deventer-Boston,

Jahr 1970 einen ersten Erfolg für die Datenschützer, denn der Schutz der Privatheit (L'intimité de la vie privée) wurde in den Code Civil aufgenommen. Die nächsten Jahre bis etwa 1974 brachten weitere erfolglose Versuche, ein Datenschutz-Gesetz durch das Parlament zu bringen. Erst Ende 1974 wurde die öffentliche Diskussion so stark, daß der Premierminister den Justizminister anwies, die negativen Folgen der Informationstechnologien untersuchen zu lassen. Auf der Basis des Berichtes der mit dieser Aufgabe betrauten Commission Informatiques et Libertés legte die Regierung einen Gesetzentwurf vor, der zwischen Parlament und Senat kontrovers diskutiert wurde, aber letztlich erst am 6. Januar 1978 als *"Loi relatif à l'informatique, aux fichiers et aux libertés"* (im folgenden zitiert als LILF) in Kraft trat.

Die öffentliche Debatte in der Bundesrepublik nahm und nimmt ihren Verlauf in vier Etappen:

Phase 1:

In der ersten Hälfte der 80er Jahre wurde die Telekommunikationspolitik der Deutschen Bundespost, insbesondere ihre Netzplanung und das ISDN generell kritisiert. Maßstab für diese Kritik war der Begriff der "Sozialverträglichkeit"[7]. Sowohl in der Studie "Mikropolis"[8], als auch in der vom Land Nordrhein-Westfalen geförderten Studie "Optionen der Telekommunikation"[9] begründeten die Kritiker die Ablehnung des ISDN-Konzeptes der Deutschen Bundespost. Einerseits beklagen sie die Wissensdefizite um die sozialen Folgen der Einführung von Kommunikationstechnologien und forderten umfangreiche Technologiefolgen-Untersuchungen; andererseits rückten sie die Bedrohung der gesellschaftlichen Ordnung und Entwicklung in das Zentrum der Kritik und nahmen postulierte Folgen als faktische an. Reizworte wie "Kommunikationsverarmung", "Erfahrungsentzug", "Nivellierung und Entfremdung"

1990

[7] Meyer-Abich, K. M., Soziale Verträglichkeit - ein Kriterium zur Beurteilung alternativer Energieversorgungssysteme, in: Evangelische Theologie, 39. Jahrgang, Heft 1, 1979, S. 39ff.

[8] Kubicek, Herbert / Rolf, Arno, Mikropolis. Mit Computernetzen, in die Informationsgesellschaft, Hamburg 1986, 2., Aufl.

[9] Berger, Peter; Kubicek, Herbert; Kühn, Michael; Mettler-Meibom, Barbara; Voogd, Gerhard, Optionen der Telekommunikation, o.O.

oder "Mediatisierung" kennzeichnen die Zielrichtung der Kritik auf der individuellen Ebene. Auf der gesellschaftlichen Ebene wird die "soziale Beherrschbarkeit" der Netze angezweifelt, die "Verletzlichkeit" der Informationsgesellschaft thematisiert und die technische Aushöhlung und "Digitalisierung" der Grundrechte beschworen.[10]

Spezifiziert wurden diese generellen Forderungen am Datenschutz im ISDN. Ende der 80er Jahre machte sich die wissenschaftlich fundierte und die öffentliche Kritik an den in der Telekommunikationsordnung (TKO) niedergelegten Regelungen der DBP Telekom fest.[11]

Phase II:

In dieser durch die stetige öffentliche Aufmerksamkeit nicht einfachen Situation wurde von mehreren Seiten versucht, den Diskussionsprozeß substantiell voranzubringen. Neben den einschlägigen Publikationen, Konferenzen und Tagungen sind für die Bundesrepublik Deutschland vor allem anzuführen:

* das im Auftrag der Teletech Initiative NRW erstellte Gutachten "Datenschutztechniken für offene, digitale Telekommunikationsnetze"[12] sowie die Dokumentation "ISDN und Datenschutz"[13]

* der mit Unterstützung des Bundesministeriums für Forschung und Technologie (BMFT) von der Informationstechnischen Gesellschaft (ITG) realisierte Diskurs "Datenschutz im ISDN" mit der gleich lautenden, weit verbreiteten Dokumentation.

---

10 Mettler-Meibom, Barbara, Soziale Kosten der Informationsgesellschaft. Überlegungen zu einer Kommunikationsökologie, Frankfurt 1987
Kubicek, Herbert, Probleme der sozialen Beherrschbarkeit integrierter Fernmeldenetze. Vortrag im Gesprächskreis Politik und Medien der Friedrich-Ebert-Stiftung am 2.10. 1984
Roßnagel, Alexander; Wedde, Peter; Hammer, Volker; Pordesch, Ulrich, Die Verletzlichkeit der "Informationsgesellschaft", Opladen, 1989
dies., Digitalisierung der Grundrechte - zur Verfassungsverträglichkeit der Informationsgesellschaft, Opladen, 1990

11 vgl. die Zusammenfassung dieser Kritik in: ITG (Hrsg.), Datenschutz im ISDN, Frankfurt, 1990, 2. Auflage, S. 31ff.

12 TELETECH NRW, Band 6, Düsseldorf, 1990

13 ISDN-Forschungskommission des Landes NW (Hrsg.), ISDN und Datenschutz, Düsseldorf 1990

* die öffentliche Anhörung des Bundestagsausschusses für Post und Telekommunikation vom 5. März 1991 mit über 50 geladenen Experten und Zuhörern

* sowie die Veranstaltungen der Datenschutzbeauftragten, z.B das Symposium "Datenschutz: Komfort und Freiheit des Kunden in der Telekommunikation" anläßlich der Internationalen Funkausstellung Berlin 1991.[14]

Phase III:

Mit der ersten Postreform durch das Poststrukturgesetz vom 1.7. 1989 war auch das Auslaufen der Telekommunikationsordnung (TKO) für den 30.6. 1991 festgelegt worden; damit mußten verschiedene bereichsspezifische Nachfolgeregelungen und Verordnungen vorbereitet und erlassen werden. Dazu zählen u.a. die Datenschutzverordnung für die DBP Telekom als öffentliches Unternehmen (TDSV) und diejenige für private Unternehmen, die Telekommunikationsdienstleistungen erbringen (UDSV)[15].

Das Bundesverfassungsgericht hat 1992 im Wege der Überprüfung der Rechtmäßigkeit um Fangschaltungen, diese in der TDSV und UDSV enthaltene Regelung für nicht zulässig erklärt und gleichzeitig gefordert, daß statt der Verordnung ein entsprechendes Gesetz auf der Basis eines breiten gesellschaftlichen Diskurses verabschiedet wird. Damit ist gewissermaßen die vierte Phase in dem Datenschutz in der Telekommunikation in der Bundesrepublik eingeleitet.

In anderen europäischen Ländern wie Schweiz, Großbritannien, Niederlande oder Schweden hat es in den 80er Jahren keine bemerkenswerte öffentliche Debatte zum Datenschutz in der Telekommunikation gegeben. Wenn es eine solche gab, verblieb sie in den engen Zirkeln von Datenschutzbeauftragten und kritischen Wissenschaftlern.

---

14 Berliner Datenschutzbeauftragte (Hrsg.), Datenschutz: Komfort und Freiheit des Kunden in der Telekommunikation, Berlin, 1992
15 TDSV = Telekommunikationsdienst Datenschutzverordnung;
    UDSV = Teledienstunternehmen - Datenschutzverordnung

Hier soll nicht die Frage nach den Ursachen für ein national und kulturell differenziertes Problembewußtsein gestellt werden, vielmehr ist zunächst die sachliche Ursache für die Probleme um den Datenschutz in der Telekommunikation darzustellen. Diese Ursache liegt primär in der Digitalisierung der Fernmeldenetze begründet, die erst die Einführung des ISDN ermöglichte.

1.2   Die Digitalisierung der Fernmeldenetze

Die Digitalisierung der Fernmeldenetze ist durch die Fortschritte in der Mikroelektronik möglich geworden. Der sich weltweit vollziehende Austausch einer funktionsorientierten elektro-mechanischen Vermittlungs- und Übertragungstechnik wird vollzogen, weil eine Reihe von Argumenten für die Digitalisierung spricht. Einige dieser Argumente seien hier exemplarisch angeführt:[16]

- Digitalisierte Signale sind sicherer in der Übertragung und können wesentlich schwerer abgehört werden.

- Die Qualität der Übertragung von Sprache und Bild ist höher als bei der analogen Übertragung; bei der Datenübertragung sinkt die Fehlerrate.

- Ein Kupferkabel kann im analogen Modus bis zu zwei Gespräche simultan übertragen, digitalisiert schafft dasselbe Kabel bis 100 Gespräche oder Datenverbindungen.

- Analog kann man bis 9600 bit/s oder mit neuester Kompressionstechnik bis zu 48 Kbit/s übertragen, digitalisiert erhöht sich die Übertragungskapazität auf 2 Mbit/s.

- Die Digitalisierung führt zu einer erhöhten Flexibilität: Analog kann man Sprache oder Daten übertragen, aber nicht beides zur gleichen Zeit. Digitalisiert wird die gleiche Übertragung von Sprache und Daten - auch aus unterschiedlichen

---

[16]   vgl. J.A. Young, Impact of computer philosophies and benefits of digitalization in: Proceedings of the 5th World Telecommunications Forum, 19.-22. Oktober 1987 in Genf und T. Yamamoto World demand for digital networks to satisfy wide ranging telecommunication growth, a.a.O., S. 201

Verbindungen - in sog. Zeitvielfachschlitze möglich.

- Digitalisierte Vermittlungsstellen haben einen wesentlich geringeren Raum- und
  Wartungsbedarf.

Insgesamt erspart die Einführung der Digitalisierung nicht nur Kosten, sondern hat
der Telekommunikationsindustrie, als einem zunehmend wichtiger werdenden Zweig
der Volkswirtschaft, in den 80er Jahren einen notwendigen Innovationsschub gegeben.[17]

Gerade weil mit der Digitalisierung der Fernmeldenetze offensichtlich technische und
ökonomische Vorteile verbunden sind, ist die Umstellung der Technik in vielen Ländern rasch vollzogen worden. Diese Umstellung vollzog sich aber für den Teilnehmer
am Telefondienst nahezu unbemerkt, dennoch birgt gerade dieser technische Wandel
jene nicht-intendierten Effekte in sich, die zur öffentlichen Kritik an der Telekommu-
nikationspraxis, insbesondere in Deutschland geführt haben.

1.2.1 *Zum Stand der Digitalisierung in Europa*

Die Digitalisierung der Fernmeldenetze begann in einzelnen Ländern zu unterschiedlichen Zeitpunkten, in der Regel aber bereits in der 1. Hälfte der 80er Jahre.

So begann British Telecom 1979 mit der Digitalisierung von Ortsvermittlungsstellen
und 1981 mit der Einführung digitaler Übertragungsdienste, sog. X-Stream Services.
Bereits 1985 waren eine Reihe von Fernvermittlungsstellen und Fernübertragungs-
wegen digitalisiert.[18]

France Telecom begann mit der Digitalisierung Ende der 70er Jahre und bereits 1985
waren 50% der Fernsprechteilnehmer an digitalen Vermittlungsstellen angeschlossen.
Wie die Abb. 1 zeigt, ist die Digitalisierung des französischen Fernsprechnetzes zügig

---

17 Klumpp, Dieter, ISDN - Ein Angebot à la carte. Die neue Fernmelde-Infrastruktur ist kein
    Konsumgut, sondern ein Angebot zur Nutzung, in: Neue Medien Nr. 2/1988, S. 70-72
18 W.-U. Knoben, Zukünftige Entwicklungen bei der Britischen Fernmeldeverwaltung
    (British Telecom), in: Fernmeldepraxis, 9/83 vom 10. Mai 1983, S. 325

vorangeschritten und soll 1995 nahezu abgeschlossen sein.[19]

Abbildung 1

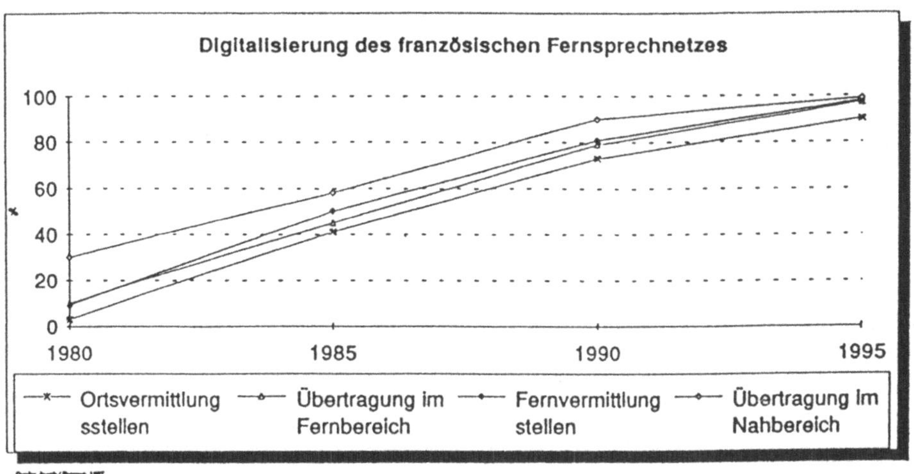

Die Phase der Digitalisierung des Fernmeldenetzes begann für die Deutsche Bundespost 1978 mit dem Pilotprojekt "Digitales Ortsnetz"[20]. 1979 folgte der Grundsatzbeschluß zur Digitalisierung der Übertragungstechnik. Parallel dazu erfolgte zunächst der Umbau der Vermittlungsstellen (DIVF), um dann fortschreitend die Ortsvermittlungsstellen (DIVO) zu digitalisieren[21]; dieser Prozeß erfolgt über Neu- bzw. Ersatzbeschaffungen. Seit 1990 werden die Vermittlungsstellen nur noch mit digitaler Technik ausgerüstet. (vgl. Abb. 2 + 3)

---

19 J.-B. Jacob, M. Ruvoen, Einführung des ISDN in das französische Digital-Fernsprechnetz, in: Elektrisches Nachrichtenwesen, Band 61, Nr. 1/1987

20 vgl. Bundesminister für Forschung und Technologie / Bundesminister für das Post- und Fernmeldewesen (BMFT / BMPF 1979), Programm der Bundesregierung zur Förderung von Forschung und Entwicklung im Bereich der Technischen Kommunikation 1978-1982, Bonn 1979, S. 56ff.

21 vgl. Otto Hilz / Hans Klein, Einsatzstrategie für digitale Vermittlungstechnik (DIV) im Fernsprechnetz der Deutschen Bundespost, in: Jahrbuch der Deutschen Bundespost, Bonn 1984, S. 51

Abbildung 2: Digitalisierungsgrad der Vermittlungsstellen (D)

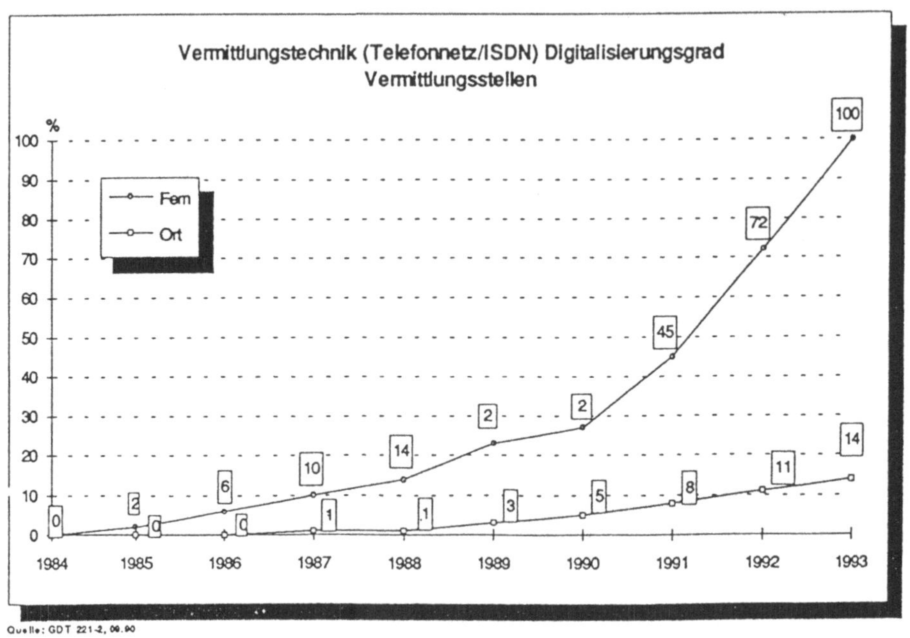

Abbildung 3: Digitalisierungsgrad von Vermittlungs- und Übertragunstechnik

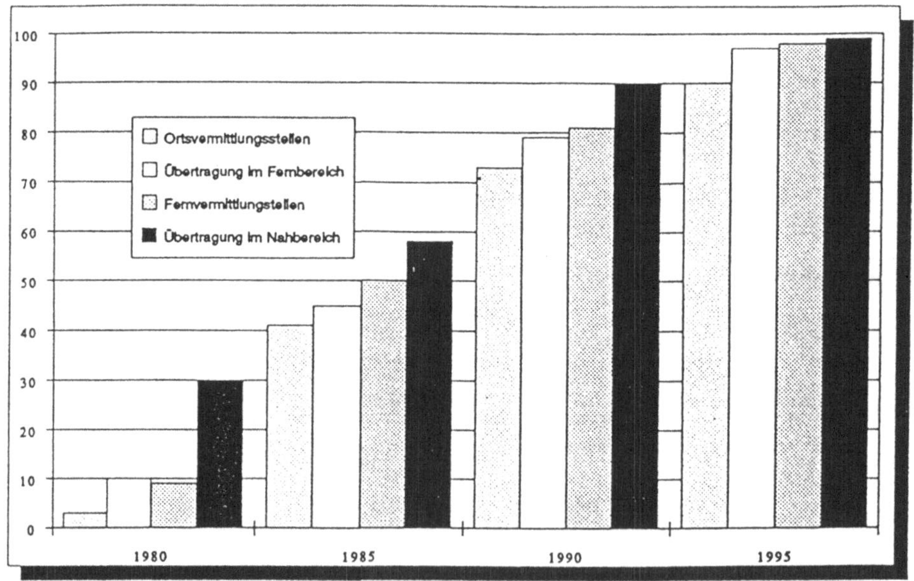

Während die Fernvermittlungsstellen inzwischen alle digitalisiert sind, bildet die Um-
rüstung der Ortsvermittlungsstellen noch einen Engpaß für das flächendeckende Angebot von ISDN. Technisch wird diese Voraussetzung Ende 1993 erfüllt sein.

ISDN-Verfügbarkeit	1990	1991	1992	1993	1995
Zahl der digitalisierten Vermittlungsstellen:					
lokale Ebene	1054	2914	4154	6200	6200
Flächendeckung	17%	47%	67%	100%	100%
Zahl der versorgten Städte	317	1140	1919	alle	

Selbst kleinere Länder wie Belgien haben bereits 1984 mit der Digitalisierung begonnen und 1990 einen Ausbaugrad von ca. 35% erreicht.[22] In Deutschland wurde 1979
der Übergang zur Digitaltechnik beschlossen und wurde 1984 auf der Ebene der
Ortsvermittlungsstellen wirksam.[23] Den Ausbaustand für Europa zum Zeitpunkt des
Jahres 1990 haben Ungerer und Costello in der Abb. 4 dargestellt.

---

[22] vgl. Technical Symposium "Telecommunication Services for a world of nations", 22.-
27.10.1987 in Genf, in: Forum 87, Part 2

[23] vgl. Antwort des Bundesministers für das Post- und Fernmeldewesen auf die Große
Anfrage der Fraktion DIE GRÜNEN vom 05.03.1986, in: Bundestagsdrucksache 10/5144,
10. Wahlperiode, 1986

Abbildung 4

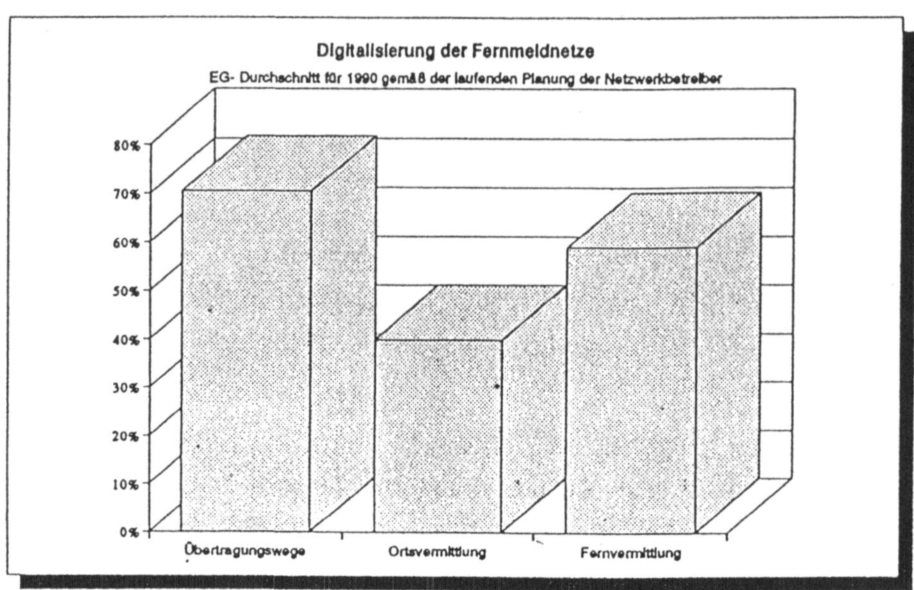

Beide haben auch die mit der Digitalisierung verbundenen Konsequenzen für die Telekommunikationsmärkte herausgestellt, diese liegen auf drei Ebenen:

-   Die Telekommunikationsnetze und die dazugehörigen Vermittlungscomputer haben sich zu den weltweit größten Computer-Installationen überhaupt entwickelt.

-   Die Telekommunikationsnetze basieren mehr und mehr auf Software, dies erhöht die Flexibilität und schafft die Voraussetzungen für die Entwicklung neuer Dienste und Leistungsmerkmale. Die Digitalisierung ist damit der Ursprung für neue, auf der Telekommunikationsinfrastruktur aufsetzende Dienstleistung.

-   Die Telekommunikationsnetze werden zu einem integralen und virtuellen Bestandteil privater Datennetze.[24]

---

[24] H. Ungerer, N. Costello, Telecommunications in Europe, Brussels 1988

1.2.2 ISDN als Ergänzung der Digitalisierung

Die Digitalisierung von Übertragungswegen und der Vermittlungstechnik schafft auch die Basis für die Integration unterschiedlicher Dienste und Netze. Voraussetzung dafür ist die Digitalisierung der Teilnehmeranschlußeinrichtung und die Bereitstellung entsprechender Endgeräte. Damit wird das digitalisierte Telefonnetz zum ISDN, dem diensteintegrierenden digitalen Fernmeldenetz (oder: Integrated Services Digital Network) weiterentwickelt.

Mit einem ISDN-Anschluß steht dem Teilnehmer eine digitale Verbindung mit einer Übertragungsgeschwindigkeit von 64 Kbit/s zur Verfügung. Damit können alle Dienste (Sprache, Daten, Text, Bild) in einem Netz realisiert werden. ISDN stellt somit eine Netzinfrastruktur dar, die die Abwicklung einer Vielzahl von unterschiedlichen Diensten und Anwendungen gestattet. Die Vorteile liegen in der kostengünstigen Nutzungsmöglichkeit individueller Sprach- und Nichtsprach-Dienste und in der Kombination bis hin zur gleichzeitigen Anwendung der verschiedenen Dienste (Verbundkommunikation).

Um die internationale Nutzung von ISDN zu gewährleisten, legte der internationale Normungsausschuß CCITT (Comité Consultatif International Télégraphique et Téléphonique) der internationalen Fernmeldeunion UIT bereits 1980 technische Rahmenbedingungen für ein "Integrated Services Digital Network" fest. Diese Rahmenbedingungen enthalten folgende Vorgaben:

- International standardisierte Schnittstellen zum Teilnehmer und zu anderen Netzen

- Verwendung einer standardisierten Übertragungsrate von 64 kbit/s, die erst durch das digitalisierte Telefonnetz möglich wurde. Darüber hinaus ist bereits die Entwicklung zu einem Netz mit noch höherer Übertragungskapazität vorgesehen (Breitband-ISDN)

- Erreichbarkeit aller im ISDN angebotenen Dienste über eine einheitliche Rufnummernbasis."[25]

Im Hinblick auf den gemeinsamen europäischen Binnenmarkt, also auch eines gemeinsamen Endgerätemarktes sind europaeinheitliche Standards unerläßlich. Solche werden z.Zt. vom Europäischen Standardisierungs-Institut (ETSI) erarbeitet.

1.3 Auswirkungen der Digitalisierung und der ISDN-Einführung auf den Schutz personenbezogener Daten

Um die datenschutzrelevanten Effekte des technischen Wandels in der Telekommunikation verorten und verstehen zu können, wird zunächst detailliert der Prozeß der Kommunikationsdatenverarbeitung beschrieben, wie er sich aus den technischen Rahmenbedingungen ergibt.

1.3.1 Die Kommunikationsdatenverarbeitung und -speicherung

Die Verbindungen werden im ISDN durch das Zusammenspiel von digitalisierter Teilnehmeranschlußeinrichtung und durch digitalisierte Vermittlungseinrichtungen hergestellt und aufrechterhalten (vgl. Abb. 4). Dazu wird die Wahlinformation des Anrufers (Anschluß- und Zielrufnummer) in der Prozeßsteuerung erfaßt und bis zum Ende der Verbindung dort gespeichert. Nach Beendigung der Verbindung werden die genannten Daten durch nachfolgende Verbindungen überschrieben und somit wieder gelöscht.

Zum Zwecke der Entgeltberechnung (vgl. Abb. 4) werden bei der Verbindung neben den Rufnummern des anrufenden und des angerufenen Anschlusses auch Beginn und Ende der Verbindung nach Uhrzeit und Datum sowie die vom Kunden in Anspruch genommene Telekommunikationsdienstleistung registriert und festgehalten. Dieser Verbindungsdatensatz wird unmittelbar nach Beendigung der Verbindung ungeordnet in der chronologischen Folge seines Zustandekommens in einen Zwischenspeicher in

---

25 Arbeitsgemeinschaft für Bürokommunikation (Hrsg.), ISDN-Berater, Montabaur, 1991

der Vermittlungsstelle übernommen. Noch am selben Tage werden die Datensätze dann auf Magnetbänder überschrieben und diese einem zentralen Rechenzentrum übersandt.

Für die Übertragung und Vermittlung werden also Kommunikationsdaten für bestimmte Zeiträume in der Ortsvermittlungsstelle und in der Gebührenberechnungszentrale gespeichert. Neben der Notwendigkeit und Rechtmäßigkeit der Speicherung dieser personenbezogenen Daten stellt die Übertragung dieser Daten an die Gebührenrechnungszentrale, sei es auf Magnetbändern oder online, einen potentiellen Angriffspunkt dar. Hier sind entsprechende Vorkehrungen zum Schutz der Daten gegen unberechtigten Zugriff und Fälschung zu treffen.

ISDN weist zudem eine Reihe von Leistungsmerkmalen auf, die auf der Weitergabe und Nutzung von Kommunikationsdaten basieren. Solche Leistungsmerkmale sind insbesondere:

- Anklopfen

- Anrufweiterschaltung

- Einzelgebührennachweis

- Rufnummernanzeige

- Anrufliste

- Registrierung der Rufdaten (Fangen)

Die datenschutzrelevanten Effekte dieser ISDN-Leistungsmerkmale werden anschließend diskutiert.

Abbildung 5:   Kommunikationsdatenverarbeitung im ISDN

1. Schritt: Herstellung einer Verbindung im Fernnetz

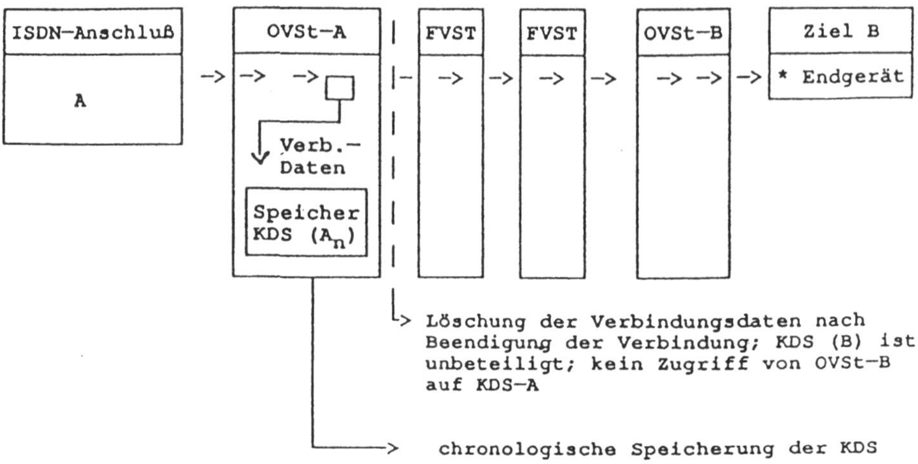

2. Schritt: Rechnungserstellung

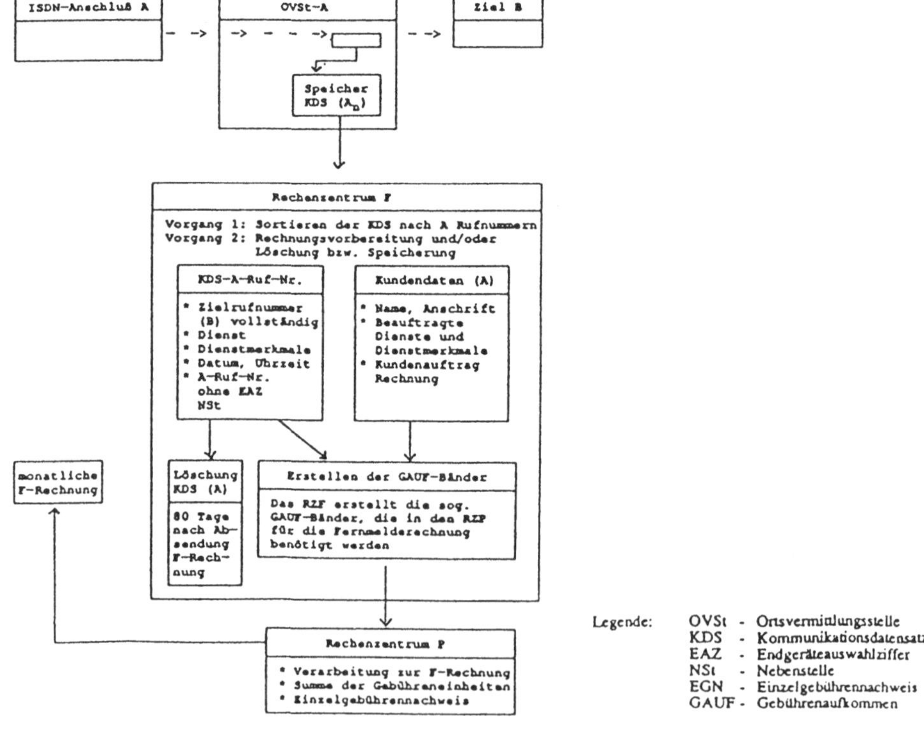

1.3.2 Datenschutzprobleme in digitalisierten Netzen und im ISDN

Die Digitalisierung und technische Auslegung der ISDN-Konzeption hinsichtlich der Aufzeichnung und Speicherung der Kommunikationsdatensätze sowie des Umgangs mit einzelnen Leistungsmerkmalen haben aus der Perspektive des Datenschutzes vielfältige Kritik ausgelöst. Diese kritische Position wird hier vor allem aus der Perspektive der bundesdeutschen Debatte im Sinne der wohl umfassendsten Analyse potentieller Schwachstellen der ISDN-Konzeption in Bezug auf den Datenschutz referiert.[26] Die referierten Kritikpunkte stammen aus der Diskussionsphase vor der Verabschiedung bereichsspezifischer Datenschutzregeln in der TDSV und UDSV; sie sind, die Quellenverweise verdeutlichen dies, nicht immer identisch mit der Position des Autors.

Dabei wird davon ausgegangen, daß die dargestellten Vorteile der Digitalisierung und die technischen und ökonomischen Vorzüge des ISDN[27] den Erfolg am Markt garantieren, wenn nicht Akzeptanzbarrieren auf Seiten der Anwender - eine solche wäre eine fortdauernde Datenschutzdebatte aufgrund rechtlich wie sozial nicht akzeptierter Regelungen - die Diffusion des ISDN verzögern oder gar blockieren.

* Problemkomplex: Speicherung der Kommunikationsdaten

Die generelle Speicherung des vollständigen Verbindungsdatensatzes über das Ende der Verbindung hinaus ist auf Sicht geeignet, das Kommunikationsverhalten der Telefonierenden wesentlich zu verändern, da die Beteiligten damit rechnen müssen, daß ihnen die näheren Umstände eines Telefonates vorgehalten werden können: "Wer wann mit wem telefoniert, kann schon eine wichtige Information für andere sein. Aus den Gesprächspartnern sowie Häufigkeit, Zeitpunkt und Dauer der Gespräche können Rückschlüsse auf Bekanntenkreis, Lebensgewohnheiten sowie Verhalten und Auf-

---

[26] Dieser Abschnitt basiert im wesentlichen auf der entsprechenden, vom Autor verfaßten Darstellung in der umfassenden ITG-Dokumentation "Datenschutz im ISDN", op.cit.

[27] vgl. Langen, B., Stein, M., Wirtschaftlichkeitsaspekte der ISDN-Datenübermittlung, Bd. 14, TELETECH-Initiative NRW, Düsseldorf, 1991

enthalt zu bestimmten Zeiten gezogen werden.

Der Bürger hat jedoch ein Grundrecht auf unbeobachtete Kommunikationen. Zum geschützten Fernmeldegeheimnis gehört nicht nur der Gesprächsinhalt, sondern auch, ob, wann und zwischen welchen Personen eine Fernmeldeverbindung bestanden hat."[28]

Die Speicherung der Kommunikationsdaten greift in das Recht auf informationelle Selbstbestimmung des Bürgers ein. Ob das Interesse an der Überprüf- und Nachweisbarkeit der Fernmelderechnung im Streitfall das Recht auf informationelle Selbstbestimmung - auch des B-Teilnehmers - überwiegt, erscheint fraglich.

Die volle Zielnummer ist zur Ermittlung und Abrechnung des Fernmeldeentgelts nicht erforderlich. Hierzu würde es ausreichen, nur die Ortsnetzkennzahl zu speichern.

* Problemkomplex: Dauer der Speicherung

Entgeltdaten dürfen in Deutschland z.B. bis zu 80 Tagen nach Absendung der Fernmelderechnung gespeichert bleiben.

Da sie in der Regel schon zwei bis drei Tage nach dem Tag, an dem die entsprechende Verbindung zustande gekommen ist, aus den Verbindungsdaten ermittelt werden, ist eine ebenso lange Speicherfrist für die *Verbindungsdaten* nicht erforderlich.

* Problemkomplex: Einzelgebührennachweis

Die Speicherung der Kommunikationsdaten im ISDN eröffnet den Netzbetreibern die Möglichkeit, den Teilnehmern einen schriftlichen Einzelgebührennachweis (EGN) anzubieten.[29]

---

28 Interview mit dem Bayerischen Landesbeauftragten für den Datenschutz Sebastian Oberhauser in der Süddeutschen Zeitung vom 28.3.90.
29 Diese Möglichkeit ist bei digitalisierten Nebenstellenanlagen, insbesondere im

Der EGN ist ein vom Teilnehmer wählbares, kostenpflichtiges Dienstmerkmal; dieser umfaßt

- die Zielrufnummer des B-Teilnehmers,

- Datum, Uhrzeit und Dauer der Verbindung,

- die Kennziffer der beteiligten Endgeräte,

- die Summe des Entgeltes je Verbindung,

- den benutzten Dienst im ISDN.

Bedenken gegen die intendierte Form des EGN werden aus Datenschutzsicht auf unterschiedlichen Ebenen erhoben:

- Beim Einzelgebührennachweis wird *ohne Erforderlichkeit* die vollständige Telefonnummer des B-Teilnehmers gespeichert und ausgedruckt. Ausreichend für die Funktion des Gebührennachweises wäre bereits die Angabe der Fernsprechzone. Zur Kontrolle der Fernmelderechnung reichen in jedem Fall die Angaben der Ortsnetzkennzahl und eventuell eine verkürzte Rufnummer des B-Teilnehmers.

- Der EGN kann durch die Preisgabe von Kommunikationsdaten der Mitbenutzer zu Problemen im Beziehungsgefüge des Haushalts des A-Teilnehmers führen. So wird die Möglichkeit der wechselseitigen Kontrolle von Ehepartnern, der Mitglieder von Wohngemeinschaften oder die Kontrolle der Kinder durch die Eltern erleichtert. Eine "echte" *Einwilligung* in den EGN ist insbesondere durch Minderjährige nicht zu erwarten.

Außerdem kann eine vor langer Zeit gegebene Einwilligung zur Nutzung des EGN durch akute Problemsituationen "überholt" sein; eine schriftliche Zurücknahme dieser Einwilligung durch den/die Betroffene(n) würde gerade jene Problemsituation aufdecken, die dem Anschlußinhaber gegenüber nicht offenbart werden soll.

---

gewerblichen und öffentlichen Bereich, in der Regel installiert. Der EGN wird dann vom Betreiber der Nebenstellenanlage erstellt, die Datenschutzproblematik berührt dann ausschließlich den Bereich des (privatrechtlichen) Binnenverhältnisses.

Die Nutzung der telefonischen Beratungsdienste wird für Mitbenutzer eines mit dem Leistungsmerkmal "EGN" versehenen Anschlusses zumindest problematisch, wenn nicht sogar verhindert.[30]

Der EGN verletzt *das Recht auf "informationelle Selbstbestimmung"* des angerufenen Telekommunikationspartners, da dieser nicht bestimmen kann, von wem er angerufen wird. Außerdem weiß der B-Teilnehmer nicht, ob der Anruf aus dem "analogen Netz" oder über das "ISDN-Netz" kommt und ob im letztgenannten Fall seine Rufnummer im EGN des Anrufers erfaßt wird; dies berührt das für die Datenverarbeitung geltende Transparenzgebot. Keineswegs hat er aber eingewilligt, daß seine Telefonnummer und die Tatsache, daß und wann er telefoniert hat, gespeichert und für einen EGN ausgedruckt wird.

* Problemkomplex: Rufnummernanzeige

Die Rufnummernanzeige ist ein allgemeines, kostenloses Dienstmerkmal des ISDN, bei dem die Rufnummer des anrufenden Teilnehmers einschließlich einer eventuellen Endgeräteauswahlziffer am Endgerät des angerufenen Teilnehmers im Display angezeigt wird. Die Rufnummer eines Teilnehmers am analogen Fernsprechnetz, auch wenn er an digitalen Vermittlungsstellen angeschlossen ist, wird dem B-Teilnehmer nicht angezeigt. Dies gilt auch für den analogen Anschluß an einer ISDN-Nebenstellenanlage und für öffentliche Telefonzellen.

Gegen das Dienstmerkmal "Rufnummernanzeige" im ISDN-Betrieb sind insbesondere folgende datenschutzrechtlichen *Bedenken* geltend gemacht worden:

- Für bestimmte Institutionen - z.B. Telefonseelsorge, AIDS- und Drogenberatung, in besonderen Situationen auch für Behörden der inneren Sicherheit - ist die Anonymität eines Anrufers eine wesentliche Grundlage ihrer Arbeit.

- Der B-Teilnehmer kann Rufnummern speichern und kommerziell auswerten.

- Der A-Teilnehmer kann über das Display Dritten im Bereich des B-Teilnehmers

---

30 vgl. Antrag der Fraktion DIE GRÜNEN BT-Drs. 11/7580

ungewollt offenbar werden.

- Bei Anruf-Weiterschaltungen kann der Verbindungswunsch des A-Teilnehmers mit dem B-Teilnehmer dem C-Teilnehmer oder weiteren Personen gegen den Willen des A-Teilnehmers bekannt werden.

* Problemkomplex: Sicherung der Datenbestände

Für die jetzige Ablauforganisation der Kommunikationsdatenerfassung und -verarbeitung reichen die getroffenen Sicherheitsvorkehrungen aus. Ob dies für die zu erwartende Entwicklung (z.B. flächendeckende und massenhafte Verbreitung von ISDN, Einsatz von Datenfernübertragung) ebenfalls zutrifft, ist zu prüfen. Sobald Kommunikationsdaten - z.B. aus den Vermittlungsstellen per Datenfernübertragung an das Gebührenrechenzentrum - übermittelt werden, sollte eine kryptographische Verschlüsselung erfolgen.

* Problemkomplex: Zugriffe anderer staatlicher Stellen auf die Kommunikationsdaten

In vielen Ländern kann der Richter und bei Gefahr im Verzuge auch die Staatsanwaltschaft in strafgerichtlichen Untersuchungen Auskunft über den Fernmeldeverkehr verlangen. In Deutschland basiert dies auf folgender Rechtsgrundlage: "Wenn die Mitteilungen an den Beschuldigten gerichtet waren oder wenn Tatsachen vorliegen, aus denen zu schließen ist, daß die Mitteilungen von dem Beschuldigten herrührten oder für ihn bestimmt waren und daß die Auskunft für die Untersuchung Bedeutung hat." (§ 12 FAG Bundesrepublik Deutschland)

Dieser Paragraph spielte in der Vergangenheit keine wesentliche Rolle, da im "alten" analogen Telefonnetz nach dem Ende des Gesprächs keine Verbindungsdaten anfallen. Insofern war dies eine lediglich in die Zukunft gerichtete Möglichkeit. Die Speicherung der Kommunikationsdaten im ISDN erlaubt jetzt auch Rückschlüsse im Detail jeder Verbindung in die Vergangenheit und zwar bis zu über 80 Tagen. Damit hat sich der Eingriffscharakter dieser Auskunftsverpflichtung erheblich verändert, ohne daß die entsprechenden Gesetze bereits angepaßt wären.

* Problemkomplex: Von Datenspuren zu Kommunikations- und Verhaltensprofilen

Die Auswertung der Kommunikationsdaten eines Bürgers gestattet einen tiefen Einblick in persönlichkeitsnahe Bereiche. Jeder Telekommunikationsvorgang im ISDN hinterläßt eine "Datenspur" in den Vermittlungsrechnern der Netzbetreiber. Es ist technisch möglich, aus den Kommunikationsdatensätzen "Kommunikationsprofile" der Telekommunikationsteilnehmer zu erstellen.

Selbst wenn der A-Teilnehmer die Aufzeichnung seiner Daten zwecks Erstellung eines Einzelgebührennachweises wünscht, hat der B-Teilnehmer darin nicht eingewilligt. Letzterer muß diesen Eingriff in sein informationelles Selbstbestimmungsrecht und die Möglichkeit von Verhaltenskontrolle keinesfalls hinnehmen.

Ein großer Teil der hier skizzierten Datenschutzprobleme ist mit den bereichsspezifischen Datenschutzverordnungen nicht nur verbindlich geregelt, sondern auch geklärt und aufgehoben worden (z.B. Sachverhalt und Dauer der Speicherung von Kommunikationsdaten). Einzelne Probleme wie EGN und RNA bei Beratungsinstitutionen sind jetzt zwar rechtlich geregelt, bedürfen aber noch einer entsprechenden Realisierung.

1.4 Zusammenfassung der Problemlage

Der skizzierte Ausbau der Fernmeldenetze durch Digitalisierung vollzieht sich, wie dargelegt, europaweit; ebenso hören die Datenschutzprobleme mit einer digitalisierten Fernmeldetechnik nicht an den nationalen Grenzen auf, sie werden allenfalls anders beurteilt. Allerdings sprechen eine Reihe von Gründen dafür, einerseits an einer europäischen Rahmenrichtlinie für den Datenschutz in der Telekommunikation zu arbeiten, andererseits auch nationale Regelungen gewissen Standards anzupassen, wie sie z.B. in der Menschenrechtskonvention des Europarates verankert sind.

Ökonomische Argumente leiten sich ab aus dem Streben der europäischen Telekommunikationsindustrie nach einheitlichen Standards für den Datenschutz (Kosteneffizienz), die auch in den Standardisierungsbemühungen des ETSI zum Ausdruck kommen. Die Einführung des sog. Euro-ISDN fällt leichter, wenn auch die datenschutzrelevanten Effekte des ISDN europaweit einheitlich gelöst sind. Mit der Einführung des europäischen Binnenmarkts wird der zu erwartende grenzüberschreitende Datenverkehr eine weitere Steigerung erfahren und möglicherweise zu neuen Problemen führen.

Für die Ausgestaltung und Handhabung von nationalen Datenschutzregelungen ist es nicht nur wichtig, die Effekte der Digitalisierung von Telekommunikationsnetzen und die Kritik am Schutze personenbezogener Daten zur Kenntnis zu nehmen, zu analysieren und zu bewerten, sondern ebenso wichtig scheint die Kenntnis der Datenschutzregelungen und -praxis in der Telekommunikation in den europäischen Nachbarländern. Hier gibt es ein Erkenntnisdefizit. Der bisher publizierte Informationsstand geht im wesentlichen auf Recherchen aus den Jahren 1985 und '86 zurück und bezieht sich auf die Zeit vor der Einführung von ISDN.[31]

Der Beitrag versucht deshalb, zunächst Antworten auf folgende Fragen zu liefern:

-   Wie wird in einzelnen europäischen Ländern mit Kommunikationsdaten im Fernmeldewesen umgegangen?

-   Welche Rechtsgrundlagen liegen den von den Netzbetreibern gewählten Verfahren zugrunde?

-   Wie wird der Datenschutz im ISDN bzw. im Fernmeldewesen generell praktiziert, und zwar hinsichtlich der Verfahren, der Organisation bei den Netzträgern und der internen und externen Kontrolle?

---

[31] Gebhardt, H.-P., Grothmann, W., Datenschutz und moderne Fernmeldedienste im Ausland, hrsg. von DETECON, Bonn-Bad Godesberg 1986; Gebhardt, H.-P., Rechtsgrundlagen des Datenschutzes sowie Datenschutz im Fernmeldewesen der Länder Schweiz, Frankreich, BRD, Großbritannien, Schweden, USA und Japan, in: Archiv für das Post- und Fernmeldewesen, 41. Jg., Nr. 2

Antworten auf diese Fragen in einzelnen europäischen Ländern zu finden, erscheint nicht nur für die - auch nach der Verabschiedung der TDSV fortdauernde bundesdeutsche Debatte von Bedeutung, sondern vor allem auch bei der Suche nach praktikablen Datenschutzregeln auf europäischer Ebene sowie für weitere Telekommunikationsdienste wie Mobilfunk, PCN und Mehrwertdiensten sinnvoll.

Das Erkenntnisinteresse geht aber über die Sammlung von Informationen hinaus. Es soll auch versucht werden, jene Faktoren näher zu bestimmen, die in den Ländern und insbesondere bei den Telekom-Organisationen bzw. den Regulierungsbehörden die Datenschutzbestimmungen festlegen und ihre Anwendung im wesentlichen prägen. Damit versucht die Studie auch einen Beitrag zum besseren Verständnis des Zusammenhangs von Normengenese und Technikentwicklung bzw. -implementation, insbesondere für den Datenschutz zu liefern. Damit ist der hier untersuchte Fall exemplarisch für die Entwicklung sozialer Normen und Regulierungsvorschriften im Telekommunikationssektor.

2. Vergleich der Datenschutzregeln in der Telekommunikation

Dieser Vergleich der Datenschutzregeln untersucht folgende Aspekte:

- die gesetzlichen Rahmenbedingungen (Verfassung und Datenschutzgesetzgebung) sowie

- die speziellen Datenschutzregeln in der Telekommunikation

- Kundendaten und -verzeichnisse

- Speicherung von Verbindung- und Gebührendaten

- Einzelentgeltnachweis und

- Rufnummernanzeige.

Gleichzeitig erfolgt eine Konzentration auf die in der Telekommunikationsentwicklung dominierenden Länder (Großbritannien, Frankreich und Deutschland), die einen wesentlichen Einfluß auf die zu erwartende EG-Richtlinie haben werden.

2.1 Die gesetzlichen Rahmenbedingungen

Die verfassungsrechtliche Veränderung des Schutzes personenbezogener Daten ist in den untersuchten Ländern unterschiedlich ausgeprägt; es lassen sich vier Gruppierungen unterscheiden:

- Länder, die den Schutz personenbezogener Daten z.B. über das "Recht auf informationelle Selbstbestimmung" in der Verfassung verankert haben. Dazu zählen die Niederlande und Schweden.

- Länder, die dem Datenschutz einen quasi verfassungsrechtlichen Rang einräumen, ohne daß dieser expressis verbis bzw. dem Sinne nach dort niedergelegt ist, und ein Datenschutzgesetz beachten. Dazu zählen Deutschland, Frankreich und die Schweiz.

- Länder wie Großbritannien, die ein Datenschutzgesetz erlassen haben, ohne daß ein entsprechendes Grundrecht in der Verfassung formuliert ist.

- Länder, die (noch) keine Datenschutzgesetze haben, wie Belgien.

In allen untersuchten Ländern ist das Fernmeldegeheimnis, verstanden als Schutz der Kommunikationsinhalte, gesetzlich abgesichert. Allerdings gibt es nur in wenigen Ländern, nämlich Großbritannien, USA und Deutschland, ein Gesetz, das die Fernmeldeüberwachung durch staatliche Stellen regelt und kontrolliert.[32]

Die Datenschutzgesetze regeln die Verarbeitung personenbezogener Daten nach vergleichbaren Prinzipien, dazu zählen z.B. Zweckbindung, Normorientierung, Datensparsamkeit, Transparenz und Datensicherheit. Allerdings sind diese Prinzipien in den Ländern deutlich anders formuliert und kulturell geprägt. Während oben die deutschen Begriffe benutzt wurden, ist z.B. das wichtigste Prinzip im Data Protection Act Großbritanniens: "data should be obtained and processed *fairly* and lawfully." Diese Formulierung verdeutlicht gleichzeitig die generell gültige Verankerung von Normen im kulturellen System einer Gesellschaft; Fairneß ist nicht nur ein Orientie-

---

[32] Arndt, Cl., Die Kontrolle der Post- und Fernmeldeüberwachung in Großbritannien, in: Die öffentliche Verwaltung, 11/1990, S. 967-971

rungsmuster im englischen Sport, sondern auch in der englischen Gesellschaft.[33]

Eine deutliche Differenz ist in der Stellung der Datenschutzbehörden auszumachen. Während die CNIL in Frankreich Beratungs-, Regulierungs- und Kontrollorgan ist, ohne die im französischen Datenschutz "nichts mehr geht" und die auch entsprechende Sanktionierungsmaßnahmen einleiten kann, ist der deutsche Datenschutzbeauftragte ein Kontrollorgan ohne wirksame Machtmittel. Ihm bleiben die Berichte im Parlament und die Öffentlichkeit oder das Bestreben eine Gesprächs- und Verhandlungsbasis mit den Telekom-Organisationen herzustellen. Andere Datenschutzbehörden sind viel stärker auf die Funktion der Registrierung von Datenbeständen festgelegt wie in Großbritannien und Schweden.

Insgesamt besteht im europäischen Datenschutz eine Übereinstimmung in den Prinzipien zur Verarbeitung personenbezogener Daten bei ausdifferenzierter Organisations- und Verfahrenspraxis. Ob und wieweit die Harmonisierung oder gar Standardisierung durch die EG-Richtlinie vorangetrieben werden kann und soll, ist nicht nur eine (telekommunikations-)politische, sondern auch eine sozio-kulturelle Frage; soziologisch betrachtet erwachsen auch die Datenschutz-Normen aus dem Kontext individueller und gesellschaftlicher Erwartungszusammenhänge, die in Europa jedenfalls z.Zt. noch auseinanderliegen.

---

[33] Münch, R., Die Kultur der Moderne, Bd. 1: Ihre Grundlagen und ihre Entwicklung in England und Amerika, Frankfurt, 1986, S. 234ff.

<table>
<tr><td colspan="2" align="center">Datenschutz in Gesellschaft und Recht</td></tr>
<tr><td>F</td><td>- nationales Datenschutzgesetz seit 1978

- nationale Datenschutz-Kontroll-Kommission (CNIL)

- Informationspflicht gegenüber den Teilnehmern über die Speicherung von Personendaten

- falsche Daten müssen korrigiert oder berichtigt werden

- Verordnung zum Datenschutz in Informatik und Telekommunikation</td></tr>
<tr><td>GB</td><td>- Datenschutzgesetz seit 1984

- Registrierungsbehörde funktioniert als Kontrollbehörde

- Informationspflicht gegenüber den Teilnehmern über die Speicherung von Personendaten

- Speicherung darf nur für einen vorgesehenen Zweck erfolgen

- Selbstregulierungsprinzip (code of conducts)</td></tr>
<tr><td>D</td><td>- Datenschutzgesetz seit 1977

- Bundesbeauftragter für den Datenschutz

- Informationspflicht gegenüber den Teilnehmern über die Speicherung von Personendaten

- Verordnung zum Datenschutz in der Telekommunikation</td></tr>
</table>

2.2 Öffentliche Kundenverzeichnisse und die Nutzung von Kundendaten

Die Datenschutzverordnungen zur Telekommunikation haben die Position der Kunden in Deutschland insoweit gestärkt, als die Erbringung von Telekommunikations-dienstleistungen nicht von der Angabe personenbezogener Daten abhängig gemacht werden darf, die für die Erbringung der spezifischen Dienstleistung nicht erforderlich sind. Außerdem haben die DBP Telekom, Mannesmann als Betreiber des D2-Netzes und die Service-Anbieter die Beteiligten über die Erhebung, Verarbeitung und Nutzung personenbezogener Daten "in angemessener Weise" zu unterrichten.

Die DBP Telekom, andere Netzbetreiber und Service-Anbieter dürfen die Bestandsdaten ihrer Kunden verarbeiten und nutzen, wenn und soweit dies für die Zwecke der Beratung, der Werbung, der Marktforschung und zur bedarfsgerechten Gestaltung von Telekommunikationsdienstleistungen erforderlich ist, und wenn der Kunde dieser Nutzung nicht widersprochen hat.

Weiterhin muß die DBP Telekom öffentliche Kundenverzeichnisse als Druckwerk oder als elektronische Verzeichnisse herausgeben oder herausgeben lassen. Der Kunde hat auch gegen die Aufnahme in öffentliche Verzeichnisse ein Widerspruchsrecht. Nimmt er dieses Recht in Anspruch, muß auch die Rufnummernauskunft unterbleiben.

Die Führung öffentlicher Kundenverzeichnisse ist in den europäischen Telekom-Organisationen üblich, ebenso die Nicht-Veröffentlichung von sog. Geheimnummern, die in einigen Fällen nur gegen Entgelt zugeteilt werden. Zunehmend problematisiert wird aber die Herausgabe maschinenlesbarer Verzeichnisse, die in Schweden bereits untersagt ist.

2.3 Speicherung von Verbindungs- und Rechnungsdaten

Das wichtigste Datenschutzproblem bezüglich der ISDN-Implementierung ist die Speicherung von Verbindungsdaten und das Rechnungsverfahren, das auf diesen Verbindungsdaten basiert.

Ein Vergleich der von den Europäischen Telefongesellschaften verwendeten Verfahren zeigt z.B. vergleichbare Lösungen für Frankreich und Großbritannien. France Telecom, BT und Mercury speichern einen kompletten Datensatz von Verbindungsdaten, die die Nummern von A- und B-Teilnehmern, Datum, Zeit, die Dauer des

Anrufes und den Tarif beinhalten. France Telecom speichert diese Daten für einen Zeitraum von 6 Monaten nach Rechnungsstellung. In Großbritannien dauert dieser Zeitraum bis zu 18 Monate an. Als Grund für die Speicherung des kompletten Datensatzes wird die Trennung von Vermittlungs- und Gebührenfunktion in allen Ländern angegeben.

In Deutschland bietet die neue Telekom-Datenschutzverordnung, die seit Sommer 1991 in Kraft ist, eine komplexere Lösung, die den Teilnehmern eine Auswahl ermöglicht. Die Teilnehmer können zwischen 3 Möglichkeiten auswählen:

- das komplette Löschen der Daten nach Rechnungsstellung, aber folglich keine Beschwerdemöglichkeit

- die Speicherung von Daten ohne die letzten 3 Ziffern der gewählten Rufnummer

- die Speicherung der kompletten Daten bei Einzelgebührenrechnung.

In Deutschland dauert dieser Speicherungszeitraum nach Rechnungsstellung 80 Tage.

In einigen Ländern gelten für die Speicherung der Rechnungsdaten besondere Auflagen der Finanzämter, z.B. muß die schwedische TELEVERKET auf Grund möglicher Forderungen des Finanzamtes die kompletten Datensätze über 8 Jahre speichern. Für Großbritannien beträgt dieser Zeitraum 7 Jahre. Nach meiner Kenntnis wurde das Verhältnis zwischen den Netzbetreibern und den Finanzämtern in der kritischen Datenschutzdebatte im Bereich der Telekommunikation bis heute nicht ausreichend thematisiert.

<table>
<tr><td colspan="2" align="center">Speicherung von Verbindungs- und Gebührendaten</td></tr>
<tr><td valign="top">F</td><td>

- vollständige Speicherung der Daten des A- und B-Teilnehmers: Datum, Zeit, Dauer und Gebühren des Gesprächs

- 6-monatige Speicherungsdauer

- Aufspaltung von Verbindungs- und Gebührenfunktionen
</td></tr>
<tr><td valign="top">GB</td><td>

- vollständige Speicherung der Daten des A- und B-Teilnehmers: Datum, Zeit, Dauer und Gebühren des Gesprächs

- 6-9 monatige Speicherungsdauer

- Aufspaltung von Verbindungs- und Gebührenfunktionen
</td></tr>
<tr><td valign="top">D</td><td>

- Speicherung von Verbindungs- und Gebührendaten bis zur Rechnung, dann gibt es für den Teilnehmer drei Wahlmöglichkeiten

1. vollständiges Löschen der Daten, aber damit fällt jede Beschwerdemöglichkeit über die Telefonrechnung weg

2. Speicherung ohne die letzten 3 Ziffern des B-Teilnehmers

3. vollständige Speicherung der Daten, wenn ein Einzelgebührennachweis gewünscht wird

- Speicherungsdauer beträgt 80 Tage nach Versendung der Rechnung

- Aufspaltung von Verbindungs- und Gebührenfunktionen
</td></tr>
</table>

2.4   Einzelgebührennachweis (EGN)

Der Service der Einzelgebührenrechnung hat in den meisten europäischen Ländern zu einer Kontroverse geführt; einige Länder wie z.B. Frankreich haben jedoch eine lange Erfahrung mit diesem Service und haben im großen und ganzen keine Auseinandersetzungen mit den Teilnehmern. In Frankreich existiert kein spezielles Gesetz für den Gebrauch von Einzelgebührenrechnungen, aber eine entsprechende Vorgabe der Datenschutzbehörde CNIL. France Telecom speichert die kompletten Daten, druckt aber die letzten 4 Ziffern auf dem Rechnungsausdruck nicht aus. Nur im Fall der Beschwerde hat der Teilnehmer das Recht, den kompletten Datensatz anzuschauen, er erhält aber keine Kopie des Datensatzes.

In Großbritannien gab es eine heftige Debatte zwischen OFTEL als Regulierungsbehörde, dem Datenschutzbeauftragten und einigen Verbraucherorganisationen, die alle für eine komplette Einzelgebührenrechung waren, und BT auf der anderen Seite. BT bietet diesen Service jetzt als eine Auswahlmöglichkeit für den Teilnehmer an; Mercury hat seinen Kunden immer schon einen EGN gliefert. Die Einzelgebührenrechnung enthält bei beiden Netzbetreibern den kompletten Verbindungsdatensatz.

Die in der TDSV und UDSV festgelegte Lösung bietet dem Teilnehmer in Deutschland eine Auswahlmöglichkeit. Diese Lösung entspricht nicht nur den Ergebnissen des Bürgergutachtens ISDN,[34] sondern auch dem generellen Trend in modernen Gesellschaften nach mehr und mehr Individualisierung.[35] Es gibt jedoch auch einige Beschränkungen in diesen Verordnungen. Der Teilnehmer erhält nur eine Einzelgebührenrechnung, wenn alle Mitbenutzer im Haushalt ihr Einverständnis gegeben haben. Bei Firmen muß der Personalrat konsultiert werden, bevor die Einzelgebührenrechnung eingeführt werden kann. Die Rufnummern von Beratungsdiensten dürfen auf den Einzelgebührenrechnungen nicht erscheinen; die schwierige Realisierung dieser Einschränkung hat bisher die Einführung des EGN in Deutschland und seine Nut-

---

[34] Garbe, D., Bürgergutachten ISDN dem Vorstand der DBP TELELKOM übergeben, in: WIK-Newsletter Nr. 2, 1991, S. 4ff

[35] Elias, N.; Die Gesellschaft der Individuen, Frankfurt, 1990

zung als kommerzieller Dienst wie in seiner Funktion für den Verbraucherschutz verhindert.

In allen Ländern ist der Dienst der "Einzelgebührenrechnung" kostenpflichtig.

In Diskussionen streiten die Repräsentanten der Netzbetreiber und die Kritiker darüber, ob die Einzelgebührenrechnung ohne die letzten 3 oder 4 Ziffern sinnvoll ist oder nicht. In der Schweiz gibt es ein gutes Experiment bezüglich dieses Themas. Das neue Telekommunikationsgesetz erlaubt nur eine verkürzte "Einzelgebührenrechnung", aber Hunderte von Teilnehmern haben den Dienst "Einzelgebührenrechnung", innerhalb der letzten zwei Wochen, bevor das Gesetz in Kraft trat, auf Grund dieser Ankündigung gekündigt.

Datenschutzregelungen zum Einzelgebührennachweis	
F	- Wahl des Teilnehmers
	- vollständige Speicherung der Daten, aber Wegfall der letzten 4 Ziffern beim Ausdruck
	- Einsichtnahme in vollständige Daten möglich
GB	- Wahl des Teilnehmers
	- vollständiger Ausdruck
D	- Wahl des Teilnehmers
	- vollständiger Ausdruck
	- Zustimmung der Haushaltsmitglieder
	- kein Ausdruck von Beratungsdiensten

2.5 Rufnummernanzeige

Der vielfältigen Kritik an der Rufnummernanzeige in Deutschland bezüglich der notwendigen Anonymität von Anrufern bei Beratungsdiensten, der Anzeige der Rufnummer bei Anrufweiterschaltung und der fallweisen Unterdrückung der Anzeige versuchten die TDSV und UDSV durch das Angebot der Wahlmöglichkeit für die Anzeige der Rufnummer bzw. die generelle Unterdrückung entgegenzukommen. Der angerufene Teilnehmer soll die Möglichkeit haben, die Anzeige der Rufnummer generell und im Einzelfall abschalten zu können.

Eine Unterdrückung der Rufnummer durch den Anrufenden für den einzelnen Anruf ist spätestens ab 1. Januar 1994 im Rahmen der Einführung des Europäischen Diensteintegrierenden Digitalen Netzes (Euro-ISDN) vorzusehen (vgl. TDSV und UDSV, § 9). Eine Übermittlung der Rufnummern an die Beratungsdienste ist auszuschließen, dabei sollen diese Anschlüsse in den öffentlichen Kundenverzeichnissen entsprechend gekennzeichnet werden.

Hat der Kunde der Eintragung in das öffentliche Kundenverzeichnis widersprochen, wird die Rufnummer seines Anschlusses nicht an den angerufenen Anschluß übermittelt, es sei denn, daß der Kunde die Übermittlung seiner Rufnummer ausdrücklich wünscht.

In Frankreich wird von France Telecom die Möglichkeit der Fall-zu-Fall-Identifikation geplant. Der anrufenden Seite steht es dann frei, sich zu identifizieren oder nicht, aber die angerufene Seite kann eine Identifizierung fordern, bevor sie den Anruf akzeptiert. Auf Wunsch des Teilnehmers kann die Identifizierung für alle Anrufe systematisch unterdrückt werden. Geplant ist weiterhin, daß alle ISDN-Teilnehmer die Möglichkeit haben, Anrufe von Teilnehmern zu identifizieren, die das analoge Telefonnetz benutzen. Diesen Teilnehmern wird es trotzdem ermöglicht werden, die Identifizierung abzulehnen, indem sie vor die angerufene Rufnummer einen Code, bestehend aus 4 Ziffern, eingeben.

In Großbritannien wird die Rufnummernanzeige mit der Möglichkeit der generellen Unterdrückung angeboten; die fallweise Unterdrückung durch das Endgerät der anrufenden Partei ist geplant.

Datenschutzregelungen zur Rufnummernanzeige
F   - generell: gebührenfreies Leistungsmerkmal - wahlweise: Rufnummernanzeige für jeden Teilnehmer oder generelle Unterdrückung - fallweise Unterdrückung ist geplant - ab 1992 Anzeige der Rufnummern aus dem analogen Netz, Unterdrückungsmöglichkeit für analoge Teilnehmer durch 4-Ziffern-Code
GB   Rufnummernanzeige ist geplant - wahlweise: generelle Unterdrückung oder Anzeige der Rufnummer des Anrufers - fallweise Unterdrückung durch Taste am Telefonapparat des B-Teilnehmers
D   - wahlweise: Rufnummernanzeige für jeden Teilnehmer oder generelle Unterdrückung - generelle Unterdrückung der Anzeige bei Teilnehmern mit analoger Übertragungstechnik - fallweise Unterdrückung bei der Einführung des Euro-ISDN vorgesehen - keine Rufnummernanzeige bei sozialen Hilfsdiensten

3. Datenschutzregelung in der Telekommunikation - ein Beispiel für die Analyse des Zusammenhangs von Technikentwicklung, Normengenese und Kultur

Der realisierte Vergleich der Datenschutzregelungen in der Telekommunikation in europäischen Ländern bietet eine Materialbasis für einen an sich notwendigen interkulturellen Vergleich des Zusammenhanges von Technikentwicklung und Regulierungsbedarf einerseits und kulturellem System der Gesellschaft und Normengenese andererseits.

Unter Rückgriff auf den allgemeinen Kulturvergleich von Münch[36] sollen zwei Thesen zum Verständnis und zur Erklärung der differierenden Datenschutzpraxis in europäischen Ländern gewagt werden. Da sich Münch in seinem Vergleich auf England, USA, Frankreich und Deutschland konzentriert, werden wir dies ebenfalls für die drei europäischen Staaten tun.

Eine Vorbemerkung sei noch gestattet; in der Regel werden die Thesen weder theoretisch noch empirisch in vollem Umfang begründet, sondern es werden Indizien angeführt oder es wird auf Plausibilitäten abgestellt. Dies reicht nicht als Beweis, möglicherweise aber als Beitrag zur Diskussion und als Argument für weiterführende Untersuchungen.

---

[36] Als Theorie-Konzept bietet sich dabei die Handlungs- und Systemtheorie von Talcott Parsons an, die von Richard Münch für das Problem des Kulturvergleichs überaus aufschlußreich eingesetzt wurde und die der Verfasser für die Analyse des Spannungsverhältnisses Privacy-Gesellschaft genutzt hat. Vgl. Münch, R.; Die Kultur der Moderne, 2 Bände , Frankfurt, 1986; Garbe, D., Privacy und Gesellschaft: eine spannungsvolle Beziehung, in: Garbe, D., Lange, K., Technikfolgenabschätzung in der Telekommunikation, op. cit.

These 1:

Trotz aller "Gleichheit vor dem Recht" zeigen sich in den Datenschutzverordnungen zur Telekommunikation der Bundesrepublik starke Individualisierungs- und Differenzierungstendenzen. Beides müßte als Prinzip nicht nur Aussicht auf Übernahme in Frankreich und England, sondern auch auf EG-Ebene haben.

Erklärungsansatz:

Im Einklang mit Norbert Elias, der von einem generellen Trend zur Individualisierung in den modernen westlichen Gesellschaften ausgeht[37], kann Richard Münch nachweisen, daß insbesondere in Frankreich selbst in universalistischer Perspektive die Differenzierung der Lebensstile nicht nur akzeptiert wird, sondern Orientierungsmuster ist. Wahlfreiheiten bei Abrechnungs- und Speichermodalitäten und der (situativen) Rufnummernanzeige wären ein Diffenrenzierungspotential, das bei den Bürgern Frankreichs in Einklang mit kulturellen Prinzipien stehen würde. Allerdings müßte die zentrale staatliche Macht solche Differenzierungspotentiale "von oben" verordnen und sei es als Bestandteil einer EG-Richtlinie.

In England würde man Differenzierungspotentiale nicht eröffnen, um dem Individualismus Rechnung zu tragen, sondern vielmehr um für die selbst entwickelten Regulierungen ("Code of Conducts") ein größeres Anpassungspotential für eine Vielfalt ökonomischer und sozialer Situationen zu haben.

Daß die o.g. Differenzierung in Deutschland nicht ganz durchgängig als Handlungsprinzip für die Datenschutzverordnungen etabliert werden konnte, verwundert nicht. In universalistischer Perspektive wird die gemeinschaftliche Gleichheit in Deutschland nicht durch die Individuen, sondern allenfalls durch die kulturelle Differenzierung von Klassen und Schichten gebrochen und das liefert politisch kein Argument für Differenzierung, eher im Gegenteil. Auf diesem Hintergrund wird die verhärtete Debatte um die fallweise Unterdrückungsmöglichkeit der Rufnummernanzeige und

---

[37] Elias, N., Die Gesellschaft der Individuen, Frankfurt, 1988

die in der Verordnung etablierte "Schein-Lösung" verständlich.

Auf der EG-Ebene bieten Differenzierungsstrategien und Wahlpotentiale für den Kunden einen Ausweg aus den national geprägten Lösungen und zusätzlich Argumente, im Sinne des Verbrauchers und des Nutzers der Telekommunikation zu handeln.

These 2:

Eine europäische Richtlinie zum Datenschutz in der Telekommunikation, erlassen durch die EG-Kommission, wird eher von Frankreich und Deutschland akzeptiert als von England - unabhängig von den darin formulierten materiellen Positionen.

Erklärungsansatz:

Die Formulierung, Institutionalisierung und Anwendung der Datenschutznormen folgt in den jeweiligen Gesellschaften ebenso akzeptierten Regeln der Konsensbildung wie die Freiheit und der Schutz des Individuums den Prinzipien der Sicherung der politischen und ökonomischen Freiheit folgt.

Der Konsens über die Datenschutznormen erfolgt in Frankreich zentral durch den Staat und CNIL. Der Konsensbildungsprozeß ist geprägt durch den Diskurs der Intellektuellen, der Professoren und Juristen, die den Schutz des Individuums in einer computerisierten Welt als eine Frage der universellen Moral und des moralischen Handelns im Alltag verstehen. Der Konflikt zwischen der Freiheit des Individuums und den ökonomischen Freiheiten der Netzbetreiber und Service-Anbieter kann theoretisch nicht gelöst werden, sondern führt zur Ideologisierung, deshalb ist staatliche Kontrolle notwendig (vgl. Abbildung 6)[38].

---

[38] Die Abbildungen 6 - 11 sind entnommen aus: Münch, R.; Die Kultur der Moderne, 2 Bände, Frankfurt, 1986, op.cit.

Abbildung 6: Die Konsensbildung in Frankreich

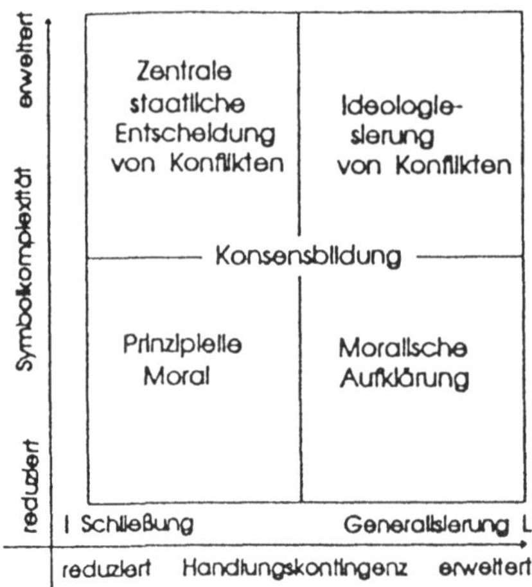

In Deutschland wird der Streit partikularer Interessen (z.B. Datenschützer vs. Verbraucherschützer) nur ansatzweise ausgetragen, Lösungen hat der Staat zu entwikkeln, um widerstreitende Interessen zu integrieren und in eine "gemeinschaftliche Sichtweise" einzubinden (vgl. Abbildung 7).

Abbildung 7: Die Konsensbildung in Deutschland

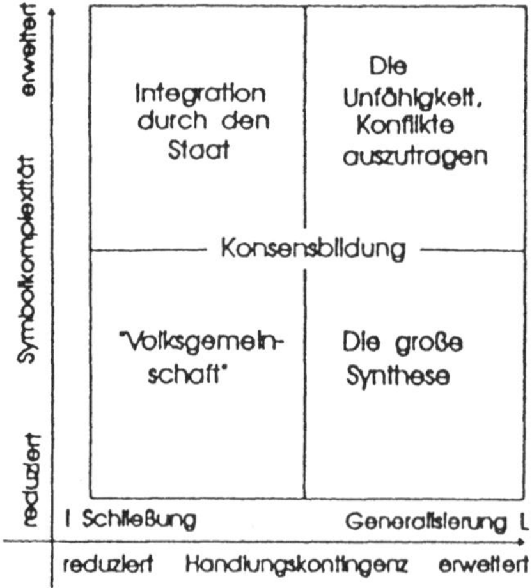

In England entsteht der Konsens nicht als Entdeckung eines allgemeingültigen moralischen oder gemeinschaftlichen Prinzips, sondern als eine gegenseitige Annäherung von Standpunkten und als Herausfinden eines gemeinsamen Nenners. Nicht die logische, deshalb auch monologische Argumentation ist das Fundament akzeptierter Entscheidungen, sondern das dialogische "Reasoning", das den Regeln des Fair Play folgt (vgl. Abbildung 8)

Abbildung 8: Die Konsensbildung in England

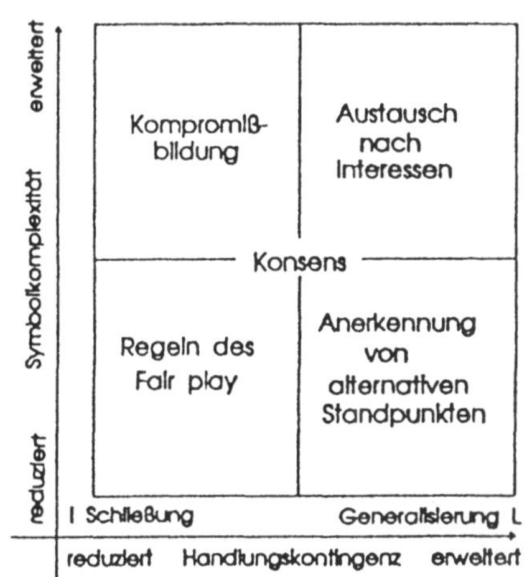

Die Freiheit und der Schutz des Individuums vor staatlichen Instanzen ("Politische Freiheit") einerseits bzw. gegen Übergriffe von Unternehmen (Ökonomische Freiheit") folgt in Frankreich und Deutschland eher vergleichbaren Prinzipien als jenen in England (vgl. Bild 9-11).

Abbildung 9: Der Individualismus in Frankreich

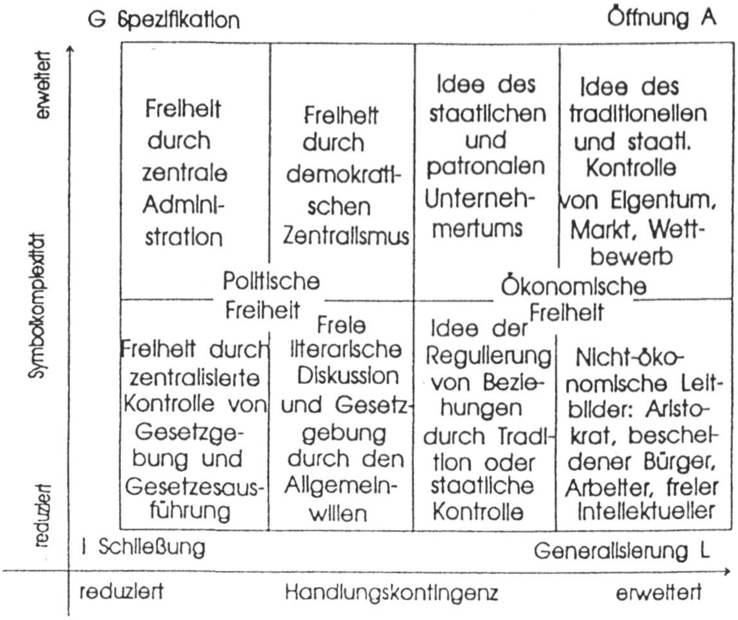

Abbildung 10: Der Individualismus in Deutschland

Abbildung 11: Der Individualismus in England

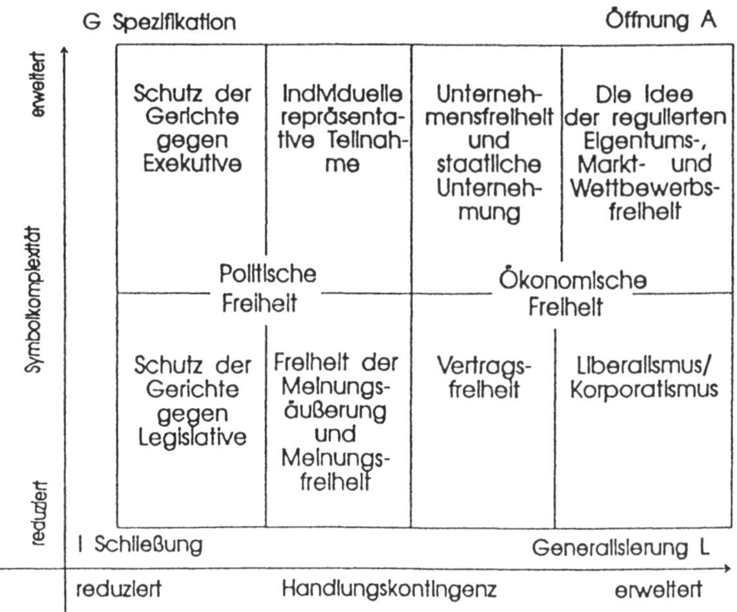

In Frankreich wird die Freiheit durch zentrale Administration, durch zentrale Kontrolle von Gesetzgebung und -ausführung geschützt (s. die Rolle der CNIL), in Deutschland durch die Rechtsstaatlichkeit von Exekutive und Judikative, während sich in England der Einzelne den Schutz seiner Freiheit indirekt über die starke Stellung der Gerichte erstreiten muß. Frankreich und Deutschland favorisieren die staatliche Regulierung und Kontrolle von Markt und Wettbewerb, während in England das Prinzip der Selbstregulierung auch im ökonomischen Sektor - nach den Regeln des Fairplay - realisiert wird.

Folgerung:

Der Zentralismus Frankreichs, die starke Position des Staates in Frankreich und Deutschland sowie der Glaube an die Rechtsstaatlichkeit und die Funktionalität einer allgemeinen Gesetzgebung sprechen in beiden Ländern für die Akzeptanz einer nationalen und künftig auch einer europäischen Datenschutzlinie. Während die Orientierung an der praktischen Vernunft und an der Anerkennung partikularer Interessen in England eher für ein Verfahren der situativen Aushandlung der Interessen mit dem Ziel des fairen Kompromisses spricht. Die Etablierung von "Code of Conducts" als

Ergebnis des gesellschaftlichen Diskurses führt dort zu einer kulturell akzeptableren Regelung als die Übernahme einer generellen, staatlich oder gar von der EG-Bürokratie verordneten zu kontrollierenden Norm.

Resumée:

Berücksichtigt man die im Kontext von Maastricht erneut aufgetretene Zurückhaltung gegenüber den zentralistischen Entscheidungen der Euro-Bürokratie und die starke Lobby der Netzbetreiber, läßt sich erahnen, wie schwer es eine noch so berechtigte europäische Richtlinie zum Schutz personenbezogener Daten in der Telekommunikation haben wird. Solange das von den Politikern gebrauchte Schlagwort der Subsidiarität nicht in diskursiv und partizipativ abgestützte Verfahren der Konsensbildung und Regelungsvorschläge umgesetzt wird, die die Eigenheiten der kulturellen Vielfalt der europäischen Länder stärker berücksichtigen, werden Akzeptabilität auf der Ebene der Normen und Akzeptanz auf der Ebene des faktischen Handelns gering ausfallen. D.h., es ist auf europäischer Ebene in auf das zu regulierende Sachgebiet bezogene kulturell vergleichende Forschung zu investieren, um keine national nur schwer durchsetzungsfähigen Lösungen zu favorisieren.

Weiterhin müßte gerade im Sektor der grenzüberschreitenden Telekommunikation auf europäischer Ebene mit Konsensbildungsverfahren experimentiert werden, die den Telekommunikations-Nutzern größere Beteiligungsmöglichkeiten bei der Entwicklung von Regulierungen, seien es Richtlinien oder Normen, einräumen, um den europäischen Regulierungsvorschlägen ein kulturelles Fundament und eine breitere Legitimationsbasis zu verschaffen.

Datensicherheit für mobile Teilnehmer

Manfred Grenzhäuser

Zusammenfassung

In diesem Beitrag wird dargelegt, was die Charakteristiken eines mobilen Teilnehmers sind, und welche Sicherheitsanforderungen in Form des sicheren Zugriffs zum System und von Vertraulichkeitsmechanismen an das mobile Netz gestellt werden.

Es werden die Systemzugriffsverfahren der Identifizierungs-, Authentisierungs- und Autorisierungsmechanismen anhand des europaweit standardisierten digitalen GSM-Mobilfunksystem beispielhaft erläutert. Darüberhinaus werden Vertraulichkeitsmechanismen bei Mobilfunksystemen dargelegt, die die Sicherheit vor Eingriffen auf der Funkstrecke sicherstellen.

Einleitung

In den letzten Jahren ist Mobilität zu einem wichtigen Begriff in unserer Gesellschaft geworden. Der Weg führt in Richtung auf eine mobile Gesellschaft sowohl im privaten als auch im industriellen Bereich. Im privaten Bereich werden mit Mobilität Begriffe wie Freiheit und Ungebundenheit assoziiert, z. B. die Freiheit sich schnell von einem Ort zum anderen Ort zu bewegen. Im industriellen Bereich kommt zusätzlich über die Forderung schnell und flexibel auf Kundenwünsche zu reagieren, der Wunsch nach mehr Mobilität ins Spiel.

Dabei wird schnell ersichtlich, daß örtliche Mobilität ebenso eine Mobilität in der Kommunikation wünschenswert, sogar erforderlich macht. Mobile Kommunikation kann ein Konkurrenzvorteil sein. Die Erfolge und Wachstumsraten der Mobilfunknetze haben dort ihre Ursache.

Ein wichtiger Nachteil der mobilen Kommunikation ist allerdings zunächst die geringere Sicherheit. Sicherheit im Sinne von Abhörsicherheit und Mißbrauch z.B. von gestohlenen Geräten. Diesen Mangel abzustellen war und ist deshalb ein wichtiges Ziel beim Design der modernen Mobilkommunikation. Funktionen, die die Sicherheit in mobilen Netzen erhöhen, sollen im Mittelpunkt dieses Beitrags stehen.

Sicherheitsbedarf des mobilen Teilnehmers

Charakteristika mobiler Teilnehmer

Bei einem normalen Drahtnetzanschluß ist eine Teilnehmernummer einem festen Anschluß bzw. Tln. Gerät zugeordnet. Bei einem mobilen Teilnehmer ist diese feste Beziehung aufgehoben. Man kann vielmehr den mobilen Teilnehmer definieren durch die

- Mobilität der Endgeräte (Terminal Mobility) und die
- Mobilität der Person (Personal Mobility).

Im Fall der *Terminal Mobility* besitzt die Person ein bewegliches Endgerät, das über Funk mit dem Netz verbunden ist. Das Gerät bewegt sich z.B. im Auto zwischen verschiedenen Aufenthaltsorten. Der Aufenthaltsort des Terminals ist in Datenbanken des Netzes bekannt. Damit können ankommende Gespräche für die Rufnummer, die dem Gerät zugeordnet ist, gezielt vermittelt werden. Terminal Mobility ist ein Charakteristikum der Mobilfunknetze.

Bei der *Personal Mobility* hat der Teilnehmer eine persönliche Rufnummer, die ihm unabhängig von Geräte- und Teilnehmer-Anschluß zugeordnet ist. D.h.

- er ist an jedem beliebigen Gerät unter derselben Rufnummer
- er kann an jedem beliebigen Gerät unter seiner Rufnummer
  - also auf seine Rechnung - abgehenden Gespräche durchführen.

Die Identifizierung und Authentisierung des Teilnehmers erfolgt über eine persönliche Identifizierungskarte. Bei modernen Systemen wie z.B. dem von der ETSI, der europäischen Standardisierungsgruppe, standardisierten GSM-System, dem D-Netz, ist dies eine Chipkarte.
Beispiele, bei denen der Benutzer (End User) diese Personal Mobility bereits heute in der Praxis erleben kann, sind:

- Das bereits erwähnte GSM-Mobilfunksystem, bei dem über die Terminal
  Mobility hinaus die Personal Mobility realisiert ist. Ein Besitzer der Chipkarte
  kann von jedem beliebigen GSM-Teilnehmergerät ein Gespräch unter seiner
  persönlichen Teilnehmernummer führen.

- Das Credit Card Calling, bei dem mittels der Kreditkarten-Nummer
  - in Verbindung mit einer persönlichen Geheimzahl - über jeden normalen
    Fernsprecher abgehende Gespräche auf Konto des
    Kreditkarteneigentümers geführt werden können.

In einer verallgemeinerten Form soll die Personal Mobility netzübergreifend durch den in der ETSI im Standardisierungsprozess befindliche UPT- (Universal Personal Telecommunication) Dienst und in der nächsten Generation der Mobilfunksysteme, dem UMTS (Universal Mobile Telefon System) realisiert werden. Das Ziel dieser Systeme ist es, mit einer persönlichen Rufnummer von jedem beliebigen

Teilnehmergerät im Mobil- und Festnetz abgehende und ankommende Gespräche führen zu können

.

Was hat dies alles mit der Datensicherheit zu tun? Wie bereits eingangs erwähnt, birgt die erhöhte Mobilität eine Reihe von Gefahren bzgl. der Sicherheit in sich, die durch sicherheitsrelevante Funktionen im System abgewendet bzw. miniminiert werden sollen. Wir wollen in diesem Beitrag näher eingehen auf Maßnahmen, um

- einen sicheren Zugiff zum System
- die Sicherheit vor Eingriffen auf der Funkstrecke dem mobilen Teilnehmer zu gewährleisten.

Sicherer Zugriff zu Systemen

Im Gegensatz zu den konventionellen Drahtnetzanschlüssen, wo es nur wenig Sinn macht, wenn ein Einbrecher das Teilnehmergerät eines Festnetzes entwendet, weil er damit nicht auf Kosten der Teilnehmernummer des Anschlusses telefonieren kann, ist es bei mobilen Netzen sehr wohl attraktiv (aus Sicht des Mißbrauchs) die Chipkarte eines Mobilteilnehmers zu stehlen oder diese Daten in anderer Weise zu mißbrauchen, um auf fremde Kosten telefonieren zu können.
Der Netzbetreiber muß darum sicherstellen, daß möglichst der richtige Benutzer den Dienst in Anspruch nimmt, er muß somit einen sicheren Zugriff zum System gewährleisten.

Dies geschieht mittels drei Netzfunktionen.

Identifizierung : Wegen der flexiblen Zuordnung von Teilnehmernummer bzw. Teilnehmergerätenummer und dem Netzzugang, muß eine Identifizierung von Teilnehmer und / oder Gerät durch Übertragung von Benutzerkennungen (Mobile Subscriber Identification) und / oder Gerätekennungen (Mobile Equipment Identification) erfolgen.

Authentisierung : Mittels der Authentisierung erfolgt der Nachweis gegenüber dem mobilen Netz, daß der identifizierte Benutzer der richtige ist. Damit wird verhindert, daß durch Mißbrauch der Benutzerkennung Gespräche auf Kosten des eigentlichen Teilnehmers führt.

Autorisierung : Darunter versteht man die Überprüfung im Netz, ob der Teilnehmer berechtigt ist, bestimmte Telekommunikationsdienste in Anspruch zu nehmen.

Sicherheit vor Eingriffen auf der Funkstrecke

Neben dem sicheren Zugriff zum System, bei dem sichergestellt wird, daß der richtige und berechtigte Teilnehmer die Dienste in Anspruch nimmt, muß das Mobilfunknetz zusätzlich Maßnahmen bereitstellen, um die Sicherheit vor passiven und aktiven Eingriffen auf der Funkstrecke zu gewährleisten. Dies sind Maßnahmen gegen Abhören der Funkkanäle (passive Eingriffe) und - damit verbunden - Maßnahmen, um aktiv über den Funkkanal in das System einzugreifen.

Mittels des passiven Eingriffs kann man z.B. ermitteln

- wer welche Dienste in Anspruch nimmt
- wo sich der Teilnehmer aufhält
- und welche Sprech- und Dateninformation der Funkkanal überträgt.

Für die ersten beiden Fälle greift man auf die Signalisierungsdaten zu, für den dritten Fall auf die Nutzdaten.

Mittels des aktiven Eingriffs auf den Funkkanal wird die abgehörte Information benutzt, um

- einerseits den Teilnehmer zu simulieren und damit z.B. auf seine Kosten Dienste in Anspruch zu nehmen
- andererseits den Netzanschluß zu simulieren und so z.B. Gespräche auf andere Netze umzulenken.

Sicherheit im Netz

Neben dem sicheren Zugriff auf das mobile Netz, sei noch auf die Sicherheit der Übertragung im Netz und zwischen verschiedenen Netzen hingewiesen. Auf diesen Punkt soll in diesem Beitrag nicht näher eingegangen werden, da es sich hier nicht um spezifische Probleme der mobilen Netze handelt. Es sei lediglich auf zwei Aspekte hingewiesen, die aus Sicht des mobilen Teilnehmers dieser Frage ein größeres Gewicht geben.

Die Gewährleistung des sicheren Zugriffs auf das mobile Netz macht die Übertragung und Verwaltung von sicherheitsrelevanten Daten im Netz erforderlich. So müssen z.B. allgemeine und teilnehmerindividuelle Schlüssel und/oder Algorithmen in Administrationsrechnern erzeugt und verwaltet und zu Vermittlungsrechnern übertragen werden. Auch für diese Daten muß ein sicherer Zugriff bzw. eine Sicherheit vor Eingriffen gewährleistet sein.

Das gleiche gilt für die Übertragung zwischen verschiedenen Netzen. Bei den mobilen Netzen hat dieser Punkt eine größere Bedeutung durch die Deregulierung des Telekommunikationsmarktes bekommen. Durch das Aufkommen von privaten Betreibern und Service Anbietern, müssen Daten zwischen verschiedenen Netzen durch vergleichbare Maßnahmen wie beim Netzzugriff durch den Teilnehmer gesichert werden. Die Identifizierung, Authentisierung und Autorisierung eines Netzes A beim Zugriff auf Netz B gewinnt auch hier an Bedeutung.

Maßnahmen

In diesem Abschnitt werden die Maßnahmen zur Realisierung des sicheren Zugriffs zu mobilen Netzen und die Sicherheit vor Eingriffen auf der Funkstrecke durch kurze Verfahrensdarstellungen im wesentlichen aus dem GSM-Mobilfunknetz und dem in der Standardisierung befindlichen UPT System näher erläutert.

Identifizierungs- und Authentisierungsmechanismen

Sowohl beim UPT als auch beim GSM-System wird eine Identifizierung und Authentisierung durchgeführt. Um die Personal Mobility zu realisieren, besitzt der Teilnehmer beim GSM- und in der späteren Phase auch beim UPT-System eine Chipkarte, auf der u.a. seine Teilnehmer-Nummer, ein teilnehmerindividueller geheimer Benutzerschlüssel (secret Key) sowie ein Security Algorithmus gespeichert sind. Die Chipkarte muß in das Teilnehmergerät gesteckt werden, bevor der Kontakt mit dem Netz aufgenommen werden kann.

Da beim UPT die personal mobility mit jedem beliebigen Teilnehmergerät realisiert werden soll, diese aber keinen Chipkartenleser besitzen, muß als Zwischenlösung ein DTMF-Sender (DTMF-Device) benutzt werden, mit dem über normale Teilnehmer-geräte/ -leitungen Ziffern zum Netz übertragen werden zu können.

Authentisierung mittels *PIN:*
In einem ersten Schritt authentisiert sich der Teilnehmer gegenüber seiner Chipkarte bzw. dem DTMF-Device durch Eingabe einer Personal Identity Number (PIN)). Ein Vergleich mit der auf der Chipkarte bzw. dem DTMF-Device abgespeicherten PIN muß sich Idendität ergeben, damit ein Netzzugriff überhaupt zugelassen wird
(Bild 1).

SIEMENS

Authentisieren mittels PIN

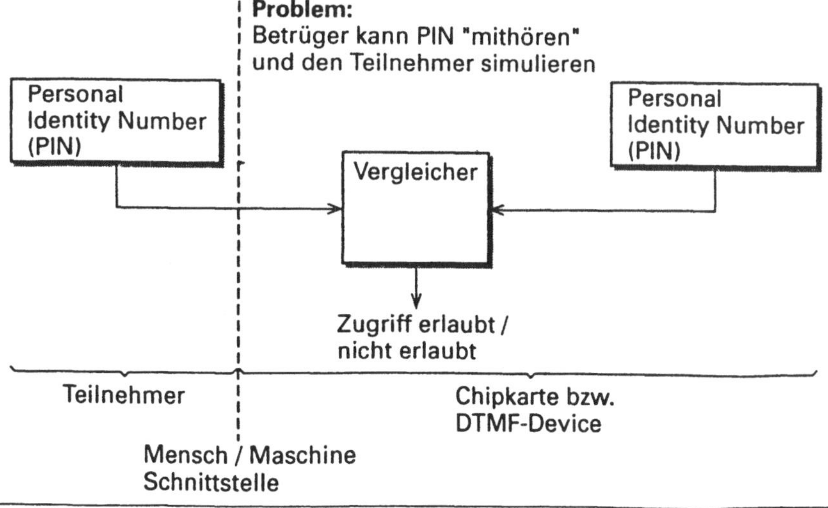

Bild 1

TC 2589.KD 0693
ÖN MA 24

214

Authentisierung mittels geheimer *Benutzerschlüssel* und *Algorithmen:*
Hier kann man zwei unterschiedlich sichere und auch unterschiedlich aufwendige
Verfahren unterscheiden. Bei UPT mit DTMF-Device wird das Verfahren des
verschlüsselten Übertragens eines secret Key angewendet.
(Bild 2).

SIEMENS

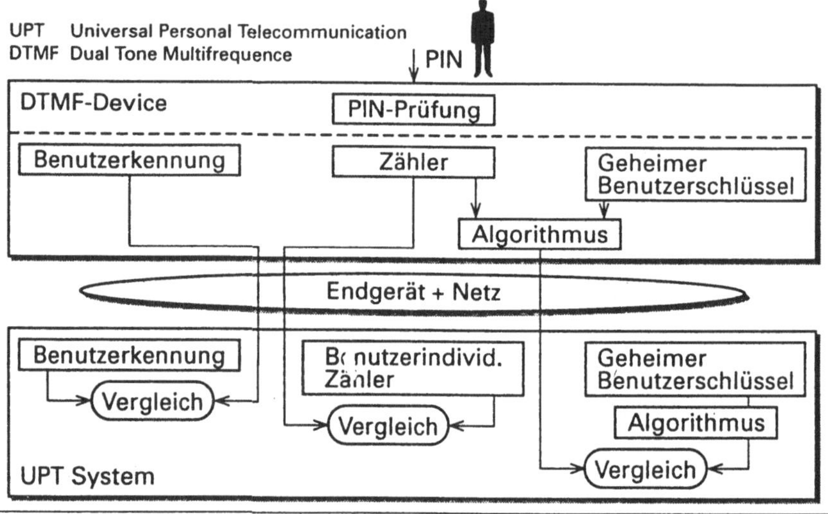

Bild 2

TC 2583.KD 0693
ÖN MA 24

Zu dem Zweck ist in jedem DTMF-Device ein teilnehmerindividueller Schlüssel, ein
Zähler und ein netzweit gültiger Verschlüsselungsalgorithmus abgespeichert.
Dieselben Daten sind auch in einer Datenbank des Netzes abgelegt. Bevor das Netz
den Teilnehmeranschluß registriert, wird der teilnehmerindividuelle Key, mit dem
Algorithmus und einem Zähler verschlüsselt, zum Netz übertragen und verglichen
mit dem Ergebnis, das im Netz aus dem dort abgespeicherten Schlüssel, Zähler und
Algorithmus ermittelt wird. Sind die beiden Ergebnisse gleich, findet der
Teilnehmer Zugang zum Netz.

Für Mobilfunknetze steht im Gegensatz zu diesem "Einweg-Verfahren" auch der
Rückkanal zum Teilnehmer zur Verfügung. Deshalb kann hier die Laufzahl durch
eine Zufallszahl ersetzt werden. Beim GSM-System wendet man die Challenge /
Response Methode an. *Bild 3* zeigt die prinzipielle Methode dieses Verfahrens. Es
handelt sich ebenfalls um einen Mechanismus, bei dem das Netz überprüfen kann,
ob die Chipkarte im Teilnehmergerät im Besitz des geheimen teilnehmer- individuellen Schlüssels ist. Für jeden relevanten Netzzugriff sendet das GSM-Mobilnetz
eine Random Number, eine sogenannte Challenge, die in einem Random Generator
im Netz erzeugt wurde, zur Chipkarte im Mobilgerät. Der dort implementierte

Security Algorithmus A3 errechnet aus der Random Number (RAND) und dem geheimen Teilnehmerschlüssel K_i die sogenannte Signed Response (SRES) und überträgt sie über die Luftschnittstelle zum GSM-Netz.

SIEMENS

Challenge / Response Methode
im GSM-Mobilfunksystem

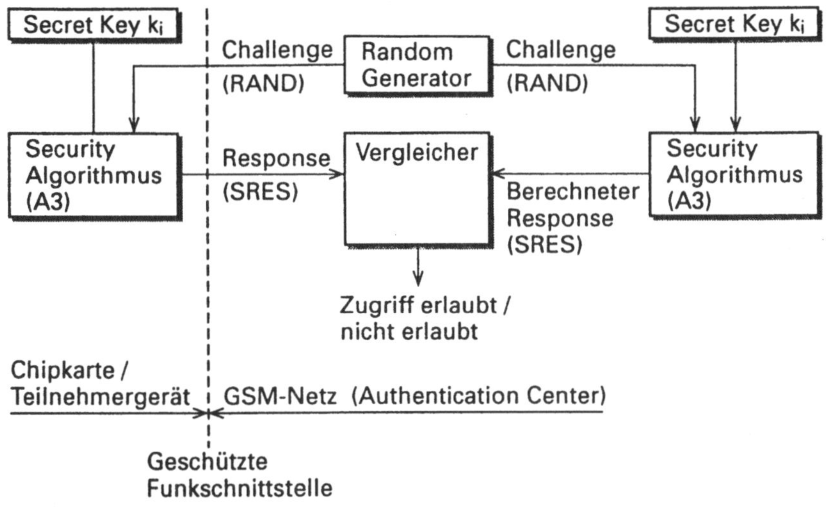

Bild 3

TC 2590.KD 0693
ÖN MA 24

Dieselbe Rechnung wird im Mobilfunknetz im sogenannten Authentication Center durchgeführt und das Ergebnis mit dem vom Teilnehmergerät übertragenen verglichen. Durch die Benutzung der Random Number ändert sich die Signed Response bei jeder Übertragung, ein Abhören und erneutes übertragen durch einen Betrüger führt somit nicht mehr zu einer erfolgreichen Authentisierung.

Wichtig für den sicheren Zugriff ist, daß der Teilnehmerschlüssel K_i geheim bleibt, also nicht von der Chipkarte gelesen werden kann und auch nicht in den Verwaltungsrechnern des Operators und seiner Service Provider mißbräuchlich ausgelesen und benutzt werden kann.

Man erkennt, daß hier besondere Sicherheitsanforderungen an die Netzzugriffe zum Administrationsnetz entstehen.
Zusätzlich besteht für die Wirksamkeit des Verfahrens die Forderung, daß der Security Algorithmus, der nicht geheim gehalten werden kann, als sogenannte "Einweg-Funktion" konstruiert ist.
Damit ist die Berechnung von SRES aus K_i und RAND sehr leicht, während ein unverhältnismäßig hoher Aufwand erforderlich ist, um aus den Luftschnittstellendaten RAND und SRES auf den Teilnehmerschlüssel zurückzurechnen.

Geräteautorisierung

Neben der Teilnehmeridentifizierung und Authentisierung verfügt das GSM-System zusätzlich über die Möglichkeit der Teilnehmergeräteautorisierung. Bei dem Verfahren wird überprüft, ob mit einem bestimmten Gerät telefoniert werden darf *(Bild 4)*. Gründe für eine Nichtautorisierung sind vor allen Dingen das Erkennen eines gestohlenen Gerätes, aber auch die Information, daß ein Gerät keine Typzulassung hat. Das Verfahren arbeitet in folgender Weise: Im GSM-System ist eine International Mobile Equipment Identity (IMEI) definiert. Dies ist eine dem Gerät zugeordnete Nummer, die auf Anforderung vom Gerät an das System übertragen wird. Im System ist ein Funktionsblock EIR (Equipment Identity Register) definiert, in dem in sogenannten White, Black und Grey Lists autorisierte, nicht autorisierte und verdächtige Geräte abgelegt sind. Bevor mit einem Gerät ein Gespräch aufgebaut wird, kann auf Anforderung des Systemes die IMEI auf Registrierung in einer der Listen überprüft werden und der Verbindungsaufbau verhindert werden, wenn die IMEI z.B. in der Black List enthalten ist.

SIEMENS

Geräteautorisierung im GSM-Mobilfunksystem

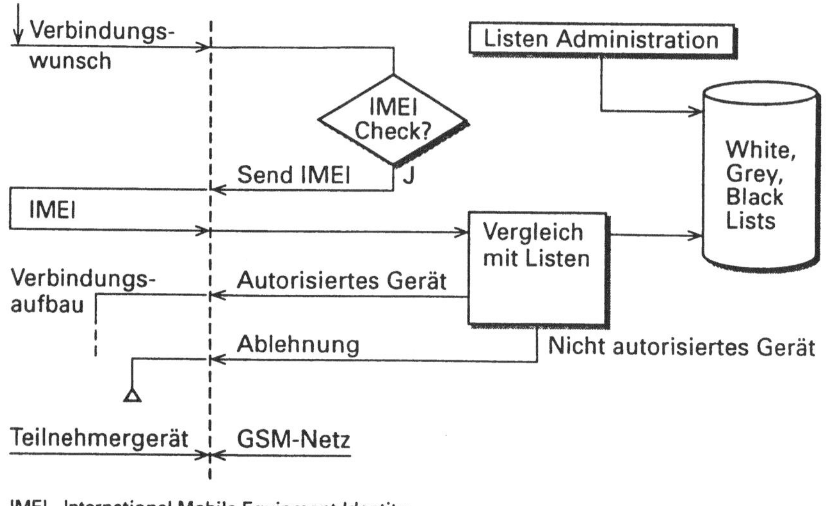

Bild 4

TC 2591.KD 0693
ÖN MA 24

Vertraulichkeitsmechanismen

Neben den Authentisierungsmechanismen, die den sicheren Zugriff zum System garantieren sollen, existieren die Vertraulichkeitsmechanismen. Dies sind Verfahren, um die Sicherheit vor Eingriffen vorrangig auf der Funkstrecke sicherzustellen. An der Anwendung im GSM-System sollen
  - die Verschlüsselung (Encryption) von User Information und
  - die Zuordnung von temporären Teilnehmer-Nummern (TMSI Allocation)
näher erläutert werden.

Encryption

Beim GSM-System werden bei der Übertragung auf der Funkschnittstelle Sprache, Nutzdaten sowie die Signalisierungsdaten verschlüsselt. Wie bei der Authentisierung mittels des Challenge/Response Verfahren bereits erläutert, ist im System (im Funktionsblock Authentication Center AC) und in der Chipkarte der teilnehmerindividuelle Schlüssel K_i abgelegt. In beiden Komponenten wird für die Verschlüsselung die bereits für die Authentisierung benutzte Random Zahl RAND einbezogen.

K_i und RAND werden in einem Verschlüsselungs-Algorithmus A8, der in der Chipkarte und im AC enthalten ist, eingespeist und ein Ciphering Key K_c erzeugt. K_C wird sowohl von der Chipkarte zum Teilnehmergerät (MS), als auch vom AC über Signalisierungsleitungen zur Basisstation der Funkübertragungseinrichtung im GSM-System übertragen.

In Teilnehmergerät und Basisstation ist ein weiterer Algorithmus A5 implementiert. Dieser verschlüsselt die übertragene Information mit Hilfe von K_C, und entschlüsselt sie nach der Übertragung über die Luftschnittstelle auf der jeweilig anderen Seite wieder mittels A5 und K_C *(Bild 5)*. Um das Verfahren zu realisieren, muß derselbe A5-Algorithmus in allen Teilnehmergeräten und Basisstationen aller Hersteller implementiert sein.

Zuordnung einer temporären Teilnehmernummer

Zum Schluß sei noch auf ein Verfahren hingewiesen, das verhindern soll, die Teilnehmernummer auf der Funkschnittstelle abzuhören und gegebenenfalls zu mißbrauchen.

Jeder Teilnehmer besitzt eine "International Mobile Subscriber Identy (IMSI)", die zur Identifizierung des Teilnehmers benutzt wird. Um zu verhindern, daß diese IMSI jedesmal auf der Funkschnittstelle übertragen wird und damit die Wahrscheinlichkeit zu verringern, daß sie mitgehört werden kann, wird nach der ersten Identifizierung des Teilnehmers im Netz eine Temporary Mobile Station Identity (TMSI) statt der IMSI zwischen Teilnehmergerät und System vereinbart und benutzt. Da diese TMSI pro Gespräch unterschiedlich ist, wird das Verfolgen des Teilnehmers und der Mißbrauch seiner Nummer erschwert.

Encryption im GSM-Mobilfunksystem

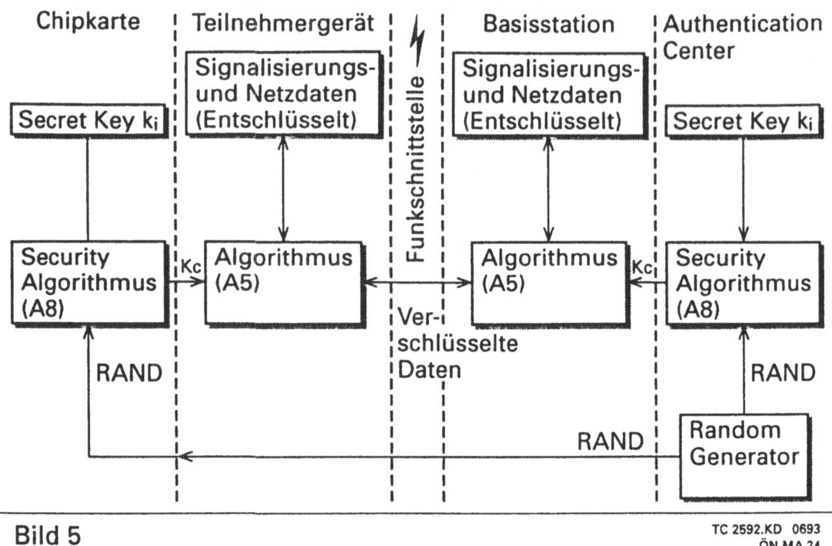

Bild 5

Sicherheit in Rechnernetzen

Anhand von Beispielen vorrangig aus dem GSM-Mobilfunksystem wurde in den letzten Abschnitten deutlich gemacht, welche sicherheitsrelevanten Mechanismen in modernen Mobilnetzen zur Verfügung stehen. Bei unseren Betrachtungen haben wir uns auf den besonders kritischen Anteil Chipkarte, Teilnehmergerät und Funkschnittstelle konzentriert. Es muß aber darauf hingewiesen werden, daß für eine vollständige Sicherheit auch Maßnahmen in den Management Netzwerken der Betreiber und Service Provider nötig sind. Es sei hier nur darauf aufmerksam gemacht, daß ein sicheres Security Management notwendig ist, damit z.B. die sensiblen teilnehmerindividuellen Schlüssel, die beim GSM-System zum Authentisieren und Verschlüsseln benutzt werden, nur einem autorisierten und authentisierten Kreis von Operatoren zugänglich sein sollen, um nicht bereits bei der Generierung im Management System, oder beim Schreiben auf die Chipkarte oder beim Transport über ein öffentliches Paketnetz in die unterschiedlichen Netzkomponenten abgehört werden zu können. In dem Management System müssen Security Services wie Key Management, Encryption Management, SIM Management, Access Control Management und Reporting von sicherheitsrelevanten Ereignissen implementiert sein. Dafür kommen die geschilderten Verfahren ebenso zur Anwendung. Sie werden in diesem Beitrag nicht näher erläutert, da sie nicht mobilnetzspezifisch sind, sondern unter den allgemeinen Begriff der Sicherheit in Rechnernetzen betrachtet werden können.

Zusammenfassung und Ausblick

Der mobile Teilnehmer, der sich aus telekommunikationstechnischer Sicht als ein Teilnehmer darstellt, der an jedem beliebigen Ort unter seiner Rufnummer sowohl erreichbar ist, als auch abgehende Gespräche führen kann, stellt erhöhte Sicherheitsanforderungen an das Netz, um sowohl einen sicheren Zugriff zum System, als auch die Sicherheit vor Eingriffen, insbesondere auf der Funkstrecke zu gewährleisten. An Hand von Anwendungsbeispielen aus dem UPT und dem GSM-Mobilfunksystem wurden Verfahren der Identifizierung, Authentisierung und Autorisierung dargestellt. Darüberhinaus wurden Vertraulichkeitsmechanismen, wie die Verschlüsselung von User Daten erläutert. Es wurde weiters kurz erläutert, daß die Datensicherheit im Telekommunikationsnetz nur Sinn macht, wenn auch entsprechende Verfahren in den Management Systemen, die für das Betreiben und Verwalten der mobilen Netze nötig sind, implementiert sind.

Wie bekannt, ist der mobile Teilnehmer heute vor allen Dingen in den Mobilfunk-systemen realisiert. Der Weg hin zum unbeschränkt mobilen Teilnehmer, der im Drahtnetz und Funknetz unterschiedlicher Betreiber in verschiedenen Ländern erreichbar ist, macht eine umfangreiche Standardisierung europa- und weltweit erforderlich. So hat man sich in dem europäischen Standardisierungsgremium ETSI vorgenommen, bis zum Ende des Jahrhunderts das Universal Mobile Telekommuni-cation System (UMTS) zu standardisieren. In dem Zusammenhang werden natürlich auch die notwendigen Sicherheitsmechanismen festgelegt, die Teilnehmer und Betreiber vor Mißbrauch schützen sollen.

Es wird nach Abschluß der Standardisierung allerdings noch eine Reihe von Jahren dauern, bis diese Verfahren netzweit implementiert sind.

European Action Plan in the Area of Security of Information Systems

Gordon Lennox

Gordon Lennox has worked since 1985 with the Commission of the European Communities in Brussels. During this period he has been responsible for a number of projects which have dealt with the confidentiality and security of data, the protection of computer programmes, and the information society and its environment. He was responsible for the work on EDI security in TEDIS. More recently he has been working in the RACE programme and is the project officer for RACE projects on security.

Please note that the text reflects the author's own views and does not commit the European Commission in any way.

BACKGROUND

Security has always been a strange subject. It is also a highly complex subject which makes demands on a wide range of expertise and experience. It is also that subject that has needed to change and continues to evolve in keeping with its environment.

In the early days the term "computer security" was used with the connotation that all that had to be protected were those very expensive bits of hardware. Then there was the shift to "data security" with the notion that it really was the data which needed to be protected. More recently there has been a shift towards using the term "information security" or the "security of information systems".

There have been various definitions of security, most of which come down to a permutation of three ingredients: availability, integrity and confidentiality. Information security being seen to be protecting the availability of the information, the integrity of information and the confidentiality of information against a variety of threats and menaces. There are obvious extensions to the availability and integrity of the services and processes involved.

Much of the early work has been about educating the user into certain ways of working with information systems and about building systems that controlled access to information and processes. Security has been, at one level, using technology to enforce the rules, to enforce the hierarchy. The security system embodies the management view of the world, the structure they wish to impose. The underlying script seems to be: "Who are you? Can you prove it? Have you permission to do that?".

COMMISSION OF THE EUROPEAN COMMUNITIES

The Commission has been involved in the area of security and confidentiality of data for many years. The initial, basic motivation was the simplest of motivations: something should be done to combat the risks that were becoming apparent. Early work was done on software integrity, user awareness and the security of networked systems. Studies were done on the vulnerability of society and the consequential economic and social effects of computer failures.

Work was done in the first multi-annual programme in the field of data processing, in ESPRIT, in RACE, in TEDIS, in AIM and indeed in almost all the Community programmes concerned with the development and application of information processing and communication technologies.

In the beginning there was perhaps an emphasis on the management of single, isolated computers or independent applications controlled by one organisation. That emphasis has changed in recent years. Programmes like TEDIS tried to achieve some kind of consensus on how security could be dealt with when more than one organisation was involved. TEDIS promoted the use of digital signatures in EDI as a way of simplifying the confidence problem in multi-owner systems.

There has been and continues to be increased usage of information systems. Increasingly these systems are linked to each other though networks that have a global dimension. This has brought with it an increased dependency on the continuing correct functioning of these systems. Information systems have become a pervasive component of modern society. There was seen to be a need for an increased emphasis on security.

PERCEPTIONS

In parallel there was a changing perception of information security.

Availability, integrity and confidentiality are positive concepts. There was also seen to be a clear, wholesome link in many quarters between security and personal privacy, at least as far as data protection was involved. It was against that background that the Commission made a proposal for a Council Decision in 1990. It is interesting in retrospect to go back and look at the proposal and the actual Council Decision of March 1992. The change in thinking between the two texts reflects the growing recognition of some of the underlying contradictions in the subject.

While the Community was defining its process for dealing with the subject a group of experts was brought together by the OECD to prepare some guide-lines on information security. There too some of the contradictions inherent in the subject were brought to light.

Before exploring these contradictions a little and the implications they may have for the future it is useful to go into more detail on the Council Decision and what has been done.

COUNCIL DECISION

The decision adopted by the Council at the end of March 1992 included two main items.

A Senior Officials Group was created. This group of senior officials from member states has the role of advising the Commission on questions related to security, and in particular with regards workplans and strategy. This committee has a long-term mandate.

In addition to creating this Senior Officials Group (SOG-IS), the decision also involved the launching of an action plan. This action plan would have a duration of two years and a budget of 12 MECU. "Two years" refers to a constraint on when funds can be committed to particular activities and some of these activities will go well into the third year. The definition of the plan included 6 high-level action lines covering areas from strategy development and user requirements to provision of security.

ACTION PLAN

At a practical level work has been carried out based on an annual cycle. 14 investigations were launched in 1992. Details of these investigations can be found in a document called InfoSec '92. The investigations are wide-ranging and cover topics as diverse as legislation and protocol verification, conformance testing and terminology , functionality classes and architecture guide-lines.

Last year a second call for proposals was launched for work to be carried out during 1993. Workplan '93 had two major themes: telecommunications and the application of the ITSEC, the Information Technology Security Evaluation Criteria. The reasoning behind the emphasis on these two topics is not hard to find.

When someone picks up a telephone they tend to forget that switches are computers, that the telephone network is also a computer network, as vulnerable to the weaknesses in their software or the attentions of a hacker as any other. And with privatisation and increased competition there are new players, new alliances and new services, which all bring new needs for security. There is the need to manage the interface between the subscriber and the provider, an interface which is becoming increasingly functionally rich. There are the problems of presenting services and preserving continuity of services to users who are increasingly mobile. There is the need to manage the interfaces between the different service providers. Security tools and procedures allow the structuring of the relationships involved.

The ITSEC was prepared by four member states, France, Germany, the Netherlands and the United Kingdom. It is currently the subject of a proposed Council Recommendation. With the inclusion of the some tasks in the workplan for this year there were several aims, in addition to the purely technical tasks identified. These included the confirmation of the mutual understanding of the ITSEC between the member states who are already working with the criteria, the transfer of knowledge from these states to others and the improvement of the general awareness of the ITSEC.

In parallel with these investigations workshops and presentations have been organised on the ITSEM, the IT Security Evaluation Manual, and on the new draft Federal Criteria. There has been work with American colleagues in NIST on some joint tasks. It has however recently been decided to concentrate the common efforts to produce some common criteria. While criteria are not an end in themselves, they are a useful input in producing a common market in security equipment. The availability of common criteria will provide one element in discussions on mutual recognition of evaluations.

Another theme which has run through the work in the past year has been that of Electronic Signatures. Digital signatures are well understood and their use in EDI has already been mentioned. However when thinking forward to the new environments being developed - the intelligent home, the intelligent car, the intelligent office, the intelligent network - the need to develop other more generic forms of signature becomes apparent. In more and more cases the system has to recognise in some way the individual in order to be able to respond appropriately with the services required.

There is a need to be able to span a range, from electronic signatures which are as accepted by the law as are manual signatures to electronic signatures which are perhaps more akin to radar or sonar signatures and which allow the level of recognition sufficient to open doors.

It is hoped to publish in the Official Journal during the summer a call for proposals which will develop some of the essential aspects of electronic signatures.

There have been some additional work items which must be mentioned because, while their public visibility is a little lower at this stage, they have important longer term implications.

Thought is beginning to be given to what can be done in the area of security in the 4th Framework programme. One of the early thoughts in this direction concerns the benefits that can be drawn from bring together security, safety and quality. In many ways there are three, quite separate, communities dealing with these topics but the issues and the research interests tend to clearly overlap.

There is thought being given to the follow on to the current action plan. This is being paralleled by work on a Green Paper being produced on security. Groups of experts have been brought together to contribute ideas, thoughts and opinions which will be put together as a consultative document. The aim of a Green Paper is to present the issues and to present possible approaches to tackling them. It is neither a handbook nor a workplan. Its role is to encourage discussion.

THE FUTURE

The old model of security whereby the emphasis was on simply protecting basic company assets may no longer be valid for many activities. In many ways the old model was a main-frame model. The information production line was put into the machine and the workers came along, identified themselves and did their bit in the predetermined process.

There is an increasing need to think more about protecting the relationships involved, between individuals and companies and between companies.

Increasingly companies are linking their systems together; increasingly senior people have computers on their desks; increasingly people are taking their computers with them when they go home or when they travel - their computer is their means of communication and their office, a mobile office.

As people are start to use their own computers, the way they used a telephone in the past, so the telephone network becomes increasingly intelligent and more like one large computer, with all that that implies. The current trends, such as those towards teleworking and multimedia, will only confirm this switch-over.

224

The communications network is increasingly able to and required to know more and more about us: where we are, where we live, how we work, who we communicate with. The personal computer is our diary, our notebook, our assistant both at work and at play, both at home and in the office. With the advent of the 500 channel tv cable we will also be using computers to watch television.

With these changes the individual is going to become personally interested in security. He or she will really start to understand what these machines can do with information. The individual person will become more aware of the risks associated with slack controls over their information. They will be aware not only of the information that is processed and communicated for them but also the information that is gathered on them.

The early players in the game of deciding what the limits of security were were of course the states themselves. They had their own secrets to protect and on occasion other secrets to obtain.

Companies have since joined the fray with sometimes the aim to control their staff and sometimes the aim to protect themselves from their competitors.

These two players are not always in agreement. There is not complete mutual trust between the enterprise and the state. Both, however, have tended to believe in procedures, process and control, and there was, therefore, common ground.

However security is increasingly viewed with mixed feelings by individuals. To put it succinctly: good security may be pervasive but bad security can be invasive.

Perhaps we should try to ensure that the implementation of security should respect the individual in all their roles. If we insist that those roles are strictly one-dimensional and must fit into an strict hierarchy then security will increasingly become a brake on the efficient and effective use of knowledge, of skilled people.

There are two basic technologies to throw at security problems: trusted systems and cryptography. Building and validating trusted systems should become easier but will still entail additional costs. Cryptography is cheap and will not only have a role in ensuring confidentiality and privacy but also in providing, for example, effective switching capabilities in new communications environments such as those involving passive optical networks.

Increasingly people will not accept the classical model that is built on organisations being told to protect personal data. People will want anonymous access to services, they will need on occasion temporary identities or pseudonyms. They will want to be sure that the final and oft-forgotten phase of the information cycle, destruction, is effective. Cryptography will find a role in meeting many of these needs.

We must, however, acknowledge the major conflicts and contradictions between those who have interests in this area: the state, the enterprise and the individual. How can a company enforce access to a document that has been prepared by one of its workers if the worker uses encryption. How can the state combat terrorism and crime without the posibility of gathering information from information systems. And what are the limits on the company or the state in their search for security. Perhaps legislation or common codes of practice are required. It may be that we also need some clearer guide-lines on quality relationships, ethics and etiquette in this information world.

Security will in the future have to be equitable and transparent and yet breakable when the occasion demands. The challenge should be to allow each individual to feel as safe and as secure in his electronic world as he does in the physical world.

The need may be more urgent than we often imagine. The following was recently quoted in the International Herald Tribune: "Telephone companies, cable operators and computer manufacturers are racing into your bedroom." Do we need an electronic do-not-disturb sign? And will they respect the sign or at least knock?

F&E-Vorhaben in Deutschland

Eckart Raubold

Kurzfassung: Im Vortrag wird zunächst mittels eines groben IT-Nutzungs-
und Bedrohungsmodells eine thematische Landkarte von Problemen und daraus
resultierenden Forschungsthemen gezeichnet. In diese Landkarte werden dann
die größeren F&E-Vorhaben (Vollständigkeit nicht garantiert !) mit ihren
Zielsetzungen und Beteiligten eingetragen und in ihrer Bedeutung
charakterisiert. Abschließend erfolgt der Versuch einer Defizit-Analyse mit
Vorschlägen von noch zu bearbeitenden Fragen und Zielrichtungen.

1. Ein Sicherheits- und Bedrohungsmodell

In der Regel werden Sicherheitsuntersuchungen heute vom Standpunkt des System-
Besitzers aus gemacht, der seinen vom System verwalteten Besitz oder die mittels
des Systems gegen Entgelt angebotene Dienstleistung gegen Angriffe durch Dritte
oder eigenes Personal schützen will. Diese Vorgehensweise kommt für den Einzelfall
schnell auf den Punkt und ist marktkonform, da die Sicherheitsaufwendungen ja in
der Regel auch vom System-Besitzer bezahlt werden müssen.

Für die Formulierung allgemeiner Fragestellung wie etwa nach generischen
Sicherheitseigenschaften von IT-Systemen und den daraus resultierenden Systemarchitekturen oder nach fairer Risiko-Verteilung zwischen System-Besitzern und
System-Benutzers eignet sich diese Vorgehensweise nicht. Meiner Meinung nach
muß hier ein Modell gefunden werden, welches alle typischen Akteursrollen eines IT-
Systems einbezieht und mit der technischen Systemstruktur verbindet, so daß Angriffe einerseits als Eingriffe in Akteursbeziehungen abstrakt formuliert und andererseits als konkrete Zugriffe auf technische Systemkomponenten identifiziert werden
können. In einem solchen Modell sind dann auch F&E-Aktivitäten als Aufgaben zur
Entwicklung von generischen Abwehrmechanismen gegen solche Eingriffe in Akteursbeziehungen einordenbar.

Als typische Rollen in IT-Systemen unterscheide ich Nutzer, Bereitsteller und
Erzeuger von IT-Diesten (siehe Abb1).

Die Pfeile bezeichnen die wesentlichen Interaktionen zwischen diesen Rollen. Eine
Person kann als Akteur auch mehrere dieser Rollen gleichzeitig spielen. Das Modell
ist rekursiv, d.h. ein Nutzer kann wieder Erzeuger einer Dienstleistung einer nächst
höheren Ebene sein (Beispiel: Entwickler eines Programms ist Nutzer eines Compi-
lers auf einem Server).

Störungen der Interaktionen der Rollenträger können durch Fehlverhalten an den in
Abb.2 markierten Stellen hervorgerufen werden:

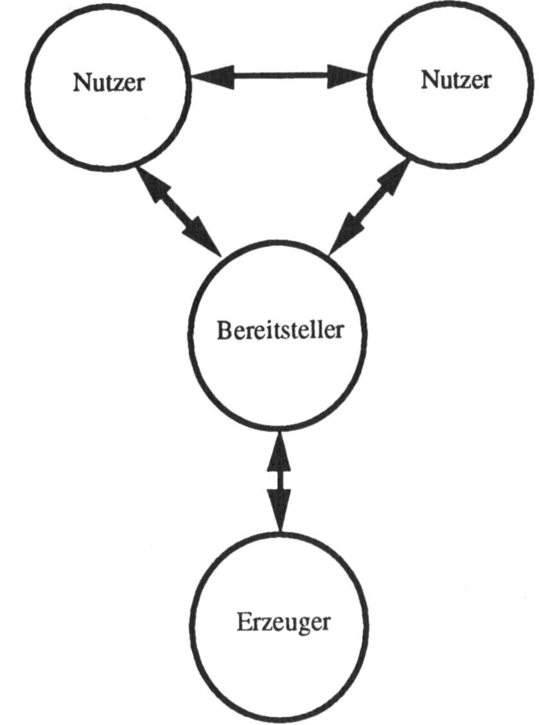

Abb. 1 Rollen und Interaktionstypen

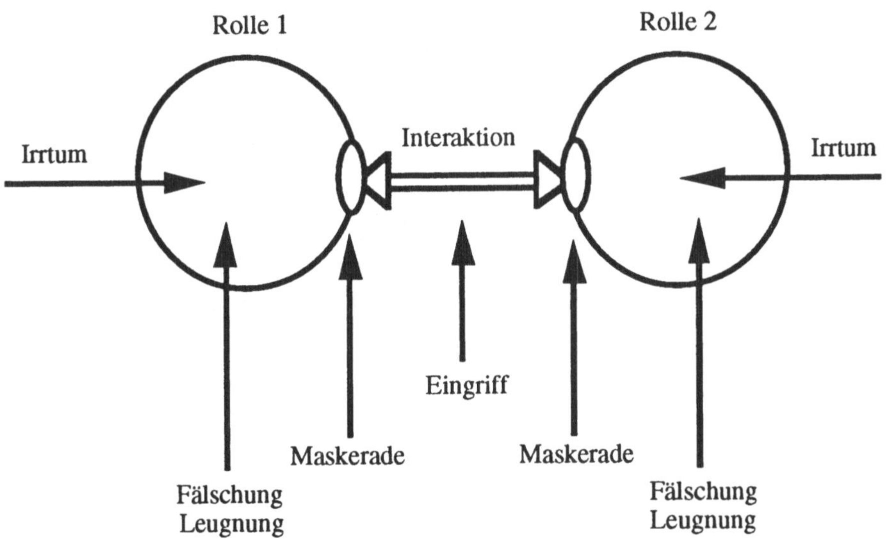

Abb. 2. Angriffspunkte

IT-Sicherheit kommt ins Spiel, wenn die Interaktion zwischen Rollenträgern durch IT-Systeme vermittelt wird. Ein für die Zwecke der hier gewünschten Systematik minimal komplexes IT-System besteht aus:

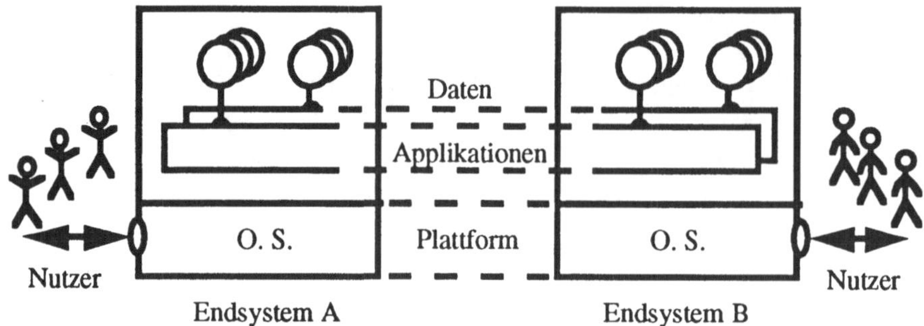

Abb. 3. Minimal komplexes IT-System

Hiermit kann nun eine im Prinzip dreidimensionale Matrix aufgespannt werden, in der Interaktionstyp, benutzte bzw. betroffene Systemkomponente und Angriffsart eingetragen werden können (siehe Abb. 4)

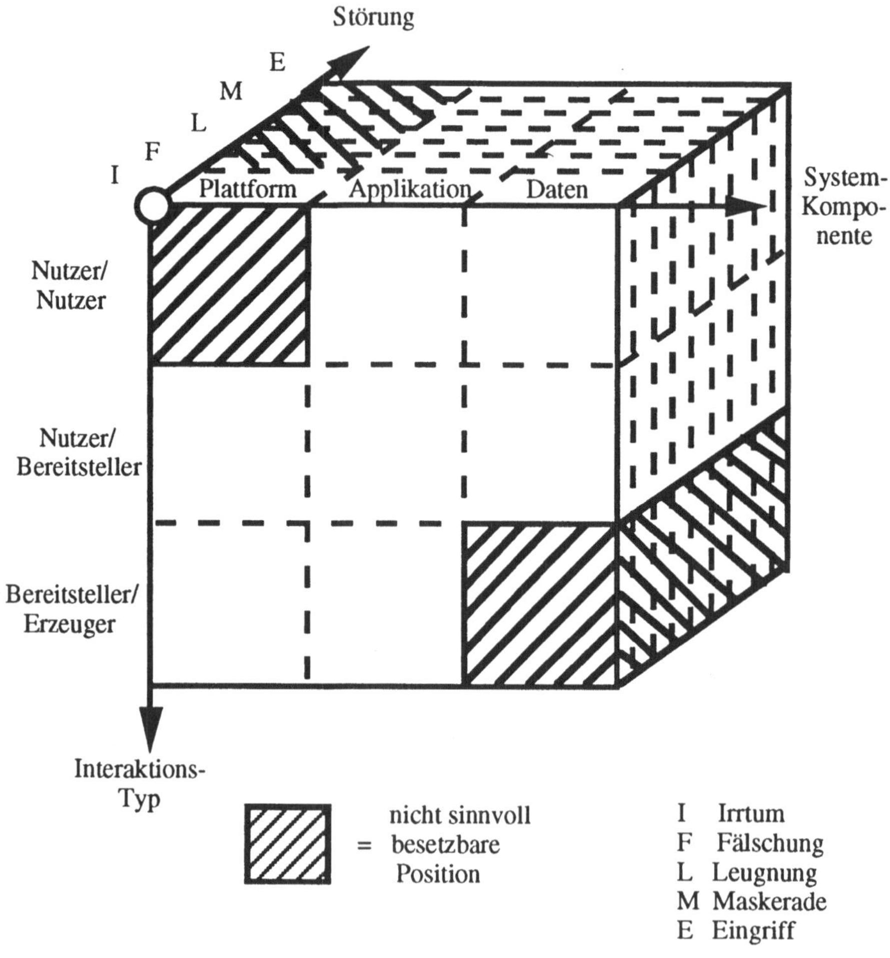

Abb. 4. Problem-Matrix

Ich möchte diese Matrix hier benutzen, um die in wichtigen F&E-Projekten bearbeiteten Sicherheitsprobleme systematisch zu lokalisieren und auch um evtl. Lücken in dieser Problemlandschaft aufzudecken.

Ein Projekt wird also von mir einer Position in der Matrix zugewiesen werden, wenn es Verfahren entwickelt, um eine in einem bestimmten Aktionstyp verwendete Systemkomponente gegen einen bestimmten Angriff zu schützen.

2. F&E-Vorhaben

Die von mir getroffene Auswahl ist durch zwei Kriterien höchst subjektiv: Ich habe nur mir näher bekannte Vorhaben und nur solche, die mir von Umfang, Inhalt und Projektpartnern her gesehen wichtig erscheinen, aufgenommen. Außerdem habe ich Produktentwicklungen nicht berücksichtigt. Bei allen Bearbeitern von wichtigen F&E-Vorhaben, die ich nicht erwähnt habe, entschuldige ich mich für meine Ignoranz.

a) BMFT-geförderte Projekte

    KORSO ("Korrekte Software")

Beteiligte Partner:
    GMD, TU München, TU Berlin, FZI Karlsruhe, Siemens AG, TU
    Braunschweig, Uni Bremen, Uni Karlsruhe, Uni Oldenburg, Uni München,
    Uni des Saarlandes, Uni Ulm.

Ziel: "... die Vervollständigung der theoretischen Grundlagen sowie die
    Verbesserung der Entwicklungskonzepte und Methoden unter Einschluß von
    Werkzeugkonzeptionen für die Erstellung korrekter Software."

Einordnung in Matrix:
    Interaktionstyp: Bereitsteller/Erzeuger
    Komponente: Plattform, Applikation
    Störung: Irrtum beim Umsetzen von Spezifikationen in Implementationen

    PISA ("Pilotprojekt Informations-Sicherheit in OSI-Anwendungen")

Beteiligte Partner:
    DFN, Fachhochschule Rheinland-Pfalz

Ziel: "Am Beispiel der Fachhochschule Rheinland-Pfalz sollen für die Anwen
    dungsbereiche 'Electronic Mail für die Verwaltung', 'Mittelbewirtschaftung',
    'Studentenverwaltung', 'Studentenzulassungsverfahren' und 'Prüfungsamt'
    Sicherungsverfahren eingeführt werden, die Integrität, Ursprungsnachweis
    und Vertraulichkeit von ausgetauschten Informationen auf der Basis krypto-
    graphischer Verfahren und digitaler Unterschriften garantieren,"

Einordnung in Matrix:
    Interaktionstyp: Nutzer/Nutzer, Nutzer/Bereitsteller
    Komponenten Daten
    Störung: Fälschung, Leugnung, Maskerade; Eingriff

REMO ("Referenz-Modell für sichere IT-Systeme")

Beteiligte Partner:
E.I.S.S., GMD, IABG, Siemens AG, TELES GmbH

Ziel: Aus Sicherheitsanforderungen ein Vorgehensmodell und eine Sicherheitsarchitektur für die Entwicklung sicherer Systeme gewinnen und Sicherheits-
bausteine und Anwendungsintegrationstechniken prototypisch bereitstellen.
Im geplanten Anschlußprojekt (REMO II) soll die Erprobung der Entwick-
ungsergebnisse stattfinden.

Einordnung in Matrix:
Interaktionstyp: Nutzer/Bereitsteller
Komponente: Plattform, Applikationen, Daten
Störung: Fälschung, Leugnung, Maskerade, Eingriff

VERTEKO ("Verletzlichkeit und Verfassungsverträglichkeit rechtsverbind-
licher Telekooperation")

Beteiligte Partner:
GMD, provet

Ziel: "... am Beispiel (des Einsatzes) von Telekommunikationsdiensten und
Chipkarten (im Bereich der Rechtspflege) Gestaltungsvorschläge entwickeln,
die dazu beitragen, für die technische Infrastruktur künftiger Telekooperation
die Verletzlichkeit der Gesellschaft zu verringern und die Verwirklichung
von Verfassungszielen zu verbessern." (Dabei soll die Methode der Simula-
tionstechnik als Technikgestaltungsverfahren für sensible Anwendungen
entwickelt und erprobt werden.)

Einordnung in Matrix:
Interaktionstyp: Nutzer/Nutzer
Komponete: Applikation, Daten
Störung: Fälschung, Leugnung, Maskerade, Eingriff

b) EG-Geförderte Projekte:

PASSWORD

Beteiligte Partner:
DANET, GMD, INRIA, University College London (+ assoziierte Partner)

Ziel: "... to demonstrate that a security architecture can be identified which allows
usage of a commen set of security services for Authentication, Directory,
Message Handling and Document Handling in the Research and Technical
Development community."

Einordnung in Matrix:
Interactionstyp: Nutzer/Nutzer, Nutzer/Betreiber
Komponente: Applikation, Daten
Störung: Fälschung, Leugnung, Maskerade, Eingriff

SAMSON ("Security and Managment Services in Open Networks")

Beteiligte Partner:
       Bull, CSECT, GMD, IBM, ICL, Siemens, SIRTI, Televerket

Ziel: "... the development of standard facilities and functions leading to effective administration and management of the security of the network, its components and users ... by implementing solutions on a European scale ..., demonstrating the applicability of these solutions ... and involving European users and service providers ..."

Einordnung in Matrix:
       Interactionstyp: Nutzer/Betreiber
       Komponente: Plattform, Applikation
       Störung: Fälschung, Leugnung, Maskerade, Eingriff

Im nachfolgenden Bild (Abb. 5) sind die Zuordnungen der Projekte zu Matrix zusammengefasst dargestellt:

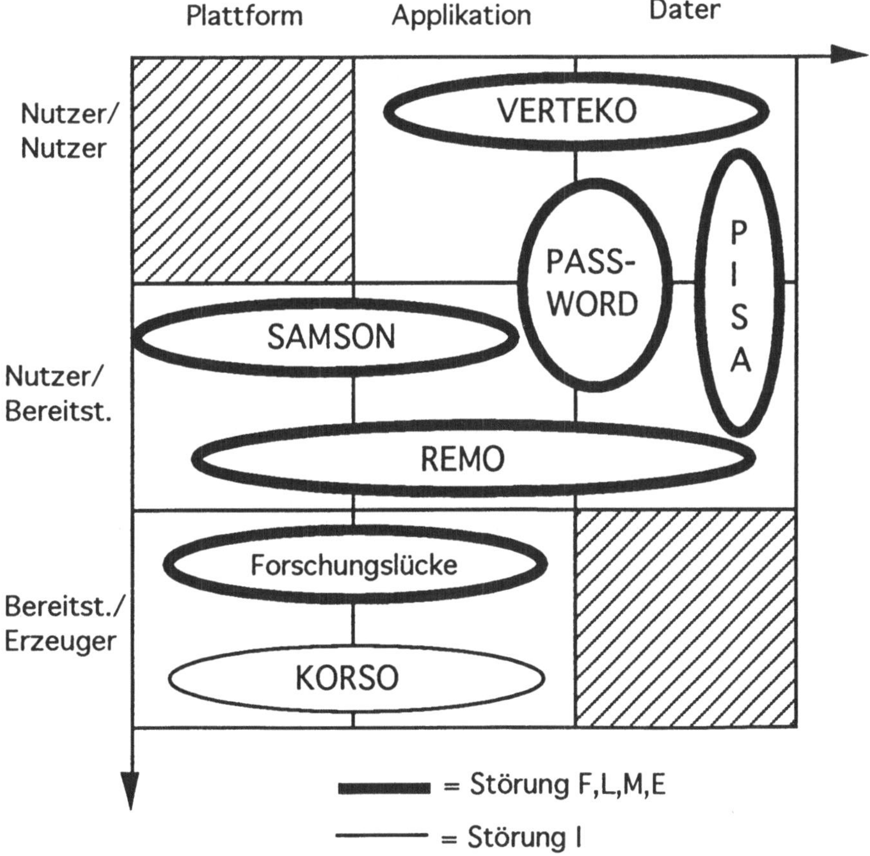

Abb. 5 Problemabdeckuns-Karte

Bemerkenswert an diesem Ergebnis ist die relativ gute Flächendeckung, die die F&E-Vorhaben aufweisen. Allerdings wird auch deutlich, daß im Partner-Verhältnis Bereitsteller/Erzeuger, wo also i.W. Programme bzw. Systeme geordert/geliefert werden, lediglich die Störungsform "Irrtum" systematisch bearbeitet wird; die böswilligen Störungen "Fälschung, Leugnung, Maskerade, Eingriff" werden hier dagegen noch nicht angegangen. Umgekehrt wird in den Partner-Verhältnissen Nutzer/Nutzer und Nutzer/Bereitsteller die Störungsform "Irrtum" offensichtlich nicht im Zusammenhang mit den anderen, vorsätzlich herbeigeführten Störungen betrachtet, sondern wohl eher als Benutzerfreundlichkeitsaspekt der Mensch-Maschine-Schnittstellengestaltung gesehen. Das ist aber mindestens für das Verhältnis Nutzer/Bereitsteller nicht hinreichend.

Sicherheit von Host-basierten Systemen

G. Weck

Kurzfassung

Ein allgemeines Konzept für die Kontrolle des Zugriffs auf sensitive Informationen wird dargestellt; dieses Konzept spiegelt den derzeitigen Stand der Technik wider. Man findet in einer Reihe heutiger EDV-Systeme Zugriffskontrollen, die auf diesem Konzept beruhen. Nach einer kurzen Darstellung konkreter Implementierungen der Zugriffskontrolle in verschiedenen weitverbreiteten Systemen werden die theoretischen und praktischen Probleme der beschriebenen Schutzverfahren geschildert.

1 Einleitung

Von einem EDV-System, das zur Bearbeitung sensitiver Informationen eingesetzt wird, sollte erzwungen werden, daß alle Benutzer nur im Rahmen ihrer Rechte arbeiten und insbesondere auf Informationen zugreifen können. Es darf während des Betriebs des Systems nicht möglich sein, das Autorisierungssystem stillzulegen oder zu umgehen. Die hierzu notwendigen Maßnahmen müssen in den Aufbau des Betriebssystems integriert werden; es hat wenig Sinn, solche Maßnahmen im Nachhinein auf ein existierendes unsicheres System aufzusetzen, da bei der Komplexität der meisten großen Betriebssysteme nur geringe Chancen bestehen, vorhandene Lücken in der Sicherheit nachträglich zuverlässig zu schließen.

Man unterscheidet im wesentlichen zwei Arten von Rechten, die die Basis für die Autorisierung der Benutzer bilden:

- Zugriffsrechte, die bestimmen, auf welche Informationen die einzelnen Benutzer in welcher Weise zugreifen dürfen, und

- Funktionsrechte, die festlegen, welche Operationen die einzelnen Benutzer ausführen dürfen.

Dabei sind in vielen Fällen beide Arten von Rechten zu überprüfen, ehe einem Benutzer eine bestimmte Operation gestattet werden darf, da diese Operation im allgemeinen nicht nur das Vorliegen von Funktionsrechten erfordert, sondern auch auf

Daten Bezug nimmt, wozu dann die entsprechenden Zugriffsrechte benötigt werden. Da andererseits Funktionen aber durch Programme realisiert werden, die ihrerseits wieder — im Sinne des Betriebssystems — durch Mengen geeignet strukturierter Daten dargestellt werden, lassen sich Funktionsrechte als Zugriffsrechte auf die ausführenden Programme auffassen. Somit genügt es, die Realisierung von Zugriffsrechten genauer zu untersuchen; die Realisierung der Funktionsrechte, zumindest soweit sie nicht spezifisch innerhalb einer Anwendung kontrolliert werden, ergibt sich dann mehr oder weniger automatisch.

2   Konzepte der Zugriffskontrolle

2.1   Strategien

Bei der Kontrolle des Zugriffs auf Daten muß man zwischen den dabei eingesetzten Strategien einerseits und den zur ihrer Durchsetzung bzw. Realisierung verwendeten Verfahren andererseits unterscheiden. Bei den Strategien unterscheidet man im wesentlichen die beiden Klassen der diskreten Kontrollen (*"discretionary access control"*) und die der globalen Zugriffsmodelle (*"mandatory access control"*), wobei die ersteren meist von einem Eigentümer-Modell ausgehen, während die letzteren das Ziel der Durchsetzung organisatorischer Richtlinien habèn, die für alle Eigentümer von Daten bindend sind.

Ältere Verfahren zum Schutz von Dateien beruhen auf der Vergabe von Zugriffs-Paßwörtern; diese Verfahren werden in modernen Schutzsystemen wegen gravierender Schwächen nicht mehr angewendet. Schutzverfahren, die auf Eigentümer-Modellen beruhen, organisieren die Zugriffsschutz-Informationen meist in der Form von Zugriffsmatrizen oder -listen. Diese Matrizen oder Listen legen für jeden einzelnen Benutzer und jede einzelne Datei fest, ob und ggfs. welche Zugriffsrechte dieser Benutzer auf die betreffende Datei besitzt (oder auch nicht).

Globale Zugriffsmodelle beruhen zumeist auf Einteilungen der Daten und der Benutzer in Kategorien und Schutzklassen, wobei nur bei Vorliegen bestimmter mathematischer Beziehungen zwischen den Klassifikationen der Daten und denen der zugreifenden Benutzer der gewünschte Zugriff ausgeführt wird. Diese statischen Kontrollen können durch Überprüfung der Informationsflüsse in den zugreifenden Programmen ergänzt werden. Während globale Kontrollen im Hinblick auf die Sicherheit militärischer Systeme eine wichtige Rolle spielen, ist ihre Bedeutung und die Form ihres Einsatzes in einer kommerziellen Umgebung noch weitgehend unklar.

2.2   Diskrete Zugriffskontrollen

Eine Beschreibung der Zugriffskontrolle, bei der man für jedes Datenobjekt separat dessen Schutzanforderungen anzugibt, legt im wesentlichen für die einzelnen Benutzer fest, welche Operationen sie — eventuell unter bestimmten Randbedingungen — auf dieses Datenobjekt anwenden dürfen. Wesentliches Charakteristikum dieser Schutzstrategie ist es, daß die Zugriffsrechte auf einer individuellen Basis festgelegt

G. Weck: **Sicherheit von Host-basierten Systemen**

werden. Die Rechte, die ein bestimmter Benutzer in Bezug auf ein bestimmtes Datenobjekt hat, beeinflussen weder seine Rechte in Bezug auf andere Datenobjekte — zumindest solange diese von dem betrachteten Datenobjekt unabhängig sind —, noch beeinflussen sie direkt die Rechte anderer Benutzer bezüglich dieses Datenobjektes. Man spricht daher bei dieser Schutzstrategie von *„diskreter Kontrolle"* der Zugriffsrechte bzw. von *„benutzerbestimmbarem Zugriffsschutz"*.

Der Hauptvorteil diskreter Zugriffskontrollen ist ihre Flexibilität und Anpaßbarkeit an individuelle Schutzbedürfnisse einzelner Datenobjekte und an individuelle Zugriffserfordernisse einzelner Benutzer. Durch die Vergabe einzelner Zugriffsrechte läßt es sich im Prinzip erreichen, daß jeder Benutzer auf genau die Datenobjekte in genau der Form zugreifen darf, für die er autorisiert ist.

Man geht bei diskreten Zugriffskontrollen im allgemeinen vom Konzept des *„Eigentümers"* eines Datenobjektes aus. Eigentümer wird dabei im allgemeinen zunächst der, der dieses Datenobjekt erzeugt bzw. auf dessen Veranlassung es erzeugt wird. Bei Erzeugung eines Datenobjektes stehen seinem Eigentümer bestimmte Zugriffsrechte auf dieses Objekt zur Verfügung. Zu diesen Zugriffsrechten gehört insbesondere das Recht der Veränderung der Zugriffsrechte auf dieses Objekt. Der Eigentümer kann, sofern er nicht sowieso alle Zugriffsrechte für dieses Objekt besitzt, seine Rechte erweitern; ebenso kann er bei Bedarf — etwa um sich selbst vor Fehlern zu schützen — seine eigenen Rechte einschränken.

Ein wichtiges Recht, das dem Eigentümer eines bestimmten Datenobjektes zusteht, ist das der Vergabe und Zurücknahme von Zugriffsrechten für andere Benutzer, durch das er die allgemeine Zugreifbarkeit des Objektes steuern kann. Es ist eine wesentliche Eigenschaft des Eigentümer-Modells, daß die Vergabe aller Zugriffsrechte letztlich vom Eigentümer eines Datenobjektes kontrolliert wird. Es ist zwar in manchen auf diskreter Zugriffskontrolle basierenden Systemen möglich, daß der Eigentümer Rechte zur Kontrolle und auch Weitergabe der Zugriffsrechte an andere Benutzer weitergeben kann, doch ist letztlich er selbst die Quelle auch aller weitergegebenen Zugriffsrechte.

Die Basis für viele Systeme zur diskreten Zugriffskontrolle, die auf dem Eigentümer-Modell basieren, stellt das Modell der *„Zugriffsmatrizen"* dar. Jede Zeile der Zugriffsmatrix enthält die Zugriffsrechte eines Benutzers, während die einzelnen Spalten durch die geschützten Objekte adressiert werden. In jeder Zelle der Matrix stehen die aktuell gültigen Zugriffsrechte des Benutzers, zu dessen Zeile diese Zelle gehört, auf das Objekt, zu dessen Spalte die Zelle gehört.

Änderungen eines Eintrags in der Zugriffsmatrix dürfen prinzipiell nur dann ausgeführt werden, wenn der Benutzer, der diese Operation veranlaßt, Eigentümer des Objektes ist, das durch diesen Eintrag kontrolliert wird, wenn also der Eintrag in derselben Spalte, der durch den betreffenden Benutzer adressiert wird, das Eigentumsrecht enthält. Derartige Operationen können das Erteilen eines Zugriffsrechtes, sein Entzug oder eventuell auch der Wechsel des Eigentümers oder der Eintrag zusätzlicher Eigentümer sein.

G. Weck: **Sicherheit von Host-basierten Systemen**

Allerdings ist das Zugriffsmatrix-Modell ohne geeignete Modifikationen noch nicht für einen praktischen Einsatz verwendbar. Dies liegt im wesentlichen daran, daß normalerweise die Zugriffsrechte sehr ungleich in dieser Matrix verteilt sind: Während einerseits bestimmte Objekte allgemein oder zumindest sehr weit verfügbar sein müssen, dürfen andererseits die meisten privaten Datenobjekte nur dem Eigentümer oder einer relativ kleinen Gruppe von Benutzern zugreifbar sein. Dies bedeutet, daß — abgesehen von den systemweiten Objekten, in deren Spalte üblicherweise für alle Benutzer dieselben Einträge enthalten sind — die Matrix ziemlich leer ist. Berücksichtigt man nun, daß in einem größeren System die Anzahl der Benutzer leicht in die Hunderte oder Tausende geht, während die Anzahl der zu schützenden Objekte noch um bis zu 3 Größenordnungen darüber liegt, so kann man sich leicht vorstellen, daß es äußerst unpraktisch wäre, die Zugriffsmatrix direkt, wie sie dem Modell entspricht, abzuspeichern; eine solche Matrix bestünde aus vielen Millionen von Zellen, die fast alle leer wären. Aus diesem Grunde wurden für eine praktische Realisierung des Zugriffsmatrix-Modells verschiedene Abwandlungen entwickelt, die die Zugriffsmatrizen durch Abbildungen auf eine oder mehrere Listenstrukturen mehr oder weniger stark komprimieren. Dies stellt jedoch nur eine implementierungstechnische Abwandlung dieses Konzeptes, keinesfalls aber ein neues Schutzkonzept dar.

2.3 Globale Kontrollen

Die Anwendung diskreter Zugriffsrechte ist vom Standpunkt der organisatorischen Ebene des Datenschutzes nicht ganz unproblematisch. Dies liegt daran, daß es zur Durchsetzung einer auf der organisatorischen Ebene festgelegten Schutzstrategie bei der Verwendung diskreter Zugriffskontrollen erforderlich ist, daß alle Zugriffsrechte genau im Einklang mit dieser Strategie vergeben werden. Da dies jedoch ein korrektes Verhalten aller Eigentümer von Datenobjekten voraussetzt, läßt sich diese Forderung nicht automatisch erzwingen, wenn man diskrete Kontrollen als Basis des Zugriffsschutzes zugrundelegt. Außerdem können die globalen Vorgaben selbst bei korrektem Verhalten aller Benutzer unterlaufen werden, wenn fehlerhafte oder bösartige Software, beispielsweise solche, die ein Trojanisches Pferd enthält, zum Einsatz kommt.

Um dennoch eine Durchsetzung globaler Schutzanforderungen zu realisieren, wurden verschiedene Modelle entwickelt, die eine globale Spezifikation einer Schutzstrategie und deren automatische Umsetzung in die Kontrolle des Zugriffs auf einzelne Datenobjekte ermöglichen. Derartige Modelle gehen von der Existenz globaler Schutzkriterien aus, die gemeinsame Schutzbedürfnisse ganzer Klassen von Datenobjekten beschreiben. Diesen Schutzkriterien stehen *„globale Zugriffsrechte"* gegenüber, die den Benutzern des Systems zugewiesen werden können. Ein Zugriff auf ein bestimmtes Datenobjekt wird nur dann gestattet, wenn die Zugriffsrechte des betreffenden Benutzers im Einklang stehen mit den Schutzbedürfnissen der Klasse, zu der das gewünschte Datenobjekt gehört.

Globale Zugriffsmodelle wurden zuerst im Kontext militärischer Systeme entwickelt, da hier einerseits relativ leicht formalisierbare Schutzstrategien vorgegeben waren und da andererseits gerade hier ein besonderer Bedarf an Schutzsystemen besteht,

G. Weck: **Sicherheit von Host-basierten Systemen**

die die Einhaltung vorgegebener Datenschutz-Richtlinien erzwingen. Entsprechend orientieren sich die meisten globalen Zugriffsmodelle an militärischen Datenschutz-Vorgaben, und erst in letzter Zeit sind Versuche festzustellen, auch für den nicht-militärischen Bereich Grundlagen für einen globalen Zugriffsschutz zu entwickeln.

Ein weitverbreitetes globales Zugriffsschutzmodell ist das Modell von Bell und LaPadula, bei dem der klassisch-materielle Geheimschutz nachgebildet wird. Bei diesem Modell werden sowohl die Benutzer als auch die zu schützenden Objekte in vordefinierte, hierarchische Schutzstufen eingeordnet. Zusätzlich können an Benutzer und Objekte nicht-hierarchische Schutzkategorien vergeben werden. Ein lesender Zugriff wird nur dann gestattet, wenn der betreffende Benutzer dieselbe oder eine höhere Schutzstufe hat wie das zu lesende Objekt; falls das Objekt auch über Schutzkategorien verfügt, so muß der Benutzer (wenigstens) über dieselben Kategorien verfügen (*„einfache Sicherheitsbedingung"*). Um ein Unterlaufen der globalen Vorgabe — absichtlich oder durch ein Trojanisches Pferd — zu verhindern, wird diese Bedingung noch durch die sogenannte *„*-property"* ergänzt: Veränderungen von Objekten sind nur zulässig, wenn die Schutzstufe des Objektes wenigstens so hoch ist wie die des Benutzers und wenn das Objekt (wenigstens) über alle Schutzkategorien des Benutzers verfügt. In praktischen Realisierungen beschränkt man sich bei der Implementierung der *-property häufig auf die Forderung nach der Gleichheit der Schutzstufen und -kategorien von Benutzer und Objekt.

Eine Ergänzung dieses Modells zur Kontrolle der Integrität der verarbeiteten Daten wurde von Biba vorgeschlagen; in seinem Integritätsmodell werden zwei zusätzliche, zu den Bell/LaPadula-Bedingungen spiegelbildliche Bedingungen zur Verhinderung unerwünschter, integritätsgefährdender Datenveränderungen gefordert. Während die Realisierung dieses Modells eine einfache Erweiterung eines Bell/LaPadula-Systems darstellt, seine praktische Bedeutung jedoch mehr als unklar ist, gilt für das Integritätsmodell von Clark und Wilson genau das Umgekehrte. Dieses Modell geht von zwei grundlegenden Ideen aus, die sich im wesentlichen aus den Prinzipien korrekter Buchführung ergeben:

1. Korrekte Daten dürfen nur solchen Manipulationen unterworfen werden, die diese Korrektkeit erhalten.

2. Potentiell gefährliche Operationen müssen durch eine Vier-Augen-Kontrolle so abgesichert sein, daß sie nie von einer Person allein durchgeführt werden können.

Dieses Modell läßt sich sehr schön auf die Bearbeitung von Datenbeständen, insbesondere solche in Datenbanken, durch Transaktionen anwenden, und in der Tat sind viele praktische Anwendungssysteme, vor allem solche mit Datenbankunterstützung, mehr oder weniger nach den hier genannten Regeln aufgebaut. Zum ersten Mal sind hier jedoch diese Regeln korrektheitserhaltender Anwendungsentwicklung als formale Vorgaben niedergelegt, so daß sie die Basis für eine standardisierte Entwicklung von Systemen mit Integritätskontrolle im kommerziellen Sinn bilden können. Allerdings ist es zur Zeit noch recht unklar, wie sich aus diesen Vorgaben konkrete und gleichzeitig allgemeingültige Systemstrukturen entwickeln lassen.

G. Weck: **Sicherheit von Host-basierten Systemen**

Die Vorteile globalen Zugriffsschutzes ergeben sich direkt aus der Motivation zu seiner Entwicklung. Es sind dies im wesentlichen die direkte Übertragung organisatorischer Vorgaben in die Realisierung des Zugriffsschutzes, ohne daß dazu eine korrekte Vergabe von Zugriffsrechten durch die Eigentümer der einzelnen Datenobjekte erforderlich wäre, und die Reduktion des Umfangs der beötigten Zugriffsschutz-Information. Die letztere ergibt sich daraus, daß bei globalen Zugriffskontrollen nicht mehr einzelne Datenobjekte, sondern nur noch ganze Klassen von Objekten verwaltet werden müssen und daß auch meist eine Einteilung der Benutzer in Klassen und damit eine weitere Reduktion der Anzahl der zu verwaltenden Zugriffsrechte erfolgen kann.

Es darf jedoch nicht übersehen werden, daß globale Zugriffsrechte auch nur eine globale Steuerung der Zugriffe auf den Datenbestand erlauben; eine spezifische Kontrolle der Zugriffe bestimmter Benutzer auf bestimmte Datenobjekte ist bei globalen Kontrollen im allgemeinen nicht möglich. Eine wesentlich schwerere Einschränkung ist noch, daß durch das zugrundegelegte Zugriffsmodell die Menge der möglichen Verteilungen von Zugriffsrechten und deren Änderung vorweggenommen oder zumindest sehr stark eingeschränkt werden. Aus dieser Einschränkung resultiert hauptsächlich der Mangel an globalen Zugriffskontrollen für nicht-militärische Systeme, da es durchaus noch nicht klar ist, welche Zugriffsmodelle auf ein konkretes kommerzielles System anzuwenden sind.

Aufgrund dieser Einschränkungen ist es langfristig wohl zu erwarten, daß eine allgemein verwendbare Zugriffskontrolle sowohl diskrete als auch globale Komponenten umfassen wird, die in einer der jeweiligen Anwendung angemessenen Form miteinander zu kombinieren sind. Bei einer derartigen Kombination diskreter und globaler Zugriffskontrollen können etwa die Schutzbedürfnisse einzelner Klassen von Datenobjekten durch globale Kontrollen befriedigt werden, während diskrete Kontrollen für eine genauere Abstimmung des Zugriffsschutzes innerhalb der einzelnen Klassen sorgen.

3 Zugriffskontrolle in Multi-User-Systemen

3.1 Die MVS-Security-Pakete

Das Großrechner-Betriebssystem MVS verfügt selbst nicht über wirksame Verfahren zur Zugriffskontrolle; der über Datei-Paßworte gebotene Schutz vor unerlaubten Zugriffen auf Dateien ist weder ein ernsthaftes Hindernis für einen potentiellen Angreifer, noch ist er im praktischen Betrieb sinnvoll zu verwalten. Aus diesem Grund werden von IBM und von Drittlieferanten Sicherheitspakete angeboten, die auf MVS installiert werden können und den benötigten Zugriffsschutz realisieren. Die wichtigsten dieser Pakete sind die im folgenden betrachteten Systeme RACF, Top Secret und ACF2.

Diese Pakete werden als installierbare Subsysteme außerhalb des Systemkerns geliefert. Sie benutzen eine von außen zugängliche Schnittstelle zu MVS, das Standard-MVS-Security-Interface (SU32). Die Pakete sind daher auf das Betriebssystem auf-

G. Weck: Sicherheit von Host-basierten Systemen

gesetzte Systeme; sie sind nicht im eigentlichen Sinne integriert. Es ist bei entsprechender Systemkenntnis möglich, einen Rechner, auf dem eines der Pakete installiert ist, ohne dieses Paket zu starten und damit jegliche Kontrolle zu umgehen. Es ist teilweise auch möglich, zur Laufzeit durch Änderung von Betriebssystemsteuerparametern den Schutz völlig auszuschalten. Der hierdurch gebotene Schutz ist aus diesem Grund niedriger als bei Systemen, deren Zugriffskontrolle direkt in das Betriebssystem integriert ist; doch ist er erheblich höher als bei einem ohne Sicherheitspaket betriebenen MVS.

3.1.1 RACF

RACF schützt Objekte, die hier als Ressourcen bezeichnet werden, gegen Zugriffe durch Benutzer, die durch sogenannte „*Profile*" definiert werden. Benutzer können in „*Gruppen*" zusammengefaßt werden. Zwischen dem einzelnen Benutzerprofil und dem Gruppenprofil verbindet das Anschlußprofil. In den Benutzer- oder Gruppenprofilen wird durch „*Attribute*" festgelegt, welche Funktionen der Benutzer (Einzelbenutzer oder jeder der Gruppe) ausführen darf.

RACF organisiert den Zugriff auf Objekte ebenfalls über Profile in der RACF-Datei. Neue Ressource-Profile für Datei-Objekte werden automatisch in die RACF-Datei eingetragen, wenn der erstellende Benutzer dies implizit durch ein Attribut oder explizit durch einen Befehl (JCL oder On-Line) verlangt. Die Profile für andere als Datei-Objekte und die Profile für die Datei-Objekte, die zu Anfang der Benutzung von RACF geschützt werden sollen, müssen explizit vom System Manager in der RACF-Datei definiert werden.

Andere Ressourcen als Dateien müssen gegenüber RACF definiert werden (allgemeines Ressourcen-Profil). Das allgemeine Ressourcen-Profil reiht die Ressource in eine Klasse ein, und es enthält einen eindeutigen Namen der Ressource. Schützbare Klassen von Ressourcen sind: Plattenstapel, Bandstationen, Bänder, Terminals, Transaktionen oder Transaktionsgruppen unter einem IBM-Terminal-Monitor und Anwendungsprogramme.

Die Zugriffsentscheidung unter RACF läuft in sieben Stufen ab. Wenn eine Stufe Zugriff gewährt, wird der Algorithmus abgebrochen. Einzelne dieser Stufen realisieren Konzepte wie:

- allgemeiner Zugriff für Klassen von Ressourcen
- Geheimschutz im Sinne eines Zugriffsregelsatzes
- Zugriffsentscheidung für Dateien und sonstige Ressourcen
- globaler Zugriff für Operateure
- Default-Zugriff für Benutzer ohne RACF-Profil

Um RACF aktiv zu machen, muß es durch Systemgenerierung eingebunden werden. Bei jedem SVC verzweigt MVS zur Sicherheits-Schnittstelle. Wenn diese Schnittstelle durch ein Sicherheitssystem versorgt ist, so werden die Prüfungen dieses Sicherheitssystems, also in diesem Falle von RACF, durchlaufen. Je nach der gewählten Parametrisierung lassen sich mit RACF die Konzepte der diskreten und/oder der globalen Zugriffskontrolle realisieren; bei der globalen Kontrolle wird jedoch nur die einfache Sicherheitsbedingung nach Bell und LaPadula unterstützt.

3.1.2 Top Secret

Top Secret schützt Transaktionen, Terminals, Kommandos, Programme, Dateien, Datenträger und CPUs, wobei dieser Schutz jeweils eigens definiert oder als Default vorgegeben sein kann. Subsysteme wie CICS, TSO oder eines der Batch-Systeme können ebenso geschützt werden, wobei jedes dieser Subsysteme eigenen Schutzregeln unterliegen kann. Es ist auch möglich, benutzerspezifische Objekte zu definieren und durch Top Secret schützen zu lassen. Insbesondere lassen sich auch Felder in einer Datenbank individuell durch Top Secret schützen.

Die Zugriffsregeln von Top Secret sind an die einzelnen Benutzer gebunden, die jeweils durch eine sogenannte *„Accessor Identification"* (ACID) definiert werden. ACIDs können für Benutzer, Abteilungen, Bereiche, Verwalter und Profile festgelegt werden, wobei Profile zur Gruppierung von Benutzern mit ähnlichen Zugriffsrechten verwendet werden. Top Secret organisiert den Zugriff auf Objekte hierarchisch; zu jedem Benutzer gibt es nur einen organisatorischen Pfad in die höheren Ränge der Hierarchie.

Top Secret kennt eine Zugriffsmatrix, in der keine Objektklassifizierung stattfindet, d.h. alle Objekte haben eine eigene Spalte der Zugriffsmatrix. Bei Top Secret wird zu einer Ressource (entspricht einem Objekt) angegeben, welche ACID auf sie zugreifen darf.

Mit Top Secret lassen sich Klassen von Benutzern erzeugen, die einer Rolle entsprechen. Einerseits ist es möglich, den Zugriff auf Objekte auf den Zugriff „fetch only (execute)" zu beschränken. Andererseits ist es möglich, den Zugriff auf Dateien so zu beschränken, daß die Datei nur durch ein bestimmtes Programm gelesen und verändert werden darf.

Der Betrieb von Top Secret kann in verschiedenen Modi erfolgen, durch die gewählt werden kann, ob das System unerlaubte Zugriffsversuche nur meldet oder sie auch wirklich abweist und ob Zugriffsversuche von Benutzern ohne zugewiesenes ACID abgewiesen oder mit Default-Zugriffsrechten durchgeführt werden. Hierdurch ist es während der Installationsphase des Produktes möglich, die Zugriffsprofile allmählich einzuführen und auf ihre Wirksamkeit und Korrektheit hin zu überprüfen, ohne daß abgewiesene Zugriffsversuche laufende Anwendungen zum Absturz bringen.

3.1.3 ACF2

Der Organisation der Benutzer wird bei ACF2 mittels einer frei definierbaren Menge von Identifikatoren erreicht:

G. Weck: Sicherheit von Host-basierten Systemen

- LOGIN-ID „OTTO"
- Name „Otto Meister"
- Paßwort ??
- Zugang CICS, TSO
- Zugangszeit Normalschicht, etc
- Zugangsweg lokales Terminal, nicht über Netz
- Organisation (frei definierbare Identifikatoren)
    Werk 1
    Abteilung BB
    Projekt 100
    Funktion PL (Projektleiter)

Für jeden Benutzer muß jedem Identifikator ein Wert zugeordnet sein. Bedingung ist, daß alle Benutzer innerhalb einer ACF2-Installation durch den gleichen Satz von Identifikatoren beschrieben werden. Aus den Identifier-Werten wird durch Konkatenation (je Installation von ACF2 frei definierbar) ein neuer String zusammengestellt, der User-Identifier oder UID. Dieser String regiert die Zugriffsmechnismen unter ACF2. Beispielsweise ergäbe die UID-Definition

```
UID = WERK // ABTEILUNG // FUNKTION // PROJEKT // LID
```

den konkreten `UID = 1BBPL100OTTO`.

Von ACF2 schützbare „*Ressourcen*", also Objekte, können Dateien, Plattenstapel, Laufwerke, Bänder, Bandstationen, einzelne Transaktionen oder Transaktionsgruppen unter CICS oder einem ähnlichen Transaktionsmonitor sein. Es ist möglich, installationsspezifische Ressourcen zu definieren. Grundsätzlich kann ACF2 den Zugriff auf diese Ressourcen kontrollieren.

Bei Dateien als Objekten wird der Zugriff durch Betrachtung der vollen Datei-Qualifikation gesteuert. Die Zugriffsrechte werden wie folgt notiert:

```
XYZ.-
    UID(1BB-)        READ(ALLOW)
    UID(***PL-)      R(A),WRITE(A)
    UID(1****100)    EXEC(A)
```

Das bedeutet: Auf alle Dateien, deren Qualifikation mit `XYZ` beginnt, können Benutzer, deren UID mit „1BB" beginnt, lesend zugreifen, können Benutzer, die die Funktion eines Projektleiters haben, lesend und schreibend zugreifen, können Benutzer, die in Werk 1 an Projekt 100 arbeiten, ausführend zugreifen.

ACF2 organisiert den Zugriff auf Objekte durch Angabe solcher Zugriffsregeln je Objekt oder Objektklasse. Ein einzelnes Datei-Objekt kann einmal gruppenweise (`XYZ.-`) in seiner Zugreifbarkeit kontrolliert werden, und zusätzlich können auch noch spezifische Zugriffsmöglichkeiten definiert werden. Da in der Liste von Zugriffsmöglichkeiten, die an einem Objekt oder einer Objektklasse hängen, mehrere UID-Spezifikationen hängen können, von denen mehr als eine auf einen gegebenen UID zutreffen können, muß die Liste der UID-Spezifikationen geordnet sein.

G. Weck: **Sicherheit von Host-basierten Systemen**

Die Zugriffsentscheidung wird getroffen, indem zunächst mit der vollen Objekt-Qualifikation gesucht wird, ob es dazu einen Zugriffskontrolleintrag gibt. Wenn es einen solchen Eintrag gibt, wird die dort vorgefundene UID-Liste ausgewertet. Wird kein solcher Eintrag gefunden, dann wird die volle Objekt-Qualifikation reduziert (hintere Teile werden entfernt) und nach dem Klasseneintrag gesucht. Wird auch kein Klasseneintrag gefunden, dann wird kein Zugriff gewährt. Beim Durchsuchen der UID-Liste wird nur der erste passende UID-Eintrag ausgewertet. Daraus ergibt sich die Notwendigkeit der Ordnung in den UID-Einträgen in Richtung weniger spezifischerer UID-Angaben (`1BB-` vor `1-`).

3.2   Zugriffskontrolle in OpenVMS

OpenVMS bietet standardmäßig benutzerbestimmbaren Zugriffsschutz bis zur Kontrolle des Zugriffs einzelner Benutzer auf einzelne Objekte. Dieses Schutzverfahren wird einerseits durch die Festlegung UIC-bezogener Zugriffsrechte realisiert, wobei unter UIC ein sogenannter *„User Identification Code"*, bestehend aus einer Gruppennummer und einer Benutzernummer, verstanden wird, andererseits wird es durch Zugriffskontroll-Listen (*„Access Control Lists"*, ACLs) erweitert. Zum Einsatz in Umgebungen, die mehrstufigen Schutz verlangen, kann OpenVMS durch ein Zusatzpaket, *„Secure Environment VMS"* oder SEVMS, ergänzt werden, mit dem sich ein mehrstufiger Schutz realisieren läßt.

Falls diese Schutzmöglichkeiten kombiniert eingesetzt werden, so erfolgt die Überprüfung der Zugriffsrechte in der folgenden Reihenfolge: Es wird zuerst festgestellt, ob ein bestimmter Zugriff nach den Regeln des mehrstufigen Schutzes — sofern dieser installiert ist — zulässig ist. Zugriffe, die dann noch erlaubt sind, werden gegen die Bedingungen der Zugriffskontroll-Listen geprüft, und die dann noch nicht entschiedenen Zugriffe werden schließlich dem UIC-bezogenen Zugriffsschutz unterworfen.

3.2.1 Benutzerbestimmbarer Zugriffsschutz in OpenVMS

OpenVMS bestimmt die aktuellen Zugriffsrechte eines Subjekts, also eines Prozesses (i.w. eines Benutzerauftrags), auf ein durch Zugriffskontroll-Listen geschütztes Objekt, beispielsweise auf eine Datei, indem die einzelnen Elemente der Liste der Reihe nach auf ihre Anwendbarkeit auf das betreffende Subjekt untersucht werden. Ein Element wird dabei als anwendbar betrachtet, wenn das Subjekt über alle in dem Element angegebenen Zugriffsschlüssel (*„Identifier"*) verfügt. Hiermit läßt sich auch erreichen, daß Zugriffe auf bestimmte Objekte nur unter Verwendung vorgegebener Programme durchgeführt werden können, indem der Eigentümer dieser Programme diese mit einem eigenen Identifier versieht und dessen Vorhandensein in den ACLs der betreffenden Objekte fordert.

Sobald ein anwendbares Zugriffskontroll-Element gefunden wurde, werden die darin angegebenen Zugriffsarten mit der vom Subjekt gewünschten Zugriffsart verglichen, und je nach dem Ergebnis dieses Vergleichs wird der Zugriff gestattet oder abge-

G. *Weck:* Sicherheit von Host-basierten Systemen

lehnt. Weitere Prüfungen erfolgen nicht mehr, sobald ein anwendbares Zugriffskontroll-Element gefunden wurde; weder der Rest der Zugriffskontroll-Liste noch der über den UIC spezifizierte Zugriffsschutz wird berücksichtigt, wenn die Entscheidung über ein anwendbares Zugriffskontroll-Element getroffen wurde. (Die einzige Ausnahme von dieser Regel ist die Anwendung eventueller Prozeß-Privilegien: Auch wenn über die Zugriffskontroll-Liste ein Zugiff abgelehnt wurde, so ist es immer noch möglich, daß dieser Zugriff doch noch gewährt wird, wenn der Prozeß über erhöhte Privilegien verfügt, die ihn zu dem betreffenden Zugriff, ggfs. unter Umgehung der Zugriffskontrolle, berechtigen.)

Wenn die gesamte Zugriffskontroll-Liste abgearbeitet wurde, ohne daß ein anwendbares Zugriffskontroll-Element gefunden wurde, so wird der Zugriff entsprechend den über den UIC spezifizierten Zugriffsrechten gewährt oder abgelehnt. Dieser UIC-basierte Zugriffsschutz legt die erlaubten Zugriffsarten für die vier Benutzergruppen

- System
- Eigentümer
- andere Benutzer innerhalb der Projektgruppe
- alle anderen Benutzer

fest. Falls der UIC-Zugriffsschutz den Zugriff verbietet, so kann der Zugriff dennoch gewährt werden, wenn der Prozeß über Privilegien verfügt.

Dieses zweistufige Verfahren über ACLs und UICs erlaubt eine extrem flexible und gleichzeitig — bei sinnvoller Definition von Zugriffsschlüsseln als Äquivalenzklassen von Benutzern — leistungsfähige, die Performance wenig beeinträchtigende Steuerung der Zugriffe auf Datenobjekte, die allen Anforderungen diskreter Zugriffskontrollen genügt. Als Nachteil ist lediglich die nicht unbeträchtliche Komplexität des Verfahrens zu nennen, die gerade einem Anfänger bei der Einrichtung der Schutzstrukturen erhebliche Schwierigkeiten bereiten kann.

3.2.2 *Vorgeschriebener Zugriffsschutz mit SEVMS*

SEVMS ist kein Ersatz für OpenVMS, sondern eine Ergänzung. Allerdings wird SEVMS nicht ähnlich wie die MVS-Sicherheitspakete auf das Betriebssystem aufgesetzt, sondern mit der Installation von SEVMS werden alle sicherheitssensitiven Teile des Betriebssystems ausgetauscht. Die alten Teile des Systems werden entfernt, so daß das System nicht mehr ohne die Sicherheitskomponente startbar ist. SEVMS bietet alle im vorhergehenden Abschnitt über OpenVMS vorgestellten Leistungen, darüber hinaus jedoch noch globale Kontrollen.

SEVMS stellt systemweit bis zu 256 hierarchisch angeordnete Schutzstufen zur Verfügung, die entweder durch numerische Werte oder durch vorgegebene Texte bezeichnet werden. Weiterhin können bis zu 128 nicht-hierarchische Schutzkategorien definiert werden, die durch numerische Werte oder durch vorgegebene Texte bezeichnet werden. Schutzstufen und -kategorien werden als mathematischer Verband behandelt; die dadurch realisierte Schutzstrategie entspricht dem Modell von Bell

G. Weck: **Sicherheit von Host-basierten Systemen**

und LaPadula, wobei — im Gegensatz zu RACF — auch die *-property (mit der Möglichkeit des Schreibens in eine höhere Schutzstufe) gegeben ist.

Bei der Bestimmung der Zugriffsrechte eines Subjektes auf ein Objekt wird zuerst der dafür vorgesehene vorgeschriebene Zugriffsschutz überprüft; falls der gewünschte Zugriff diesem widerspricht, so wird er ohne weitere Prüfungen abgelehnt (sofern er nicht über den Privilegien-Mechanismus doch noch gestattet wird). Wenn der Zugriffswunsch dagegen den Regeln des vorgeschriebenen Zugriffsschutzes genügt, so wird der Zugriff gemäß den Vorgaben des benutzerbestimmbaren Zugriffsschutzes (über Zugriffskontroll-Listen und/oder UIC-Zugriffsschutz) erlaubt oder abgelehnt. Der vorgeschriebene Zugriffsschutz ergänzt in diesem Sinne den benutzerbestimmbaren Schutz, ohne ihn zu ersetzen.

SEVMS bietet zusätzlich zur Möglichkeit der Realisierung vorgeschriebenen Zugriffsschutzes auch entsprechende Steuerungsverfahren zur Durchsetzung einer Integritäts-Strategie nach dem Modell von Biba. Sieht man von der für das Biba-Modell charakteristischen Vertauschung der Dominierungsregeln ab, so wird der Integritätsschutz von SEVMS in exakt derselben Weise durchgeführt wie der vorgeschriebene Zugriffsschutz.

3.3 Zugriffskontrolle in Unix-Systemen

Die in Unix-Systemen standardmäßig vorgesehene Zugriffskontrolle ist ziemlich ähnlich zu dem in OpenVMS vorgesehenen UIC-basierten Zugriffsschutz: Zu jeder Datei gibt es eine kurze Bitliste, in der die für den Eigentümer, die Benutzergruppe und „Andere" erlaubten Zugriffsarten Lesen, Schreiben und Ausführen eingetragen werden, so daß insgesamt 9 verschiedene Ausprägungen der Zugriffsrechte für eine Datei existieren. Mit diesem Verfahren läßt sich ein einfacher Zugriffsschutz realisieren, der jedoch bei komplexeren Aufgabenstellungen versagt:

- Das Konzept der Benutzergruppen ist im ersten Ansatz rein hierarchisch: Jeder Benutzer gehört zunächst nur einer Gruppe an, die beispielsweise seine Abteilung repräsentiert. Es ist nicht ohne weiteres möglich, Zugriffe so zu steuern, daß diese innerhalb einander überlappender Gruppen zulässig sind. Diese Einschränkung wird zumindest teilweise dadurch umgangen, daß es in der Regel möglich ist, einzelne Benutzer in mehrere Gruppen einzutragen. Dabei ist es implementierungsabhängig, ob ein Benutzer zu einem bestimmten Zeitpunkt allen diesen Gruppen gleichzeitig angehört oder ob die Gruppenmitgliedschaft explizit durch ein Kommando gewechselt werden muß.

- Es ist nicht vorgsehen, einzelne Benutzer oder Gruppen vom Zugriff auf ansonsten allgemein verfügbare Dateien auszunehmen. Zwar könnte man theoretisch einen solchen Ausschluß durch die Konstruktion geeigneter Gruppen erreichen, doch sind dem in der Praxis enge Grenzen gesetzt, da die entsprechenden Gruppenstrukturen sehr unhandlich werden und da die einzelnen Benutzer nur jeweils bis zu 15 Gruppen angehören können.

G. Weck: **Sicherheit von Host-basierten Systemen**

- Es ist nicht möglich, die Zugriffskontrolle von Attributen des zugreifenden Subjekts, wie etwa lokalem oder Netz-Zugriff oder Zugriff im Timesharing oder Batch abhängig zu machen.

- Die Zugriffskontrolle erstreckt sich nur auf Objekte, die als Dateien ansprechbar sind. Dies können in Unix neben normalen Dateien zwar auch Kataloge, Geräte und der Hauptspeicher sein, doch ist die Kontrolle des Zugriffs auf andere Objekte ungenügend bzw. überhaupt nicht vorhanden. Ungeschützte Objekte sind beispielsweise externe Datenträger oder Interprozeß-Kommunikations-Objekte wie Semaphore. Diese Einschränkung ist als gravierender Sicherheitsmangel zu werten.

Die Steuerung des Zugriffs nur über ausgewählte Programme wird durch eine Erweiterung der Zugriffs-Bitliste erreicht: Durch zwei weitere Bits in der Liste eines Programms kann angegeben werden, daß Zugriffe, die dieses Programm durchführt, nicht einer Kontrolle bezogen auf den Benutzer unterworfen werden, sonderen daß für die Rechteprüfung als Benutzer stattdessen der Eigentümer bzw. die Gruppe der betreffenden Programmdatei eingesetzt wird. Die sich hieraus ergebenden Konsequenzen sind sehr weitreichend, zumal die betreffenden Bits auch von unprivilegierten Benutzern gesetzt werden können. Schon geringfügige Fehler bei der Steuerung dieses Mechanismus können die gesamte Systemsicherheit unterminieren, und in der Tat macht sich ein Großteil der Einbrüche in Unix-Systeme genau dies zunutze.

Da die von Standard-Unix-Systemen gebotene Zugriffskontrolle derart ungenügend ist, wird sie in verschiedenen herstellerspezifischen Varianten durch erweiterte Kontrollen, beispielsweise über Zugriffskontroll-Listen, ergänzt. Derartige Erweiterungen sind jedoch nicht allgemein verfügbar und auch von Hersteller zu Hersteller unterschiedlich und zueinander inkompatibel, so daß man bei ihrer Verwendung die Herstellerunabhängigkeit — sofern diese überhaupt gegeben ist — verliert.

3.4 Zugriffskontrolle unter Windows NT

Windows NT ist ein relativ neues System, bei dessen Entwicklung der aktuelle Kenntnisstand auf dem Gebiet der Zugriffskontrolle berücksichtigt werden konnte. Praktisch alle Ressourcen innerhalb dieses Systems werden als „*Objekte*" bezeichnet und auch so behandelt. Zugriff auf ein Objekt erfordert, daß man dieses zuvor „öffnet", wobei man dessen Namen angeben muß und einen sogenannten „*Handle*" vom System zurückbekommt. Alle auf dieses Objekt angewendeten Operationen wirken dann nur noch über den Handle; Zugriffe ohne Verwendung des Handle sind weder vorgesehen noch überhaupt möglich. Daher stellt die Operation des Öffnens eines Objektes eine zentrale und unumgehbare Stelle der Zugriffskontrolle dar, die in gleicher Weise auf alle möglichen Objekte, wie etwa Dateien, Kataloge, Prozesse, Programmabläufe, Semaphore, gemeinsame Speicherbereiche usw. angewendet wird.

Die Zugriffskontrolle selbst geschieht durch Zugriffskontroll-Listen (ACLs), die ähnlich aufgebaut sind wie unter OpenVMS. Zugriff kann sowohl für einzelne Benutzer als auch für Benutzergruppen gesteuert werden, wobei einzelne Benutzer mehreren Gruppen, die sich auch überlappen dürfen, gleichzeitig angehören können. Bei meh-

G. Weck: **Sicherheit von Host-basierten Systemen**

reren gleichzeitig anwendbaren ACL-Einträgen, etwa wenn ein Benutzer mehreren dort genannten Gruppen angehört, wird die Vereinigungsmenge aller erteilten Zugriffsrechte vergeben.

Im Dateisystem können ACLs von Katalogen auf die darunter abgespeicherten Dateien und eventuelle Unterkataloge vererbt werden, so daß sich selbst eine komplexe Kontrolle mit einfachen Mitteln aufbauen läßt. (Dabei ist als Einschränkung zu beachten, daß diese Kontrolle nur für das Windows NT eigene Dateisystem NTFS gilt; in den — ebenfalls unterstützten — Dateisystemen von MS-DOS und OS/2 ist keine Zugriffskontrolle vorgesehen.)

Bei den erlaubten Zugriffsarten für Dateien wird zwischen den sogenannten *„Standard-Zugriffsrechten"* einerseits und *„speziellen Zugriffsrechten"* andererseits unterschieden. Während die Standard-Zugriffsrechte eine Unterscheidung zwischen Lesen (einschließlich Ausführen als Programm), Ändern und voller Kontrolle ermöglichen, kann man zur genaueren Steuerung der erlaubten Zugriffsarten als spezielle Zugriffsrechte die Rechte zum Lesen (ohne Ausführungsrecht), Schreiben (ohne gleichzeitiges Leserecht), Ausführen als Programm, Löschen, Verändern der Zugriffsrechte selbst und Übernahme als Eigentümer angeben. Neben diesen Erlaubnisrechten kann man auch (als Standard-Zugriffsrecht) einzelnen Benutzern und/oder Gruppen explizit den Zugriff auf eine Datei untersagen.

Die Rechte zum Zugriff auf einzelne Dateien können explizit für jede Datei vergeben werden. Es ist aber auch möglich (und in der Regel praktikabler), stattdessen die anzuwendenden Zugriffsrechte indirekt über die Rechte des übergeordneten Katalogs zu steuern. Einerseits lassen sich Zugriffsrechte auf Dateien auch dadurch beschränken, daß man die Rechte zum Zugriff auf den übergeordneten Katalog einschränkt, und andererseits kann man über die Katalogrechte auch Vorgaben machen, nach denen die Zugriffsrechte auf in diesem Katalog erzeugte Dateien automatisch konstruiert werden, sofern man nichts anderes angibt.

Berücksichtigt man noch, daß die Kontrolle der ACLs und auch der Benutzerrechte über eine sehr einfach zu bedienende graphische Bedienerschnittstelle geschieht und daß diese Kontrolle in Netzen von einer Zentrale aus gesteuert werden kann, so hat man hier ein Zugriffskontrollsystem, das den Anforderungen verteilter Datenverarbeitung in hohem Maße gerecht wird — wesentlich besser, als dies für Unix-basierende Systeme der Fall ist.

4 Stärken und Schwächen der Verfahren der Zugriffskontrolle

Die hier beschriebenen Zugriffskontrollsysteme unterscheiden sich zwar in vielen Einzelheiten, doch sind genügend Gemeinsamkeiten festzustellen, um grundsätzliche Stärken und Schwächen der ihnen zugrundeliegenden Verfahren zu erkennen. Was zunächst die benutzerbestimmbare Zugriffskontrolle betrifft, so stellt man die folgenden allgemeinen, system-unabhängigen Tatsachen fest:

G. Weck: **Sicherheit von Host-basierten Systemen**

- Die in einem größeren Betriebssystem zu verwaltenden Informationsmengen sind in den meisten Fällen nicht nur sehr umfangreich, sondern sie verfügen auch über höchst komplexe Strukturen und Abhängigkeiten, aus denen sich dann ihrerseits oft sehr komplexe Schutzanforderungen ergeben. Diese Anforderungen lassen sich zwar in den meisten Fällen auf geeignete Zugriffsrecht-Strukturen in den einzelnen Zugriffskontrollsystemen abbilden, doch ist diese Abbildung keineswegs immer einfach oder überschaubar.

- Dies führt in der Praxis häufig dazu, daß Zugriffsrechte falsch und/oder vereinfacht vergeben werden; das hat jedoch die Folge, daß zum Teil schützenswerte Daten ungenügend geschützt sind oder daß, umgekehrt, Zugriffe unnötig abgewiesen werden. Als Beispiel sei hier zu nennen, daß oft in MVS-Systemen Zugriffsrechte identisch für alle Dateien vergeben werden, deren Qualifikation mit denselben Zeichen anfängt, obwohl vielleicht einzelne dieser Dateien größeren oder geringeren Schutz benötigen. In OpenVMS dagegen findet man häufig inadäquaten Schutz, wenn nur UIC-bezogener Zugriffsschutz verwendet wird, obwohl Schutz über Zugriffskontroll-Listen erforderlich wäre, aber nicht eingesetzt wird.

- Die Verwaltung der Zugriffsrechte läßt sich in den betrachteten Systemen durch die Vergabe geeigneter Default-Schutz-Attribute oft stark vereinfachen. So wäre beispielsweise der Schutz über Zugriffskontroll-Listen in OpenVMS kaum mehr handhabbar, wenn nicht Verfahren zur automatischen Erzeugung und Propagierung dieser Listen verfügbar wären. (Aus dieser Erfahrung läßt sich sagen, daß jede Implementierung von Zugriffskontroll-Listen in der Praxis unbrauchbar ist, wenn keine solchen Default-Mechanismen realisiert sind.)

- Ein spezielles Problem stellen die an Programme gebundenen Zugriffsrechte in Unix dar, da diese sehr leicht zu unüberschaubaren Rechtestrukturen führen können. Verbunden mit der Möglichkeit, durch Angabe eines Pfad-Namens für die Auswahl auszuführender Programme den Original-Kommandos andere, gleichlautende Kommandos unterzuschieben, entsteht hier ein kaum beherrschbares Risiko für die Sicherheit. Nur mit einem sehr hohen Aufwand an Systemüberwachung und striktester Kontrolle aller eingesetzten Software läßt sich in Unix wenigstens teilweise ein akzeptabler Schutz erreichen.

Ganz andere Probleme stellen sich bei der Verwendung vorgeschriebenen Zugriffsschutzes, der partiell von RACF und vollständig von SEVMS unterstützt wird:

- In der derzeitigen Version von RACF wird nur die einfache Sicherheitsbedingung unterstützt, d.h. die Benutzer werden zwar am Zugriff auf Informationen gehindert, für die sie nicht ermächtigt sind, doch werden sie nicht daran gehindert, sensitive Informationen durch Umkopieren in ungeschützte Dateien unberechtigten Benutzern verfügbar zu machen (Verletzung der *-property). Damit kann hier der vorgeschriebene Zugriffsschutz von böswilligen Benutzern oder von Trojanischen Pferden in der Software umgangen werden — und dies bedeutet letztlich, daß man hier keinen besseren Schutz hat als bei Systemen, die nur über benutzerbestimmbaren Zugriffsschutz verfügen.

- Bei SEVMS, das den vollen vorgeschriebenen Zugriffsschutz einschließlich der *-property realisiert, stellt sich ein ganz anderes Problem: Da es hier wegen der *-property grundsätzlich (für einen normalen Benutzer) nicht möglich ist, Daten einer niedrigeren Schutzstufe zu schreiben, besteht für die Schutzstufen aller Daten immer die Tendenz anzuwachsen. Wenn hier also bei der Zuweisung der Schutzstufen der Daten nicht sehr genau darauf geachtet wird, daß nie Daten einer zu hohen Schutzstufe gelesen werden müssen, stufen sich die Daten im laufenden Betrieb immer höher ein, was dazu führen kann, daß nach einer gewissen Zeit immer mehr Zugriffe abgewiesen werden. Fatal an dieser Eigenschaft von SEVMS ist jedoch vor allem, daß dieser Effekt nicht aufgrund eines Fehlers dieses Systems auftritt, sondern daß er eine direkte Folge des vorgeschriebenen Zugriffsschutzes selbst ist — das System macht nur das, was ihm vom Schutzmodell vorgeschrieben wird!

- Das gravierendste Problem des vorgeschriebenen Zugriffsschutzes ist jedoch seine mangelnde Anwendbarkeit auf nicht-militärische Systeme. In einer kommerziellen Umgebung ist häufig die Geheimhaltung irgendwelcher Daten wesentlich weniger bedeutsam als ihre Korrektheit und Integrität. Es ist zwar prinzipiell möglich — und wurde auch schon mehrfach theoretisch untersucht —, das Modell der Integritätskontrolle von Biba hierzu einzusetzen, doch wurde bislang noch von keinem praktischen Einsatz dieses Modells berichtet; im Gegenteil scheint die Abbildung dieses Modells auf eine kommerzielle Umgebung höchst unklar zu sein. Andererseits finden sich Realisierungen von Systemen, die Prinzipien des Clark-Wilson-Modells durchsetzen, doch geschieht dies ad hoc und nicht in einer systematischen Weise.

Man sieht hier, daß sich beim benutzerbestimmbaren Zugriffsschutz zwar einige praktische Probleme stellen, die in Einzelfällen zu Ineffizienzen oder falscher Anwendung des Schutzes führen können, doch wird diese Form der Zugriffskontrolle weitgehend beherrscht. Beim vorgeschriebenen Zugriffsschutz stellen sich dagegen Probleme grundsätzlicher Art, die in den globalen Zugriffsmodellen dieses Schutzverfahrens begründet sind und sich nicht durch implementierungstechnische Maßnahmen lösen lassen.

5   Zusammenfassung

Was den benutzerbestimmbaren Zugriffsschutz betrifft, so sieht man, daß diese Form der Zugriffskontrolle inzwischen sowohl theoretisch als auch — weitgehend — praktisch beherrscht wird. Für die gängigen System-Umgebungen stehen entweder geeignete Sicherheitspakete zur Verfügung, die bei richtiger Anwendung guten Schutz

G. Weck: Sicherheit von Host-basierten Systemen

gegen viele Mißbrauchsmöglichkeiten bieten, oder diese Kontrollen sind schon direkt in das Betriebssystem integriert, wodurch sich optimaler Schutz erzielen läßt.

Der vorgeschriebene Zugriffsschutz wirft dagegen heute noch eine ganze Reihe von Schwierigkeiten auf, die theoretisch nicht vollständig beherrscht werden und in der Praxis zu gravierenden Anwendungsproblemen führen können. Insbesondere für kommerzielle Umgebungen sind die bislang verwendeten Zugriffsmodelle wenig geeignet, und das neuere Clark-Wilson-Modell harrt noch einer Umsetzung in konkrete System-Entwicklungen.

Dennoch läßt sich sagen, daß mit den hier betrachteten Systemen für viele Anwendungen eine ausreichende oder sogar gute Zugriffskontrolle realisierbar ist. Bei Übertragung der so geschützten Anwendungen und ihrer Daten auf PCs unter MS-DOS oder Arbeitsplatzrechner unter Unix geht dieser Schutz allerdings in den meisten Fällen wieder verloren, so daß die individuelle Datenverarbeitung bezüglich der Zugriffskontrolle als ziemlich gefährlich zu betrachten ist. Eine gewisse Hoffnung für diese Ebene der Datenverarbeitung kann Windows NT werden, falls die Zugriffsrechte der einzelnen Arbeitsplätze einer zentralen Kontrolle unterworfen werden: Die benötigten Werkzeuge sind in diesem System vorhanden, doch müssen sie vernünftig eingesetzt werden.

6 Literatur

[1] *D. E. Bell, J. La Padula:* **Secure Computer Systems: A Mathematical Model**; MITRE Corp. MTR-2547, Vol. II, Bedford MA, Nov. 1973

[2] *K. J. Biba:* **Integrity Considerations for Secure Computer Systems**; MITRE Corp. ESD-TR-76-372, Bedford MA, April 1977

[3] *D. D. Clark, D. R. Wilson:* **A Comparison of Commercial and Military Computer Security Policies**; in: Report of the Invitational Workshop on Integrity Policy In Computer Information Systems (WIPICS), ACM SIGSAC, Waltham MA, Oct. 1987

[4] *U. van Essen (Hrsg.):* **Sicherheit des Betriebssystems VMS**; Studien des Bundesamtes für Sicherheit in der Informationstechnik - BSI, Band 4; Oldenbourg Verlag, München, Wien, 1991

[5] *S. Garfinkel, G. Spafford:* **Practical Unix Security**; O'Reilly & Associates, Sebastopol CA, June 1991

[6] *M. Groll:* **Das Unix Sicherheits-Handbuch**; Vogel, Würzburg, 1991

[7] *H. Kersten, H. Kreutz (Hrsg.):* **Sicherheit unter dem Betriebssystem Unix**; Studien des Bundesamtes für Sicherheit in der Informationstechnik - BSI, Band 1; Oldenbourg Verlag, München, Wien, 1991

[8] *S. B. Lipner:* **Non-Discretionary Controls for Commercial Applications**; Proc IEEE 1982 Sympos. on Security and Privacy, Oakland CA, April 1982

G. Weck: **Sicherheit von Host-basierten Systemen**

[9] *H. Lippold, P. Schmitz:* **Sicherheit in netzgestützten Informationssystemen;** Proceedings des BIFOA-Kongresses SECUNET '90, Vieweg, Braunschweig 1990

[10] *National Computer Secrity Center:* **Final Evaluation Report - Digital Equipment Corporation VAX/VMS Version 4.3;** CSC-EPL-86/004, Library No S228,278, July 1986

[11] *R. Paans:* **A Close Look at MVS Systems: Mechanisms, Performance and Security;** North-Holland, Amsterdam, 1986

[12] *H. Pohl, G. Weck (Hrsg.):* **Einführung in die Informationssicherheit;** Handbuch 1 — Sicherheit in der Informationstechnik; Oldenbourg Verlag, München, Wien, 1992

[13] *VMS* **Guide to VMS System Security;** Digital Equipment Corporation, Document No AA-LA40B-TE, Maynard MA, June 1989

[14] *VMS SES:* **Security Manager's Guide;** Digital Equipment Corporation, Document No QS-970AA-MG, Maynard MA, January 1991

[15] *G. Weck:* **Datensicherheit;** Leitfäden der angewandten Informatik, Teubner, Stuttgart, 1984

[16] *P. G. Wood, St. G. Kochan:* **Unix System Security;** Hayden Books, Indianapolis IN, 1985

[17] *X/Open Company Ltd.:* **X/Open Security Guide — Programming Languages;** Prentice Hall, Englewood Cliffs NJ, Dec. 1988

Security in Distributed Data Systems

Kåre Presttun

ABSTRACT

Work in the area of distributed data systems have been going on for many years. Two significant contributions come from MIT and ECMA/RACE respectively. The technology from MIT was developed as part of their ATHENA project to develop technology for distributed data systems. The security part of this technology is called KERBEROS. In Europe the work started in 1986 with the development of concepts for security in distributed systems within ECMA (in TC32/TG9). In parallel a project is running under the EC RACE programme to develop the technology for implementing the ECMA concepts and draft standards in products. This project is called SESAME. This paper gives an overview of the background and current situation. It will further link the projects to international standardization and indicate the strategic direction of some of the future work.

1. INTRODUCTION

The ATHENA project at MIT (Massachusetts Institute of Technology) aiming at developing technology for distributed systems, has been going on for many years. The security technology developed under the ATHENA project is a subsystem called KERBEROS.

In 1986 work started in ECMA (European Computer Manufacturers Association) to develop concepts and standards for security in distributed systems. As the concepts and standards developed to a sufficient level of maturity, a project, SESAME (Secure European System for Applications in a Multivendor Environment), was created under the EC sponsored RACE research programme. This project will develop commercial technology based on the ECMA standards work.

2. KERBEROS

The KERBEROS technology [1] is based on the US DES (Data Encryption Standard). It gives authentication and access control in a distributed systems environment. The technology enables users or applications to authenticate themselves and obtain access privileges. Upon accessing nodes and applications in the distributed system, they will demonstrate their access privileges upon which access decisions can be made locally. The current technology provides for access privileges in the form of UNIX oriented identity and groups, and must therefore be regarded as a system for UNIX networks. KERBEROS use what is called a push model, the initiator presenting its privileges to the target along with its access request in a way that can be trusted by the target.

KERBEROS version 5, with extensions by HP, is used in OSF DCE version 1.0 (Open Software Foundation Distributed Computing Environment).

3. ECMA

The work on security in distributed systems began in ECMA TC32/TG9 in 1986. This work is still ongoing and have resulted in one initial Technical Report [2] that gives the overall framework, and several standards [3] [4] [5], Alcatel has been actively contributing to this work from the start, and did a demonstrator implementation of these concepts in 1990 [6], based on earlier work in secure systems [7].

The ECMA approach is similar to KERBEROS in some of the fundamental concepts, but they differ a lot when it comes to services offered, and the flexibility. The ECMA approach also builds on public key technology, and is not tied to DES. The ECMA PAC (Privilege Attribute Certificate) is proxiable, ie. it can be passed from the initiator to a delegate, and then further to another delegate. Within a PAC, privileges are represented in a standard form, making it applicable to any platform, and not just UNIX. In general the ECMA standards follow existing and emerging ISO standards.

In the spring of 1993, all security work in ECMA was reorganized into TC36. TC36 consist of two TGs (Task Groups), TG1 for security evaluation criteria, and TG9 for security in distributed systems.

4. SESAME

In parallel to the ECMA work, a project is running under the EC RACE programme to develop the technology for implementing the ECMA concepts and draft standards in products. This project is called SESAME [8], and involves ICL, BULL and Siemens Nixdorf. The first release of the SESAME technology is due by the end of 1993, and the goal is to have the technology integrated in OSF DCE version 2.0 due by the end of 1994.

A problem in distributed systems is to have the user logon only once, and have his identity and/or rights recognized throughout the whole system. This must be done in a way that avoids management and synchronization of identities and authentication information (AI) across multiple platforms. Such management is very cumbersome. SESAME offers an elegant solution to this problem that works in a heterogenous environment.

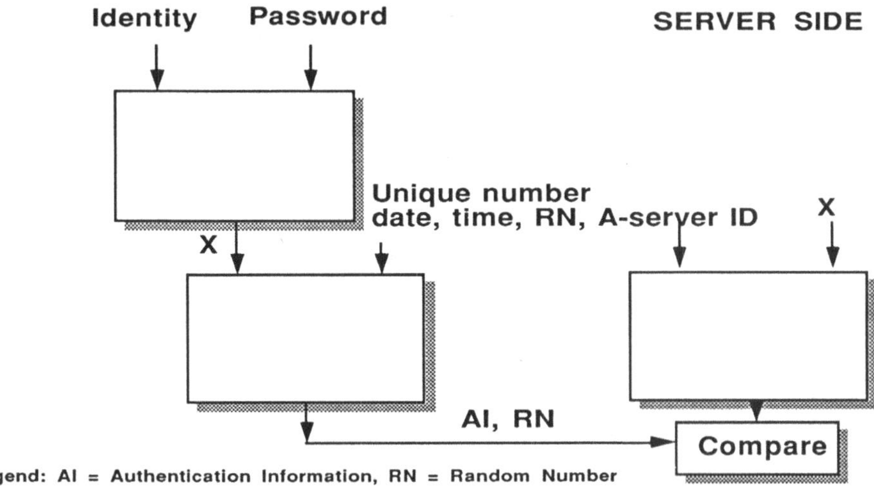

Figure 1: User authentication in SESAME

First the user have to authenticate himself towards an authentication server. This is done with a password technique that avoids the transfer of passwords over the network. Figure 1 shows how this works. The technique is based on one-way-functions.

The main components of the SESAME system is outlined in figure 2. The initiator machine will on behalf of the user contact the A-Server (Authentication) to establish the authentication dialogue. With the AUC (Authentication Certificate) available, the initiator machine will contact the PA-Server (Privilege Attribute) to obtain the PAC (Privilege Attribute Certificate). This is the initial dialogue in the system upon user logon. The A-Server and PA-Server may be collocated in the same machine, but there are no architectural constrains on this point. The basic ECMA standard [4] also defines a combined A- and PA-service that may be utilized in this case. As the A- and PA- services are logically separated, any authentication mechanism may be employed, eg. smart cards, biometrics etc.

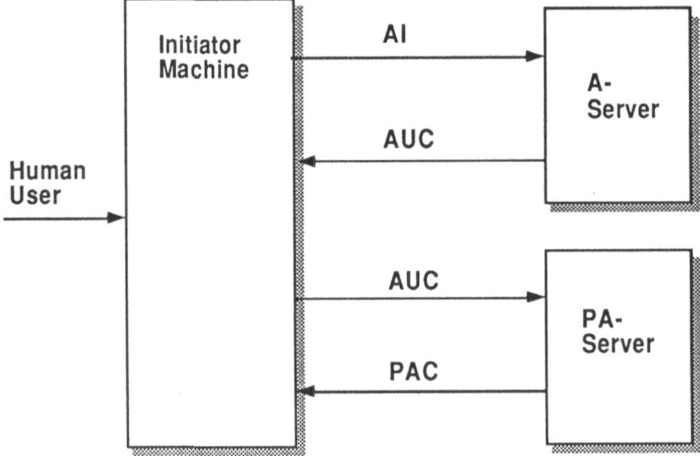

Legend: AI = Authentication Information, AUC = Authentication Certificate, PAC = Privilege Attribute Cert

Figure 2: Basic SESAME system components.

The main architectural elements of the ECMA standard, and SESAME is shown in figure 3. The subject sponsor is representing the subject in the system, the subject being an application or a human user. The APA client constitutes the client side of the client - server A-service and AP-service. The APA client knows where to find the A- and PA-servers, and hides this complexity from the applications and subject sponsor.

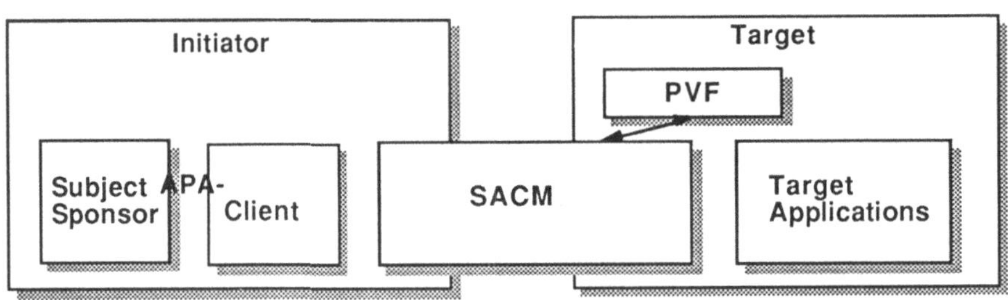

Legend: APA = Authentication and Priviege Attribute, PVF = PAC Validation Facility,
SACM = Secure Association Context Manager

Figure 3: Main architectural elements of SESAME.

The SACM establish the necessary security context for the association between the initiator and the target. When a subject sponsor on behalf of its associated subject request an action at the target, the PVF validates the PAC and communicates its findings back to the SACM. The

SACM then passes the request on to the target application upon a positive decision from the PVF. By providing a clean API (Application Programming Interface) at the subject sponsor and the target application, the complexity of security is hidden from the applications, thus making SESAME a security subsystem which details need not be known to the applications. This makes it possible to incorporate SESAME into existing systems without redesigning the whole system and its applications.

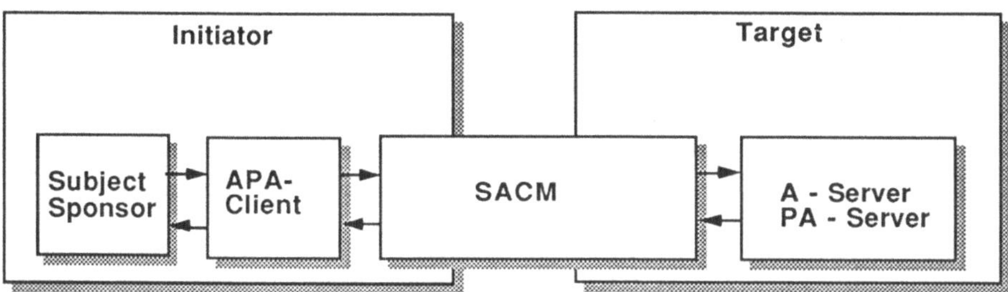

Legend: A = Authentication, PA = Privilege Attributes

Figure 4: Architectural view of the authentication and PAC acquisition process.

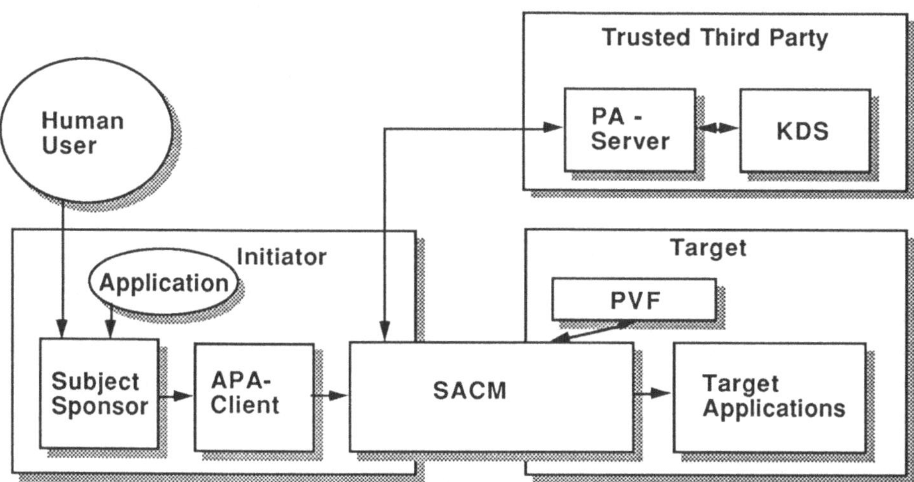

Legend: KDS = Key Distribution Service

Figure 5: Systems architecture with active user and application

Figure 4 and 5 details the architecture in various situations. Figure 4 depicts the active architectural elements in the initial authentication and PAC acquisition phase, while figure 5 show the system when the PAC is available, and an application or a user want to request an action at the target. Figure 5 also introduces a new element, the KDC (Key Distribution Service). The KDC is logically a part of the PA-server, and together they constitute a trusted third party. In the architecture the KDC is placed behind the PA-server to hide the complexity of addressing it from the SACM. They can be collocated, or the KDC may be remote to the PA-server.

5. SYSTEMS SECURITY MANAGEMENT

Like any system, a security system must be managed in order to be initiated and to perform according to specifications over lifetime.

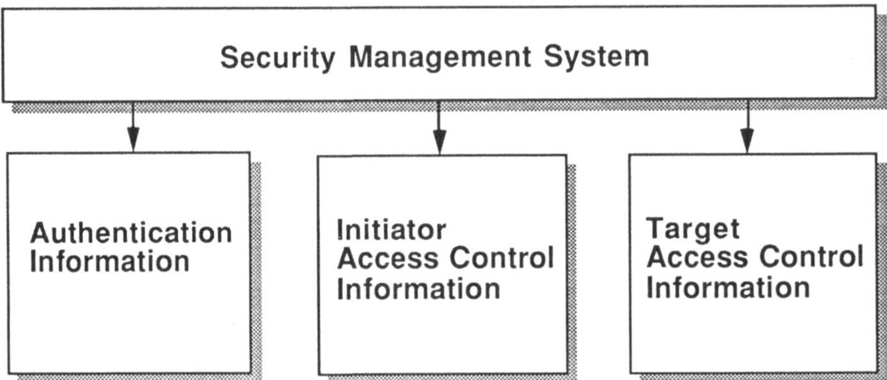

Figure 6: Security information to be managed.

Figure 6 show the major security information object classes to be managed. Lifetime control of these objects are crucial for the system to meet its security objectives defined by the system security policy. The flexibility of the SESAME architecture enables the system to meet virtually any security policy by managing these basic object classes.

6. INTERNATIONAL STANDARDS

Considerable work has been going on for about ten years in international standardization bodies to develop standards for security in open systems, and distributed systems. ECMA is contributing to ISO (International Standards Organization), specifically JTC1/SC21 and SC27, which deals with upper layer OSI and security respectively. Also

CCITT (International Consultative Committee for Telephony and Telegraphy) has put in considerable work in the area, specifically related to messaging systems and directories. There is also a strong liaison, and in some cases joint projects, between ISO and CCITT. Some of the very relevant work regarding open systems is:

ISO 7498	OSI Security Architecture
ISO 10181	Security Frameworks in Open Systems
ISO 10181-3	Access Control
ISO 8649/50 amendment 1	ACSE Authentication
CCITT X.509	Authentication Framework

Although international standards for security in distributed systems are some years away, the picture is starting to get clear. Also in the very important area of management of security, pieces are staring to fall in place. The major work in this area is listed below:

ISO 10164-7	Security Alarms
ISO 10164-8	Security Audit Trail
ISO 10164-9	Object and Attributes for Access Control

It is possible today to carefully select standards and draft standards, and be pretty sure that it is in line with future standards.

7. INDUSTRY CONSORTIAS - OSF

Several industry consortias are active in the area of open systems. OSF (Open Software Foundation) is maybe the most influential for the moment. This is especially true when it comes to overall architectures like their DCE (Distributed Computing Environment) and DME (Distributed Management Environment) initiatives. KERBEROS version 5 is part of DCE version 1.0. The GSSAPI (Generic Systems Security API) proposed by DEC, is part of the overall architecture. As this API is service oriented and not mechanism oriented, it is possible to migrate the underlying technology and keep GSSAPI, preserving backward compatibility with existing applications. Because of the better services and flexibility, ECMA and SESAME is pushing OSF to migrate DCE security to SESAME, but keeping the GSSAPI.

This is illustrated in figure 7.

<u>Open Software Foundation, DCE</u>

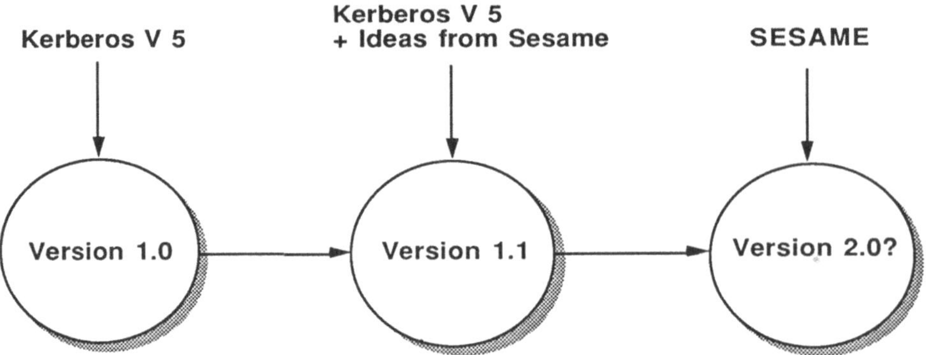

Strategy = Keep GSSAPI and extend it to ensure backward compatebilit

Figure 7: ECMA/SESAME strategy to migrate OSF DCE.

By tying together the international standards work, the initial ECMA work, the SESAME project, and the strategic initiative towards OSF, the picture becomes a bit more clear as is seen in figure 8.

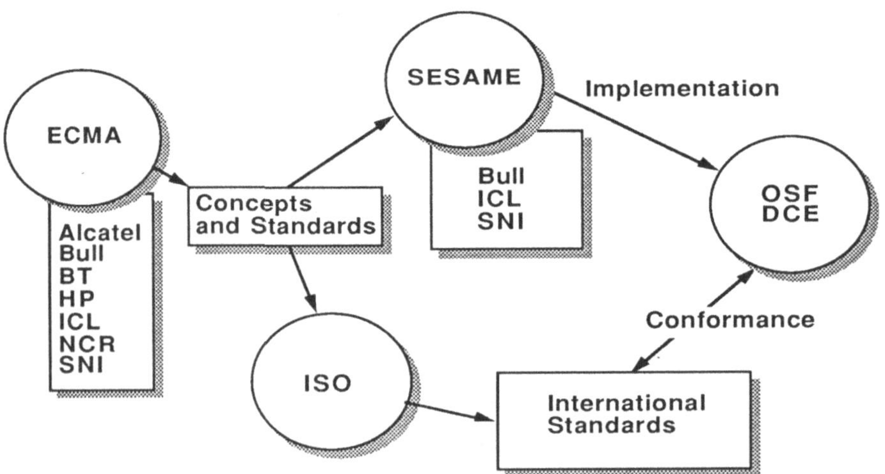

Figure 8: Bringing the pieces together.

The various actions performed by the players, especially the European players, are nicely concerted in order to move the standards and industry consortias in a specific direction.

8. CONCLUSION

By looking at the overall picture of standards work and other initiatives we are now in a position to get an overview of where standards and future directions are moving when it comes to security in distributed systems. This enables us now, although all standards are not stable, to design secure distributed systems, without fearing major future redesign.

Industry consortias, research projects and international standards bodies are orchestrating their actions. This is done to move the whole scene smoothly in one direction to avoid costly future surprises.

Acknowledgements

The author is grateful to his friends P. Kaijser, T. Parker and Å. Skomedal for constructive discussions during preparation of this presentation.

References

[1]   J.G. Steiner, C. Neumann & J.I. Shiller, "Kerberos: an Authentication Service for Open Network Systems", USENIX Winter Conference 1988, pp. 191-201.

[2]   ECMA TR46, "Security in Open Systems - A Security Framework", July 1988.

[3]   ECMA STD138, "Security in Open Systems - Data Elements and Service Definitions", December 1989.

[4]   ECMA STD1xx, "Security in Open Systems - Authentication and Privilege Attribute Security Application", three parts, not published yet.

[5]   ECMA STD1yy, "Security in Open Systems - Association Context Management", not published yet.

[6]   C. Fritzner, L. Nilsen, Å. Skomedal, "Protecting Security Information in Distributed Systems", Proceedings of 1991 IEEE Computer Society Symposium on Research in Security & Privacy, Oakland CA, May 1991, pp. 245 - 254.

[7]   C. Fritzner, K. Presttun, J-T. Richardsen, G. Søberg, "Experimental Secure Distributed Information System", Electrical Communication, vol 62 no 3/4, 1988, pp. 310-317.

[8]   Denis Pinkas (Bull), Tom Parker (ICL), Per Kaijser (SNI), "SESAME - An Introduction", Issue 1, February 1993, 29 p.

Aufgaben und Verfahren des Bundesamtes für Sicherheit in der Informationstechnik (BSI)

Heinrich Kersten

1. Aufgaben und Zielsetzung des BSI

Durch das im Herbst 1990 verabschiedete BSI-Gesetz wurde zum 1.1.91 das Bundesamt für Sicherheit in der Informationstechnik (BSI) gegründet. Das BSI ist eine dem Bundesministerium des Innern nachgeordnete Behörde.

Zu den gesetzlichen Vorgaben des BSI gehören folgende Kernaufgaben:

- Förderung und Verbesserung der Sicherheit in der Informationstechnik in allen Bereichen

- Beratung der Anwender zu allen Fragen der Informationssicherheit

- Bearbeiten von Grundlagen der IT-Sicherheit

- Entwicklung von "sicheren" Systemen und Komponenten in Kooperation mit Herstellern und Anwendern

- Überprüfung (Evaluierung) und Zertifizierung von Produkten und Systemen nach internationalen Sicherheitskriterien

- Überprüfung und Zulassung von Krypto-Systemen, abstrahlsicheren (Tempest) und abstrahlarmen (Zonenmodell) Geräten für staatliche sensitive Anwendungen

Die genannten Aufgaben sind überwiegend Querschnittsaufgaben. Sie spiegeln sich deshalb nur indirekt in der Organisationsstruktur des BSI wider:

I	Verwaltung
II	Wissenschaftl. Grundlagen und Zertifizierung
III	Mathematische Sicherungsverfahren

IV	Technische und materielle Sicherungsverfahren
V	Sicherheit in Rechnersystemen
VI	Anwenderberatung

Einige Aufgaben sollen nun etwas detaillierter diskutiert werden.

1.1   Die Beratungsaufgabe des BSI

Unter dem bereits mehrfach aufgetretenen Begriff *Sicherheit* wird im BSI-Gesetz und in seiner Begründung vor allem der Ausschluß bzw. die Verminderung von Gefahren verstanden. In einer ersten, sicher noch oberflächlichen Klassifizierung der Gefährdungen sind insbesondere Aspekte der *Verfügbarkeit* von Informationen, Daten und Dienstleistungen, der *Vertraulichkeit* von Informationen, der *Integrität* von Informationen, Daten und Systemen aufgeführt.

Bedrohungen dieser Art werden schwerpunktmäßig im technischen Kontext untersucht, bei der Herstellung von Sicherheitskonzepten und im Rahmen der Beratung berücksichtigt.[1]

Sicherheit ist kein Zustand, sondern ein Ziel. Informationsverarbeitende Systeme sind so zu entwerfen, herzustellen und einzusetzen, daß ein angemessenes Maß an Schutz gegenüber den betrachteten Gefährdungen gegeben ist. Im technischen Kontext werden vor allem Bedienungsfehler, technisches Versagen, katastrophenbedingte Ausfälle und absichtliche Manipulationsversuche betrachtet.

Angemessenheit ist dabei so zu verstehen, daß die getroffenen Maßnahmen, Anforderungen an Produkte, sonstige Schutzvorkehrungen nicht überzogen, sondern auf den Wert der zu schützenden Objekte bzw. Rechtsgüter auszurichten sind.

Neben der Beratung der Hersteller von IT-Produkten ist die Anwenderberatung eine zentrale Aufgabe des BSI. Zu den Anwendern zählen zunächst die Bundes-

---

[1]   Ein besonderes Problem stellt außerdem die *Verbindlichkeit* von (z.B. vertraglichen) Transaktionen dar, die über Kommunikationssysteme - also auf elektronischem Wege - zustande kommen. Der Verlust der Verbindlichkeit ist eine Gefährdung, die in Kommunikationsmodellen des Typs Mensch-Maschine-Mensch auftreten kann. Eine weitere Gefährdung auf sehr hoher Ebene kommt in der Fragestellung der *Beherrschbarkeit* der Informationstechnik und vor allem ihrer Anwendungen, der Verminderung der Abhängigkeit der Gesellschaft von diesen Strukturen zum Ausdruck. (*"verfassungskonforme Technikgestaltung"*).

behörden, die gesamte Öffentliche Verwaltung (einschl. Länder und Gemeinden), sowie der Bundesbeauftragte für den Datenschutz. Darüber hinaus ist im Rahmen der Möglichkeiten auch die Beratung von privaten Institutionen und des Bürgers vorgesehen.

Das BSI berät schwerpunktmäßig die Bundesbehörden bei der Erstellung von Sicherheitskonzepten und deren Realisierung. Das *IT-Rahmenkonzept* verpflichtet nämlich die Behörden, vor der Beschaffung von IT-Systemen ein *Sicherheitskonzept* zu erarbeiten. Zur Erfüllung der Sicherheitsanforderungen sind geprüfte (zertifizierte/zugelassene) Produkte ein wichtiger Baustein. Auch Beratungen im Bereich des Datenschutzes gehen in die gleiche Richtung. Im Verschlußsachenbereich bestehen wie bereits erwähnt Richtlinien zum Einsatz speziell hierfür zugelassener Produkte.

Das BSI stellt auf Anforderung eines behördlichen Anwenders ein Beratungsteam zusammen, das je nach Erfordernis des Einzelfalls spezielle Fachkenntnisse und Erfahrungen zur Verfügung stellen kann.

Insbesondere für diese beratenden Tätigkeiten ist das vom BSI herausgegebene *IT-Sicherheitshandbuch* gedacht. Es gibt Hilfestellung bei der praktischen Durchführung der Gefährdungsanalyse in konkreten Systemen unter Berücksichtigung aller Aspekte der IT-Sicherheit. Hierzu ist vor kurzem eine KBST-Schrift ("Grundschutzmodell") als Ergänzung herausgegeben worden.

In steigendem Maße gehen viele Anwender in Behörden und in privaten Unternehmen dazu über, schon bei der Beschaffung von Produkten die Erfüllung von Sicherheitskriterien zu fordern. Es ist abzusehen, daß sich eine in den USA abgelaufene Entwicklung auch in Deutschland wiederholt: Ausgehend von dem hohen Rang der IT-Sicherheit wird durch eine Richtlinie festgelegt werden, daß in bestimmten staatlich geregelten Bereichen nur geprüfte (zertifizierte bzw. zugelassene) Produkte einzusetzen sind. In den USA läuft dies unter dem Motto "C2 by 92". (C2 ist eine Klasse in den amerikanischen Sicherheitskriterien). In einigen EG-Staaten sind ähnliche Entwicklungen zu beobachten.

Es ist aber generell festzustellen, daß Sicherheit in einem IT-System (umfassender Systembegriff) nicht allein durch den Einsatz zertifizierter Produkte erreicht werden kann. Fragen der sinnvollen Organisation, materielle, personelle und juristische Aspekte müssen diskutiert werden. Ein äußert wichtiger Punkt ist das Thema der Akzeptanz der vorgesehenen Sicherheitsmaßnahmen bei den betroffenen Mitarbeitern. Dennoch leistet auch die Sicherheit der technischen Produkte einen hohen Beitrag.

1.2 Zulassung von Produkten für staatliche sensitive Bereiche

Im staatlichen Verschlußsachenbereich gibt es eine Reihe von Regelungen und Richtlinien, die den Einsatz von Produkten und Systemen von Zulassungen durch das BSI abhängig machen. Zur Zeit gelten für die Verarbeitung solcher Daten die

- Verschlußsachen-Anweisung (VS-A)

- VS-Datenrichtlinie (vorläufige Fassung)

- VS-Fernmelderichtlinie (VSFmR).

Alle angeführten VS-Richtlinien beziehen sich auf Verschlußsachen, d.h. amtlich geheimzuhaltende Informationen der Stufen VS-NfD (Nur für den Dienstgebrauch), VS-Vertraulich, VS-Geheim, VS-Streng-Geheim. In die höchsten Stufen fallen Daten, bei denen per definitionem der Verlust der Vertraulichkeit den Bestand der Bundesrepublik Deutschland gefährden kann.

Im Verteidigungsbereich sind diese Vorschriften durch weitere Richtlinien und Ausführungsbestimmungen ergänzt. Darüberhinaus sind NATO-Vorschriften zu beachten.

Firmen, die im Auftrag der Bundesregierung bzw. allgemein der Öffentlichen Verwaltung an VS-Aufträgen arbeiten, müssen der sogenannten Geheimschutz-Betreuung unterstehen. Das hier zuständige Wirtschaftsministerium erläßt Auflagen und Richtlinien, die sich in Teilbereichen auch auf die Sicherheit der Informationsverarbeitung beziehen.

In den Bereich der Zulassung gehören die Problemkreise der Abstrahlsicherheit von Geräten, der Chiffrierverfahren und -geräte. Es werden dabei Zulassungskriterien angewendet, die zum überwiegenden Teil selbst Verschlußsache, d.h. in diesem Sinne nicht öffentlich bekannt gemacht sind.

Ergebnisse solcher Prüfungen sind in der Regel keine Zertifikate, sondern *Zulassungen* für den staatlich geregelten Verschlußsachen-Bereich.

1.3 Grundlagen der IT-Sicherheit

Viele Grundlagenprobleme der IT-Sicherheit bedürfen einer praxisorientierten Bearbeitung. Dazu zählen u.a.

- die Modellierung von Sicherheit und Sicherheitspolitiken in unterschiedlichen Anwendungsbereichen wie z.B. bei der KI, Multi-Level-Datenbanken, auch in klassischen Betriebssystemen,

- Grundsatzfragen der Signalanalyse, um die tatsächlichen Gefahren bei der "Freisetzung" von Informationen beurteilen zu können,

- die korrekte Erstellung von Systemen (Hardware und Software) und die Möglichkeiten der semi-formalen und formalen automatisierten Verifikation.

Ausfallsichere und manipulationssichere Systeme zu entwerfen ist heute weniger ein Problem der Methoden. Eine Schwierigkeit besteht in der korrekten Implementierung und ihrer Verifikation: Besitzt ein System exakt die geforderten funktionellen Eigenschaften? Sind diese Eigenschaften korrekt implementiert? Wie verläßlich sind die Methoden zum Nachweis der Korrektheit?

Das vertrauenswürdige Design und die korrekte Implementierung informationstechnischer Systeme wird zunehmend eine Frage von gesellschaftlicher Bedeutung: Gelegentlich wird die Befürchtung geäußert, daß der unkontrollierte Einsatz moderner Informationstechnik ähnliche Akzeptanzprobleme haben wird wie seinerzeit die Atomtechnik. Andererseits steigen die Kosten für die Entwicklung und Herstellung von IT-Systemen überproportional mit den Anforderungen an Qualitätssicherung, Design-Verifikation und Fehlerfreiheit.

Leistungsfähige Werkzeuge zur automatischen Verifikation haben aus nationaler Sicht einen ebenso hohen Stellenwert wie sichere Verschlüsselungsverfahren. Sie unterliegen deshalb in der Regel Export-Restriktionen.

In Deutschland steht die Entwicklung eines solchen Werkzeugs basierend auf Ansätzen aus Universitätsinstituten und Firmen kurz vor dem Abschluß. Darüber hinaus wurden Kriterien [BSI91] formuliert und veröffentlicht, anhand derer entsprechende Werkzeuge geprüft und beurteilt werden können.

1.4 Zertifizierung von Produkten

Sicherheitskriterien formulieren Anforderungen an informationsverarbeitende Systeme im Hinblick auf das Sicherheitsziel, sowie Anforderungen an den Prüfvorgang, durch den der Erfüllungsgrad dieser Sicherheitsziele festgestellt werden soll.

Dabei ist der Systembegriff bewußt offen gehalten worden. In der Praxis sind vor allem zwei Ausprägungen dieses Begriffes wichtig:

- Produkte bzw. Komponenten, die spezielle Aufgaben in einem umfassenden System zu erfüllen haben wie z.B. bestimmte Programme, Betriebssysteme, Datenbanken, spezielle Hardware-Einrichtungen, usw.

- der umfassende Ansatz, bei dem die personelle, materielle Sicherheit, Fragen der angemessenen Organisation sowie die Sicherheitseigenschaften der technischen Systemkomponenten mit einbezogen sind.

Sicherheitskriterien wenden sich an die Anwender und Betreiber von IT-Systemen, die Hersteller von IT-Systemen, die Prüfstellen (in Deutschland das BSI und akkreditierte Institutionen). Mit den Kriterien ist eine vergleichende Bewertung der Sicherheitseigenschaften von IT-Systemen möglich.

Unter *Zertifizierung* wird das Verfahren verstanden, in dessen Verlauf

- ein Produkt bzgl. seiner Sicherheitseigenschaften auf der Basis von Sicherheitskriterien geprüft ("evaluiert") wird,

- die Evaluierung qualitätsgesichert wird und

- die Ergebnisse durch einen Zertifizierungsreport amtlich veröffentlicht werden.

Die Zertifizierung wird durch das BSI durchgeführt. Evaluierungen können von anerkannten Prüfstellen ausgeführt werden. Dabei wird ein Evaluierungsteam eingesetzt. Die Evaluierungszeiten - und damit die Kosten - sind abhängig von der Komplexität des Prüfgegenstandes und ganz wesentlich von der angestrebten Qualitätsstufe.

2.   Sicherheitskriterien

2.1   Kriterien in Deutschland

Sicherheitskriterien, nach denen das BSI Produkte prüft, sind die

- *Information Technology Security Evaluation Criteria* [ITSEC91], die aus den bisher verwendeten nationalen Sicherheitskriterien einiger EG-Staaten (England, Frankreich, Niederlande und Deutschland) hervorgegangen sind.

Die ITSEC sind die Basis für die meisten Evaluierungen im EG-Raum. Sie berücksichtigen explizit die beiden erwähnten unterschiedlichen Systembegriffe.

Zu den ITSEC gehört das *Information Technology Security Evaluation Manual* [ITSEM91], das kurz vor der Veröffentlichung steht. Es beschreibt mit der Prüfung von Systemen nach den ITSEC zusammenhängenden Fragen.

Die Kriterien beinhalten

- eine Auflistung wesentlicher Grundfunktionen sicherer Systeme,

- definieren zehn Funktionalitätsklassen (F-Klassen) für typische IT-Anwendungen wie Betriebssysteme, Datenbanken, Prozeßrechner, Netzwerke,

- legen eine Bewertungsskala von sieben Qualitätsstufen (Assurance Levels E0 bis E6) hinsichtlich der Korrektheit bei Implementierung und im Betriebsverhalten

- definieren eine dreistufige Skala für die Stärke von Sicherheitsmechanismen.

In besonderen Fällen kann eine Evaluierung auch nach den älteren deutschen Kriterien erfolgen:

- *IT-Sicherheitskriterien* [ITS89]

Ergänzt werden die IT-Sicherheitskriterien durch das 1990 erschienene *IT-Evaluationshandbuch* [ITEH90]. Es wendet sich wie die ITSEM in erster Linie an Hersteller von IT-Produkten und Prüfstellen. Es beschreibt den organisatorischen und fachlichen Ablauf des Evaluierungsprozesses, gibt Interpretationen der IT-Sicherheitskriterien, diskutiert Beispiele für die Bewertung von Mechanismen und erläutert Anforderungen an die Evaluierungsdokumente.

3. Die Zertifizierung von Produkten

3.1 Das Verfahren

Das BSI zertifiziert Produkte im Antragsverfahren. Ist ein Antrag durch einen Hersteller vorgelegt worden, so setzt das BSI das betreffende Produkt auf die Liste der anstehenden Zertifizierungen. Diese Liste wird entsprechend dem BSI-Gesetz in der zeitlichen Reihenfolge des Eintrags bearbeitet - sofern nicht ein besonderes öffentliches Interesse eine andere Reihenfolge erfordert.

Der speziell für die Zertifizierung erforderliche Aufwand kann je nach Komplexität des Produktes und ggf. erforderlicher Abstimmungen mit der Prüfstelle bis zu einigen Mannwochen betragen. Die sich hieraus ergebenden Kosten werden gemäß der *BSI-Kostenverordnung* dem Antragsteller in Rechnung gestellt.

Es wird aus dem in der Regel sehr umfangreichen (internen) Evaluationsbericht ein Konzentrat angefertigt, das alle für den Anwender, Käufer,... des Produktes erforderlichen Angaben enthält. Dazu zählen

- Formalia über die Rechtsgrundlage, die angewendeten Sicherheitskriterien, der Name der Prüfstelle, usw.,

- das Zertifikat mit Angabe der erreichten Sicherheitsstufe,

- eine auf die Sicherheitsproblematik ausgerichtete Beschreibung des Produktes,

- der Produktumfang (Hard- und Software-Komponenten, die zugehörige Dokumentation),

- sicherheitstechnische Einzelbewertungen,

- Konfigurations- und Generierungsvorgaben,

- alle Auflagen an den Einsatz Produktes,

- Auszüge aus den angewendeten Sicherheitskriterien.

Dieser *Zertifizierungsbericht* und das dazu gehörige *Zertifikat* werden veröffentlicht. Ziel ist es, die Fülle der Informationen verständlich, konsistent und für die Praxis anwendbar darzustellen.

Vierteljährlich gibt das BSI eine Liste heraus, in der alle zertifizierten Produkte aufgeführt sind. Wesentliche Aufgabe der Zertifizierungsstelle des BSI ist generell die Sicherstellung der Gleichwertigkeit aller Prüfungen. Dazu wird jeder Evaluationsbericht auf Konformität mit den Kriterien geprüft. Es wird der Abgleich von Bewertungen mit anderen Evaluierungen vorgenommen. Bei komplexeren Produkten, die sich aus evaluierten Einzelkomponenten zusammensetzen, ist eine Verträglichkeitsprüfung unter dem Stichwort *Gesamtsicherheit* vorgesehen.

Werden zertifizierte Produkte durch den Hersteller geändert oder weiterentwickelt, so sind je nach Art und Umfang der Änderungen bestimmte Regeln für die *Re-Zertifizierung* zu beachten, bevor das Zertifikat auf die neue Produktversion ausgedehnt werden kann.

3.2   Anerkannte Prüfstellen

Den Status *anerkannte Prüfstelle* können solche Institutionen erhalten, die über das entsprechende Fachwissen verfügen, bestimmte Normen (Europäische Normen der Reihe EN 45000) einhalten, eine objektive und neutrale Produktprüfung garantieren und einem mit dem BSI verabredeten Schema der Zusammenarbeit folgen.

Eine anerkannte Prüfstelle führt eigenständig Evaluierungen durch. In der Regel wird hierbei zwischen dem Hersteller eines Produktes und der Prüfstelle ein Vertrag geschlossen. Die Prüfstelle hat während einer Evaluierung die Möglichkeit, sich bei den einzelnen Schritten fachlich mit dem Bundesamt abzustimmen. Das

Bundesamt selbst kann jederzeit an Evaluierungssitzungen teilnehmen und Auskunft über Ablauf und Inhalte einer Evaluierung fordern.

Das BSI ist beim *Deutschen Akkreditierungsrat* (DAR) registriert. Hersteller können sich zwecks Evaluierung an eine der folgenden Stellen wenden:

Atlas Datensysteme GmbH, CAP debis GEI, Conet Consulting GmbH, DST-Deutsche System-Technik GmbH, GPP-Gesellschaft für Prozessrechner-Programmierung mbH, Industrieanlagen-Betriebsgesellschaft mbH, INFODAS GmbH, Rheinisch-Westfälischer TÜV, Stollmann Gesellschaft für Anwendungen der Informatik mbH, Tele-Consulting GmbH, TÜV Bayern, TÜV Rheinland, TÜV Südwest.

Weitere 24 Stellen bemühen sich um den Status einer anerkannten Prüfstelle.

3.3   Aktuelle Situation der Zertifizierung in Deutschland.

Das BSI steht in einer Reihe von Verhandlungen mit anderen Staaten, was die gegenseitige Anerkennung von Zertifikaten anbetrifft. Erste Vereinbarungen sind in den nächsten Monaten zu erwarten. Damit wird insgesamt die Zahl der nach vergleichbaren Verfahren und Kriterien zertifizierten Produkten in Kürze erheblich ansteigen.

Beim BSI selbst sind (Stand 1.7.93) 40 Zertifizierungsverfahren für unterschiedlichste Produkte anhängig. Die nachfolgenden Tabellen geben einen Überblick.

Zertifizierte Produkte:

Produkt	Produkttyp	Hersteller/ Vertreiber	Qualitäts- stufe[2]	F-Klasse[3]	Zertifikat
GUARDIAN 90 Version C20 mit Safeguard Version C22L	Betriebsystem für Tandem Rechner	Tandem Computers GmbH	Q3	F2 + F7	BSI-ITS-0001- 1991 vom 14.6.91
SAFE-Guard Professional 3.1 Z	PC-Sicherheits- produkt	uti-maco Soft- ware GmbH	Q1	F1 - F2	BSI-ITS-0002- 1991 vom 1.3.91
SINIX-S V5.22	Betriebssystem für UNIX- Rechner MX...	Siemens- Nixdorf Informations- systeme AG	Q2	F1 - F2	BSI-ITS-0003- 1991 vom 26.7.91
BS2000-SC Version 10.0	Betriebssystem für SNI-Groß- rechner	Siemens- Nixdorf Informations- systeme AG	Q3	F2	BSI-ITS-0004- 1992 vom 9.10.92
SCA-85 (Einwegfunktion)	Verfahren zum Schutz von z.B. Authentisie- rungsdaten	Siemens- Nixdorf Informations- systeme AG	ohne [4], hoch	-	BSI-ITSEC- 0011-1992 vom 25.9.92

Bei Interesse an einem der aufgeführten Produkte wird dringend empfohlen, den entsprechenden Zertifizierungsreport anzufordern.

---

[2] In den ITSEC: Stufe der **Vertrauenswürdigkeit - Korrektheit / -Wirksamkeit**

[3] Bei den angegebenen Funktionalitäten ist eine Angabe wie *F1 - F2* so zu verstehen, daß das betreffende Produkt *alle* Anforderungen der Klasse F1 erfüllt - aber noch *nicht alle* Anforderungen der Klasse F2. Die Angabe *F2 + F7* bedeutet, daß das Produkt alle Anforderungen der Klassen F2 *und* F7 erfüllt.

[4] Bei z.B. mathematischen Sicherungsverfahren kann in der Regel keine Stufe für die Vertrauenswürdigkeit gemäß ITSEC, sondern nur eine Mechanismenstärke angegeben werden.

In der Evaluierung befinden sich unter anderen[5] folgende Produkte:

Hersteller bzw. Vertreiber	Produkt	Produkttyp
5S	Anubis V5.0	PC-Sicherheitsprodukt
Rainbow Technologies	Data Sentry Lite	PC-Sicherheitsprodukt
EDV-Sicherheitsberatung Lang	SCANLANG V 9.1	Viren-Scanner
uti-maco Software	Safeguard Easy	PC-Sicherheitsprodukt
uti-maco Software	Safeguard Professional 4.0	PC-Sicherheitsprodukt
PHS	PC-Safe 9.0 B.I.V.	Virenschutz-Produkt
Comparex	Multi-Level Partition Feature MLPF 2.1	Virtuelles Monitor-Betriebssystem für Comparex-Großrechner
Siemens-Nixdorf Informationssysteme	SICRYPT Computer Card V 2.0	Chipkarten-System
Telekom/SfE Telesec	TCOS V.1.0	Chipkarten-System
Telekom/SfE Telesec	TCIS V.1.0	Personalisierungsanlage für Chipkarten
S&S	XtraDrive	Festplattenkomprimierungssystem
Tandem Computers	GUARDIAN 90 Version C20 mit Safeguard Version C22L	Betriebsystem für Tandem Rechner (Reevaluierung nach ITSEC)
KryptoKom	KryptoGuard X.25 V.1.0	Übertragungssicherung für X.25
Software-Ley	COSA V 1.3	Vorgangsbearbeitungssystem

---

[5] Hier sind nur solche Produkte aufgeführt, bei denen die Hersteller ihre Einwilligung zur Bekanntgabe der Evaluierung gegeben haben

PC-Security	D-V-S Rel. 2.0	Diskettenlaufwerk-Verschluß-System
SIT	PC-Sicherheitssystem PAV 210	PC-Sicherheitsprodukt
SIT	PC-Sicherheitssystem PAV 220	PC-Sicherheitsprodukt
Hagenuk	HML 500	Chipkartenleser
Algorithmic Research	ARCrypto Safe	PC-Sicherheitsprodukt

3.4   Fazit

Sicherheit in einem IT-System (umfassender Systembegriff) kann nicht allein durch den Einsatz zertifizierter Produkte erreicht werden. Fragen der sinnvollen Organisation, materielle, personelle und juristische Aspekte müssen diskutiert werden. Ein äußert wichtiger Punkt ist das Thema der Akzeptanz der vorgesehenen Sicherheitsmaßnahmen bei den betroffenen Mitarbeitern. Dennoch ist in vielerlei Hinsicht die Sicherheit der technischen Produkte ein zentraler Punkt. Insofern ist zu fragen:

Welche Vorteile bietet ein zertifiziertes Produkt?

Je nach erreichter Qualitätsstufe

- besitzt ein solches Produkt niedrigere oder höhere Hürden gegen Manipulationsversuche und andere mögliche Schadenereignisse (soweit sie Gegenstand des Prüfverfahrens waren),

- ist der Nachweis der Korrektheit der Implementation und des korrekten Verhaltens in der Betriebsphase mit mehr informellen oder mehr formalen Methoden erbracht worden.

Solche Eigenschaften können auch nicht geprüfte Systemen besitzen, entscheidend ist hier aber, daß durch die Produktprüfung eine neutrale Bestätigung erreicht wird.

Darüberhinaus ist zwischen verschiedenen zertifizierten Systemen eine Vergleichbarkeit hinsichtlich Funktionalität und Qualität gegeben, was für den Anwender ein Auswahlkriterium bei der Beschaffung von Produkten darstellt, ihm eine genaue Anpassung an seine Anforderungen erlaubt.

Was bietet ein zertifiziertes Produkt nicht? Die dem zertifizierten Produkt bescheinigte Qualitätsstufe ist ein Maß für die Vertrauenswürdigkeit des Produktes. Die Qualitätsstufen bilden ein *abgestuftes* Bewertungssystem. Ein zertifiziertes Produkt ist also nicht a priori ein absolut sicheres System (solche gibt es nicht!).

Ein Zertifikat beinhaltet in der Regel keine Aussage über die Sicherheit eines vollständigen Systems (Organisation, Umfeld, technisches System), dennoch werden in vielen Zertifikaten Auflagen an das Umfeld enthalten sein müssen.

Die aktuellen Entwicklungen zeigen:

* Hersteller nutzen die BSI-Dienstleistung der Zertifizierung in immer stärkeren Maße. Produkte, die sicherheitsmäßig bewertet sind, haben in vielen Marktsegmenten Vorteile.

* Anwender, Anwendervereinigungen, Verbände, ... stellen zunehmend in ihren Ausschreibungen und Beschaffungen die Forderung nach der Zertifizierung von Produkten und Systemen.

Die geschilderten Entwicklungen können nur begrüßt werden. Das BSI führt die Zertifizierung transparent und nachvollziehbar durch, leistet Unterstützung von Herstellern und Anwendern u.a. durch eine offene Informationspolitik (Listen, Broschüren, Seminare, Kongresse, Einzelberatungen,...).

4. Literaturverzeichnis

[BSI91] Kriterien für die Zulassung von Werkzeugen zur formalen Spezifikation und Verifikation, Bundesamt für Sicherheit in der Informationstechnik (1991)

[ITEH90] IT-Evaluationshandbuch: Handbuch für die Prüfung der Sicherheit von Systemen der Informationstechnik(IT), ISBN 3-88784-220-0, Bundesanzeiger-Verlag (1990)

[ITS89] IT-Sicherheitskriterien: Kriterien für die Bewertung der Sicherheit von Systemen der Informationstechnik(IT), ISBN 3-88784-192-1, Bundesanzeiger-Verlag (1989)

[ITSEC91] Information Technology Security Evaluation Criteria (ITSEC), Harmonised Criteria of France, Germany, the Netherlands, the United Kingdom, Version 1.0 (1990) und Version 1.2 (1991)

[ITSEM91] Information Technology Security Evaluation Manual (ITSEM), Draft

[KER91] Kersten, H.: Einführung in die Computer-Sicherheit, ISBN 3-486-21873-5, Oldenbourg-Verlag (1991)

Bundesamt für Sicherheit in der Informationstechnik 

Bundesamt für Sicherheit in der Informationstechnik

- in Bonn, existiert seit 1.1.91
- untersteht dem Bundesministerium des Innern
- Zt. ca. 300 Mitarbeiter
- Kernaufgabe: Förderung der Sicherheit in der IT, speziell

  Beratung der Anwender, Hersteller

  Bearbeiten von Grundlagen (Chiffrierverfahren, Kriterienwerke, wiss. Grundlagen)

  Evaluierung / Zertifizierung von Produkten / Systemen

  Technische und materielle Sicherheit

  Unterstützung anderer Institutionen, z.B. BfD

Bundesamt für Sicherheit in der Informationstechnik 

Organisation

Präsident: Dr. Henze
Vizepräsident: Dr. Mertz

Abteilungen:

I	Verwaltung	Dr. Mertz
II	Wiss. Grundl. und Zertifizierung	Dr. Kersten
III	Mathemat. Sicherungsverfahren	Dr. Heuser
IV	Technische /materielle Sicherung	H. Schwirkmann
V	Sicherheit in Rechnersystemen	(z.Zt. unbesetzt)
VI	Anwenderberatung	H. Hange

Bundesamt für Sicherheit in der Informationstechnik 

Anwenderberatung

Arbeitsgebiete:

- Risikoanalysen, Sicherheitskonzepte, Maßnahmen (personelle, organisatorische, materielle, technische Maßnahmen), Erarbeiten von Anforderungen

Methoden:

- standardisiertes Vorgehen, Sensibiliserung und Schulung der Anwender (Schwerpunkt Bundesbehörden, Bundesbeauftragter für den Datenschutz), Einzelberatungen

Vorgaben:

- IT-Sicherheitshandbuch
- KBST-Schrift "Grundschutzmodell"

Bundesamt für Sicherheit in der Informationstechnik

Technische / materielle Sicherung

Arbeitsgebiete:

- Entwicklung und Zulassung von Produkten für hochsensitive Anwendungen im staatlichen Bereich

Vorgehen:

- Entwicklungen auf Anforderung von Bedarfsträgern, Vorort-Prüfungen / -Messungen (Abstrahlsicherheit, Lauschabwehr), technische Prüfverfahren

Vorgaben:

- VS-Anweisung, VS-Datenrichtlinie, VS-Fernmelderichtlinie, VS-Sicherungsrichtlinie, Zulassungsverfahren / national und NATO, technische Kriterienwerke

Grundlagen

Arbeitsgebiete:

- Sicherheitsmodelle, Sicherheitsmechanismen (speziell Chifffrierverfahren)
- korrekte Erstellung von Hardware und Software, automatisierte Verifikation, Qualitätssicherung allgemein (Vorgehensmodelle, Methoden, Werkzeuge)
- Entwicklung von Kriterienwerken
- Technikfolgenabschätzung

Vorgehen:

- wissenschaftl. Grundlagenarbeit in Zusammenarbeit mit Universitäten, Forschungseinrichtungen, etc.
- Diskurs-Projekte
- Eigenentwicklungen, externe Entwicklungsprojekte (z.B. VSE)

Sicherheitskriterien:

- Information Technology Security Evaluation Criteria [ITSEC], einschl. Information Technology Security Evaluation Manual [ITSEM]
- IT-Sicherheitskriterien [ITSK], einschl. IT-Evaluationshandbuch [ITEH].

Inhalte:

- Auflistung wesentlicher Grundfunktionen sicherer Systeme
- Funktionalitätsklassen für typische IT-Anwendungen wie Betriebssysteme, Datenbanken, Prozeßrechner, Netzwerke
- Bewertungsskala mit Qualitätsstufen

Bundesamt für Sicherheit in der Informationstechnik   BSI

Akkreditierung/ Zertifizierung

Arbeitsgebiete:

- Richtlinien für die Anerkennung / den Betrieb von Prüfstellen
- Anerkennung und Überwachung von Prüfstellen
- Regeln und Verfahren für die Durchführung der Zertifizierung
- Zertifizierung von Produkten
- Internationale Koordination und Harmonisierung, Standardisierung

Methoden:

- technische Prüfverfahren
- Zertifizierung als QS und unabhängige Bestätigung von Qualität
- Beratung der Hersteller
- Publikationen (Listen, Zertifizierungsreports,...)
- lilaterale / multilaterale Anerkennungsabkommen

Bundesamt für Sicherheit in der Informationstechnik   BSI

Akkreditierung/ Zertifizierung

Vorgaben:

- BSI-Gesetz, Verordnungen, Erlasse
- Internationale Normen (u.a. DIN EN 45000 Reihe)
- eigene Verfahren im Bereich Akkreditierung
- Sicherheitskriterien und Evaluationshandbücher
- eigene Verfahren im Bereich Zertifizierung
- QS-Maßnahmen

Ergebnisse:

- Zertifizierungsreports
  (erreichte Qualitätsstufe, präzise Beschreibung des Produktes, Konfigurations- und Generierungsvorgaben, Hinweise / Auflagen an den Einsatz)
- Produktlisten

Bundesamt für Sicherheit in der Informationstechnik 

BSI-Produktliste (BSI 7100)

Umfang ca. 200 Seiten, erscheint jeweils zu Quartalsbeginn, wird ständig erweitert, z.Zt. kostenlos beim BSI erhältlich, **Hotline: 0228/ 9582- 333**

Inhalt:

- Überblick über Grundlagen und Prüfverfahren
- Zertifizierte Produkte
- in der Evaluierung befindliche Produkte
- zugelassene (abstrahlsichere / -arme) Hardware
- zertifizierte Produkte der materiellen Sicherheit
- Prüfstellen (Adressen)
- Hersteller (Adressen)
- Kriterienwerke

Bundesamt für Sicherheit in der Informationstechnik 

Aktuelle Situation der Zertifizierung in Deutschland:

- ca. 40 Zertifizierungsverfahren
- erste Vereinbarungen zur gegenseitigen Anerkennung mit anderen Staaten kurz vor dem Abschluß
- Anwender, Anwendergruppen, Verbände, ... fordern zunehmend vor der Beschaffung die Zertifizierung der Produkte durch das BSI
- Bundesbehörden: IT-Sicherheitsrichtlinie in Vorbereitung
- Hersteller nutzen die BSI-Dienstleistung der Zertifizierung in immer stärkeren Maße
- offene Informationspolitik des BSI (Listen, Broschüren, Seminare, Kongresse, Einzelberatungen,...)

Sicherheitsberatung in der Informationsverarbeitung
(Informations- und Kommunikationstechnik)

Hartmut Pohl

Zusammenfassung: Beratung im Bereich der Informationssicherheit zielt heute in erster Linie auf die Verhinderung unberechtigter Zugriffe auf wertvolle Daten (Kenntnisnahme und Veränderung). Bei der Realisierung einer Sicherheitsstrategie werden die wertvollen Daten, die Bedrohungen und die Schwachstellen des informationsverarbeitenden Systems festgestellt; da meist vernetzte Systeme betrieben werden, müssen die Informationsflüsse hinsichtlich ihrer Gefährdung analysiert werden. Darauf aufbauend werden Produkte und Maßnahmen implementiert und eine Sicherheitsorganisation im Unternehmen aufgebaut. In zweiter Linie werden Programme hinsichtlich ihres Fehlverhaltens analysiert (IV-Unfallforschung). Ein weiterer Aspekt ist die Untersuchung konkreter Mißbrauchsfälle (DV-technische Angriffsmethoden, -verfahren, Täteranalyse und die zu Grunde liegenden Tatmotive sowie eine Abschätzung des eingetretenen Schadens). Eher klassische Aspekte der Informationssicherheit wie die materielle und personelle Sicherheit werden in diesem Beitrag vorausgesetzt - genauso wie Aspekte der Zuverlässigkeit und Verfügbarkeit von Systemen sowie die Integrität gespeicherter und übertragener Daten.

0   Vorbemerkungen

Beratung im Bereich der Informationssicherheit zielt in erster Linie auf die Verhinderung unberechtigter Zugriffe auf Informationen. Ein solcher unberechtigter Zugriff kann unter zwei Aspekten erfolgen:

- Unberechtigte Kenntnisnahme von Informationen.
- Unberechtigte Veränderung von Informationen.

Angreifer nutzen gezielt Schwachstellen in der Organisation eines Unternehmens oder auch technische Schwachstellen in Betriebssystemen, Datenübertragungsverfahren, Anwendungsprogramme etc. aus. Täter sind häufig unzufriedene Mitarbeiter oder Computer-Freaks. Die Initiatoren der Angriffe sind fremde Organisationen oder Mitbewerber. Aktuelle Beispiele zeigen, daß Kommunikation und Informationsverarbeitung häufig unsicher betrieben werden und daß es Angreifern zum Schaden des Unternehmens gelingt, Daten auszuspionieren oder zu verändern - es also gelingt, Wirtschaftsspionage und Sabotage zu treiben.

Im folgenden werden aus der Beratungspraxis einige wesentliche technische und organisatorische Schwachstellen heutiger Informationsverarbeitung genannt und es werden anhand konkreter, gezielt vorgenommener Mißbrauchsfälle (sog. Angriffe) die Täter und ihre Motive sowie die praktizierten Angriffsverfahren dargestellt.

Darauf aufbauend werden drei Bereiche der Sicherheitsberatung anhand der eingeleiteten Aktivitäten dargestellt.

- Die vorbeugend wirkende Entwicklung und Implementierung einer Sicherheitsstrategie bis hin zur Realisierung konkreter Maßnahmen,

- die sog. IV-Unfallforschung als Analyse des akuten Fehlverhaltens von IV-Systemen und

- die Untersuchung akuter Computermißbrauchsfälle.

0.1 Unsicherheit von Anwendungen und Verfahren

Die in Unternehmen und Behörden genutzten Anwendungsprogramme weisen in einer ganzen Reihe von Fällen ein "Alter" von mehr als zwanzig Jahren auf. Diese Programme sind im Laufe der Zeit mit anderen kombiniert worden zu komplexeren Anwendungen. Auf diese Weise ist es gelungen, Verfahrensabläufe vollständig programmgesteuert abzubilden. Sicherheitsaspekte blieben bei der Entwicklung der Programme unberücksichtigt. Allerdings wurden Maßnahmen zur korrekten Erfassung (Plausibilitätskontrollen) und zur Speicherung und Übertragung von Daten in unsicherer Umgebung (Integrität) meist ergriffen. Erst in jüngerer Zeit wird auch bei der Entwicklung von Anwendungsprogrammen auf Sicherheitsaspekte geachtet.

0.2 Unsichere Hardware- und Software-Plattformen

Während in der Vergangenheit in einem Unternehmen sehr wenige - und meist nur ein einziger - Großrechner vorhanden war, wird die Informationsverarbeitung (IV) heute netzorientiert betrieben. In Netzen werden unterschiedliche Typen von Geräten und Systemen verschiedener Hersteller mit unterschiedlichen Betriebssystemen gekoppelt. Dabei treten drei Probleme auf:

- **Sicherheit von Betriebssystemen:** Entscheidend für die Sicherheit eines IV-Systems sind in erster Linie die im Betriebssystem vorhandenen und vom Betreiber eingesetzten Sicherheitsfunktionen; meist nutzen allerdings die Anwender die vom Hersteller in das Betriebssystem eingebauten Sicherheitsfunktionen nicht oder nicht so intensiv, daß die verarbeiteten Daten angemessen abgesichert wären.

Erst in zweiter Linie ist daher die Qualität des benutzten Betriebssystems relevant. Die Betriebssysteme müssen Sicherheitsfunktionen enthalten, um unberechtigte Zugriffe mit dem Ziel der Sabotage oder Spionage zu verhindern.

Diese Aussagen gelten gleichermaßen für die Netzwerk-Betriebssysteme in verteilten Systemen: Anwender sollten die implementierten Sicherheitsmaßnahmen der Netzwerk-Betriebssysteme einsetzen; auch hier ist erst in zweiter Linie die Qualität des Netzwerk-Betriebssystems entscheidend.

Betriebssysteme für kleine Rechner wie PC und Workstations bieten aus zwei Gründen meist sehr wenig Schutz:

o   Diese Systeme wurden für einzelne Benutzer entwickelt. Eine Nutzung durch Dritte war nicht vorgesehen. Daher wurden Sicherheitsmaßnahmen auch als überflüssig angesehen.

o   Derartige Betriebssysteme für kleine Systeme sind in großer Zahl verbreitet, so daß weite Kreise von Benutzern die Schwachstellen der Systeme herausfinden und nutzen können.

Diese Aussagen gelten sinngemäß auch für Netzwerke. Alle heute implementierten Sicherheitsmaßnahmen sind auf vorhandene Netzwerk-Betriebssysteme nur aufgesetzt. Diese Systeme sind in großer Zahl installiert; eine Vielzahl von Benutzern kennt daher auch ihre Schwachstellen - oder ist zumindest in der Lage, sie durch Ausprobieren zu suchen.

- **Inkompatibilität der Protokolldaten:** Unterschiedliche IV-Systeme protokollieren verschiedene sicherheitsrelevante Daten. Dies erschwert eine Gesamtbetrachtung der Netzwerkaktivitäten, da die Protokolldaten verschiedener IV-Systeme nicht verglichen werden können.

- **Nutzungsweisen:** Durch die Netzorientierung haben sich die Nutzungsweisen der IV-Systeme verändert. Es werden Client/Server-Konfigurationen entwickelt mit der Folge, daß wertvolle Daten auf Servern konzentriert werden - vgl. Pohl (1993). Weiterhin kann von dem unpersönlichen Personal Computer gesprochen werden, weil Hard- und Software der Geräte eine Nutzung durch mehrere Anwender ermöglichen.

0.3   Computer-Mißbrauchsfälle

In den letzten Jahren ist die Fachwelt durch eine ständig steigende Zahl von Meldungen über Computer-Sabotage und Computer-Spionage beunruhigt worden. Als Ursache dieser zunehmenden Zahl von Computer-Mißbrauchsfällen mit stark ansteigender Schadenshöhe wird in jüngerer Zeit auch das sogenannte "einfache" Fehlverhalten von Programmen untersucht - und zwar vorbeugend im Rahmen von Schwachstellenanalysen und nach Eintreten eines Schadensfalls im Rahmen der sog. IV-Unfallforschung.

Wenn auch viele Meldungen als überzogen bezeichnet werden können, so zeigen doch die dokumentierten und analysierten Mißbrauchsfälle, daß in der Vergangenheit Informationsverarbeitung völlig unsicher betrieben wurde und heute noch vielfach unsicher betrieben wird.

Irrtümer, Nachlässigkeiten und technische Defekte verursachen allerdings nur nachrangige Schäden. Störenfriede wie Viren auf Personal Computern verursachen sicherlich im Einzelfall nennenswerte Schäden. Die kostenträchtigen Gefahren lauern allerdings ganz woanders: Vorkommnisse wie die gezielt vorgenommene Computersabotage und insbesondere Computerspionage sind auf kleinen, mittelgroßen und Großrechnern Realität und häufen sich in vernetzten Systemen.

Der Stand des Täter-Wissens kann durch die folgende Beschreibung eines Angriffs skizziert werden: Speziell entwickelte Angriffsprogramme ermöglichen ein Ausprobieren von Paßwörtern; die Angriffe werden rechnergestützt - also programmgesteuert - vom Angreifer durchgeführt; die Ergebnisse werden vom Täter programmgesteuert vollständig protokolliert.

Angreifer erhalten mit diesen Angriffsprogrammen recht schnell die folgenden Ergebnisse:

- Anzahl und Art der installierten Anschlüsse (Kanäle, Leitungen, Schnittstellen),
- Anzahl und Art weiterer angeschlossener IV-Systeme.

Auf "klassischem" Wege (Abfragen, Ausprobieren etc.) werden noch die folgenden Informationen beschafft:

- Typ und Version der eingesetzten Betriebssysteme,
- Art der installierten Anwendungsprogramme,
- Art, Anzahl und Größe der gespeicherten Dateien und
- Quantität und Qualität der installierten Sicherheitsmaßnahmen.

Dieses Vorgehen ist nachweislich vor allem deswegen von erheblichen "Erfolgen" gekrönt, weil auf der Seite der Angegriffenen nicht mit einer vergleichbaren Akribie bei der Absicherung der Informationsverarbeitungssysteme vorgegangen wird.

0.4 Angriffsverfahren

Auf der Basis dieser Informationen werden derzeit die folgenden zwei Klassen von Angriffsverfahren genutzt :

- Die allseits bekannten Viren sind Instruktionen, die sich selbst kopieren können und in der Lage sind, ihr Bitmuster zu verändern; angehängt ist meist eine Schadensfunktion zur unberechtigten Veränderung von Daten (Manipulation). Viren werden in Zukunft auch auf Netzen und Großrechnern verstärkt agieren. Es werden mutierende Viren mit tool-box-gespeicherten Schadensfunktionen in Umlauf gesetzt werden, die von Scanner-Programmen nicht erkannt werden können. Kritisch muß auch die Qualität sog. geprüfter oder zertifizierter Viren-Suchprogramme bewertet werden; sie werden gegen eine beim realen Einsatz meist schon veraltete Viren-Referenzdatenbank getestet.

  Allein der vorbeugende Integritätsschutz mit kryptographischen Prüfsummenverfahren ist eine sinnvolle Maßnahme gegen Manipulationen - und damit auch gegen Viren.

- Sehr viel mehr und größere Schäden entstehen durch Programme, die sich nicht durch offensichtliche und eklatante Ereignisse auszeichnen. Bei diesen Programmen werden vielmehr nur sehr wenige Bits geändert, so daß die Manipulation kaum auffällt; die Schadenswirkungen sind wegen ihrer Punktualität (ein oder wenige Bits) auch nur schwer erkennbar. Das kann z.B. das Gehalts- oder Zinsprogramm sein, das zu Gunsten des Täterkontos verändert wird; das kann das Programm zur Lagerverwaltung sein, in dem nach der Manipulation zufallsgesteuert Mengen falsch ausgewiesen werden oder auch Teile an "falschen" Stellen gelagert werden; das kann auch ein Parameter des Netzwerk-Betriebssystems sein, der sporadisch derart verändert wird, daß der Durchsatz an übertragenen Daten zunehmend zurückgeht.

  Die Daten können völlig zerstört werden - oder auch derart verändert werden, daß z.B. Produktionsabläufe gestört werden. Diese sog. weichen (nur sehr schwer erkennbaren) Angriffe werden gar nicht - oder erst nach Jahren - häufig erst durch ein Geständnis der Täter - bekannt. Die vorgenommenen Änderungen an Datenbeständen können ungeplant (Vandalismus) und zielgerichtet (Sabotage) vorgenommen werden.

  Es ist deutlich, daß sich derartige Angriffe vergleichsweise verheerend auswirken können.

0.5 Täter und Motive

Damit muß die Frage untersucht werden, welche Personen die skizzierten Angriffsverfahren anwenden und damit als Täter in Betracht kommen.

Bei der Analyse klassischer und aktueller Fälle von Computerkriminalität in Netzwerken wird deutlich, daß die von Hackern entwickelten DV-technischen Angriffsmethoden von den **Innentätern** - Angestellten der geschädigten Unternehmen - übernommen wurden und weiterentwickelt werden - und zwar mit dem entscheidenden

Vorteil der Innentäter: Sie besitzen bereits - wenn auch möglicherweise nur einge-schränkte - Zugriffsrechte.

Die größte Gefahr geht also von (unzuverlässigen) eigenen Mitarbeitern (Innentätern) aus, die berechtigt sind, auf Daten zuzugreifen. Mitarbeiter besitzen häufig die not-wendigen Zugriffsrechte um sich vollständige Kopien von Datenbanken erstellen und auch Daten und Programme manipulieren (Struktur) und Daten inhaltlich verändern zu können. Zu diesem Personenkreis sind alle Anwender, Teamleiter und Projektlei-ter zu zählen sowie Operateure, Systemprogrammierer, Anwendungsprogrammierer, Organisatoren etc.. Auf diesen Kreis sind daher auch die meisten Angriffe zurückzu-führen.

Eine Gefahr kann weiterhin ausgehen von Personen, die bzgl. der Zugriffsrechte den eigenen Mitarbeitern (oftmals unbegründet) gleichgestellt werden: Das sind insbe-sondere Unternehmensberater (!) und alle Hardware- und Software-Techniker von Herstellern oder Software-Unternehmen. Dazu kommen fremde Mitarbeiter, die ver-gleichbare Kenntnisse und Zugriffsrechte besitzen wie das Wartungspersonal der In-frastruktur (Klima, Strom, Netzwerk- und andere Datenübertragungsleitungen etc.) und das Reinigungspersonal (!).

Nur von nachrangiger Bedeutung sind außenstehende Dritte wie die viel zitierten Hacker, Cracker etc. (**Außentäter**). Sie führen den geringeren Teil der Angriffe durch. Durch die vielfältigen und spektakulär formulierten Publikationen wird aller-dings meist ein anderer Eindruck erweckt.

Bei den Angriffen lassen sich die Täter von den folgenden Motiven leiten.

- **Spieltrieb:** Dieses Motiv muß sicherlich an erster Stelle genannt werden. Durch Ausprobieren von dokumentierten oder nicht dokumentierten Funktio-nen gelingt es Tätern, Computer-Mißbrauch zu treiben.

- **Unzufriedenheit:** Aus sehr unterschiedlichen Gründen unzufriedene Mitarbeiter durchstöbern Datenbestände und ändern Strukturen und Inhalte. Die Gründe können in Fehleinschätzungen, Erwartungen und Erfahrungen im beruflichen und privaten Bereich liegen.

- **Geldgier:** Mitbewerber zahlen recht großzügige Honorare für Computerspio-nage- und Sabotage-Versuche. Anwerbungsversuche werden bei sehr unter-schiedlichen Gelegenheiten und Personenkreisen unternommen. So bieten sich immer wieder Verkäufer von Sicherheits-Hardware und -Software und auch sog. Berater in publizierten Mißbrauchsfällen zur Abwehr von Angriffen an. In einigen Fällen wurden die Angebote bereits vor der Publikation der Fälle gemacht, so daß der Eindruck der Kooperation zwischen Tätern, Beratern und Verkäufern entstand. Auch die Täter selbst bieten sich als Sicherheitsberater an - in Verkennung der Tatsache, daß derjenige, der in ein IV-System eindringen kann, noch lange nicht in der Lage ist, das System gegen derartige Angriffe nachhaltig abzusichern.

Offensichtlich wird auch Computermißbrauch getrieben, um den Tathergang und den Erfolg an die Medien gegen Honorar verkaufen zu können.

- **Geltungsbedürfnis:** Übersteigertes oder fehlgeleitetes Bedürfnis nach Anerkennung kann zu Computermißbrauch führen. Dies äußert sich auch darin, daß Mißbrauchsfälle gezielt der Presse mitgeteilt werden.

Die genannten Motive sind meist nicht allein ursächlich sondern werden in Kombination angetroffen.

0.6 Unsicherheit vorhandener Systeme

Stand-alone Systeme - ohne Anschlüsse an lokale oder andere Netzwerke - lassen sich relativ einfach absichern; dies gilt insbesondere für Mainframes; dies sind Hardware-Plattformen mit einer für sicherheitsrelevante Aufgaben nutzbaren Architektur und mit unter Sicherheitsaspekten guten Betriebssystemen.

In diesem Zusammenhang soll auf die Kriterien zur Bewertung von IT-Systemen hingewiesen werden, die von einer ganzen Reihe von Ländern entwickelt worden sind (z. B. Deutschland, England, Frankreich, Japan, Kanada, USA) - vgl. Pohl et al. (1993a). Mit Hilfe dieser Kriterien läßt sich beurteilen, bis zu welchem Grad Programme das leisten, was sie - unter Sicherheitsgesichtspunkten - leisten sollen. Mit Hilfe derartiger Kriterien läßt sich auch Hardware beurteilen. - Vgl. Kersten (1991) und Kersten (1993).

Die Kommission der Europäischen Gemeinschaft hat auf der Grundlage der Kriterien der Mitgliedsländer harmonisierte Kriterien entwickelt; gleichwohl sind von den USA erneut überarbeitete Kriterien vorgelegt worden. Allerdings entsprechen auch die jüngsten erschienenen Kriterienkataloge nicht dem, was sich einige Kritiker wünschen. Dabei kann beobachtet werden, daß sich die Vorstellungen der Kritiker derzeit noch sehr stark weiterentwickeln. Es scheint daher sehr fraglich, ob im Bereich der Beurteilungsmaßstäbe von Hard- und Software heute schon eine Phase erreicht worden ist, die eine Festschreibung der Bewertungskriterien ermöglicht oder ob diese Kriterien nicht doch noch zu sehr Gegenstand von Forschung und Entwicklung sind.

Angesichts der Vielzahl derzeit aktueller und recht unterschiedlicher Kataloge von Bewertungskriterien ist der Anwender nicht immer in der Lage, den für ihn sinnvollsten Katalog auszuwählen.

Häufig genug fühlt sich der Anwender auch deshalb überfordert, weil er die Unterschiede der Klassen, Gruppen und Unterklassen nicht durchschaut: Welches Produkt ist nun "besser" bewertet als das eines Mitbewerbers?

Die Problematik liegt darin, daß der Anwender gar nicht in der Situation ist, völlig frei entscheiden zu können zwischen unterschiedlichen Produkten. Produktionsprogramme sind häufig genug einige Jahre alt und können häufig gar nicht abgelöst werden.

Nun könnte man fordern, diese alten Produktionsprogramme an Hand von Sicherheitskriterien bewerten zu lassen. Dies wäre ein sehr aufwendiges Verfahren, das fast unmöglich wird wegen der veralteten Programmierweise, der benutzten Programmiersprache und der fehlenden oder zumindest unzulänglichen Dokumentation. Gleichwohl wird erwartet, daß die Informationsverarbeitung mit diesen Programmen sicher von statten geht.

An Hand von Sicherheitskriterien bewertet (evaluiert) wurden bisher ausschließlich Standardprogramme - die Evaluierung von Individualprogrammen ist auch nur dann zu rechtfertigen, wenn damit sehr wertvolle Daten verarbeitet werden.

Es ist daher nur folgerichtig, daß viele Großrechner-Betriebssysteme nach allgemein akzeptierten Sicherheitsaspekten evaluiert und zertifiziert sind; dies gilt insbesondere für die USA mit den Trusted Computer Security Evaluation Criteria (TCSEC). In Deutschland ist lediglich das Großrechner-Betriebssystem BS 2000 von SNI zertifiziert. In Deutschland und Großbritannien sind auch add-on Produkte für Personal Computer bewertet und zertifiziert worden.

Zwar sind auch für den Bereich der Netzwerk-Betriebssysteme Bewertungskriterien entwickelt worden oder doch zumindest anwendbar; allerdings sind weltweit nur zwei Produkte zertifiziert worden. Ihr Sicherheitsniveau ist derart hoch, daß sie der Exportkontrolle unterliegen; dasselbe gilt für spezielle Komponenten handelsüblicher Produkte.

Inzwischen haben für diese Bewertungskriterien konkurrierende europäische und internationale Normungsbemühungen eingesetzt - vgl. Pfitzmann et al. (1993).

0.7   Sensibilität für die Sicherheitsproblematik

Die wenigen publizierten Fälle von Computermißbrauch sind einer breiten Öffentlichkeit kaum länger im Gedächtnis und werden eher als Skurilität wahrgenommen.

In Unternehmen und Behörden sind die vorgenannten Fakten meist bekannt - vgl. Krcmar (1990) - und es wird gezielt sicherheitsrelevantes Wissen weiter angesammelt. Dazu gehört insbesondere das Wissen um DV-technische Schwachstellen, wie sie z.B. in rechnergesteuerten Telefon-Nebenstellenanlagen existieren sowie generell in embedded systems vorhanden sein können.

Eine der wesentlichen Aufgaben des Sicherheitsbeauftragten ist allerdings die bei der Unternehmensleitung vorhandene Sensibilität für Sicherheitsfragen in der Informationsverarbeitung **allen** Mitarbeitern des Unternehmens zu vermitteln, die Informationen verarbeiten.

Über Computer-Mißbrauchsfälle müssen alle Mitarbeiter konkret informiert werde, weil Sicherheitsvorkommnisse zwar der Unternehmensleitung bekannt gemacht werden, es aber häufig nicht sinnvoll erscheint, sie auch zu veröffentlichen. Die technische und organisatorische Abhängigkeit der Unternehmen und Behörden von der Kommunikations- und Informationstechnik ist einer breiten Öffentlichkeit sehr wohl bekannt. Wenn in der Öffentlichkeit nun ein Mißbrauchsfall bekannt würde, könnte ein erheblicher **Vertrauensschaden** nicht nur in die Technik der Datenverarbeitung sondern insbesondere ein Vertrauensschaden für dieses Unternehmen entstehen. Konsequenterweise müssen daher sicherheitsrelevante Ereignisse äußerst vertraulich behandelt werden.

Aus diesem Grund bleiben den Strafverfolgungsbehörden gewiß viele Delikte verborgen. Selbst die Unternehmensleitungen erfahren bei weitem nicht von allen derartigen Vorkommnissen im Unternehmen - u.a. deswegen, weil kein Informationsweg vereinbart wurde. Eine ganze Reihe von Computer-Sabotage- und auch -Spionagefällen wurde der jeweiligen Unternehmensleitung nur deswegen bekannt, weil sich der oder die Täter offenbarten. Diese Fälle werden nur einigen wenigen Insidern bekannt. Auch die Strafverfolgungsbehörden werden über sie nicht informiert; diese Tatsache wird immer wieder bedauert. Naturgemäß kann die Anzahl und die Schadenshöhe dieser im Dunkeln bleibenden Fälle nicht abgeschätzt werden. Gleichwohl wird immer wieder versucht, Licht in dieses Dunkel zu bringen und Abschätzungen vorzunehmen. Zur sog. Analyse der **Dunkelziffer** im Bereich der Computerkriminalität vgl. Paul (1993), der die folgenden Bereiche unterscheidet: Computerbetrug, Softwarepiraterie, Hacking, Computersabotage; in Abhängigkeit von der Kriminalitätsart schätzt er, daß auf einen Fall, der den Strafverfolgungsbehörden bekannt geworden ist, 1.000 ungemeldete Fälle kommen.

0.8 Beratungsbedarf

Sicherheitsberatung im Bereich der Informationssicherheit wird derzeit aus zwei unterschiedlichen Anlässen angefordert:

- Die Unternehmensleitung ist sensibilisiert für die Problematik "Informationssicherheit" und sich damit der Risiken der Informationsverarbeitung bewußt. Die Unternehmensleitung läßt daher das Sicherheitsniveau mit einer Sicherheitsanalyse überprüfen, läßt notwendige Maßnahmen einleiten und erreicht damit ein höheres Sicherheitsniveau.

  Offen bleiben soll hier, auf Grund welcher Ereignisse oder Fakten die Unternehmensleitung sensibilisiert wurde. Das Wissen um die Unsicherheit der Informationsverarbeitung kann insbesondere auf detaillierten Hinweisen aus dem Mitarbeiterkreis beruhen oder von befreundeten Unternehmen kommen.

- Eine aktuelle Störung hat zu Beeinträchtigungen im Betrieb geführt. Die Störung kann aus dem beabsichtigten - also gezielt vorgenommenen - aber unberechtigten Zugriff auf Daten durch einen Täter resultieren, der Daten zur

Kenntnis nehmen will oder auch Dritten zugänglich machen will (Computer- und Wirtschaftsspionage). Die Störung kann auch auf unberechtigte Veränderung von Daten (Computer-Sabotage) zurückzuführen sein.

Hier soll nicht weiter darauf eingegangen werden, für welche Aufgaben im Bereich der Informationssicherheit eigene Mitarbeiter eingesetzt werden sollen und für welche externe Berater beauftragt werden sollen. Die Entscheidung für einen externen Sicherheitsberater setzt die Entwicklung entsprechender Auswahl- und Entscheidungskriterien voraus.

1   Entwicklung und Implementierung der Sicherheitsstrategie

Auf der Grundlage der genannten Schwachstellen, der Täterkreise, ihrer Motive und den praktizierten Angriffsverfahren wird im folgenden dargestellt, welche Arten von Sicherheitsberatung praktiziert werden und wie die Beratung inhaltlich vorgenommen wird.

Informationssicherheit zielt auf den Schutz vor beabsichtigten und auch unbeabsichtigten Störungen, die Zuverlässigkeit von Systemen, die Verfügbarkeit von Programmen und Daten, die Vertraulichkeit und die Integrität von Daten; weitere Sachziele wie unbeobachtbare Kommunikation, Anonymität und die Verbindlichkeit von Nachrichten können im Einzelfall von besonderer Bedeutung sein.

Zur Erreichung dieser Ziele erstreckt sich die Sicherheitsberatung insbesondere auf die folgenden Bereiche, wobei der eine oder andere - in Abhängigkeit von den im Unternehmen geleisteten Vorarbeiten - verzichtbar ist.

- Sensibilisierung der Unternehmensleitung und der Mitarbeiter
- Risikobewertung mit Informationswert-, Bedrohungs- und Schwachstellenanalyse
- Festschreibung einer Sicherheitsstrategie
- Entwicklung bereichsspezifischer Sicherheitskonzepte
- Ist-Aufnahme vorhandener Sicherheitsmaßnahmen
- Bestimmung der zusätzlich durchzuführenden Maßnahmen und der Kosten
- Implementierung der Sicherheitsorganisation
- Realisierung der Maßnahmen

Eine Sicherheitsstrategie soll auf den vorhandenen Unternehmenszielen aufbauen. Allerdings unterscheiden sich die Aktivitäten zur Erreichung von Sicherheit im Bereich der Informations- und Kommunikationstechnik erheblich.

Als Sicherheitsziele kommen insbesondere die folgenden in Betracht:

- Angemessene **Verfügbarkeit** der Daten in den Informationssystemen. Das heißt, die Daten sollen genau den Informationen entsprechen, die das Unternehmen hat. Dies sind Anforderungen an die Genauigkeit, Richtigkeit (Fehlerfreiheit), Aktualität, Vollständigkeit etc. der Daten.

Mit dem Ziel der Verfügbarkeit wird also eine weitgehend funktionierende IV-Welt angestrebt.

- **Vertraulichkeit** der Daten. Ausschließlich die Mitarbeiter, die die Daten zur Aufgabenerfüllung benötigen, sollen die notwendigen Zugriffsrechte ihren Aufgaben entsprechend ausüben können. Dritten sollen die Daten nicht zugänglich sein.

Unter Daten sollen hier nicht nur die Nutzdaten verstanden werden, sondern auch die Programme wie Betriebssysteme, Standard- und Individualprogramme. Verfügbarkeit bedeutet daher auch die (weitgehende) Fehlerfreiheit der eingesetzten Programme.

Weitere Ziele wie z.B. Abrechenbarkeit (aller Dienstleistungen der IV), Anonymität von Kommunikationsbeziehungen und Pseudonymität spielen derzeit in der Sicherheitsberatung nur eine nachgeordnete Rolle.

Diese Sachziele müssen eingebettet werden in die Sachziele der Informationsverarbeitung (kurze Antwortzeiten, Benutzerfreundlichkeit etc.) und sie werden den Formalzielen eines Unternehmens (wie Rechtmäßigkeit, Wirtschaftlichkeit und soziale Akzeptanz) untergeordnet.

1.0 Sensibilisierung

Erfahrungsgemäß wird mit der kategorischen Durchsetzung von technischen und organisatorischen Sicherheitsmaßnahmen wenig bis überhaupt nichts erreicht. Vielmehr muß allen Beschäftigten eines Unternehmens oder einer Behörde bewußt sein, warum bestimmte Maßnahmen ergriffen werden. Die Maßnahmen müssen auch plausibel sein; d.h. sie dürfen nicht überzogen sein und wirken - müssen also dem Wert der Daten entsprechend ausgewählt sein.

Sicherheitsmaßnahmen werden tatsächlich nur dann ergriffen und bei der täglichen Arbeit ordentlich durchgeführt, wenn die Benutzer von der Notwendigkeit der Maßnahmen überzeugt sind.

Hier setzt die Aufgabe des Sicherheitsbeauftragten an: Der Sicherheitsbeauftragte muß die Quantität und die Qualität der Sicherheitsmaßnahmen gegenüber der Mitarbeitervertretung und dann auch gegenüber allen Mitarbeitern begründen.

1.1 Risikobewertung

Vor jeglicher Aktivität sollte überlegt werden, aus welchen Gründen eine verstärkte Absicherung der Informationsverarbeitung als notwendig angesehen wird; meist werden auch Sicherheitsmaßnahmen nicht flächendeckend im gesamten Unternehmen sinnvoll sein. Vielmehr werden intensive Sicherheitsmaßnahmen - bei den für das Unternehmen sehr wertvollen Daten - notwendig werden, während für andere - weniger wertvolle - Daten keine Maßnahmen ergriffen werden oder jedenfalls vergleichsweise einfache Maßnahmen völlig ausreichen.

Unberührt bleibt dabei der Aspekt, daß bestimmte einfache Maßnahmen als sog. Grundschutz oder auch base line measures unverzichtbar sind - wie z.B. die in regelmäßigen Zeitabständen durchgeführten Sicherungskopien.

1.1.1 Informationswert-Analyse

Um im gesamten Unternehmen ein gleich hohes Sicherheitsniveau zu erreichen, müssen die Daten entsprechend ihrem Wert abgesichert werden:

Geringwertige Daten brauchen nur mit schwachen Maßnahmen geschützt zu werden. Hochwertige Daten müssen mit starken Maßnahmen gegen unberechtigte Zugriffe geschützt werden. Notwendig ist also eine hierarchische Bewertung der Daten nach Klassen wie "wenig wichtig", "wichtig", "sehr wichtig" - oder auch "offen", "vertraulich", "geheim". Diese dreistufige Klassifizierung ist eine Mindestmaßnahme; häufig werden auch fünf Klassen gebildet.

Entsprechend der Klasse - also dem Wert der Daten - sind dann die Sicherheitsmaßnahmen auszuwählen. Je wertvoller die Daten sind, um so härtere Maßnahmen müssen ergriffen werden.

Weiterhin ist es notwendig, die Daten dem Unternehmensbereich zuzuordnen, in dem sie entstanden sind bzw. in dem sie genutzt werden. Und nur diesem Unternehmensbereich sind die Daten dann auch zugänglich. Anderen Unternehmensbereichen stehen die Daten nicht zur Verfügung; im einzelnen muß auch den anderen Unternehmensbereichen gar nicht bekannt sein, daß die Daten gespeichert sind oder auch nur existieren. So brauchen im allgemeinen Daten des Bereichs Forschung und Entwicklung nicht dem Personalbereich zugänglich zu sein.

1.1.2 Bedrohungsanalyse

Als Bedrohungen sollen hier alle Aktivitäten bezeichnet werden, die zum Computermißbrauch führen können. Bedrohungen können u.a. ausgehen von unzufriedenen Mitarbeitern, agressiven Mitbewerbern. Die möglichen Bedrohungen müssen formuliert und bewertet werden.

1.1.3 Schwachstellenanalyse

Analysiert und bewertet werden müssen neben den DV-technischen Schwachstellen in Hardware und Software (Betriebssysteme, Datenbanksysteme, Anwendungsprogramme etc.) mögliche sicherheitsrelevante Schwachstellen der Aufbau- und Ablauforganisation - vgl. Voßbein (1993).

1.1.4 Informationsfluß-Analyse

Die Informationsverarbeitung in Unternehmen wird heute weniger als Verarbeitung auf isolierten DV-Systemen betrachtet. Angesichts der weitgehenden Vernetzung von IV-Systemen erscheint heute die Analyse der Informationsflüsse im Unternehmen und insbesondere die Bewertung von Schwachstellen dieser Informationsflüsse als angemessene Betrachtungsweise. Eine der wichtigsten Maßnahmen im Rahmen der Umsetzung der von der Unternehmensleitung beschlossenen Sicherheitsstrategie ist daher die Informationsfluß-Analyse, die die bisher weitgehend vernachlässigten Risiken der verteilten Informationsverarbeitung speziell herausarbeitet.

Der Fluß der Daten in einem Industrieunternehmen ist derart verzweigt, daß sich Risiken und Schwachstellen nur sehr schwer überschauen lassen. Daher werden die Informationsflüsse systematisch analysiert und mögliche Schwachstellen offengelegt und hinsichtlich ihrer Gesamtbedeutung bewertet.

Dabei hilft der klassische Checklisten-Ansatz nur begrenzt weiter. Ein standardisiertes Analyseverfahren ist von Lessing et al. (1991) entwickelt worden.

1.2 Entwicklung der Sicherheitsstrategie

In der Sicherheitsstrategie sind die wesentlichen Aufgaben und Vorgehensweisen im Bereich der Informationssicherheit festgeschrieben. Sie ist die Grundlage der Aufgabenerfüllung.

Genannt werden sollen (abstrakt) die realen und möglichen **Sicherheitsprobleme** und die angestrebten **Sicherheitsziele**. Genannt wird auch der - für alle im Rahmen dieser Strategie anfallenden Aktivitäten - **Verantwortliche** sowie die Art der Delegation von Teil-Verantwortlichkeiten.

Außerdem wird hier die Grundlage für die auf die verschiedenen Unternehmensbereiche angepaßten **Sicherheitskonzepte** formuliert.

In grundsätzlicher Weise wird die Durchführung von - ggf. auch unternehmensübergreifenden - **Informationsfluß-Analysen** genauso festgelegt wie die Auswahl von **Methoden, Produkten** und konkreten **betrieblichen Maßnahmen**. Bereits hier muß auch festgelegt werden, welche Instanz in welcher Form die Strategie und die daraus abgeleiteten Aktivitäten überprüft und kontrolliert (Revision und Berichtswesen).

Weiterhin ist die Beteiligung von Betriebsrat bzw. Personalrat festzulegen und das Überarbeitungsintervall der Strategie.

1.3   Sicherheitskonzepte

In den Konzepten der Unternehmensbereiche sind die für diesen Bereich spezifischen Aspekte der Informationssicherheit festzuschreiben. Die unterschiedlichen Aufgaben der Informationsverarbeitung und die unterschiedliche Art der Aufgabenabwicklung in den verschiedenen Unternehmensbereichen macht differenzierte Sicherheitskonzepte erforderlich. Insbesondere sind die bereits vorhandenen Sicherheitsmaßnahmen aufzuführen und den weitergehenden - noch durchzuführenden - Maßnahmen gegenüberzustellen. Die Kosten dieser weiteren Maßnahmen sind zu bestimmen. Weiterhin wird das - trotz der vorgeschlagenen Maßnahmen - verbleibende Restrisiko identifiziert und bewertet.

1.4   Realisierungsphase

Für die vorgesehenen Sicherheitsmaßnahmen werden Verfahren und Produkte ausgewählt, die Einsatzbedingungen festgelegt und die Maßnahmen implementiert.

1.5   Akkreditierung

In jedem Fall darf ein IV-System erst dann genutzt werden, wenn der Sicherheitsbeauftragte dieses unter Sicherheitsaspekten überprüft (Sind alle vereinbarten Sicherheitsmaßnahmen installiert und die Parameter wie vereinbart eingestellt?) und abgenommen hat; diese Überprüfung und Freigabe ist für **jede** einzelne Netzwerk-Komponente und das Gesamtsystem vor der Inbetriebnahme unerläßlich.

1.6   Sicherheitsmanagement

Ziel des Sicherheitsmanagements ist die Realisierung der dargestellten Aktivitäten im Rahmen der Entwicklung und Implementierung der Sicherheitsstrategie. Dazu kommt die Einrichtung einer Sicherheitsorganisation mit verteilten Zuständigkeiten und der Delegation von Teil-Verantwortungen an die Mitarbeiter in den Fachbereichen. Schließlich kann nicht ein einzelner Sicherheitsbeauftragter alle IV-Bereiche oder -Anwendungen und -Anwender eines Unternehmens allein überblicken.

Eine zentrale Aufgabe ist die Kontrolle aller auf den IV-Systemen installierten Sicherheitsmaßnahmen. Dies setzt zweierlei voraus:

- Zum einen eine Aufbereitung der sicherherheitsrelevanten Informationen wie Protokolle. Tabellen der Zugriffsrechte etc.

- Zum anderen muß kontrolliert werden, ob die eingesetzte Anwendungssoftware tatsächlich die zur Aufgabenabwicklung notwendige ist.

  - D.h. ist die eingesetzte Software unverändert (unmanipuliert)?

  - Ist auf den betrachteten und kontrollierten IV-Systemen nicht etwa Software unberechtigt installiert worden; dies gilt auch für neue oder andere Versionen von Software.

Diese Kontrolle aller Systeme eines Netzwerks ist ohne IV-Unterstützung ein aufwendiger aber notwendiger Prozeß. Die Kontrolle ist unabdingbar, um Manipulationen an Software und Nutzdaten sowie unberechtigte Zugriffe auf Nutzdaten - mit dem Ziel der unberechtigten Kenntnisnahme (Wirtschaftsspionage) - zu vermeiden oder aber mindestens kenntlich zu machen.

Ein Netzwerk mit heterogener Hardware und heterogener Software ist unter Sicherheitsaspekten nicht mit gängigen Verfahren zu überschauen; dies heißt, die Zugriffsberechtigungen auf allen angeschlossenen IV-Systemen in Augenschein zu nehmen und mit den dokumentierten zugeteilten Zugriffsrechten zu vergleichen. Dies mag für einige wenige Systeme noch handhabbar sein; von den Kosten her dürfte es allerdings bei größeren Netzen kaum zu vertreten sein.

Erst durch den Einsatz eines geeigneten rechnergestützten Verfahrens zur Kontrolle des Netzwerks kann eine wirtschaftliche Lösung sichergestellt werden. Ziel muß - wie eben dargestellt - gerade die Kontrolle der Zugriffsrechte auf allen angeschlossenen IV-Systemen sein; mit diesem rechnergestützten Verfahren können dann Manipulationen erkannt werden.

Dieses Verfahren sollte zeitgesteuert eingesetzt werden - d.h. in regelmäßigen oder unregelmäßigen Abständen; angemessen ist auch, das Verfahren ereignisabhängig einzusetzen und zwar bei Verdacht auf unberechtigte Zugriffe oder andere Unregelmäßigkeiten. Mit einem derartigen rechnergestützten Verfahren wird der Sicherheitsbeauftragte in die Lage versetzt, die Netzwerke seines Verantwortungsbereichs zu kontrollieren.

1.7 Schulung und Ausbildung

Neben der Sensibilisierung für die Risiken der Informationsverarbeitung spielt die Schulung und Ausbildung der Mitarbeiter in der Nutzung der Sicherheitsprogramme und der Anwendung der Sicherheitsgeräte eine besondere Rolle für die Realisierung der Informationssicherheit. Erst dann wenn die Mitarbeiter die Programme und Geräte effizient bedienen können, also wenig oder fast keine Zeit für die Bedienung aufwenden müssen, ist sichergestellt, daß die Sicherheitskomponenten auch im täglichen Betrieb genutzt werden. Dazu bedarf es umfangreicher Schulungsprogramme zur Nutzung der Komponenten.

2 DV-technische Maßnahmen

Im folgenden werden die beiden Maßnahmengruppen dargestellt, die neben den klassischen materiellen und personellen Sicherheitsmaßnahmen zur Absicherung eingesetzt werden können.

Grundsätzlich gilt für die Maßnahmengruppen, daß sie nicht nur alternativ eingesetzt werden sollten, sondern vielmehr kombiniert werden sollten. Damit wird i. allg. ein erhöhtes Sicherheitsniveau erreicht.

2.1 Zugriffskontrolle

Alle Sicherheitsmaßnahmen orientieren sich an dem für Netzwerke entwickelten Modell des Zugriffskontrollsystems, das auch auf alleinstehende Rechner angewandt werden kann.

Im Berechtigungssystem werden die detaillierten Zugriffsrechte der Anwender vom Sicherheitsbeauftragten zusammen mit den zugehörigen Sicherheitsinformationen zur Identifizierung und Authentifizierung abgelegt. Im aktuellen Fall des Zugriffsversuchs wird erst nach Identifizierung und Authentifizierung des Benutzers und nach erfolgter Überprüfung der Rechte der gewünschte Zugriff auf Daten gewährt (Zugriffs-Autorisierung).

Da derartige Verfahren nicht vollständig sicher sein können - die Sicherheitsfunktionen arbeiten nicht entsprechend den Spezifikationen und der Dokumentation - ist ein Kontrollsystem notwendig, das unberechtigt vorgenommene Zugriffsversuche wenigstens erkennt - wenn sie schon nicht vermieden werden können. Dazu ist die Protokollierung jeglicher Benutzeraktivitäten sowie die Protokollierung der Informationsflüsse notwendig - insbesondere im Netzwerk! Dazu gehört auch die Protokollierung aller Eingabe- und Ausgabeaktivitäten. In Netzwerken müssen darüberhinaus die Sende- und Empfangsaktivitäten aller Clients und Server vollständig kontrolliert und auch protokolliert werden. Allerdings müssen diese Protokolle dann auch hinsichtlich möglicher Sicherheitsverstöße ausgewertet werden.

Die notwendige Auswertung der Protokolle aller Netzwerk-Aktivitäten unter Sicherheitsaspekten ist keine triviale Aufgabe. So müssen die Protokolle der vernetzten Systeme miteinander verglichen werden: Ein Zugriff kann auf einem System wie ein Sicherheitsverstoß interpretiert werden; auf einem anderen System kann derselbe Zugriff desselben Benutzers explizit erlaubt sein, weil er zur Aufgabenerfüllung notwendig ist. Allerdings ist auch der umgekehrte Fall möglich.

Zur Auswertung der protokollierten sicherheitsrelevanten Informationen aller vernetzten Systeme müssen die Protokollinformationen zusammengeführt werden.

2.2 Verschlüsselung

Besonders wertvolle Daten sollten darüberhinaus bei der Speicherung verschlüsselt werden. Weiterhin sollten Daten bei der Übertragung immer dann verschlüsselt werden, wenn das Netz durch eine unsichere Umgebung verläuft; das heißt, wenn nicht ausreichend kontrolliert werden kann, ob ein Unberechtigter auf das Netz zugreift. Dabei können Daten abgehört werden oder auch manipuliert werden. Unerheblich ist dabei, ob nur ein "klassischer" Lauschangriff vorgenommen wird oder ein IV-System (z.B. ein Personal Computer) unberechtigt angeschlossen wird, um programmgesteuert Angriffe durchzuführen.

Verschlüsselung der Daten ist auch eine wirksame Sicherheitsmaßnahme beim Transport von Datenträgern.

Durch die Verschlüsselung kann zwar nicht ein Abhören oder Lesen von Daten vermieden werden - allerdings kann der Unberechtigte die verschlüsselten Daten nicht interpretieren.

Zu Einzelheiten der Verschlüsselung als Sicherheitsmaßnahme - auch in Netzwerken - vgl. Fumy et al. (1993).

3   IV-Unfallforschung

Ein sog. Fehlverhalten von Software kennzeichnet eine Funktionalität, die von der Spezifikation oder auch der Dokumentation abweicht. Ein Fehlverhalten kann in einigen Konstellationen gravierende Auswirkungen haben.

Ursache kann ein einziger Fehler im Entwicklungsprozeß sein. Der Fehler kann im Planungsstadium, in der Designphase oder auch während der Implementierung "passiert" sein. Im Allgemeinen ist im nachhinein nicht unmittelbar erkennbar, ob die Entwicklung absichtlich oder unabsichtlich fehlerhaft durchgeführt wurde.

Probleme bereitet häufig die Ursachenanalyse eines Programmfehlers. Meist bleibt unberücksichtigt, daß der Programmfehler auf einen Fehler im Erstellungswerkzeug zurückgeführt werden kann.

Erste Aufgabe ist also, die programmtechnische Ursache des Fehlverhaltens zu bestimmen. Ziel ist dabei den Primärfehler zu bestimmen sowie alle daraus resultierenden Folgefehler.

Die Untersuchung des Fehlverhaltens eines Programms kann auch spezifische Maßnahmen wie z.B. Feld-Tests erfordern .

4   Untersuchung von Computer-Mißbrauchsfällen

Neben der Entwicklung von Katastrophenplänen und klassischen Datensicherungs-konzepten (back-up) gibt es - im Rahmen der Sicherheitsberatung - noch eine weitere Aufgaben: Die Aufklärung von Computersabotage- und Spionagefällen. Wichtig sind hier umfangreiche Analysen von Systemprotokollen sowie Untersuchungen im Bereich der personellen Sicherheit.

In diesen Bereich fällt auch die Notfall-Beratung bei akutem Versagen der Informationsverarbeitung oder fortdauerndem Mißbrauch.

Schlußbemerkung

Es muß offen bleiben, ob heute wirklich alle möglichen Schwachstellen der Hardware und Software bekannt sind. Jedenfalls sind noch nicht einmal für alle bekannten Sicherheitsprobleme (z.B. covert channels) konkrete und vollständig wirkende Maßnahmen bekannt, so daß die Unsicherheit der Informationssysteme noch einige Jahre andauern wird - vgl. Pohl et al. (1993b). Diese Unsicherheit kann allerdings durch geeignete Maßnahmen soweit behoben werden, daß ein angemessenes Sicherheitsniveau auf allen Computern und in Netzwerken des Unternehmens erreicht werden kann.

Literatur:

Fumy, W.; Riess, H. P.:   Netzsicherheit durch Verschlüsselungsmethoden.
Computer und Recht 2, 117 - 124, 1993

Kersten, H.:   Einführung in die Computersicherheit. München 1991

Kersten, H.:   Aufgaben und Verfahren des Bundesamtes für Sicherheit in der Informationstechnik (BSI). Vortrag auf dem Kongreß "Sichere Daten, Sichere Kommunikation - Datenschutz und Datensicherheit in Telekommunikations- und Informationssystemen" des "Münchner Kreis" am 28. und 29. Juni 1993 in München. Erscheint in Bd. 18 der Reihe Telecommunications des Springer Verlags, Berlin 1993

Krcmar, H.:   Informationsmanagement - Zum Problembewußtsein deut- scher DV-Leiter. Angewandte Informatik 2, 127 - 135, 1990

Lessing, G.; Weese, E.:   Innere Sicherheit in der Informationsverarbeitung. Das System integrierter Kontrollkreise (SIK) im Abstimm-, Sicherheits- und Kontrollsystem (ASK).
In: Pfitzmann, A.; Raubold, E. (Hrsg.): VIS '91 - Verläßliche Informationssysteme. Berlin 1991

Paul, W.:   Eine andere Betrachtungsweise der Computerkriminalität 1991. Computer und Recht 4, 233 - 235, 1993

Pfitzmann, A.; Rannenberg, K.: Staatliche Initiativen und Dokumente zur IT-Sicherheit. Computer und Recht 3, 170 - 179, 1993

Pohl, H.; Weck, G. (Hrsg.): Internationale Sicherheitskriterien. München 1993a.

Pohl, H.; Weck, G.:   Stand und Zukunft der Informationssicherheit.
In: Pohl, H.; Weck, G. (Hrsg.): Einführung in die Informationssicherheit. München 1993b.

Pohl, H.:   Sicherheitsaspekte beim Downsizing.
Business Computing 6, 32 - 34, 1993

Voßbein, R.:   Leistungsfähigkeit von Schwachstellenanalysen auf dem IV-Sicherheitssektor. RDV 3, 109 - 114, 1993

The Role of Markets in Privacy Protection

Eli M. Noam

In den USA war ich drei Jahre lang im Staate New York *Commissioner of Public Services*. Die *Public Service Commission* ist eine Behörde, die die *Utilities*, d.h. Elektrizität, Wasser, Gas und Telekommunikation auf der Landesebene reguliert. In dieser Zeit haben wir in New York ein regulatives Instrumentarium geschaffen als Kontrolle für Telekommunikations-*Privacy*-Probleme und insbesondere 10 Prinzipien aufgestellt, die für die Zukunft neuer Telekommunikationsdienste in Bezug auf *Privacy* gelten sollen. Heute aber möchte ich die Frage stellen: Ist es denn unbedingt nötig, solche Probleme regulativ zu lösen, oder gibt es auch die Möglichkeit, den Markt aktiv werden zu lassen?

Zunächst einmal: Was ist *Privacy*? Dafür gibt es anscheinend kein gutes deutsches Wort. Privatsphäre, Privatsphärenschutz scheint nicht ganz das gleiche zu sein. "Privacy" ist auch im Englischen etwas vage. Man kann zwei *Privacy*-Probleme identifizieren: Das eine besteht darin, sich vor ungewollter Information zu schützen, das andere, keine Informationen über sich selbst aus seiner eigenen Sphäre herausgehen zu lassen.

Die Probleme der *Privacy* in der Telekommunikation sind nicht neu. Schon 5 Jahre nach dem ursprünglichen Patent für das Telefon von Alexander Graham Bell im Jahre 1816, wurde ein Patent vergeben über einen Apparat, der die Stimme verzerrte, damit andere Leute auf der *Party Line* nicht zuhören können. Schon 10 Jahre nach dem Patent von Bell gab es dokumentierte Probleme, daß Leute ungewollt und unauthorisiert mithörten, einschließlich der Polizei.

Trotz dieser langen Vorgeschichte kann man beobachten, daß in den letzten Jahren die *Privacy*-Probleme gestiegen sind. Das hat verschiedene Gründe. Es gibt mehr elektronische Transaktionen und elektronische Daten sind einfacher und leichter zu sammeln. Mehr und mehr wird mobil über die Luft kommuniziert, und zumindest in den USA ist die Zahl der verschiedenen Netzbetreiber gestiegen, so daß die Kontrollen schwieriger werden.

Konkret sind heute einige der folgenden Probleme zu lösen:
- Telemarketing (Telefonate, bei denen etwas verkauft werden soll)
- Datenbanken
- die Kontroverse um die Anzeige der Telefonnummer des Rufenden (*Caller-ID*). Diese Rufnummern könnte man auch in Mailing Lists verwandeln und weiterverkaufen.
- Kontrolle der Arbeitgeber über die Kommunikation der Arbeitnehmer.
- Abhören des Mobilfunks.

Die Probleme der *Privacy* und ihrer *Protection* werden in Europa und Amerika unterschiedlich behandelt. Die *Privacy* in Europa wird geschützt durch sogenannte *Omnibus-Laws*, d.h. allgemeine Gesetze mit dafür verantwortlichen Behörden. In den USA wird spezifischer vorgegangen: Wenn es ein Problem gibt, wird es gezielter angegangen, allerdings manchmal auch nicht.

Es stellt sich die Frage: Ist es unbedingt notwendig, daß der Staat für die Regulierung der *Privacy* in der Telekommunikation verantwortlich ist? Das ist eine Frage, die nicht verstanden wird. Die Telekommunikation als Wirtschaftssektor wird von Technikern und Juristen dominiert, von Behörden und Beamten, womit der Ruf nach dem Staat, ein Problem anzugehen, natürlich ist. Aber es gibt Alternativen. Wie analysiert man das am besten? Hier möchte ich Sie an den Wirtschaftswissenschaftler und Nobelpreisträger Ronald Coase verweisen. Coase hat ein relativ einfaches Theorem formuliert - nicht über Telekommunikation, sondern über das Problem der Regulierung. Ich möchte dieses Prinzip auf das Telemarketing anwenden. Nehmen wir an, ein Telemarketer möchte mich unbedingt anrufen, und das Gespräch wäre ihm 3 Mark wert. Er kann sich ungefähr ausrechnen, wie oft er ein Geschäft abschließen wird, und einen Betrag von 3 Mark errechnen, für die Chance, mich überreden zu können. Mir persönlich ist aber die Störung 4 Mark wert. Wird ein Gespräch zustandekommen oder nicht? Coase' Prinzip sagt dazu folgendes: Ganz egal, wie die Regulierung ist, dieses Gespräch wird nicht zustandekommen, weil der Schaden für mich größer ist als der Nutzen für ihn. Wenn er gesetzlich die

Möglichkeit hätte, mich anzurufen, wir aber miteinander eine Transaktion durchführen könnten, bei der ich ihm mitteilen könnte: "Ich bezahle Dir 4 Mark, wenn Du mich nicht anrufst", dann würden wir diese Transaktion stattfinden lassen und der Anruf würde dann nicht zustandekommen. Umgekehrt, wenn er gar nicht das Recht hat, mich zu Hause anzurufen, wird das Gespräch auch nicht zustandekommen. Wenn aber die Zahlen anders wären, z.B. 6 Mark Nutzen für den Telemarketer, wird er mich, wenn er darf, anrufen, und wenn er nicht ohne Erlaubnis darf, wird er mir Geld zahlen, damit ich es ihm erlaube. Das heißt, die fundamentale Ökonomie der verschiedenen Nutzen in diesem Gespräch wird bestimmen, ob es dieses Gespräch geben wird oder nicht. Die ursprüngliche Erlaubnis bzw. das Verbot beeinflussen nur die *Wealth Distribution*, d.h. wer am Schluß mehr Geld hat.

Um solche Transaktionen durchführen zu können, sind verschiedene Dinge notwendig. Zum einen braucht man eine Industriestruktur, die solche Transaktionen möglich macht, zum anderen muß es möglich sein, die Transaktionen zu individualisieren, d.h. die beiden Parteien zu identifizieren, zum dritten müssen die Transaktionskosten relativ niedrig sein, viertens muß es eine Symmetrie der Information geben, d.h. A muß wissen, was B mit der Information macht und B muß wissen, was A vorhat. Und es darf kein Marktversagen geben. Nehmen wir einmal eine Situation von Marktversagen an. Es scheint logisch zu sein, daß das Ergebnis das gleiche ist, ob der Telemarketer anrufen darf oder nicht. Aber es ist doch nicht das gleiche. Wenn ich Ihnen etwas dafür zahlen muß, damit Sie mich nicht anrufen, dann rufen Sie am Montag an und bekommen 4 Mark, am Dienstag rufen Sie wieder an und bekommen noch einmal 4 Mark, und in kurzer Zeit gibt es Hunderte von Leuten, die nichts anderes tun, als anzurufen, um 4 Mark zu bekommen. Das nennt man auf englisch *Moral Hazard*. Das bedeutet, daß die ökonomischen Anreize so strukturiert sind, daß ungewünschtes Verhalten gefördert wird. Die Rolle des Staates müßte in diesem Fall sein, die *Property Rights* so zu strukturieren, daß ich das Recht habe, jemanden daran zu hindern, mich anzurufen, anstatt ihm Geld geben zu müssen, damit er mich nicht anrufen soll.
Ein anderes Problem ist die Rolle der Industriestruktur. Hier liegt das Problem darin, daß in der Telekommunikation nicht einfach Transaktionen zwischen A und B stattfinden, sondern daß es noch eine Institution in der Mitte gibt, den Netzbetreiber. Dieser

Netzbetreiber war in der Vergangenheit und ist meist auch noch in der Gegenwart ein Monopolist, der in seinem Profitstreben reguliert war. Ein solches Unternehmen hat wenig Anreiz, *Privacy* zu vermitteln. Daß es einen Bedarf nach *Privacy* gibt, sieht man am Beispiel der *Unlisted Telephon Numbers*. Man muß in den USA meist dafür bezahlen, daß man nicht ins Telefonbuch kommt. Trotzdem ist dies in New York circa 35% der Bevölkerung wert. Sie zahlen extra, damit sie nicht im Buch erscheinen. In Kalifornien sind es sogar 55% der Bevölkerung. Ein Monopolist hat keinen Anreiz, den Umfang seines Betriebes zu beschränken. Eine Privatschutzmöglichkeit würde ja bedeuten, daß ein Teil der Gespräche nicht zustandekommen würde. Wenn aber die Industriestruktur nicht mehr monopolistisch ist, sondern kompetitiv, dann würde es verschiedene Netzbetreiber geben, die je nach dem Bedarf der verschiedenen Nutzer verschiedene Stufen von *Privacy* anbieten würden, eventuell für einen Aufpreis, aber zumindest würde das einer der Faktoren sein in einem profitmaximierenden Betrieb.

Eine weitere Notwendigkeit für Transaktionen für *Privacy* besteht darin, daß man die Transaktion individualisieren muß. Dazu benötigt man die Identifizierung des Anrufers, die Möglichkeit zur Transaktion und einen finanziellen Transfermechanismus. Die erste Stufe, die Identifizierung des Anrufers, ist jetzt möglich durch die Anzeige der Rufnummer des Anrufers (*Caller-ID*). Mit Transaktionsidentifizierung und einem finanziellen Transfer-mechanismus wird es in der Zukunft ein System einfacher Transaktionen, Personal 900 Service, geben. 900 Service bedeutet in den USA, daß man extra bezahlt für das Gespräch - wenn ich z.B. jemanden anrufe, um Sportinformationen zu bekommen. Man kann dieses Prinzip der 900er Nummern nun auch weiter fortführen, indem man für Telemarketing-Anrufe bezahlt bekommt. Im Moment ist das in den USA frei. Jeder kann Sie anrufen. Er muß nur der Telefongesellschaft etwas bezahlen, aber nicht dem Angerufenen für seine Zeit. Aber stattdessen könnte man ja auch ein System haben, bei dem der Angerufene eine Ansage abspielt mit folgendem Text: "Wenn Sie ein Telemarketer sind und dieses Gespräch weiterführen wollen, kostet Sie das 4 Mark. Wenn Sie weitersprechen wollen, dann drücken Sie auf die entsprechende Taste, wenn nicht, legen Sie bitte auf." Die 4 Mark (oder ein anderer Betrag, der vom Angerufenen gewählt ist) würden dann automatisch über die

Telefonrechnung oder über eine Kreditkarte automatisch überwiesen werden. Das wäre eine Methode, die es ermöglicht, diese Privattransaktionen zu schaffen.

Bei Caller-ID gibt es in den USA eine große Kontroverse, weil da ein Privatschutzproblem mit einem anderen Privatschutzproblem in Spannung steht. Natürlich ist es nützlich zu wissen, wer einen anruft. Andererseits, wenn man eine ungelistete Nummer hat, hat dann die angerufene Partei diese Nummer und kann sie dann weiterverwenden, sogar für *Mailing Lists*. Es ist also auch nötig, den Anrufer zu schützen. Wie macht man das? *Caller-ID* wird jetzt angeboten mit einer Sperrmöglichkeit (*Blocking*), d.h. der Anrufer kann seine Nummer verdecken. Umgekehrt kann natürlich der, der angerufen wird und sieht, daß die Nummer blockiert wird, es ablehnen, mit jemandem zu sprechen, der nicht sagt, wer er ist. In dieser Situation, mit den Telefongesellschaften als Monopolisten, wurde dieses *Blocking* nicht freiwillig angeboten. Es macht ja auch ökonomisch keinen Sinn. Je mehr man dieses *Blocking* ermöglicht, desto weniger kann man das *Caller-ID* verkaufen. Das ist so, als ob man komplizierte Schlösser verkauft und gleichzeitig die Doppelschlüssel an andere weitergibt. In einem kompetitiven Markt ist solches Marktverhalten jedoch nicht stabil. In den USA gibt es schon Anbieter, die ihre PABX an Dritte zur Benutzung geben, um zu verdecken, wer den Anruf tätigt. Dafür muß man natürlich bezahlen.

Für drahtlose Kommunikation, z.B. Mobilfunk, kann ein kompetitives Marktsystem funktionieren. Wenn mir die *Privacy* wichtig ist, würde wahrscheinlich eine Gesellschaft kommen, die es mir möglich machen würde, mich zu schützen.

Es ist schwieriger, dieses Prinzip für Datenbanken anzuwenden. Eine Analyse zeigt, daß das Marktsystem für Datenbanken weniger funktioniert. Das hängt zum Teil davon ab, daß die Information, die eine Firma hat, weiterverkauft werden kann an andere, ohne daß die erste Firma unbedingt einen Schaden erleidet. Eine Bank, z.B., die Kreditinformationen über mich hat, weil ich seit einigen Jahren mit ihr verkehre, wird diese Informationen eventuell an eine zweite oder dritte Bank weitergeben, ohne daß der Wert dieser Informationen für sie selbst sinken würde. Wenn es viele solcher Institutionen gibt, wird der Globalwert dieser Information relativ hoch, obwohl er nur relativ klein für jede einzelne Institution ist, so daß der Kunde der Bank relativ viel Geld bezahlen müßte, um sie zu verleiten, diese Informationen nicht weiterzugeben. In den meisten Fällen würde wahrscheinlich dieser Betrag zu hoch sein, so daß diese Transaktion nicht stattfinden würde.

Die fundamentale Frage nun: Sollte *Privacy* ein Teil des Marktes sein oder soll es etwas außerhalb des Marktes sein, so wie Wahlrecht, was man ja auch nicht kauft oder verkauft, jedenfalls nicht offiziell. Verschiedene Leute haben verschiedenen Bedarf an *Privacy*. Doch ist es wahrscheinlicher, daß Leute, die Geld haben, sich die *Privacy* kaufen bzw. erhalten, während Leute, die kein Geld haben, sie verkaufen, damit sie mehr Geld haben. Es ist fraglich, ob dies nun sozial wünschenswert ist. Bevor man zu einer regulierenden Lösung übergeht - alle haben die gleiche *Privacy* - muß man allerdings verstehen, daß ein ungleiches Endergebnis nicht zu verhindern ist, wenn man Transaktionen miteinander durchführen darf, was in einer freien Gesellschaft der Fall ist. Wo liegt nun die Rolle des Staates? Erstens eine Industriestruktur schaffen, die *Privacy* Transaktionen möglich macht. Zweitens muß man *Privacy* Transaktionen erleichtern, z.B. durch sogenannte *Disclosure Requirements* über die Weiterverwendung von Information. Drittens muß man *Property Rights in Privacy* strukturieren. Wenn diese Mittel nicht genügen, dann kann es eine direkte Rolle der Staatsregulierung der *Privacy* geben. Aber man muß nicht damit anfangen. Man kann mit den anderen Instrumenten beginnen und kann dann, wo es nötig wird, den Staat einbeziehen.

Sicherheitstechnologie für Transaktionssysteme der Kreditwirtschaft am Beispiel "electronic cash"

Hartmut S. Schmidt

Inhalt: Der Vortrag behandelt die Sicherheitsaspekte eines Transaktionssystems für die elektronische Abwicklung von unbaren Zahlungsvorgängen in der Kreditwirtschaft. Es werden die Sicherheitsfunktionen sowie das Schlüsselmanagement und die Implementierung einer neuen kryptografischen Architektur (CCA) diskutiert.

1. Das "electronic cash" Konzept

Seit etwa 10 Jahren beschäftigt sich die deutsche Kreditwirtschaft mit der Realisierung eines kartengestützten, elektronischen Zahlungssystems, das an den Kassen des Handels den Zahlungsvorgang automatisieren soll. Die Kreditwirtschaft selbst verspricht sich von der Einführung solcher Systeme erhebliche Einsparungen in der Abwicklung des Zahlungsverkehrs mit ihren Kunden *(Siehe Abb. 1)*.
Verschiedene Serviceanbieter mit eigenen und Fremdnetzen (wie die IBM-Tochter TeleCash) bieten dem Handel entsprechende Dienste an, um die elektronischen Zahlungsvorgänge mit den Kreditinstituten des Kunden und der eigenen Händlerbank abzuwickeln.

Mitte 1990 wurde "electronic cash" gestartet und die bisherige Bilanz ist trotz mancher Irritationen durchaus als positiv zu bewerten. Wie die Entwicklung im Handel des Ausland bereits zeigt und Ansätze in Deutschland erkennen lassen, wird das elektronische Bezahlen mittels einer Debit-Karte wie "ec", einer Kreditkarte wie AX, DI, MC, EC.. oder einer Handelskundenkarte wie MASSA, Breuninger, Metro u.a. in Zukunft eine erhebliche Bedeutung erlangen.

Der elektronische Zahlprozeß wird erst durch verschiedene Voraussetzungen möglich, wie die Installation der ec-Terminals und deren Verbindungen (Datex-P) zu den einzelnen Autorisierungszentralen der Karten-Emittenten. Der Kunde muß sich nach Ermittlung des Kassenbetrages entscheiden, mit einem gültigen Kartenmedium zu bezahlen. Im weiteren wird hier nur auf das Bezahlen mit einer Eurocheque Karte (ec-Karte) eingegangen.

Durch das dichte Geldautomatennetz in der Bundesrepublik (ca. 14000 in '92) wurde erreicht, daß ca 20- der ca 30-Millionen ec-Kartenbesitzer Ihre Geheim-

nummer (PIN) kennen und nutzen. Diese Kunden haben die Möglichkeit als
EFT/PoS-Kunden (EFT/PoS = Electronic Funds Transfer am Point of Sale)
ihre ec-Karten mit PIN als Zahlungsmedium zu verwenden. Um dem Handel
ein möglichst flexibles Zahlungssystem zu bieten, kann der Händler über das
gleiche Terminal verschiedene Zahlungsverfahren abwickeln. Das ist einmal
das bereits erwähnte ec-System sowie die Zahlung mittels Kreditkarten, bei
denen- ähnlich wie bei der manuellen Verarbeitung -lediglich die Kartendaten
elektronisch erfaßt und übertragen werden. Weiter bietet die Kreditwirtschaft
die Möglichkeit, ohne Einsatz von PIN online oder offline mit ec-Karte zu
zahlen *(Siehe Abb. 2)*.
Der Unterschied dieser Zahlungsarten liegt in den unterschiedlichen Sicherheitsfunktionen und dem daraus resultierenden Risiko für Händler und Kunde
(Siehe Abb. 3).

1.1 Der "Zahlvorgang" (ec)

Das elektronische Bezahlen beginnt mit der Entscheidung des Kunden, den
ermittelten Betrag mittels seiner ec-Karte zu bezahlen. Dazu wird der zu zah-
lende Betrag an dem EFT/PoS Terminal angezeigt. Der Kunde bestätigt den
Betrag und steckt seine ec-Magnetstreifenkarte in den Kartenleser des
Terminals. Die Karte wird nun geprüft und der Kunde aufgefordert, seine
Geheimnummer (PIN) einzugeben *(Siehe Abb. 4)*.

Danach wird die Transaktion an den Netzknoten des Netzwerkbetreibers
geschickt. Hier werden anhand der Magnetstreifendaten die Transaktionsdaten
zu den Autorisierungszentralen der kartenausgebenden Institute weitergeleitet.
Die Transaktionsdaten werden in dem EFT/PoS Terminal gegen Verfälschung
und die Geheimnummer gegen Ausspähung gesichert.

In der Autorisierungszentrale für ec-Karten wird zunächst die Nachricht auf
Originalität geprüft und dann der Benutzer mittels seiner Geheimnummer und
der Kartendaten authentisiert. Diese Prüfungen laufen innerhalb angriffsge-
schützter Sicherheitsmodule ab. Falls der Benutzer authentisiert und seine ec-
Karte für das elektronische Bezahlen autorisiert ist (Black-List Prüfung), wird
die Transaktion weiter an das kontoführende Institut geleitet, wo der Betrag
am persönlichen Verfügungsrahmen des Kundenkontos autorisiert wird.

Bei positiver Identifizierung und Autorisierung von Kunde und Betrag, werden
die Zahlungsverkehrsdaten im Netzknoten des Netzwerkbetreibers zwischenge-
speichert und täglich zum Kreditinstitut des Händlers übertragen.

Der Kunde erhält die Bestätigung der Zahlung und einen Kassenbon auf dem
der Vorgang mit speziellen Informationen wie Transaktionsnummer, Karten-
nummer, Kontonummer, Autorsierungs-ID u.a. festgehalten ist.

1.2 Sicherheitsanforderungen an "ec-Kartensysteme"

Im Falle "electronic cash" (Bezahlen mit der eurocheck Karte) wird die Kommunikation zwischen den Komponenten EFT/PoS Terminal und Netzknoten sowie Netzknoten und Autorisierungsrechner kryptografisch gegen Verfälschung und Ausspähung gesichert.

Das bedeutet, daß zwischen dem Netzknoten und dem EFT/PoS Terminal ein eigenes Schlüsselsystem existiert, welches von dem Netzwerkbetreiber bestimmt wird. Zwischen dem Netzknoten und dem Autorisierungssystem des kartenausgebenden Instituts ist das Schlüsselsystem durch die GZS (Gesellschaft für Zahlungssysteme) festgelegt *(Siehe Abb. 5)*.

Um die Sicherheit für Kunden und Händler sowie der Bank zu garantieren, unterliegen die ec-Kartensysteme besonderen Abnahmeprozeduren. Hierbei wird geprüft, inwieweit die kryptografischen und organisatorischen Sicherheitsdienste realisiert worden sind und den gesetzten Anforderungen entsprechen.

In dem ec-Zahlungssystem findet der symmetrische DES-Algorithmus (Data Encryption Standard) Anwendung, um die geforderten Sicherheitsfunktionen zu liefern. Die Beweisbarkeit der Unverfälschtheit wird durch Bildung und Prüfung eines "Message Authentication Code" (MAC) erreicht.

Zur Benutzerauthentisierung wird ein individueller "Personal Authentication Code" (PAC) gebildet bzw. geprüft, der sich aus dem PIN sowie den ec-Kartendaten (Kontonummer) zusammensetzt *(Siehe Abb. 6)*.

2.0 Kryptografische Funktionen

In einem ec-Zahlungssystem gibt es eine Reihe von Sicherheitsfunktionen und Verwaltungsfunktionen, die Vorraussetzung für einen reibungs- und störungsfreien Ablauf der unbaren Zahlungen sind. Da es sich hierbei um rechtsgültige Vorgänge handelt, in denen elektronisches Geld transferiert wird, sind diese Sicherheitsfunktionen fälschungssicher zu realisieren.

Die Kreditwirtschaft hat hierzu die "Spezifikation der Schnittstelle zu den Autorisierungssystemen" definiert, welche für die elektronische Zahlung verbindlich ist. Die Netzwerkbetreiberrechner (Netzknoten) sind mit einem angriffsgeschützten Hardware-Sicherheitsmodul auszustatten, um einen gesicherten Übergang vom Sicherheitskonzept des Netzwerkbetreibers zum einheitlichen und für alle verbindlichen Sicherheitskonzept auf der Schnittstelle zu den Autorisierungssystemen zu gewährleisten *(Siehe Abb. 7)*. Die Autorisierungssysteme sind ebenso mit entsprechenden Sicherheitsmodulen ausgestattet. Somit ist gewährleistet, daß alle kryptografischen Funktionen vom EFT/PoS-Terminal bis zum Autorisierungsrechner in geschützten Sicherheitsmodulen ablaufen.

Diese Module sind einmal Bestandteil des EFT/PoS-Terminals und als Hardware-Kryptoprozessoren über ein Interface mit den Rechnern verbunden.

2.1 Nachrichtenauthentisierung:

Der Anspruch nach Originalität und Unversehrtheit von Daten ist eine der Grundanforderungen der Datenverarbeitung.

Aus den Daten einer Nachricht wird ein Prüfcode gebildet und an die zu transportierenden Daten angefügt. Der Empfänger bildet aus den empfangenen Daten ebenso einen Prüfcode, der gleich dem übersandten ist, wenn die empfangenen Daten original und unverfälscht sind und der Prüfcode richtig errechnet wurde. In dem Rechenprozeß wird ein geheimer Schlüssel verwendet, den beide Seiten vertrauensvoll verwalten und zur MAC-Bildung und -Prüfung benutzen (MAC = Message Authentication Code).

Durch Hinzufügen von Transaktionsnummern und einem Zeitstempel zu den eigentlichen Daten wird die Sequenz von Dateneinheiten gesichert und das Eliminieren, Verdoppeln oder Einfügen von Nachrichten erkannt und verhindert. Da jedes EFT/PoS-Terminal eine eindeutige Kennzeichnung (Terminal-ID) besitzt, läßt sich jederzeit rekonstruieren, von welchem Terminal die Transaktion durchgeführt wurde *(Siehe Abb. 8)*.

Die Funktionen im Einzelnen:

- Bildung des "Message Authentisierung Code" (MAC)

- Prüfung des "Message Authentisierung Code" (MAC)

- Bildung des "Autorisierungs Identifier" (AID)

- Prüfung des "Autorisierungs Identifier" (AID)

Die Autorisierungs-ID (AID) ist ein spezieller MAC, der bei einer positiven Autorisierung vergeben (wird aus Betrag, Kontonummer, Zeit und EFT/PoS-Terminal ID gebildet) und in der Autorisierungsantwort an das EFT/PoS-Terminal zurück geschickt wird. Die AID wird mit den anderen Daten auf dem EFT/PoS Kassenbon ausgedruckt und mit in der Zahlungsverkehrsdatei des Händlers abgelegt.

Bei dem Einleiten der Zahlungsverkehrsdateien in das "Clearing" wird, vor der Gutschrift auf das Händlerkonto und der Lastschrift auf das Kundenkonto, die AID der Transaktion mit der gespeicherten AID der Zahlungsverkehrsdatei auf Gleichheit geprüft.

2.2 Benutzerauthentisierung:

Authentisierungsmechanismen dienen der Prüfung der behaupteten Identitäten. Die Identität eines Objektes (Benutzer, Programme...) wird verifiziert, indem die angegebenen individuellen Referenzinformationen (Passwort, Kartendaten....) an den bei der Autorisierungsinstanz (Kartenemittent) abgelegten Referenzen verglichen werden. Die Identifikation erfolgt mittels Benutzerwissen (Geheimnummer-PIN) und Besitz (Ausweis ec-Karte).

Die Authentisierung läuft im Einzelnen wie folgt ab *(Siehe Abb. 9)*:

- Bilden des "Clear PIN-Block"

    - Für den Authentisierungsprozeß werden zunächst die ec-Kartendaten gelesen (Spur 2 + 3) und auf Plausibilität geprüft.
    - Wenn eine gültige ec-Karte vorliegt, werden die "PIN-Ausgangsdaten" extrahiert und mit dem eingegebenen PIN zu einem "Clear PIN Block" aufbereitet (im ECI-3 Format werden PIN und PAN "xored"; PAN = Primary Account Number).

- Aufbereiten zur Übertragung

    - Verschlüsselung des "Clear PIN-Block" mit dem aktuellen Schlüssel (d(KPAC) Clear PIN-Block) zum PAC (Personal Authentication Code).
    - Übertragen der gesamten Transaktion MAC-geschützt zur Autorisierungszentrale.
    - Nach MAC Prüfung PIN-verify.

- Prüfung der PIN-Nummer (PIN-verify)

    - Rückbilden des "Clear PIN-Block" (e(KPAC)PAC).
    - Extraktion des "Clear PIN" (xor mit PAN)
    - Encrypt der PIN-Ausgangsdaten mit dem Instituts-Key (oder Pool-Key)
    - Extrahieren und dezimalisieren des PIN
    - Vergleichen des errechneten und des empfangenen PIN ("clear PIN")

Falls mit dem EC-Pool-Key der PIN errechnet wird, ist die Differenz zum empfangenen PIN der "Offset". Der Offset ist in den PIN-Ausgangsdaten enthalten. Mit dem ec-Pool-Key werden nur institutsfremde ec-PIN's geprüft.

2.3 Schlüsselverwaltungsfunktionen

Da in einem symmetrischen Schlüsselsystem die Sicherheit auf der Geheimhaltung der kryptografischen Schlüssel beruht, unterliegt das Schlüsselmanagement besonderen Auflagen.

Alle aktiven Schlüssel und sensiblen Informationen dürfen zu keiner Zeit unverschlüsselt im System erscheinen. Diese Anforderung zwingt die Betreiber zu genau abgestimmten Initialisierungsprozessen von "Erst-Schlüsseln" und der Synchronisation der aktiven Schlüssel. In der Praxis wird der erste Schlüssel (KTM = Terminal Master Key) unter einem Installationsschlüssel verschlüsselt (e (Kinst) KTM) und in das Terminal geladen. Dabei werden beide Schlüssel je in zwei Hälften geteilt und in einzelnen Schritten installiert ("vier-Augen-Prinzip").

Das IBM Transaktions-Sicherheitssystem (TSS) bietet eine ausgereifte Sicherheitsarchitektur, die diesen besonderen Anforderungen gerecht wird und in der Kreditwirtschaft Anwendung findet. Das TSS besteht aus einer Reihe von leistungskräftigen Sicherheitsprozessoren, für die S/370 Systemumgebung (IBM 4753 und IBM ICRF) und für den Systembereich OS/2, OS/400 und AIX (IBM 4755 und 4754) *(Siehe Abb. 10)*.

In dem POS-Projekt der deutschen Sparkassen wurde diese Sicherheitsarchitektur erstmals eingeführt und angewandt (seit 1990 im Einsatz). Dazu gehört auch die organisatorische Überwachung von Initialisierungsphasen sowie automatischer Schlüsselverteilvorgänge. Es ist dazu notwendig, ein zentrales Repository zu führen, welches verschiedene Kontrollfunktionen ausführt:

- Verwaltung von Schlüsselinformationen und Schlüsselereignisse zwecks Logging und Auditing

- Verwaltung der beteiligten Personen, Institutionen und Hardwarekomponenten.

3.0 Schlüsselmanagement

In einem kryptografischen System wie dem ec-Transaktionssystem, werden die kryptografischen Vorgänge durch ein fest definiertes Key Management Konzept kontrolliert. Im Folgenden werden hier zwei Konzepte behandelt: das "klassische" kryptografische System und die IBM Common Cryptographic Architecture (CCA). Beide Konzepte werden in der Kreditwirtschaft realisiert.

Generell werden die aktiven POS-Schlüssel von dem zentralen Key-Distribution Center der GZS (Gesellschaft für Zahlungssysteme GmbH) in dem "klassischen" Key-Format erzeugt und verteilt. Diese Schlüssel haben zwischen den Netzknoten der Netzwerkbetreiber und den Schnittstellen der Autorisierungsrechner Gültigkeit. Die Netzwerkbetreiber verwenden zwischen den EFT/PoS Terminals und Ihren Knotenrechnern ein eigenes, aber an dem der GZS angelehntes Schlüsselmanagement Konzept.

3.1 Schlüsselhierarchien und Schlüsseltypen

Das "klassische" Schlüsselsystem und das "CCA" Schlüsselsystem unterscheiden sich in Schlüsselhierarchie und Schlüsseltyp *(Siehe Abb. 11)*.

- Im "klassischen" Schlüsselsystem existieren 8-Byte lange Key-Encrypting-Key's und Data-Key's, deren Funktion nicht kontrolliert wird.

  - Der Terminal Master-Key (KM) ist ein 16-Byte langer Key-Encrypting-Key (KEK).

  - Die Verschlüsselung der Key's erfolgt im ECB-Mode (Electronic-Code-Book-Mode), die MAC-Bildung im CBC-Mode (Cipher-Block-Chaining-Mode mit ICV = 0).

- Im "CCA" Schlüsselsystem existieren unterschiedliche, hierarchische "Schlüsselklassen", in denen nur bestimmte Funktionen zulässig sind. Der Gebrauch der Schlüssel wird mittels eines "Control-Vector-Conzept" eingeschränkt.

  - Hierbei wird jedem Schlüssel ein Control Vector zugeordnet, der die zulässige Funktion definiert, die vor Ausführung einer kryptografischen Funktion auf Richtigkeit geprüft wird.

  - Der "Master Key" KM (ein besonderer "Key-Encrypting-Key") wird in dem Sicherheitsbereich der Hardware gespeichert. Er ist 16-Byte lang und dient der Verschlüsselung der KEK's sowie der "Data-Keys" (KD).

  - Die "Key-Encryption-Key's" (KEK) sind ebenfalls 16-Byte lang und werden zur Verschlüsselung von anderen Key's genutzt, die zwischen verschiedenen kryptografischen Einrichtungen ausgetauscht werden.

- Die "Data-Key's" (KD) sind 8-Byte lange Schlüssel, die zur Daten- und PIN-Verschlüsselung oder MAC-Generierung verwendet werden.

- Alle Schlüssel werden nach dem "Triple Encryption Prinzip" verschlüsselt, d.h. encrypt-decrypt-encrypt.

3.2 Schlüsselkontrolle durch Vektoren

Wenn Vektoren kryptografische Schlüssel kontrollieren, wird der Gebrauch dieser Schlüssel eingeschränkt und das symmetrische DES-System bekommt asymmetrische Züge.

Jeder Schlüssel hat einen speziell zugeordneten "Control Vector" (CV), der die Funktionalität des Schlüssels festlegt. Der CV ist ein "offener Wert", der mit dem Schlüssel verbunden ist (XOR). So werden für unterschiedlich Funktionen verschiedene Schlüssel generiert. Z.B ist der MAC_gen-Key" ein anderer als der "MAC_ver-Key", da der CV verschieden ist.

Vor jedem kryptografischen Prozeß wird die Richtigkeit des zur Ausführung anstehenden Prozesses mit Hilfe des CV geprüft.
Darstellung der "CCA-Schlüsselklassen":

- Klasse: Verschlüsselung
  Funktion: Verschlüsselung, Entschlüsselung Ummschlüsselung

- Klasse: MAC-ing
  Funktion: Mac-Generierung, Mac-Verifizierung

- Klasse: PIN-Prozessing
  Funktion: PIN-Generierung, PIN-Verifizierung, PIN-Umschlüsselung

- Klasse: Schlüsselmanagement
  Funktion: Schlüsselimport, Schlüsselexport, Schlüsseltransformation

3.3 Schlüsselverteilung

Die gültigen Schlüssel der ec-Autorisierungssysteme werden von der GZS (Gesellschaft für Zahlungssysteme GmbH) ausgegeben. Wie beschrieben basiert das "klassische" ec-Key-System auf inkompatiblen Schlüsseltypen (8-Byte KEK) und arbeitet nicht nach dem Control Vector Konzept. Es verschlüsselt seine Key's nicht mit "triple encryption". Daher ist es notwendig die GZS-Schlüssel in das höhere kryptografische Sicherheitsniveau zu transformieren, um sie "CCA-fähig" zu machen. Hierzu werden die aktiven Schlüssel des ec-Systems in einem Kryptoprozessor (IBM 4753 und 4755) zu "CCA-Schlüsseltypen" mit Kontroll-Vektoren aufbereitet. So können aus einem "Grundschlüssel" zwei bzw. drei neue CCA-Schlüssel generiert werden. Das Resultat sind zwei unterschiedliche Schlüsseltypen ("klassisch und CCA"), deren Basis die gleichen ec-Grundschlüssel sind. Verschlüsselt unter den einzelnen Transportkey's werden diese Schlüssel in den ec-Transaktionssystemen verteilt *(Siehe Abb. 12)*. Nach der "Erstinstallation" werden die aktiven Schlüssel in Abhängigkeit von Transaktionsrate und Zeit unter dem aktuellen KEK ausgewechselt.

Fazit:

Seit der Einführung von "electronic cash" hat sich die Sicherheitsarchitektur "CCA" in der Kreditwirtschaft weiter verbreitet und wird in mehreren Anwendungen eingesetzt z.B.:

- Geld-Ausgabe-Automaten-Verbund (GAA-Verbund)
- internationaler ec-GAA-Verbund (ec-International)
- electronic cash, elektronisches Bezahlen an der Ladenkasse (EFT/PoS)
- zentrale PIN-Prüfung (Host-basierende, zentrale PIN-Püfung aus dem Selbstbedienungsbereich)

Von dem ZKA (Zentraler Kreditausschuß) wird der Einsatz von Hardware basierenden Kryptoprozessoren für die Sicherheitsdienstleistungen zum Schutz von Transaktionssystemen der Kreditwirtschaft vorgeschrieben. Eine wichtiger Schritt war z.B. die Entscheidung, die ec-PIN Prüfung aus den Geldautomaten in Sicherheitsprozessoren der zentralen HOST-Rechner zu verlagern, um die Gefahr der Kompromittierung des zentralen ec-Pool-Key's zu vermindern. Die Kryptoprozessoren des IBM TSS (TSS = Transaktions-Sicherheitssystem) basieren auf der in diesem Referat geschilderten "CCA" Architektur und bieten alle Sicherheitsfunktionen moderner Kryptografie. Der bestehende DES-Funktionsumfang ist für zukünftige Anwendungen um den asymmetrischen Algorithmus RSA erweitert worden und ermöglicht die für den elektronischen Datenaustausch notwendigen Funktionen zur Bildung der "Elektronischen Unterschrift" *(Siehe Abb. 13)*.

Sicherheitstechnologie für Transaktionssysteme der Kreditwirtschaft

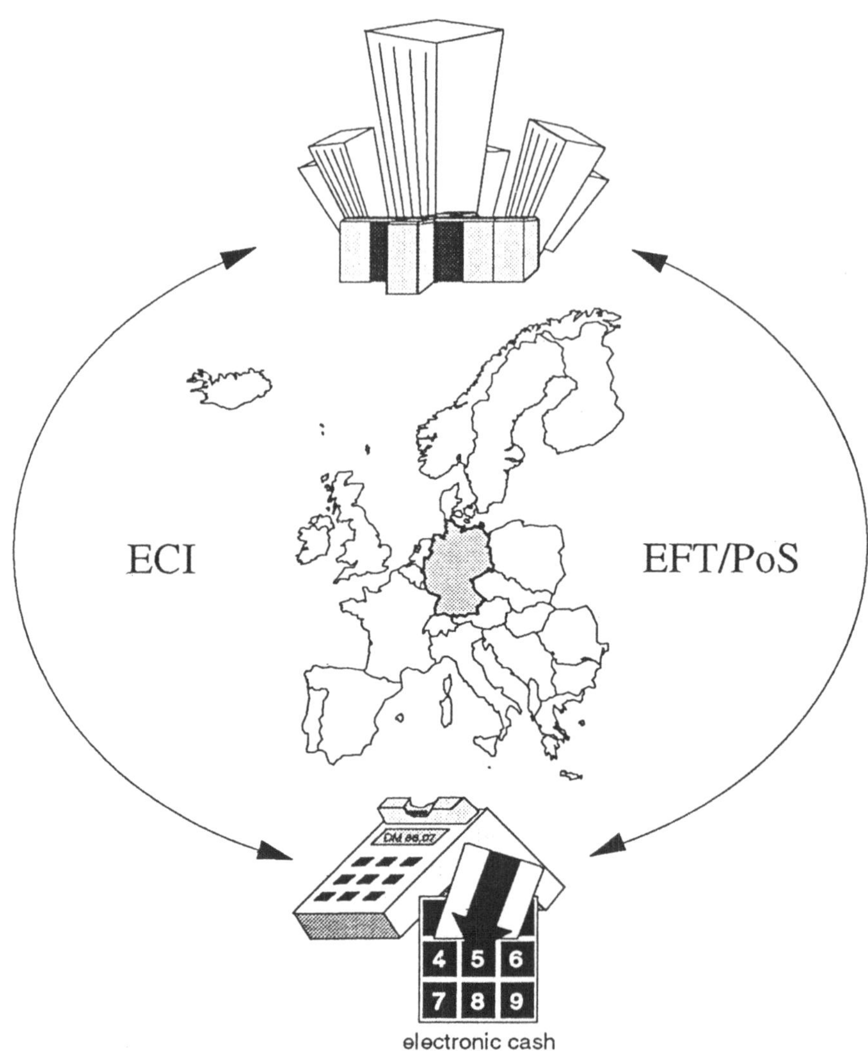

am Beispiel "electronic cash"

Abb. 1: Fachkongreß MÜNCHNER KREIS

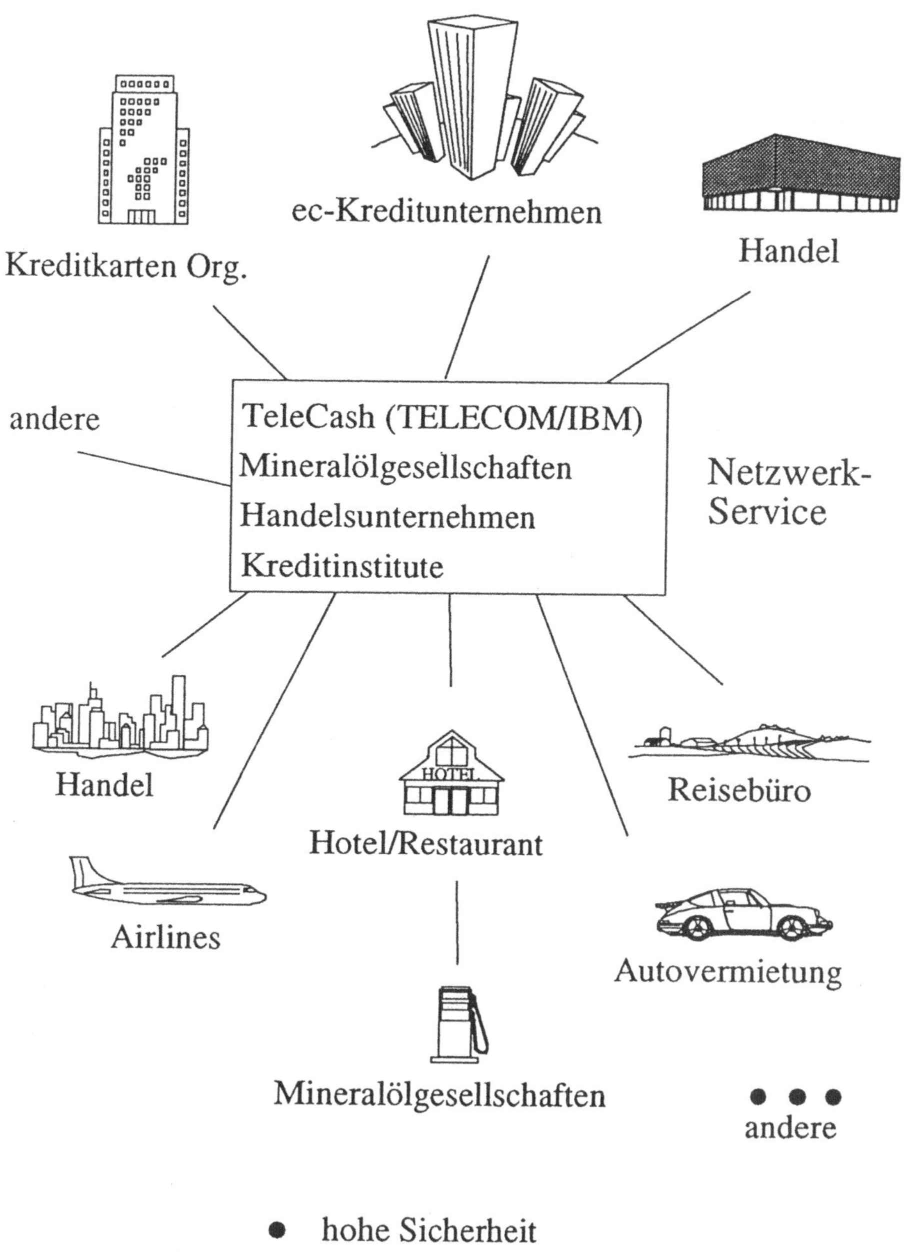

Abb. 2: Das "electronic cash" Konzept

Verfügungen und Ümsätze   (ec-Karten der Sparkassenorg.) *

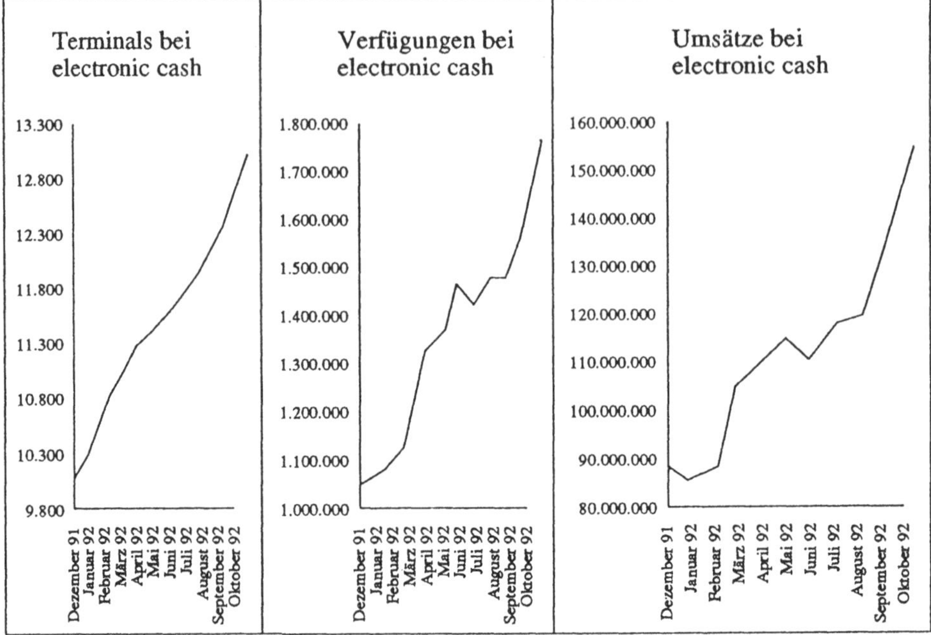

Elektronisches Bezahlen an der Ladenkasse *

	electronic cash	POZ	ELV	Kreditkarte
Geheimzahl	ja	nein	nein	nein
Unterschrift	nein	ja	ja	ja
online	ja	ja	nein	ja
Netzbetreiber	ja	nein	nein	ja
Zahlungsgarantie	ja	nein	nein	ja
Händler-Risiko	nein	mittel	hoch	nein
Kunden-Sicherheit	hoch	eingeschränkt	niedrig	hoch
Preis für Autorisierung	0,3%, mindestens 0,15 DM	0,10 DM je Sperrabfrage	0	indiviuell
Systempreis	hoch	mittel	niedrig	niedrig

* Quelle bank & markt 12'92

Abb. 3: "electronic cash" Entwicklung und Überblick

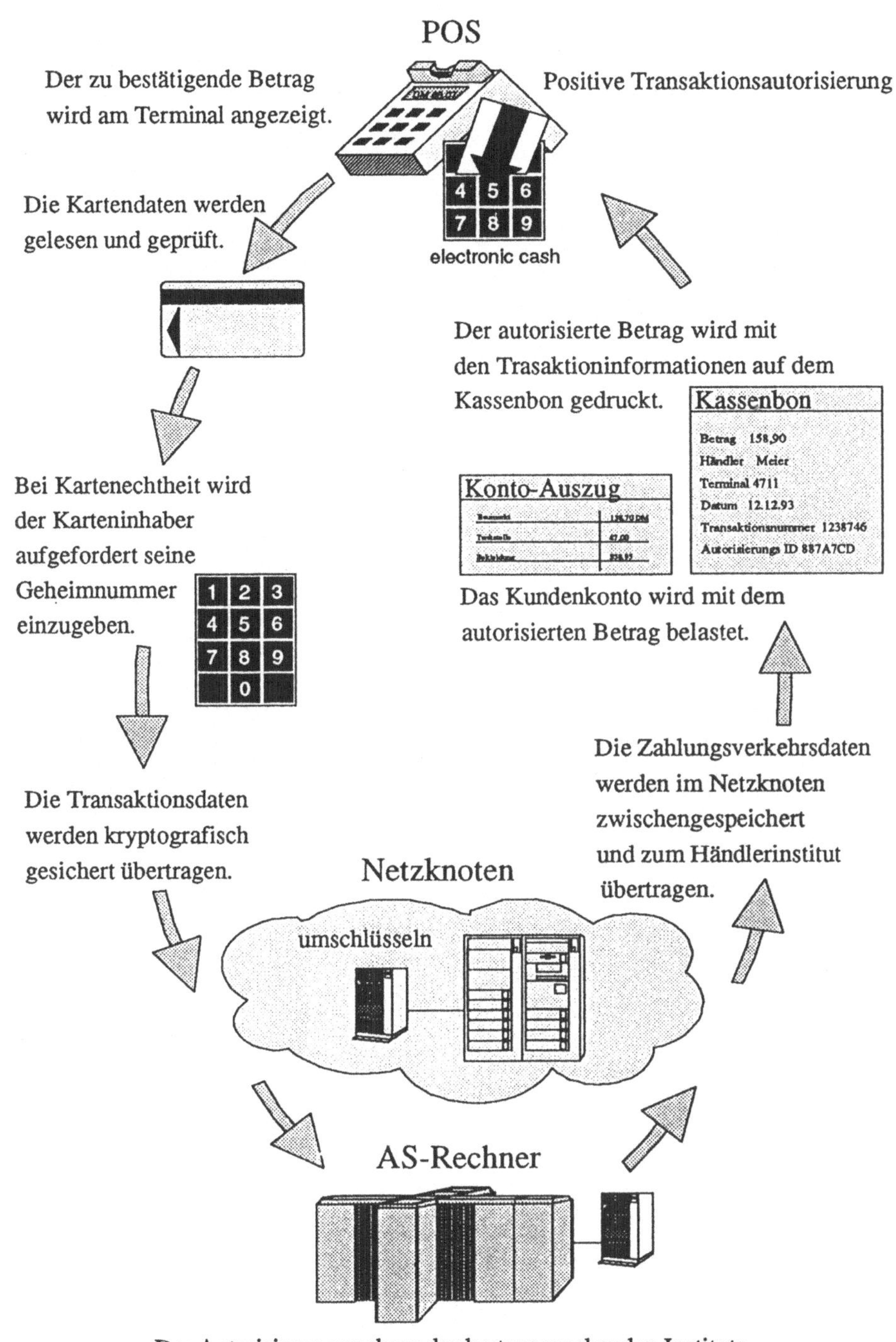

Abb. 4: Der Zahlvorgang

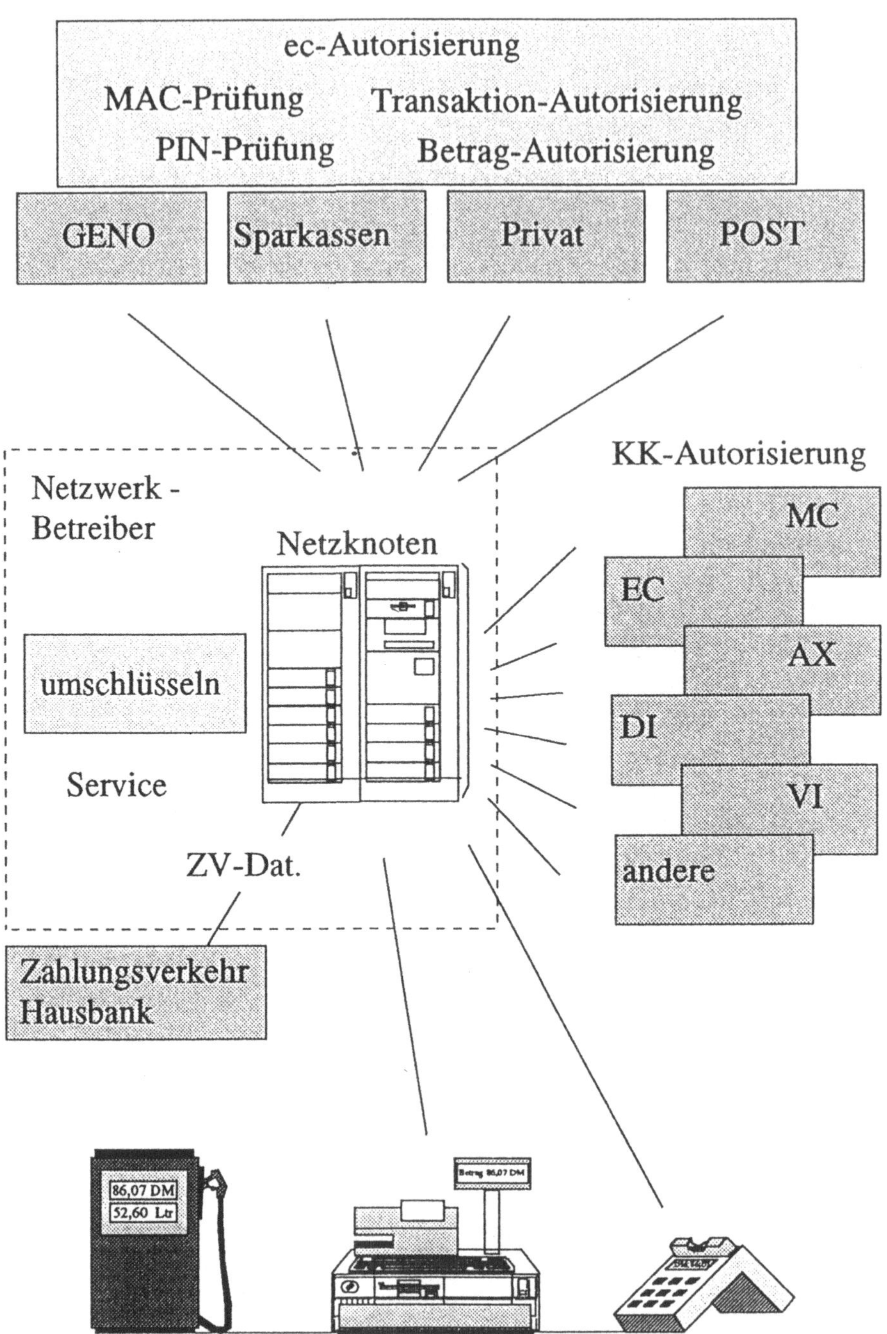

Abb. 5: Das Transaktionssystem "EFT/PoS"

Nachrichtenauthentisierung

400,00 DM   → Integrität →   400,00 DM

- Zusammenstellung und Plausibilitätsprüfung von Transaktionsdaten
- Bildung/Prüfung von Message Authentication Codes (MAC)
- Bildung/Prüfung von Autorisierungs Identifier (AID)

Benutzerauthentisierung

- Lesen der Kartendaten und der Geheimnummer des Karteninhabers (PIN)
- Bildung/Prüfung von Personal Authentication Codes (PAC)

Vertraulichkeit

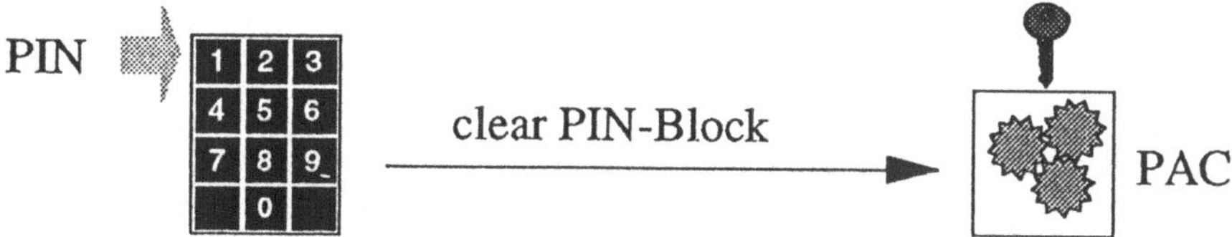

- Verschlüsseln des clear PIN-Blocks zum Personal Authentication Code (PAC)

Abb. 6: Sicherheitsfunktionen

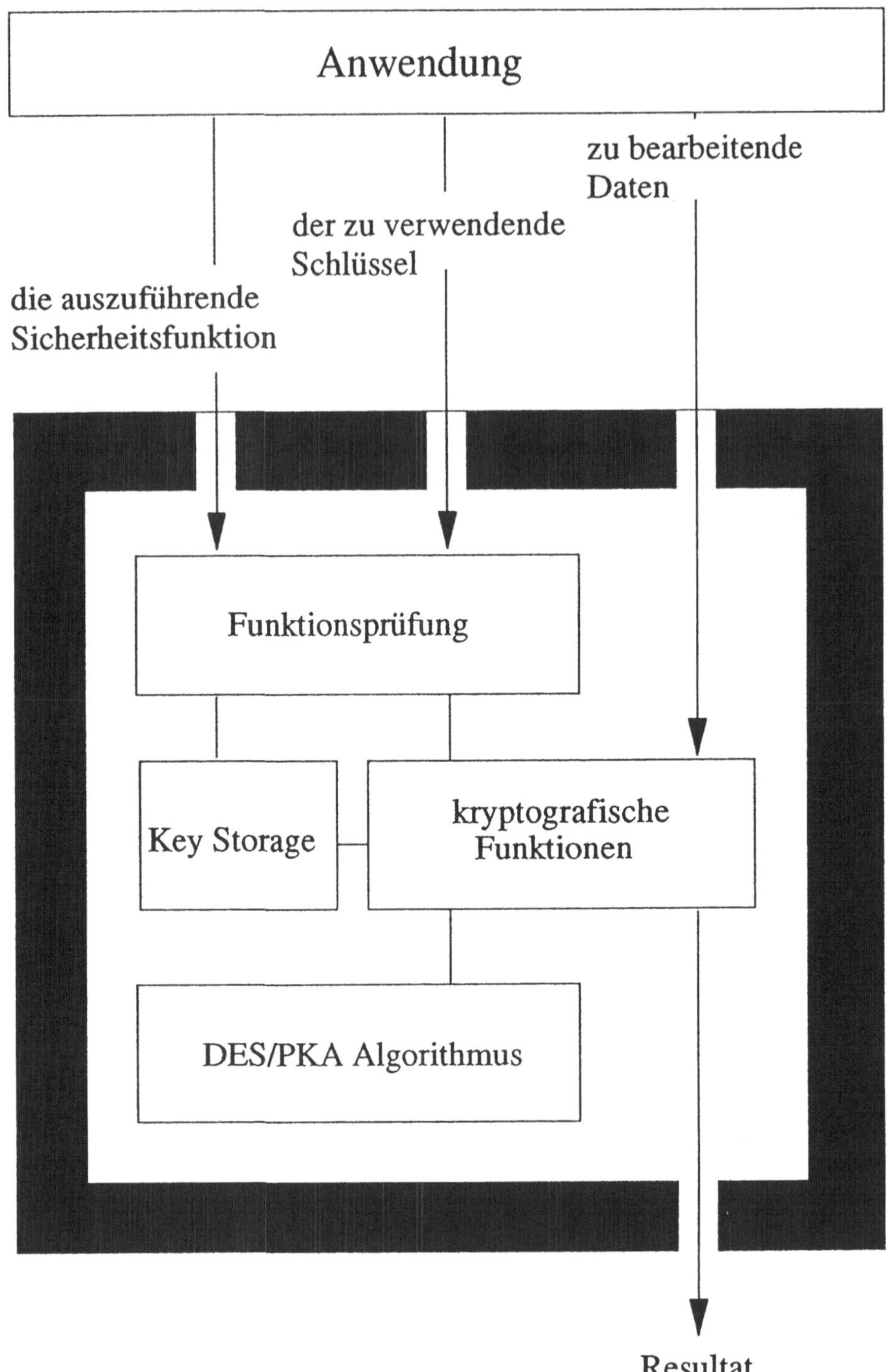

Abb. 7: Das Sicherheitsmodul

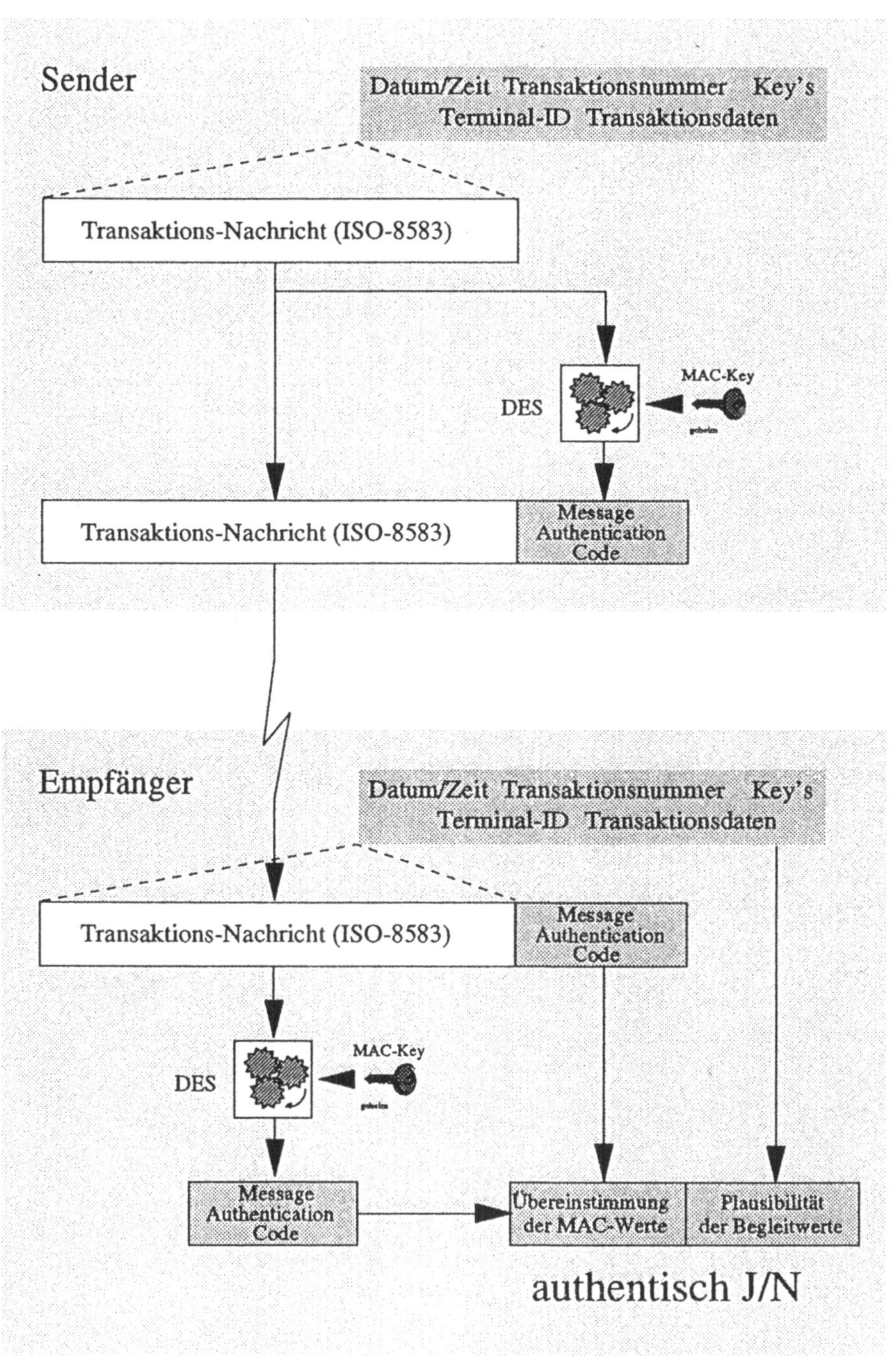

Abb. 8: Integrität durch Message Authentication

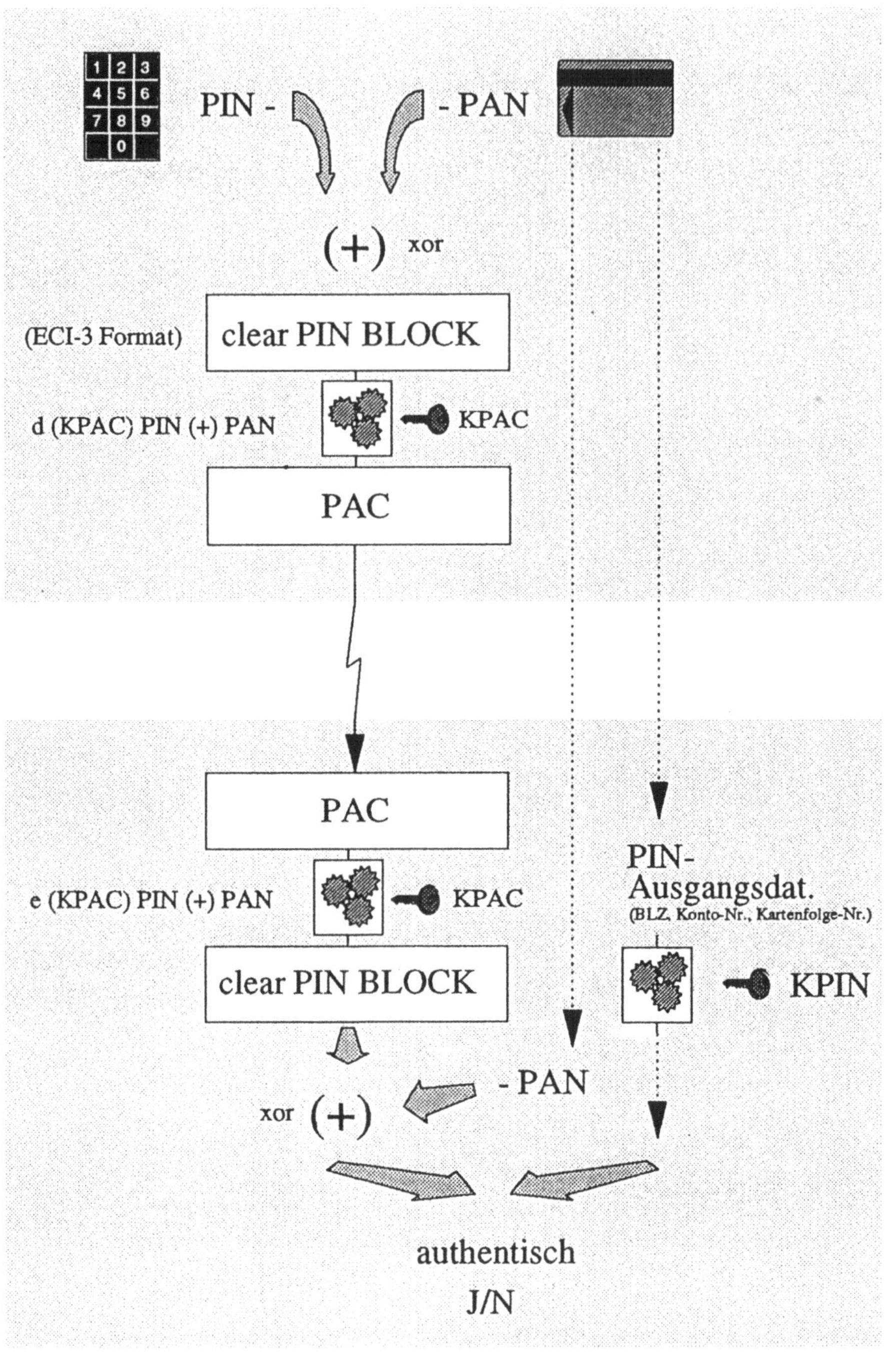

Abb. 9: Benutzerauthentisierung

Systemunabhängige Sicherheitsarchitektur
IBM Common Cryptographic Architecture (CCA)

Folgende Funktionen stehen der Anwendung zur Verfügung:

- Datenverschlüsselung
- Message Authentication (MAC)
- Benutzerautorisierung
- "Digitale Unterschrift" (DSG)
- Key-Management

Zentrale Systemumgebung

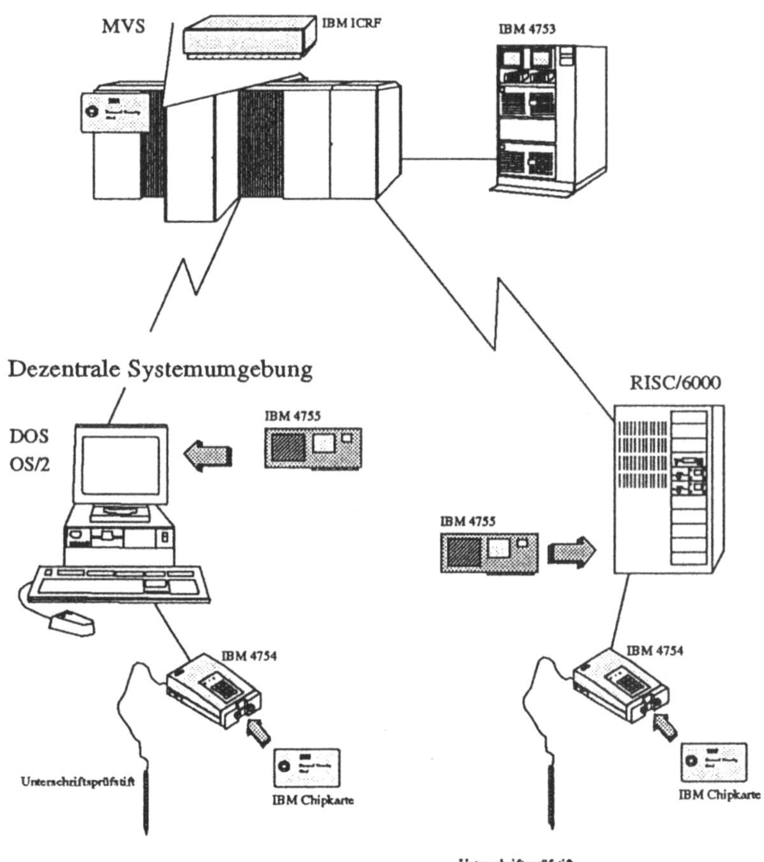

Abb. 10: Das IBM Transaktions-Sicherheitssystem (TSS)

Klassisches Schlüsselsystem		IBM CCA Schlüsselsystem	
Key-Art	Länge	Key-Art	Länge
Master - Key	16	Master - Key	16
Key - Encryption-Key	8	Key - Encryption-Key	16
Data - Key	8	Data - Key	8
keine Festlegung der Funktionalität		Festlegung der Schlüssel-funktionalität durch Vectoren	

"Triple Encryption" und "Control Vector"

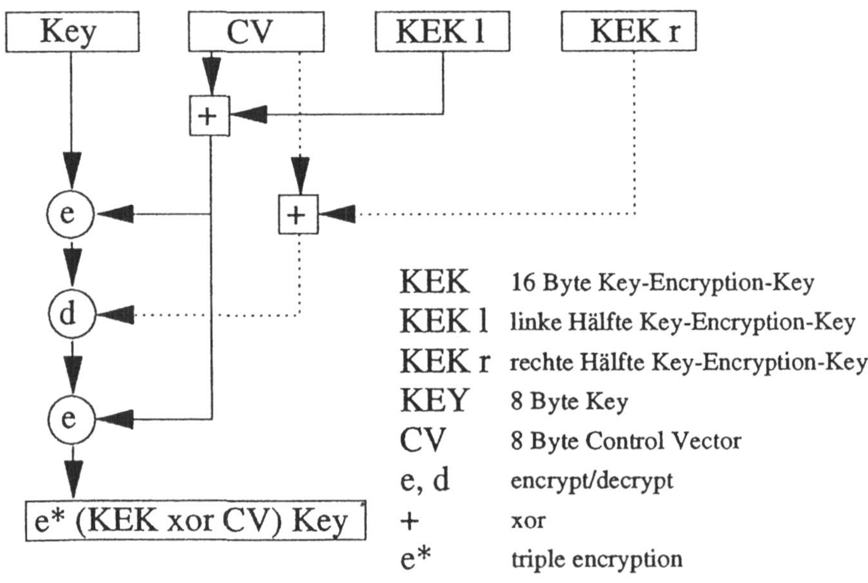

Abb. 11: Schlüsselhierarchie und Schlüsseltypen

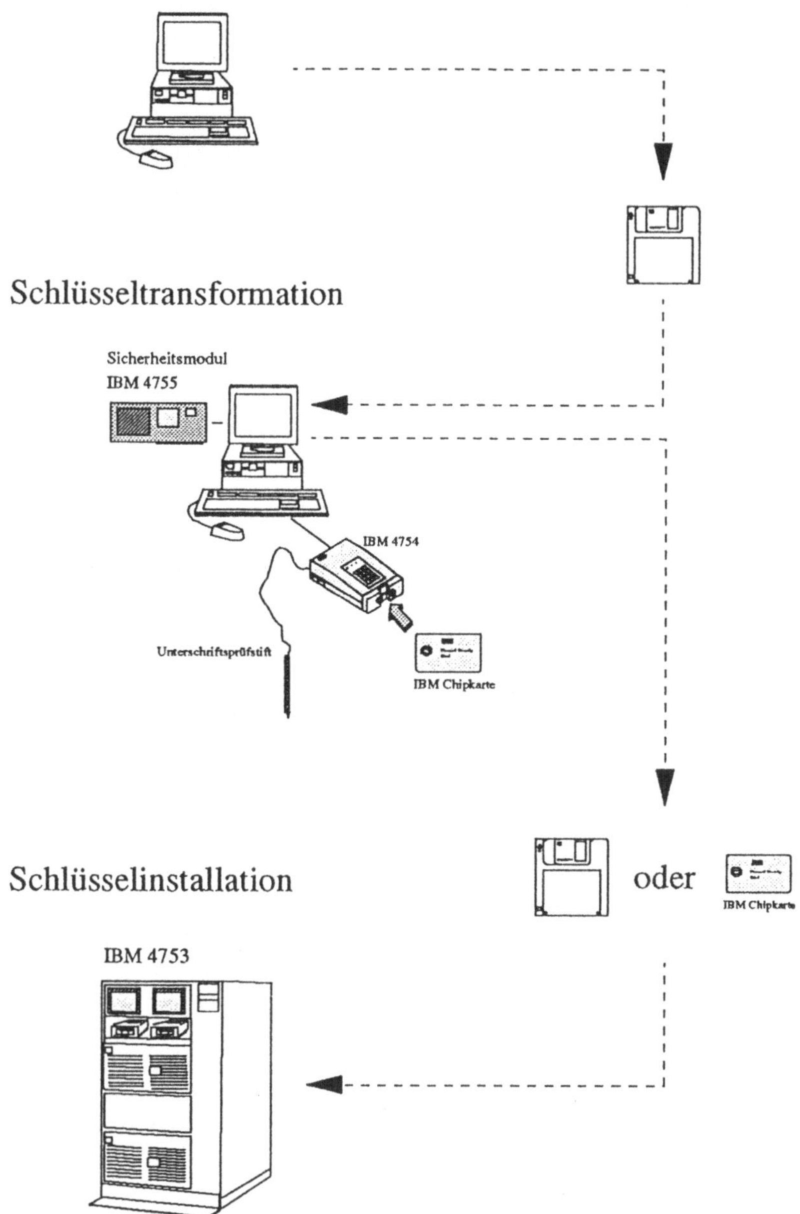

Abb. 12: Schlüsseltransformation und Installation

324

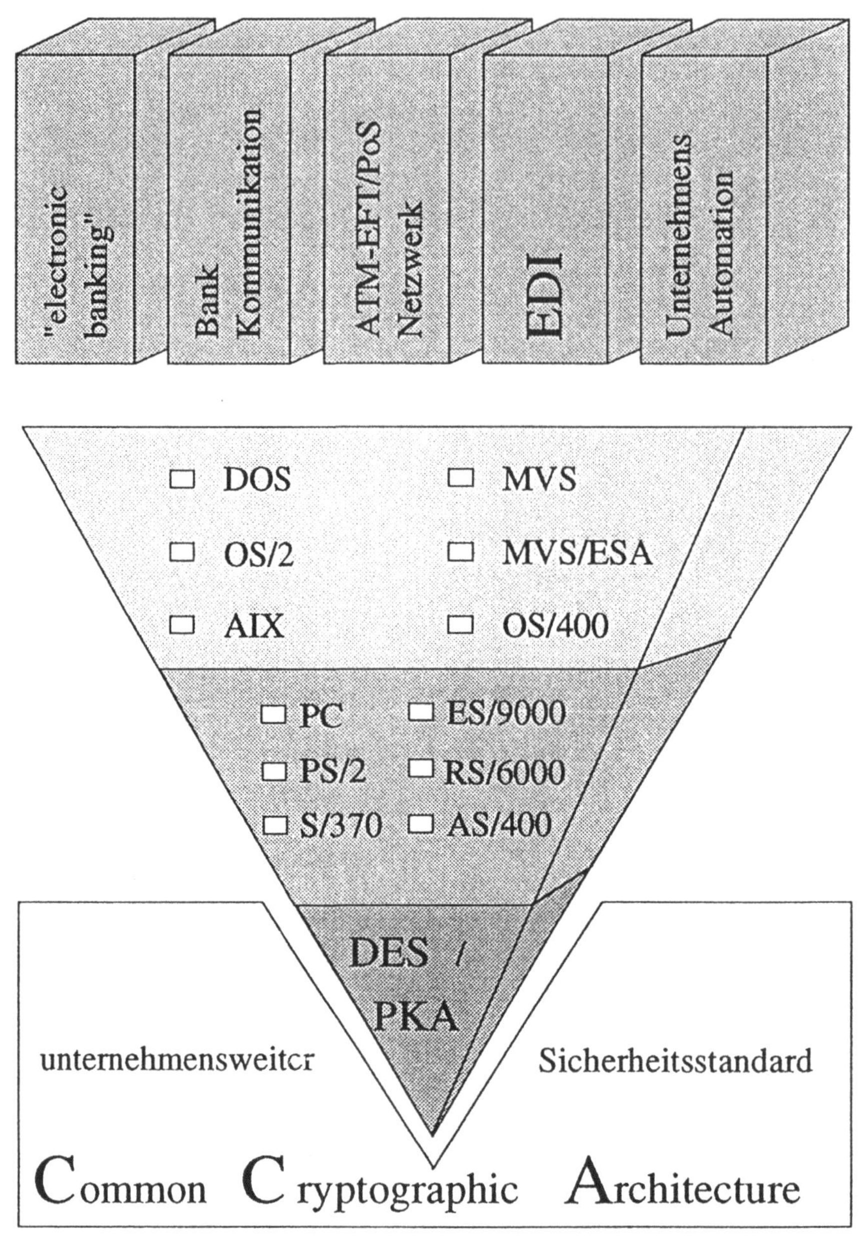

Abb. 13: Die Sicherheitsplattform für alle Unternehmensbereiche

Konfliktbewältigung im Unternehmen bei der Einführung neuer Kommunikations- und Informationssysteme

Arnulf Brandstetter

Schwerpunkt des Kongresses:

Grundsätze, Technik, rechtlicher Rahmen von Datenschutz und Datensicherheit

Schwerpunkt des Referats:

Transport dieser Ziele in ein Unternehmen
Kommunikation dieser Ziele mit den Mitarbeitern
Schaffung einer integrierten Plattform für die Diskussion
Verhältnis zwischen Unternehmen und Mitarbeitern/Mitarbeitervertretung

Das Thema:

Verfahren und Instrumente zur Einführung neuer Kommunikations- und Informationssysteme
- auf einvernehmlicher Grundlage
- konfliktvermeidend
- effektiv und zügig
- unter Berücksichtigung der wirtschaftlichen Ziele

Die Ausführungen gelten für
- private und öffentliche Unternehmen
- öffentliche Verwaltung
- Geltung des BetrVerfG und PersVertrG
- Geltung BDSG und Landesdatenschutzgesetze

Beispiele für Einführung neuer Kommunikations- und Informationssysteme

Neue ISDN-Kommunikationssysteme

Neue Technik zur Zeiterfassung, Zeitverarbeitung und Zeitauswertung

Einrichtung eines unternehmensweiten Netzinformationssystems auf Glasfaserbasis

Umstellung der gesamten kommerziellen Datenverarbeitung des Unternehmens auf ein integriertes Standard-Softwareprodukt

326

Motive und Interessen

Unternehmen:

wirtschaftliche Notwendigkeit/Vorteilhaftigkeit
Rationalisierung/Effizienzsteigerung
Verbesserung der Information
Ansprüche an Datensicherheit
Motivation und Leistung der Mitarbeiter

Mitarbeiter:

Quantität und Qualität der Arbeitsplätze
Leistungs- und Verhaltenskontrolle
Gesundheit
persönliche Daten - „informationelle Selbstbestimmung"

Traditionelles Einführungs- und Konfliktmodell

Konzeption, Planung und Umsetzung erfolgt nur auf Unternehmensseite
Notwendige Information sowie Bemühen um Mitwirkung oder Zustimmung erfolgt
nur
- im rechtlich zwingend erforderlichen Umfang
- relativ spät
- unvollständig
Reaktion der Mitarbeiter und der Mitarbeitervertretungen erfolgt
- emotionell, vorurteilsbeladen, angstvoll
- unter Berufung auf Rechte
- blockierend oder verzögernd
- kontrovers als Machtkampf von „Gegnern" mit dem Ergebnis von „Siegern" und
„Verlierern"
- nach „Niederlage" durch Behinderung der Einführung

Die Ziele eines Konfliktvermeidenden Modells

Denkmuster „Nutzen stiften" statt Beschränkung auf „Bedrohungen suchen"
Die Rechte der Mitarbeiter und der Mitarbeitervertretungen (z.B. BDSG, BetrVG)
aber auch deren Interessen und Ängste können geltend gemacht werden.
Sämtliche offenen Fragen zwischen Unternehmen und Mitarbeitern werden
integriert behandelt.
Die Diskussion beginnt frühzeitig, sodaß Änderungen möglich sind.
Die Diskussion zielt auf Konsens und Akzeptanz.
Die Diskussion verfolgt nur Ziele mit Bezug auf den Untersuchungsgegenstand.

Randbedingungen eines konfliktvermeidenden Modells

Eine angemessene gegenseitige Information ist sicherzustellen.
Es muß die notwendige Unterstützung zur Aneignung der notwendigen Kenntnisse
gegeben werden.
Es ist in größtmöglichem Umfang auf vorhandene Personal- und Organisations-
strukturen zurückzugreifen.
Ein geordnetes Vorgehen ist sicherzustellen.
Bürokratisierung und übermäßige Formalisierung ist zu vermeiden.

Konzentration für ein konfliktvermeidendes Entscheidungsverfahren

- Benutzerbeteiligung bei der Bürokommunikation
- Partizipative Systementwicklung
- Technikfolgenabschätzung und Folgendialog
- Rationales Verhandlungskonzept
- Informationswertanalyse
- Einrichtung von Gremien (z.B. Paritätische Kommission oder Beauftragten (z.B.
DV-Auditor))
- Sozialverträgliche Einführung der Informationstechnik (Sozialverträglichkeits-
prüfung)

Die Sozialverträglichkeitsprüfung

Die Sozialverträglichkeitsprüfung hat den Zweck bei der Einführung neuer Komm-
unikations- und Informationssysteme als konfliktvermeidendes Entscheidungsverfahren den Schutz von Rechten und Interessen der Mitarbeiter unter Berücksichtigung der Unternehmensinteressen zu gewährleisten.
Die formalen Eckpunkte für dieses Verfahren und die Prüfungsgegenstände werden
zwischen dem Unternehmen und der Mitarbeitervertretung vereinbart.

Grundsätze einer Sozialverträglichkeitsprüfung

Die Sozialverträglichkeitsprüfung erfolgt zum Nutzen und zur Gesundheitsvorsor-
ge (in psychischer und physischer Hinsicht) der Mitarbeiter und in gleicher Weise
im Interesse des Unternehmens, die Leistungskraft der Mitarbeiter zu erhalten.
Der Aufwand für die Sozialverträglichkeitsprüfung und die Umsetzung ihrer
Ergebnisse soll wirtschaftlichen Gesichtspunkten genügen und in angemessenem
Verhältnis zum Gesamtaufwand für die Einführung des IV-Verfahrens stehen.
Die Sozialverträglichkeitsprüfung ist von den im Unternehmen vorhandenen
Organisationseinheiten (wie Datenschutz, ärztlicher Dienst, Arbeitssicherheit,
Informationsverarbeitung, Organisation) zusammen mit dem betroffenen Fachbe-
reich und der Personalvertretung durchzuführen.

Die Koordination dieser Bereiche zur Durchführung der Sozialverträglichkeitsprüfung obliegt dem für das einzuführende IV-Verfahren zuständigen Projektleiter
bzw. dem hierfür federführenden Bereich.
Die Sozialverträglichkeitsprüfung soll begleitend mit den einzelnen Einführungs-
schritten des IV-Verfahrens durchgeführt werden. Damit lassen sich der Aufwand
für die Prüfung minimieren, nachträgliche Änderungen am IV-Verfahren und
Verzögerungen bei der Einführung vermeiden, ergonomische Gesichtspunkte besser
berücksichtigen sowie erforderliche Schulungs- und Qualifizierungsmaßnahmen
frühzeitig erkennen.

Prüfmodelle der Sozialverträglichkeitsprüfung

DV-System und DV-Infrastruktur
- Software
- Systemarchitektur
- organisatorische DV-Infrastruktur
- Datensicherheit

Bildschirm-Arbeitsplätze
- Arbeitsräume und -mobilar
- DV-Hardware (End- und Peripheriegeräte)

Arbeitsbeanspruchung und Gesundheitsschutz

Arbeitsqualität
- Arbeitsinhalte
- soziale Beziehungen

Persönlichkeitsschutz
- Datenschutz; informationelle Selbstbestimmung
- Leistungs-/Verhaltenskontrolle

Leistungserstellung
- Arbeitsproduktivität
- Dienstleistungsqualität

Beruflicher Status
- Qualifikation
- berufliche Entwicklung
- sozialer Status

Bisherige Erfahrungen

Erheblicher Aufwand für Grundlagenarbeit bei den ersten Projekten

Möglichkeit der Standardisierung der ersten Ergebnisse
Notwendigkeit die vorhandene Unternehmensinfrastruktur zu nutzen
Gefahr von übermäßiger Formalisierung und Bürokratisierung
Bei Zwang zu Betriebs-/Dienstvereinbarungen Verzögerung
Durch intensive Gruppenarbeit sachbezogenes gegenseitiges Verständnis
Bei Einsatz von Beratern Gefahr von Theorielastigkeit
Vermeidung späterer Blockade und Verzögerung

Die Sozialverträglichkeitsprüfung hat sich als effektives, konfliktvermeidendes
Instrument zur Einführung neuer Kommunikations- und Informationssysteme
erwiesen. Voraussetzung ist ein Grundkonsens zum Verfahren, eine schlanke
Projektorganisation und eine Vermeidung von Bürokratisierung.

Informationssicherheit in Unternehmen
Das Beispiel BMW

Alfred Hornfeck

1. Die Aufgabenstellung im Unternehmen

Das Unternehmen BMW hat in den vergangenen Jahren intensive Anstrengungen zur Erfüllung seiner sicherheitstechnischen Interessen vollzogen. Die besonderen Kennzeichen, die in der Automobilindustrie zu diesem Kontext vorherrschen, werden durch die verstärkten Bedürfnisse der Geheimhaltung von Entwicklungsvorhaben und künftiger Modellpolitik bestimmt.

Die gespeicherten Daten, die im Unternehmen das Gefährdungspotential darstellen, reichen von Berichten und Protokollen bis zu Designmodellen und Fahrzeuggeometrie- sowie Simulationsdaten.

Die BMW AG verfügt derzeit über etwa 9000 Personalcomputer und Workstations, 200 Rechner mittlerer Größenordnung, zwei Rechenzentren mit insgesamt 6 Großrechnern der Serie IBM ES9000 sowie einem Vektorrechner Cray VMP. Verschiedene interne und externe Netzwerke ergänzen diese Struktur.

In Anbetracht dieser Zahlen ist die primäre Aufgabenstellung in der organisatorischen Gestaltung zu sehen. Die Lösung der Sicherheitsfrage wird mit Hilfe von Regelwerken erreicht, wobei im folgenden insbesondere die Probleme von dezentralen Rechnern (Personalcomputer und Workstations) und von Netzwerken im Vordergrund stehen.

2. Personalcomputer und Workstations

Diese Geräte bilden eine Besonderheit bei der Betrachtung nach sicherheitstechnischen Aspekten. Die dezentrale Verantwortung, die sich auf mehrere tausend Anwender verteilt, stellt eine hohe Unwägbarkeit dar. Durch die generelle Vernetzung besteht die Gefahr von unautorisierten Zugriffen durch Dritte (extern oder intern) sowie die Gefahr des Datenverlustes durch Viren.

Um in dieser Breite das Bewußtsein für sicherheitstechnische Fragen zu schärfen, wurden verschiedene Richtlinien erlassen. Besonders wirksam hat sich hierbei die konsequente Kontrolle sowie die Existenz einer Prüfungsmöglichkeit gezeigt. Dies bedeutet, daß das Verhalten beim Umgang mit vertraulichen Informationen durch Vorgaben geregelt und durch Stichproben geprüft wird. Bei Verstößen besteht die Möglichkeit der Sanktionierung.

Um Risiken so weit wie möglich zu reduzieren wurde bei BMW eine umfangreiche, sehr einschneidende Richtlinie erarbeitet, die an alle Mitarbeiter ausgegeben wurde. Hierbei lagen folgende Überlegungen zugrunde:

- Sicherheit in dezentralen Systemen kann großflächig nur durch Formalien erreicht werden, die Einhaltung ist durch stichprobenartige Prüfung festzustellen und zu überwachen.

- Die Bedeutung der Informationssicherheit muß im Bewußtsein der Verantwortlichen eingeschärft werden

Zur Durchführung der damit verbundenen Maßnahmen wurden die Führungskräfte verpflichtet, für sämtliche in ihrem Zuständigkeitsbereich befindliche IV-Anlagen einen *Systemverantwortlichen* zu benennen. Dies wird durch einen mit Namen und Unterschrift versehenen Aufkleber am Rechner dokumentiert. Weiterhin wird auch eine Klassifizierung der Daten des jeweiligen Systems in die folgenden Schutzstufen vorgenommen.

SCHUTZSTUFE	DEFINITION	MASSNAHMEN
"NUR FÜR INTERNEN GEBRAUCH"	Alle nicht unter "Vertraulich" oder "Streng vertraulich" zuzuordnenden Informationen	PC abschließen, Zugriffsschutz aktivieren
"VERTRAULICH"	Informationen deren Weitergabe an Unbefugte dem Unternehmen - wirtschaftlich - in seinen Interessen - in seinem Ansehen schaden können	PC abschließen, Zugriffsschutz aktivieren Daten nur auf entnehmbaren Datenträgern speichern
"STRENG VERTRAULICH"	Informationen, die im Besitz von Unbefugten - die wirtschaftliche Sicherheit - den Bestand des Unternehmens gefährden und/oder - seinen Interessen bzw. - seinem Ansehen schweren Schaden zufügen können	PC abschließen, Zugriffsschutz aktivieren Daten nur auf entnehmbaren Datenträgern speichern Kryptographie

Der Systemverantwortliche muß weiterhin einen jederzeit revisionsfähigen Nachweis über die Gesamtkonfiguration seines Systems vorweisen können. Die Einhaltung der Sicherheitsauflagen ist durch ihn zu gewährleisten und im Bedarfsfall zu dokumentieren (Logbuch). Weiterhin obliegt es ihm, die Anwender über alle diesbezüglichen Belange zu informieren.

Für die Betreiber von PCs und Workstations gilt damit folgendes:

Allgemeine Regeln

* Die Geräte sind abends abzuschalten, abzusperren und die Festplatte mit Paßwort zu sichern. Tragbare Rechner sind ein einem Schrank oder Safe zu verschließen.

* Beim Verlassen des Arbeitsplatzes sind Daten zu speichern und die Anwendung zu beenden. Anschließend ist der Zugriffsschutz zu aktivieren.

* Streng vertrauliche Daten dürfen nicht auf der eingebauten Festplatte gespeichert werden.

* Vertrauliche IV-Listen sind für den Transport zu verschnüren, um unberechtigten Einblick während des Transportes zu erschweren.

* Der Transport von Datenträgern aus dem Unternehmen heraus ist genehmigungspflichtig (Logbuch).

* Der Anwender ist verpflichtet in regelmäßigen Abständen die Datenbestände zu sichern (Unverlierbarkeit).

Maßnahmen zur Vermeidung von Computerviren

* Der Einsatz von Spielen ist verboten.

* Der Einsatz von Programmkopien ist verboten .

  (Software und Dokumentation sind urheberrechtlich geschützt).

* Beim Austausch von Datenträgern sind Virenscanner zu verwenden.

* Bei der Kommunikation über Netzwerke und Hostsysteme sind Virenscanner zu verwenden.

* Private Nutzung von firmeneigener Hard- und Software ist untersagt.

* Mitnahme und betriebliche Nutzung von privater Hard/Software ist untersagt.

Wartung und Reparatur sowie innerbetriebliche Weitergabe

* Das Arbeiten von Kundendiensttechnikern an PCs, Workstations und Druckern ist nur im Beisein des IV-Systemverantwortlichen zulässig. Bei der Verwendung von Datenträgern ist darauf zu achten, daß kein vertrauliches Material überspielt wird.

* Die Mitnahme von Geräten ist nur nach expliziter physikalischer Löschung zulässig. Unter Umständen ist die Festplatte zu entfernen und innerbetrieblich zu vernichten.

* Carbonbänder- und Farbfolien von Druckern sind nach Anweisung zu entsorgen.

* Vor innerbetrieblicher Weitergabe ist die physikalische Löschung der Datenträger durchzuführen (unwiederherstellbare Überschreibung) Die Verlagerung ist zentral zu registrieren.

Diese Regeln sind Bestandteil der BMW Richtlinien. Damit sind sie für alle Beteiligten bindend. Da hierin viele pauschale Maßnahmen enthalten sind, wurden für einige wenige Fälle Ausnahmeregelungen vereinbart.

3. Sicherheitskonzept im Netzwerk

In den letzten Jahren vollzog sich im Netzwerkbereich ein struktureller Wandel. Bisher dienten die meist sterntopologischen Netze zum Anschluß von "unintelligenten" Peripheriekomponenten (Bildschirmen und Druckern) an zentrale Großrechner. Somit konnten sicherheitstechnische Erfordernisse nahezu ausschließlich zentral, durch entsprechende Eingrenzungen der Privilegien sowie durch Maßnahmen an den physikalischen Anschlußeinheiten erledigt werden. Die Qualität der Sicherheit lag somit weitgehend in den Möglichkeiten des verwendeten Systems sowie in der Sorgfalt der Betreiber. Auch bei fernmeldetechnisch zugeschalteten externen Anwendern konnten einfache Mechanismen (automatischer Modemrückruf, teilaktive Zeitfenster u. ä.) einen sicheren Betrieb gewährleisten.

Seit einiger Zeit verlagert sich die Problematik deutlich in dezentrale Bereiche. Moderne Computersysteme werden mit multifunktionalen Hochgeschwindigkeitsnetzen verbunden. Diese Netze sowie die dazugehörigen Programme stellen eine Vielzahl von Funktionen zur Verfügung, die zur Kommunikation von Rechnern untereinander verwendet werden. Die Möglichkeiten reichen von einfachen Kopierfunktionen bis zur vollständigen Kontrolle über das Zielsystem.

Die hierbei entstehende Problematik liegt darin, daß die Systeme dezentral in den Fachabteilungen betrieben werden, wo nicht in allen Fällen kritischer Umgang mit Sicherheitsfragen in Systemen gewährleistet werden kann, da oftmals auch die komplexen Netzzugriffsmechanismen und -möglichkeiten nicht vollständig bekannt sind.

Zur konzeptionellen Lösung der damit verbunden Sicherheitsfragen wurden durch die Abteilung *Zentrale Planung Telekommunikation und Netzwerke* folgende Prinzipien festgeschrieben:

-   Die Zuständigkeit für den Zugangsschutz zum BMW Netz wird ausschließlich zentral durch die Planungsabteilung bzw. durch das Rechenzentrum wahrgenommen.
-   Die Feststellung der Identität Externer erfolgt durch die netzanschlußbezogene Authentisierung anhand von nicht manipulierbaren Merkmalen und der personenbezogenen Authentisierung anhand von Paßwörtern.
-   Es erfolgt eine Beschränkung auf einzelne, vorabdefinierte Systeme mit vorab definierten Privilegien. Für besonders schutzwürdige Daten werden Authentisierungskarten verwendet.
-   Für externe Partner gilt der Grundsatz der Beschränkung auf das Wissens- und Handlungsnotwendige.

Die technische Realisierung erfolgt durch geeignete Gateways, die in der Lage sind, neben den geforderten Identifikationsprüfungen auch die Bewegungsfreiheit im Netzwerk zu kontrollieren. Der externe Zugang erfolgt somit ausschließlich über diese Gateways.

Die Regelungen gelten für externe Partnerfirmen als auch für Heimarbeitsplätze und Außendienstmitarbeiter.

4. Sicherheitsmaßnahmen in zentralen Bürosystemen

BMW verfügt derzeit über einen weltweiten Electronic-Mail-Verbund mit ca. 12.000 Anwendern. Gebildet wird dieses System durch die Integration verschiedener Produkte unterschiedlicher Hersteller sowie die Verwendung internationaler Mail-Standards.

Diese Bürosysteme müssen hinsichtlich ihrer Sicherheit besonders kritisch betrachtet werden. Dies liegt einerseits daran, daß in diesen Rechnern Texte (Berichte, Protokolle) bearbeitet und kommuniziert werden, deren inhaltliche Interpretation keinen hohen Aufwand erfordert. Andererseits erfolgt die Kommunikation nicht immer innerhalb homogener Systeme eines einzigen Herstellers. Damit entstehen an den Übergängen Sicherheitsdefizite, die einer besonderen Betrachtung bedürfen.

Zentralsysteme der Bürokommunikation wurden daher mit folgenden Maßnahmen vervollständigt:

Der Zugriff erfolgt mit Hilfe einer Paßwortbibliothek. Damit wird ein periodischer Wechsel des Paßwortes erzwungen, die Bibliothek verhindert außerdem die Verwendung gängiger Begriffe, wie z. B. Vornamen oder Monatsnamen. Jede Anmeldung wie auch jeder Versuch des Eindringens wird vom System in ein Logbuch eingetragen. Jeder Zugriffsversuch mit falschem Paßwort wird im Rechenzentrum als Konsolmeldung ausgegeben. Damit besteht die Möglichkeit der Überprüfung durch Anruf beim entsprechenden Anwender.

Anwender, die kritische Daten bearbeiten, erhalten besondere Plattenspeicher. Der Zugriff auf diese Platten wird mit allen Details vollständig protokolliert. Damit können auch unberechtigte Zugriffe von Personen mit hohen Privilegien erfaßt und dokumentiert werden.

Vertrauliche Daten werden grundsätzlich vom Ersteller mit Hilfe eines Chiffriersystems verschlüsselt. Die Daten sind in diesem Zustand ohne erheblichen Aufwand faktisch nicht lesbar.

Der Ausdruck vertraulicher Informationen erfolgt auf nicht kopierfähigen, gekennzeichneten Papieren. Reproduktionen werden damit nahezu ausgeschlossen.

Die Kommunikationskanäle, die Verbindung zu anderen Rechnern zum Zweck des Terminalzugriffs oder zum Weiterleiten der elektronischen Post darstellen, werden im Störungsfall oder bei undefinierten Zuständen vollständig deaktiviert. Damit wird die Möglichkeit von falschen Leitungs- oder Sitzungszuordnungen verhindert.

Aus grundsätzlichen Erwägungen wurde die Möglichkeit der Fernwartung durch den Hersteller des Systems über Wählleitung nicht wahrgenommen. Fernzugriffe aus nicht definierten Standorten wurden ebenfalls verhindert. Wählleitungsanschlüsse existieren nicht.

5. Ergebnis

Die im BMW Konzern erarbeiteten Sicherheitsstandards besitzen heute ein hohes Niveau. Geprägt sind die Bemühungen zur verbesserten Informationssicherheit von der Problematik der sehr hohen Anzahl von individuellen Gefährdungspotentialen. Der Schwerpunkt der Anstrengungen zielt daher auf die Einwirkung in das Bewußtsein der Mitarbeiter durch Aufklärung über die essentielle Bedeutung sicherer Informationen für das Unternehmen.

Insbesondere die Vielfalt der Maßnahmen und die Häufigkeit der Thematisierung von Sicherheitsaspekten bewirkt eine nachhaltige Vertiefung. Bisherige Erfahrungen haben gezeigt, daß die durchaus erkennbare Reduzierung des Komforts beim Umgang mit diesen Systemen nur dann Akzeptanz findet, wenn die Bedeutung des Gefährdungspotentials und damit die möglichen Schäden für das Unternehmen dargelegt und erkannt werden.

Eine wesentliche Voraussetzung für den Erfolg solcher Bemühungen ist die Existenz einer Organisationseinheit, die zur Herstellung der Informationssicherheit über eindeutige Zuständigkeit und ausreichende Kompetenz verfügt.

Informationssicherheit in Unternehmen

Das Beispiel BMW

Sicherheitskonzepte in der Informationsverarbeitung

Die Aufgabenstellung in der Informationssicherheit

Das Regelwerk für Personalcomputer und Workstations

Das Konzept für die Netzwerksicherheit

Sicherheitsmaßnahmen in zentralen Bürosystemen

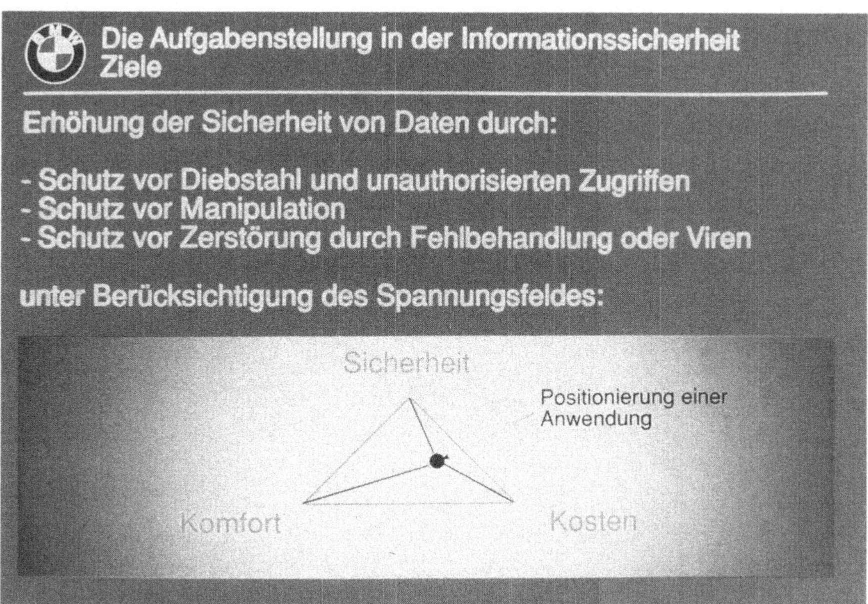

Die Aufgabenstellung in der Informationssicherheit
Ziele
Erhöhung der Sicherheit von Daten durch:
- Schutz vor Diebstahl und unauthorisierten Zugriffen
- Schutz vor Manipulation
- Schutz vor Zerstörung durch Fehlbehandlung oder Viren
unter Berücksichtigung des Spannungsfeldes:
Sicherheit
Positionierung einer
Anwendung
Komfort
Kosten

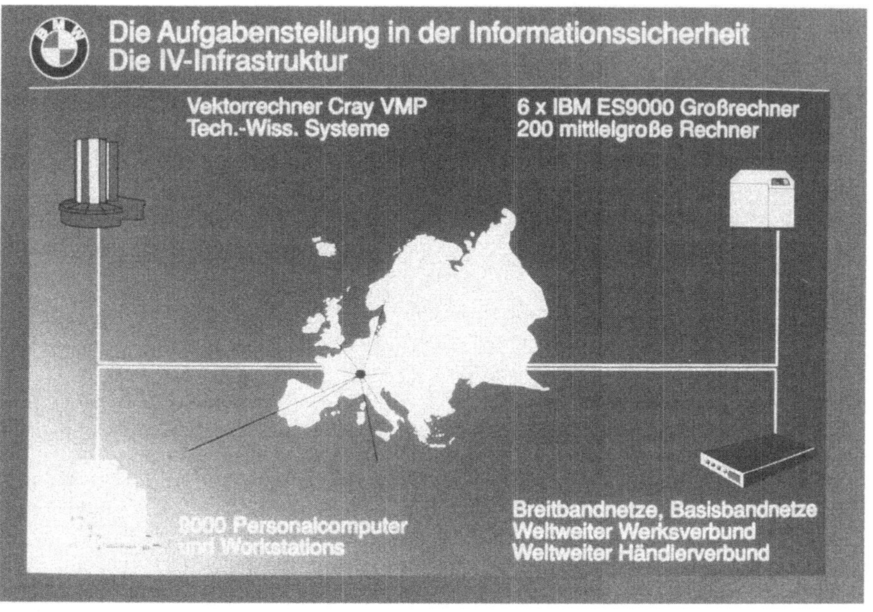

Die Aufgabenstellung in der Informationssicherheit
Die IV-Infrastruktur
Vektorrechner Cray VMP
Tech.-Wiss. Systeme
6 x IBM ES9000 Großrechner
200 mittlelgroße Rechner
Personalcomputer
Workstations
Breitbandnetze, Basisbandnetze
Weltweiter Werksverbund
Weltweiter Händlerverbund

Die Aufgabenstellung in der Informationssicherheit
Elektronisch gespeicherte Daten (Beispiele)
Unstrukturierte Daten: Textdokumente
Entwicklungs- und Versuchsberichte
Protokolle
Strukturierte Daten:
Stücklisten, Teiledaten,
Gewichte, Fahrzeugwerte,
Logistische Informationen
CAE/CAD/CAM-Daten
Fahrzeuggeometrie/Konstruktionsdaten
NC-Technik
Crashsimulation, Achskinematik
Prüfstandsdaten
CAS
Designentwürfe Fahrzeug,
Komponenten und Zubehör

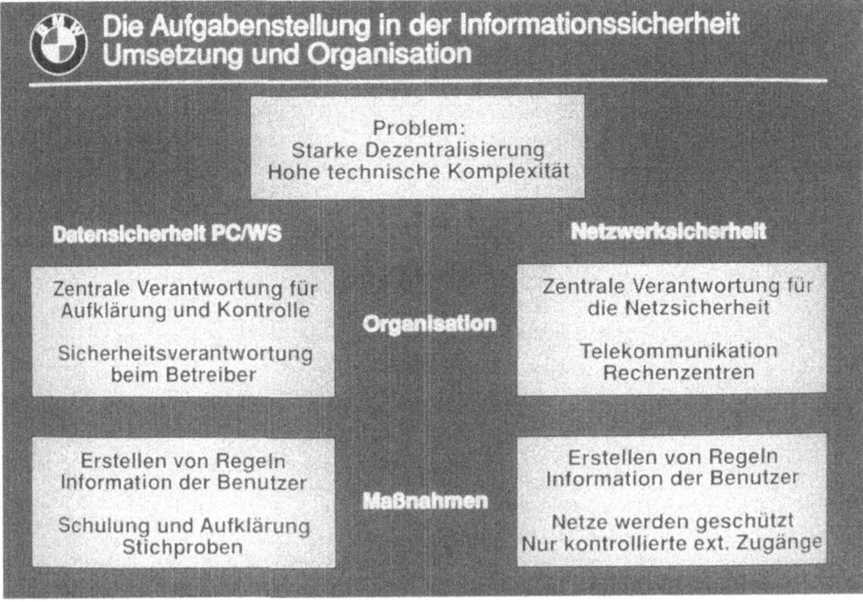
Die Aufgabenstellung in der Informationssicherheit
Umsetzung und Organisation
Problem:
Starke Dezentralisierung
Hohe technische Komplexität
Datensicherheit PC/WS
Netzwerksicherheit
Zentrale Verantwortung für
Aufklärung und Kontrolle
Sicherheitsverantwortung
beim Betreiber
Organisation
Zentrale Verantwortung für
die Netzsicherheit
Telekommunikation
Rechenzentren
Erstellen von Regeln
Information der Benutzer
Schulung und Aufklärung
Stichproben
Maßnahmen
Erstellen von Regeln
Information der Benutzer
Netze werden geschützt
Nur kontrollierte ext. Zugänge

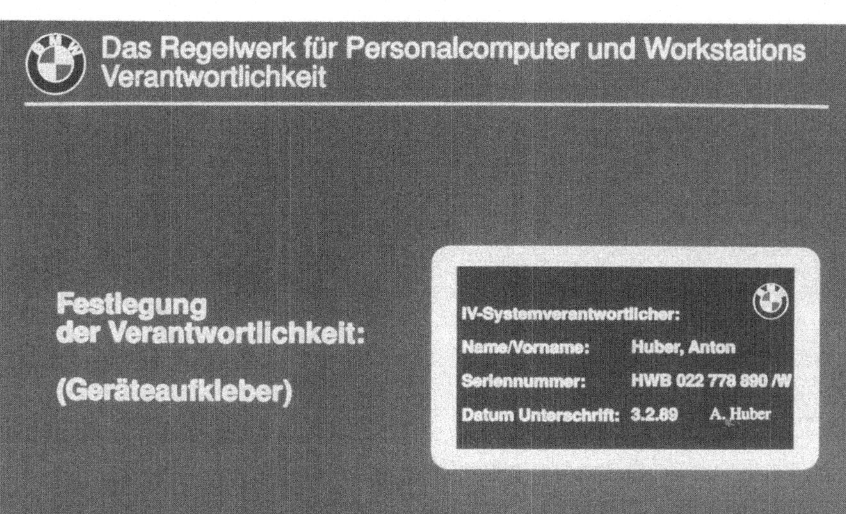

Das Regelwerk für Personalcomputer und Workstations
Schutzklassen

	SCHUTZSTUFE	DEFINITION
	"NUR FÜR DEN INTERNEN GEBRAUCH"	Alle nicht unter "Vertraulich" oder "Streng Vertraulich" einzustufenden Informationen
	"VERTRAULICH"	Informationen, deren Weitergabe an Unbefugte dem Unternehmen - wirtschaftlich - in seinen Interessen - in seinem Ansehen schaden können
	"STRENG VERTRAULICH"	Informationen, die im Besitz von Unbefugten - die wirtschaftliche Sicherheit - den Bestand des Unternehmens gefährden und/oder - seinen Interessen bzw. - seinem Ansehen schweren Schaden zufügen können

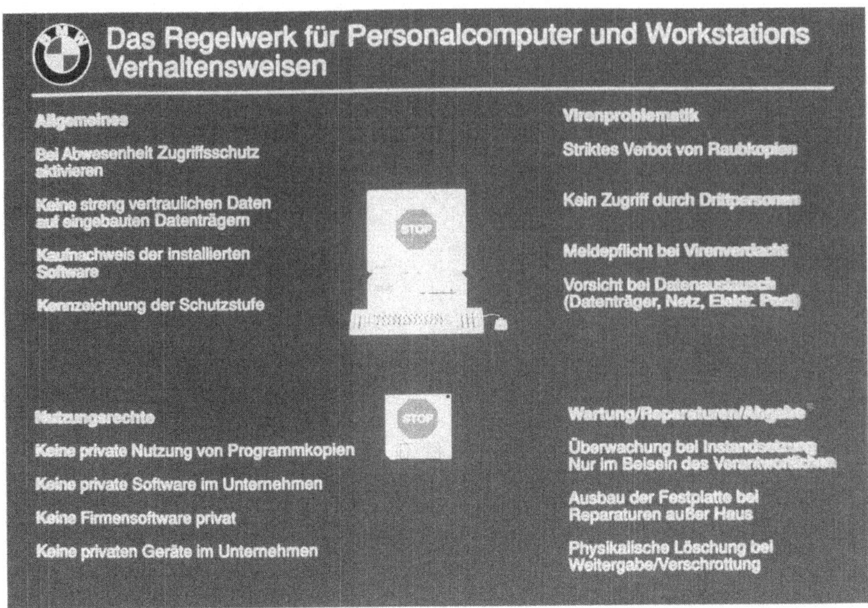
Das Regelwerk für Personalcomputer und Workstations
Verhaltensweisen
Allgemeines
Bei Abwesenheit Zugriffsschutz aktivieren
Keine streng vertraulichen Daten auf eingebauten Datenträgern
Kaufnachweis der installierten Software
Kennzeichnung der Schutzstufe
Nutzungsrechte
Keine private Nutzung von Programmkopien
Keine private Software im Unternehmen
Keine Firmensoftware privat
Keine privaten Geräte im Unternehmen
STOP
STOP
Virenproblematik
Striktes Verbot von Raubkopien
Kein Zugriff durch Drittpersonen
Meldepflicht bei Virenverdacht
Vorsicht bei Datenaustausch (Datenträger, Netz, Elektr. Post)
Wartung/Reparaturen/Abgabe
Überwachung bei Instandsetzung
Nur im Beisein des Verantwortlichen
Ausbau der Festplatte bei Reparaturen außer Haus
Physikalische Löschung bei Weitergabe/Verschrottung

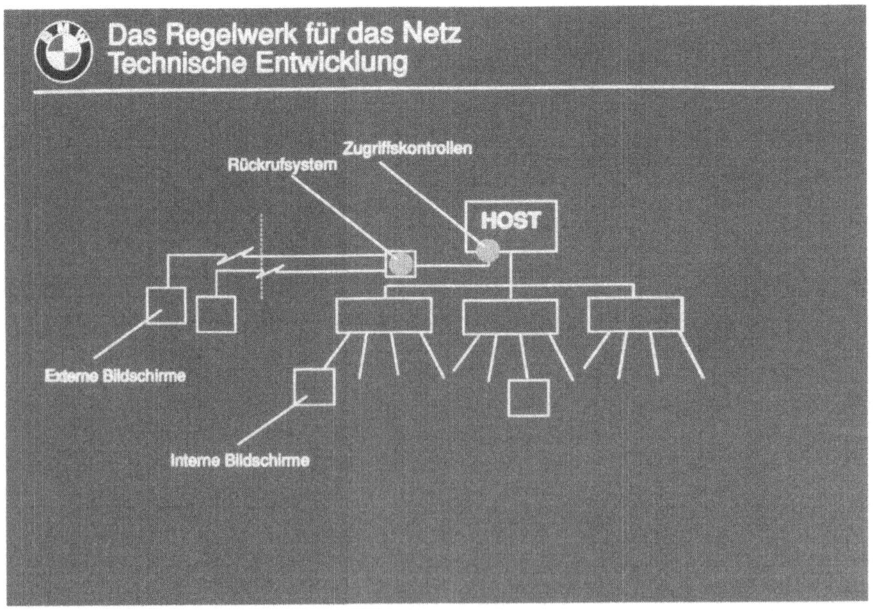
Das Regelwerk für das Netz
Technische Entwicklung
Rückrufsystem
Zugriffskontrollen
HOST
Externe Bildschirme
Interne Bildschirme

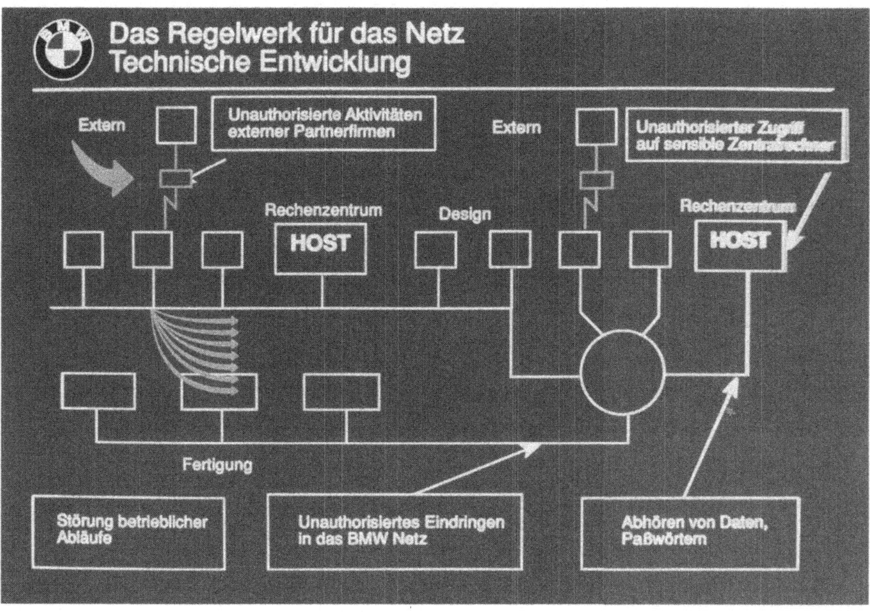

Das Regelwerk für das Netz
Technische Entwicklung
Extern
Unauthorisierte Aktivitäten externer Partnerfirmen
Extern
Unauthorisierter Zugriff auf sensible Zentralrechner
Rechenzentrum
Design
Rechenzentrum
HOST
HOST
Fertigung
Störung betrieblicher Abläufe
Unauthorisiertes Eindringen in das BMW Netz
Abhören von Daten, Paßwörtern

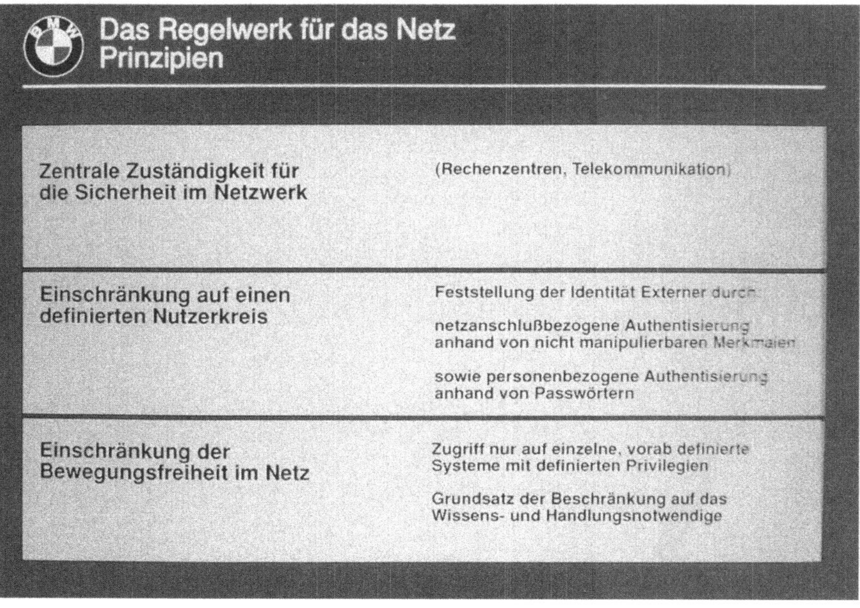

Das Regelwerk für das Netz
Prinzipien
Zentrale Zuständigkeit für die Sicherheit im Netzwerk
(Rechenzentren, Telekommunikation)
Einschränkung auf einen definierten Nutzerkreis
Feststellung der Identität Externer durch
netzanschlußbezogene Authentisierung anhand von nicht manipulierbaren Merkmalen
sowie personenbezogene Authentisierung anhand von Passwörtern
Einschränkung der Bewegungsfreiheit im Netz
Zugriff nur auf einzelne, vorab definierte Systeme mit definierten Privilegien
Grundsatz der Beschränkung auf das Wissens- und Handlungsnotwendige

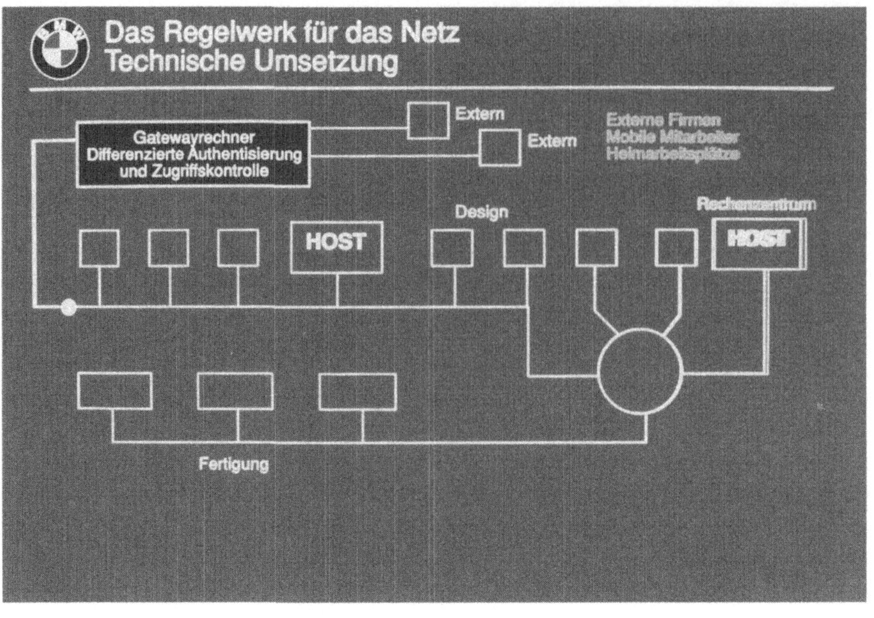

Das Regelwerk für das Netz
Technische Umsetzung
Gatewayrechner
Differenzierte Authentisierung
und Zugriffskontrolle
Extern
Extern
Externe Firmen
Mobile Mitarbeiter
Heimarbeitsplätze
HOST
Design
Rechenzentrum
HOST
Fertigung

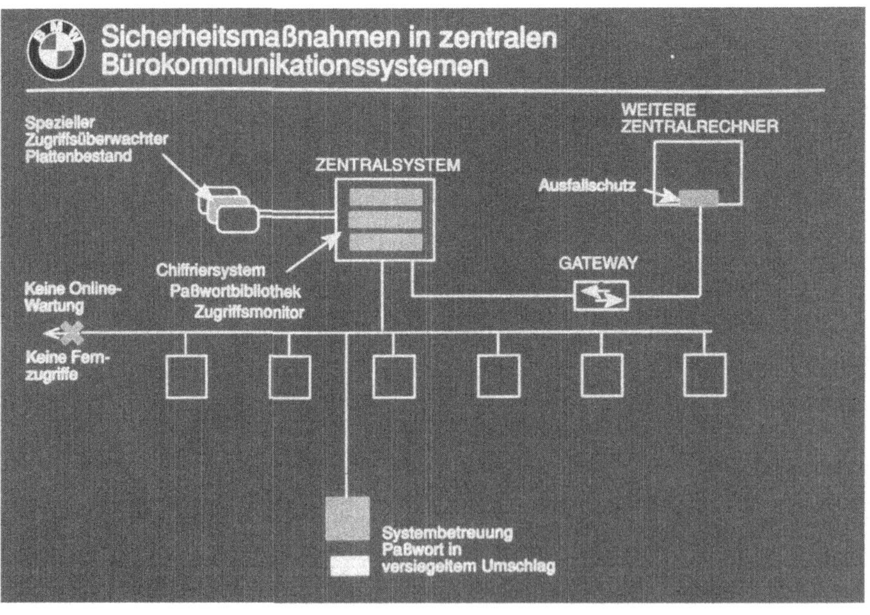

Sicherheitsmaßnahmen in zentralen
Bürokommunikationssystemen
Spezieller
Zugriffsüberwachter
Plattenbestand
ZENTRALSYSTEM
WEITERE
ZENTRALRECHNER
Ausfallschutz
Chiffriersystem
Paßwortbibliothek
Zugriffsmonitor
GATEWAY
Keine Online-
Wartung
Keine Fern-
zugriffe
Systembetreuung
Paßwort in
versiegeltem Umschlag

Podiumsdiskussion:
Risiken minimieren und Chancen nützen -
Wie gut sind die Lösungen?

Prof. Eberspächer:
Meine Damen und Herren, die letzte Stunde wollen wir etwas
interaktiv verbringen unter Einbeziehung des Auditoriums.

Wir haben unsere Diskussion unter das Thema gestellt "Risiken und
Chancen, wie gut sind die Lösungen?" Das gilt auch für die
Gentechnik oder die Kerntechnik, und wir haben es ja auch mit
einem vergleichbaren Themenkomplex zu tun. Ein Aspekt, den wir als
ersten angehen sollten, sind die Vorschläge und die damit
verbundenen Probleme, die Sie, Herr Noam, uns in Ihrem Vortrag
vorgestellt haben. Die hängen auch mit der Frage zusammen, was
können wir uns überhaupt an Security leisten, was wollen wir uns
leisten und was haben in diesem Sinne die Wirtschaftlichkeit und
der Markt damit zu tun?

Ich weiß, daß Sie, Frau Dr. Tinnefeld, über diesen Komplex auch
schon nachgedacht haben. Wie haben Sie das aufgenommen, was uns
Herr Prof. Noam gezeigt hat?

Dr. Tinnefeld:
Für uns in Deutschland ist der Datenschutz ein Freiheits- und
Würdeschutz, der als Menschenrecht Verfassungsrang hat und als
solcher auch ein entscheidendes Bauelement in der
Grundrechtsordnung der EG ist. Die Frage, die ich an Prof. Noam
hätte, lautet folgendermaßen: Wenn nun die EG-Datenschutz-
richtlinie am Ende des Jahres, spätestens aber 1994, für die EG-
Mitgliedstaaten Rechtskraft erlangen wird, wie soll da noch ein
Informationsaustausch mit den USA möglich sein, solange dort
"privacy for sale" in ist?

344

Prof. Noam:
Das Problem "transported data flow", das mit der europäischen
Konvention zusammenhängt, ist schwierig. Im Grunde bedeutet es,
daß jedes Land das restriktivste System anwenden muß, sonst können
Daten nicht ausgetauscht werden. Das heißt aber nicht, daß das
restriktivste System das optimale System ist, weder vom
Privatschutz her - denn oft gibt es ja Konflikte innerhalb des
Privatschutzes selbst, noch ist es unbedingt wirtschaftlich oder
von anderen Standpunkten her - z.B. Pressefreiheit steht ja auch
manchmal im Gegensatz zum Privat- und Datenschutz. Jede
Gesellschaft hat also eine andere Form in der sie verschiedene
Rechte und Werte gegeneinander aufwägt. Wenn man eine
Datenverbreitung nur davon abhängig macht, wie diese Daten
geschützt werden, so ist das wahrscheinlich ein schlechtes System.

Dr. Tinnefeld:
Vielleicht müßte man sich dann das EG-System etwas näher
anschauen. Selbstverständlich haben Ihre Einwände einiges für
sich. Deshalb versucht ja die Europäische Gemeinschaft in einem
Kooperationsverfahren die nationalen Rechtssetzungskulturen
einzubringen und gemeinschaftlich eine Lösung zu erzielen, die
einen gemeinsamen Standard - einen vergleichsweise hohen
Standard - zum Schutz eines Menschenrechtes, also Datenschutz als
Menschenrecht, erzielen möchte und von den Drittstaaten erwartet,
daß sie zumindest ein angemessenes Niveau schaffen. Amerika hat,
wie Sie ja selbst sagten, Einzelgesetze. Es fehlt ein allgemeines
Datenschutzgesetz, was im Augenblick ja auch für Griechenland und
Italien gilt. Ein Kollege aus Italien sagte mir traurig, im
Augenblick haben wir aufgrund dauernd wechselnder Parlaments-
mehrheiten nur "normae fugitivae" im Datenschutz.

Prof. Noam:
Es ist aber keineswegs so, daß Daten in Amerika nicht geschützt
sind. Es gibt nur eben kein zentralistisches System, das sie
schützt. Was Sie ansprechen, ist der Zentralismus, der nun auf den
europäischen Bereich ausgeweitet und standardisiert werden muß.
Warum denn eigentlich? Es als Menschenrecht zu bezeichnen, damit

stimme ich völlig überein, aber das ist ja nicht genug. Das ist
wie eine Grundfreiheit der Meinungsfreiheit. Als Prinzip ist das
richtig, aber die Frage ist natürlich, wie weit das von den
Individuen ausgenutzt werden kann. Das heißt, es als Menschenrecht
zu deklarieren, sagt nichts weiter darüber, wie weit es geht. Da
ergibt sich die Frage, wie weit verschiedene Menschen diesen
Datenschutz für ihre eigenen Daten haben wollen. Einige wollen das
mehr, andere weniger. Ich sehe nicht ein, warum man da nur ein
System haben muß.

Prof. Eberspächer:
Darf ich dazu vielleicht noch etwas sagen. Ich habe Sie auch so
verstanden, daß möglicherweise die Einbeziehung des Marktes bzw.
die Einbringung dieses Themas in eine marktwirtschaftliche Umwelt
vielfältigere Lösungen schaffen kann, weil vielleicht der
Monopolist oder der einzelne Betreiber die Lösungen gar nicht
bietet, die eine Gruppe oder ein Teil der Bevölkerung möchte.
Insofern ist das ja eine Anreicherung - so habe ich jedenfalls
Ihre These verstanden - des Ganzen und nicht eine Verarmung. Die
Frage ist nur, ob gewisse Grundrechte oder Grundbestandteile
dieser Technik gar nicht zur Verfügung gestellt werden. Gerade der
Gesichtspunkt, mehr Markt zu schaffen an dieser Stelle, müßte ja
auch den Betreiber interessieren. Vielleicht können Sie dazu noch
etwas sagen, Herr Wolfenstetter?

Herr Wolfenstetter:
Wir differenzieren in Deutschland zwischen einem Grunddatenschutz
und einem Individualdatenschutz. Der Grunddatenschutz wird bei uns
vom Grundgesetz abgeleitet. Er ist zwar nicht selbst Bestandteil
der Verfassung, aber er wird nach dem letzten Volkszählungsurteil
bei Kommentatoren direkt zurückgeführt auf das Grundgesetz, also
auf Grundrechte wie das Persönlichkeitsrecht, das Recht der
Privatheit der Wohnung, usw. Deswegen, meine ich, ist ein
Netzbetreiber, egal welcher Couleur, ob monopolistisch oder
dereguliert als Privater, verpflichtet, im Rahmen der
Daseinsfürsorge einen gewissen Standard, einen Grunddatenschutz zu
liefern. Wo die Grenze dieses Standards dann allerdings liegt und

346

sich entwickeln wird, ist eine schwierige Frage. Da muß man sehen,
wie schnell sich die Ansprüche der Kunden entwickeln und durch die
Technologie bedient werden können. Das werden die 90er Jahre in
etwa am Beispiel der Mobilkommunikation zeigen.

Herr Klar, Mannesmann Mobilfunk GmbH:
Bei der generellen Frage, wie teuer darf Sicherheit sein, die wir
in den zwei Tagen diskutiert haben, wollte ich letztendlich an
Herrn Hornfeck die Frage stellen, in welchen Größenordnungen
bewegen sich Ihre Investitionen, Ihre Kosten für DV-Sicherheit,
gemessen am Investitionsvolumen Ihrer DV-Anlagen, bewegt sich das
bei 1 oder 2%, und wo können Erfahrungswerte festgesetzt werden?

Herr Hornfeck:
Die Frage ist leicht zu beantworten: Das wissen wir nicht. Wir
haben schon versucht, das gesamte Thema Sicherheit skalierbar zu
machen, d.h. zum einen die Kosten zu sammeln, zum anderen die
Effekte und die Sicherheit in einen Maßstab zu bringen, um dann
sagen zu können, 100% Sicherheit kostet soundsoviel DM. Das ist
derzeit noch nicht gelungen. Wir geben natürlich sehr viel Geld
aus für reine Sicherheitsfunktionen, d.h. da könnte man die
Gehälter nehmen, das sind bei BMW etwa 8 bis 10 Leute, die sich
wirklich zu 100% am Standort München um die Sicherheit bemühen.
Technische Maßnahmen dürften dann, wenn man die Host-Systeme
mitrechnet, bestimmt nochmal 4 bis 5 Mio DM ausmachen. Man muß das
natürlich im Zusammenhang mit der Gesamtzahl der Investitionen
sehen, und da wird es dann schwierig, weil sich das zu stark
zersplittert. Die Kosten für die Sicherheit betragen -
überschlagen - sicher weniger als 1%.

Herr Landvogt, BMI:
Ich würde ganz gerne noch einmal auf das Thema von Herrn Prof.
Noam zurückkommen. Zum einen ist hier festzustellen, daß natürlich
die Deregulierung bei der vermittelten Sprache, zumindest wohl für
die 90er Jahre, ihr Ende findet oder bereits gefunden hat, d.h.
die hübschen Ansätze, die wir in der USA sehen, hier Freiheiten

auszuhandeln oder durch den Markt zu bekommen, wird es sicherlich
so im Bereich der Sprachkommunikation nicht geben. Vielleicht kann
dazu jemand etwas sagen. Zum anderen habe ich gerade den Vortrag
von Herrn Prof.Noam so verstanden, daß es vielleicht auch ganz
interessant sein könnte, einmal zu fragen, inwieweit Sicherheit
auch durch Marktregularien verbessert werden kann. Mir scheint,
auch als Resümee der Vorträge, daß wir auch hier sehr stark
regulativ tätig sind. Vielleicht liegt das aber auch nur an der
Auswahl der Themen.

Prof. Noam:
Ich möchte, daß das verstanden wird. Vorher wurde gesagt, Privacy
for Sale, es kommt immer die Frage, wieviel Privacy. Beispiel
Mobilfunk: Wieviel Sicherheit will man da haben, daß keiner einem
zuhören kann? Etwas Sicherheit, keine Sicherheit, riesige
Sicherheit - das sind Investitionsfragen, und dafür gibt es keine
a priori richtigen Lösungen. Bestimmt gibt es nicht nur eine
richtige Lösung dafür. Wenn man nur eine Lösung hätte, dann wäre
das für die einen zu wenig und für die anderen zu viel. Das ist
ähnlich wie mit Qualitäten. Einige Leute kaufen eben gute Autos
und andere kaufen weniger gute Autos. Vielleicht muß man einen
Minimumstandard haben, das ist schon nötig, damit die Autos nicht
mitten auf der Autobahn auseinanderfallen, aber man muß ja nicht
alles genau normieren und dann nicht auch noch international.

Dr. Ohnsorge:
Ich hätte in diesem Zusammenhang zuerst eine Frage an Herrn
Wolfenstetter: Gibt es bei der Post irgendwelche Intentionen, das
ISDN grundsätzlich im Regelausbau kryptologisch zu sichern, so daß
jeder, der telefoniert, glauben kann, er kann nicht mehr abgehört
werden? Dann habe ich noch zwei weitere Fragen, die ein wenig in
Richtung Sicherheit der Deutschen Bundespost gehen und in die
Sicherheit der Lieferanten der Systeme. Es ging vor einiger Zeit
durch die Presse, daß es gewieften jungen Leuten gelungen ist, ein
Gerät zu entwickeln - das kann man übrigens auch kaufen, so stand
es in der Presse - mit dem man kostenlos telefonieren kann, und

zwar international. Was wird die Deutsche Bundespost dagegen tun, um hier wirklich Sicherheit zu schaffen?

Herr Wolfenstetter:
Zur Frage des ISDN. ISDN ist zunächst einmal ein Netzvehikel, das Anwendungen braucht, beispielsweise Sprachanwendungen oder Datenübertragungen. Insofern kann man einen gewissen Sicherheitsanspruch dem Dienst überlassen, der auf ISDN aufsetzt. So versteht sich beispielsweise auch Telesec in Form der Telesec-Fax- und Telesec-Voice-Lösung, die natürlich auch ISDN als Dienst-Übermittlungsmedium nutzt. Allerdings enthält ISDN datenschutz-orientierte Sicherheitsdienstmerkmale, etwa in der Euro-ISDN-Ausprägung. Insofern möchte ich noch einen kleinen Abstecher nach Amerika machen, denn dort kann man sagen, daß Datenschutz vielleicht zum Gegenstand des Wettbewerbs wird - warum auch nicht. Und so kann sich auch eine Regulierung verstehen, daß der Regulierer sagt, wir schreiben Optionen vor, beispielsweise nach dem Muster der Caller-ID, die eine Ausgewogenheit zwischen Anonymität und Authentizität darstellt. Um das plastisch zu sagen, der Gerufene wünscht vom Rufenden über bestimmte Tastendrücke an seinem Telefon, daß er sich melden soll, d.h. er soll sich "zu erkennen geben". Das wird dem Rufenden übermittelt. Das heißt natürlich, jener soll sich irgendwie authentisieren, aus der Sicht des Gerufenen. Der Rufende erfährt das, und sagt, ja wenn das aber so ist, dann telefoniere ich überhaupt nicht und programmiert dieses in sein Endgerät. Das kann sehr schnell zum Deadlock führen. In diesem Spiel mit der Caller-ID steckt eine gewisse Fairneß, eine gewisse Demokratie, und diese ist sehr transparent und sehr gut nachvollziehbar. Solche Optionen, die sich natürlich auch in der Vermittlungsstellensoftware niederschlagen müssen, und die Geld kosten, die kann man vorschreiben. Die hätte man in Deutschland schon vor Jahren vorschreiben sollen, aber das ist aus bestimmten technologischen und wirtschaftlichen Gründen nicht gemacht worden. Dazu müßten sich heute viele zusammensetzen. Zu den "blue box attacks", die Sie ansprechen: Das ist eine traurige Geschichte. Da sehen die Telecom-Gesellschaften z.Zt. nicht gut aus. Allerdings sind eben die Signalisierungen, die man dazu benötigt, also das Wissen über diese Signalisierungen, erstens in

den Blue Books des CCITT veröffentlicht. Wer sich diese Bücher
verschafft und sie lesen und verstehen kann, weiß einfach, wie das
geht. Diese Signale sind nicht authentisiert! In der jetzigen
Fortentwicklung bei CCITT bzw. ITU - es gibt eine neue Studien-
periode, in der neue Kommissionen dieses Thema im Rahmen des
Zusammenwachsens von SS7 und D-Kanal aufgreifen - kann man daran
denken, diese ja doch sensiblen Signalisierungsinformationen zu
authentisieren.
Zur dritten Frage, ich weiß das nur aus zweiter Hand und die
Information ist nicht authentisch, daß es offenbar Leuten gelungen
sein soll, in Vermittlungsstellen einzudringen, wie genau, weiß
ich nicht. Jedenfalls sind das Anlagen mit 70 oder 80 %
Softwareanteil und nur noch einem geringen Hardwareanteil. Diese
Anlagen sind sicherlich nicht nach *allen* Regeln der modernen
Sicherheitskunst und nicht nach *allen* Seiten hin abgeschottet. Das
mag stimmen, das kann ich jetzt nicht authentisch beurteilen.

Prof. Eberspächer:
Das gehört natürlich in den Fragenkomplex "läuft uns jetzt die
Entwicklung der Netze und Systeme davon, wenn wir sehen, daß wir
dafür überall Sicherheitslösungen benötigen?" Deswegen wollte ich
Sie, Herr Prof. Massey, als Experten auf der technischen Seite für
die Kryptologie und für andere nachrichtentechnische Verfahren
fragen: Wenn Sie dies aus der Sicht des Forschers beobachten, ist
diese Entwicklung in einem Gleichgewicht zwischen den noch
ungesicherten Systemen und den eigentlich dazu erforderlichen
Sicherheitslösungen?

Prof. Massey:
Ich glaube überhaupt nicht. Ich bin ganz besorgt über die Zustände
und die Zukunft der Kryptologie. Ich glaube, es ist klar, daß die
Kryptographie ein großer Bestandteil der Informations- und
Sicherheitssysteme werden wird. Zur zweiten Frage: es gibt eine
negative Regulierung in der Kryptographie. Fast jedes Land hat
eine Einheit, die die Chiffrierung verbietet, oder wenn ja, dann
nur so weit, daß es leicht zu bemerken ist. Warum? Es wird
behauptet, man könne damit Terroristen fangen. Prof. Pohl hat von

den Computer-Terroristen gesprochen. Das tangiert auch die Frage
von Dr. Ohnsorge. Man kann die gesamte Telekommunikationsinfrastruktur eines Staates nach Unten bringen. Diese Terroristen
sind meiner Ansicht nach eine viel größere Gefahr als die üblichen
Terroristen, die man auf der Straße findet. Wir brauchen starke
Mittel gegen diese Terroristen, viel stärkere, als wir sie im
Moment haben oder in Zukunft haben werden. Jetzt könnte man zum
Beispiel sagen, daß der Data Encryption Standard vielleicht gut
genug ist, aber er wird sicher nicht für mehr als fünf Jahre von
den amerikanischen Behörden für Datenschutz zertifiziert. Dann
kommt die Frage, was danach passiert. In Amerika gibt es schon
eine Antwort von der Regierung, nämlich daß nur die
Geheimorganisationen wissen, was in diesen neuen Chips steckt, und
daß die Bürger Vertrauen in die Regierung haben sollen. Jeder, der
diesen Chip benutzt, muß seinen Geheimschlüssel an die Regierung
geben, dieser wird dann gespeichert und dann wird es einen
gesetzlichen Befehl geben, wann dieser Geheimschlüssel zu bekommen
ist, mit dem man die Daten lesen kann. Aber das ist sicher nur
eine amerikanische Lösung. Es kann nicht exportiert werden. Was
machen wir dann? In der öffentlichen Schlüsselkryptographie haben
wir heute tatsächlich nur ein Verfahren, und das ist das RSA.
Wenn jemand dieses System knackt, dann haben wir keinen anderen
öffentlichen Schlüssel als Ersatz. Ich glaube, wir brauchen viel
mehr Forschung in der Kryptographie. Die Staaten sollten dieses
Gebiet fördern, anstatt in vielen Ländern zu versuchen,
Forschungen auf diesem Gebiet in Grenzen zu halten und nur
schwache Algorithmen zu billigen.

Herr Beilfuss, Alcatel SEL AG:
Wenn ich mich richtig erinnere, habe ich wiederholt die Idee
gehört, daß Sicherheit auch eine Dienstleistung sein könnte. Dabei
denke ich besonders an den Massenmarkt der Kommunikation, die
Sprachnetze. Herr Wolfenstetter, gibt es Ansätze, die zeigen, wie
man das organisieren könnte, wie man Sicherheit als Dienstleistung
einführen könnte?

Herr Wolfenstetter:
Ansätze dazu gibt es. Ich muß wieder auf Telesec verweisen.
Allerdings denken wir hier nicht an einen Massenkommunikations-
Sicherheitsdienst, sondern an branchenspezifische, an
kundenindividuelle Lösungen. Nehmen Sie das Beispiel des
Mahnbescheid-Verfahrens. Hier ist es so, daß offenbar sehr viele -
es sind wohl 6 Mio jedes Jahr - Mahnverfahren anhängig sind. Hier
ist eine Kommunikation notwendig zwischen der Anwaltskanzlei und
der zuständigen Rechtsabteilung eines Landgerichtes. Die
Anwaltskanzleien haben DFÜ-Medien, wie wir kurz sagen, also
Kommunikationsmedien, im Prinzip Modems und Datex-P. Diese dürfen
aber die Mahnanträge nicht übertragen, was heißt, daß der Anwalt
persönlich in der Rechtsabteilung erscheinen muß. Er darf dorthin
ein Paket mitnehmen und muß eigenhändig unterschreiben. Wir sind
momentan dabei, Fax-Mahnverfahren als Medien nutzbar zu machen und
dabei ein Substitut, eben die elektronische Unterschrift, unter
Nutzung von RSA einzuführen. Das wirft zwar Riesenprobleme auf,
denn diese Art von elektronischer Unterschrift ist noch nicht
rechtswirksam. Uns fehlt hier ein Recht, und wir sind im Benehmen
mit dem BMI und der Bundesnotarkammer gegenwärtig dabei, hier ein
Rahmenrecht zu schaffen, das als Gesetz durch das Parlament muß,
so daß eben etwa für dieses Fallbeispiel Mahnbescheidverfahren die
elektronische Unterschrift wirklich rechtswirksam wird.
Andererseits zeigt aber dieses Verfahren, daß hier Sicherheit auch
zu einem Rationalisierungsinstrument wird, denn der gesamte
Mahnbescheidprozeß wird für die Anwaltskanzleien billiger als er
vorher war. Wir haben hier den Fall, daß Sicherheit letztlich auch
Einsparungen bringen kann, zumindest in diesem geschilderten Fall.
Nur ist der noch nicht Wirklichkeit, das muß man offen zugeben.

Dr. Tinnefeld:
Ich möchte aus dem neuen Bundesdatenschutzgesetz eine Ergänzung
bringen. Nach diesem Gesetz sind die Service-Rechenzentren
verpflichtet, eine entsprechende Datensicherung zu machen, damit
sie überhaupt die Aufträge bekommen. Für diese rapid wachsende
Branche ist die Garantierung von Informationssicherheit ein
wichtiger Faktor im wettbewerbsrechtlichen Anspruchssystem. Diese
Service-Rechenzentren bieten deshalb Datenschutz/ Datensicherheit

an, um entsprechende Aufträge zu bekommen. Machen sie das nicht,
gehen sie die Gefahr ein, daß ihre DV-Anlagen verboten werden.
Auch dieses ist ein neues Ergebnis des Bundesdatenschutzgesetzes,
nachdem die Aufsichtsbehörden die Möglichkeiten haben, DV-Anlagen
zu verbieten, wenn der Datenschutz erheblich verletzt wird.
Insofern ist das Angebot datenschutzgerechter Technik heute
Gegenstand des Wettbewerbs.

Herr Landvogt, BMI:
Ich möchte zwei Bemerkungen machen. Erstens zu dem Statement, daß
man sich mehr Kryptographie oder kryptographische Forschung
seitens öffentlicher Stellen wünscht: Der Bundesminister des
Innern hat vor einigen Jahren das BSI aus einer sicherheitsrelevanten Einrichtung herausgelöst und damit deutlich gemacht,
daß das Anliegen "Sicherheit in der Informationstechnik" nicht nur
im Bereich nachrichtendienstlicher Tätigkeit eine Rolle spielt,
sondern auch in der Allgemeinheit. Insoweit kommt die
Bundesregierung hier der Aufgabe, mehr für die Sicherheit in der
Informationstechnik zu tun, nach. Zweitens muß ich allerdings auch
betonen, daß ich bei diesen Diskussionen immer wieder den Eindruck
gewinne, die Bundesverwaltung oder vielleicht sogar die ganze
öffentliche Verwaltung sei nun unbedingt die Stelle, die die
Anbieter von IT-Systemen überzeugen müßte, die Sicherheit, die
heute schon möglich ist, einzubauen. Hier, meine ich, sind aber
auch andere Nachfrager nach Informations- oder Kommunikationstechnik gefordert. Nach unseren Einschätzungen kann die
öffentliche Verwaltung als Nachfrager allein nicht ein Anheben der
Sicherheitsstandards im Bereich der Informationstechnik bewirken.

Prof. Eberspächer:
Ich glaube, damit hängt auch zusammen, daß das Bewußtsein für die
Nöte und möglichen Lösungen stärker geweckt werden muß. Ist Ihnen,
Herr Prof. Massey, das auch aufgefallen, was Herr Dr. Garbe zur
Sprache brachte, nämlich die kulturelle Vielfalt, die Meinungs-
vielfalt über den Grad an Maßnahmen, die zwingend notwendig wären.

Prof. Massey:
Meiner Meinung nach gibt es in Europa ein besseres Verständnis für
den Gebrauch des Datenschutzes als in Amerika. In Amerika wird
mehr individuell entwickelt. Es ist dort nicht so stark ein Thema
der Politik. Das hat man während des letzten Wahlkampfes gemerkt,
wo Datenschutz kein Thema war. Für bestimmte Kreise ist das
natürlich eine interessante Frage. Ich habe bemerkt, daß die
Menschen in Europa im allgemeinen sicherheitsbewußter sind als in
Amerika. Nicht nur bei Daten, sondern insgesamt. Die Gebäude sind
besser gebaut, die Banken sind sicherer, die Schlüssel, usw. Ich
glaube, daß eine tragbare Lösung der Informationssicherheits-
probleme eher in Europa gefunden wird als in Amerika.

Prof. Noam:
Eine der Diskussionen im Wahlkampf in den USA ging über die
Einsicht in die Paßformulare des Kandidaten Clinton, als er noch
Student war. Es gab da einen Skandal. Dabei war interessant zu
beobachten, daß ein Teil der Informationen aus England kam. So
stark scheinen die Daten also doch nicht geschützt zu sein.

Prof. Eberspächer:
Ich wollte vorher eigentlich hervorheben, daß Europa ja nicht nur
aus einem Block besteht, der Brüssel heißt. Ich wollte fragen, ob
Sie regionale Unterschiede festgestellt haben. Ich zähle hier die
Schweiz einfach mal zu diesem EG-Komplex hinzu.

Prof. Massey:
Ich habe Unterschiede gesehen. Ich glaube, es ist nicht denkbar,
daß in Europa eine Lösung möglich ist, wie sie das FBI in
Washington vorgeschlagen hat, daß alle kryptographischen Fragen
einen Trap haben sollten, so daß die Regierung die Daten lesen
kann. Ich denke, daß das für Europa als Vorschlag allein schon
undenkbar ist, zumindest für die meisten Länder in Westeuropa. Ich
glaube, daß hier in Europa das Problembewußtsein in der
Bevölkerung für die Unterstützung einer Datenschutzpolitik besser
entwickelt ist als in Amerika.

Prof. Eberspächer:
Gibt es die Datenschutz-Richtlinie der EG bereits, und wie soll
die für alle Regionen funktionieren? Ich denke dabei beispielsweise auch an die Installation von Datenschutzbeauftragten in
Betrieben.

Dr. Tinnefeld:
Dies ist eine schwierig zu beantwortende Frage, die aber
vielleicht auch die verschiedenen nationalen Rechtskulturen in
Europa offenlegt. Die geplante Datenschutzrichtlinie sieht, wie
Herr Dr. Jacob bereits ausgeführt hat, für die öffentlichen und
privaten datenverarbeitenden Stellen in den EG-Mitgliedstaaten
einheitliche Regelungen vor. Ich greife ein Regelungsdetail
heraus, die sogenannte Meldepflicht, die Herr Dr. Garbe indirekt
angesprochen hat. Nach dem derzeitigen Regelungsstand (15.10.93)
im Kooperationsverfahren der EG trifft die datenverarbeitenden
Stellen die Pflicht, eine vorgesehene automatisierte Verarbeitung
von personenbezogenen Daten einer staatlichen Kontrollbehörde zu
melden. Dieses zentralistische Kontrollsystem wird von deutscher
Seite, von englischer Seite und erstaunlicherweise auch von
schwedischer Seite, als Schaffung eines bürokratischen
Datenfriedhofs in den Registern der Kontrollbehörden angeprangert.
Die deutschen Delegierten der Gruppe "Wirtschaftsfragen und
Datenschutz des Rats der EG" treten daher in Brüssel dafür ein,
eine deutsche Einrichtung, den sogenannten betrieblichen
Datenschutzbeauftragten, als Instanz unternehmerischer
Selbstkonrolle - die auch in England auf Gegenliebe gestoßen ist -
in der Richtlinie vorzusehen. Nach dem Subsidiaritätsprinzip
bleiben nationale Entscheidungsspielräume bei fehlender
gemeinschaftsrechtlicher Regelungsdichte. Die Meldepflichten im
letzten EG-Entwurf können teilweise durch andere Kontrollen
abbedungen werden, die z.B. durch betriebliche Datenschutzbeauftragte wahrgenommen werden könnten. Mehrere EG-
Mitgliedstaaten, insbesondere Deutschland und England, setzen sich
dafür ein, daß die Richtlinien den "betrieblichen
Datenschutzbeauftragten" als verarbeitungsnahe Kontrollinstanz,

die auch die erforderliche Datentransparenz gegenüber Betroffenen
sicherstellen kann, ausdrücklich vorsieht. Vielleicht gelingt es
den deutschen Delegierten - und es sieht so aus - daß der Rat in
Brüssel diesen Gedanken aufnehmen wird. In diesem Zusammenhang
möchte ich auf eine Methode verweisen, auf die Prof. Witte in
seinem Festvortrag (Unternehmerische Entscheidungen - Mythos und
Realität) zum Stiftungsfest der Ludwig-Maximilians-Universität
Ende Juni eingegangen ist: Die in Anlehnung an eine antike
Einrichtung so benannte Delphi-Methode. Nicht eine Pythia, sondern
ein Team von Weisen soll in Delphi kooperativ zusammengewirkt und
als Orakel seine Prognosen gestell haben. Im Augenblick besteht
die Hoffnung, daß die Organe der EG das Kooperationsverfahren im
Sinne der Delphi-Methode nutzen und diejenigen Vorschläge ihrer
Mitgliedstaaten expressis verbis in die Richtlinie aufnehmen, die
der Wahrung eigener staatlicher Kultur dienen. Dazu gehört für
Deutschland die Einrichtung des "betrieblichen Datenschutzbeauftragten".

Dr. Brandstetter:
Das Stichwort kultureller Hintergrund aufgreifend, möchte ich noch
eine Frage an Herrn Prof. Noam richten. Seine Überlegungen liegen
ja dem wirtschaftspolitischen und letztlich auch kulturellen
Hintergrund der Vereinigten Staaten näher als dem kontinental-
europäischen oder dem deutschen Hintergrund. Sehen Sie in den USA
bei diesen im Grunde guten Startbedingungen für diese Idee
konkrete Ansätze für eine Realisierung einer verstärkten
Marktrolle? Und dies nicht nur bei der Datensicherheit, wo eine
Marktrolle leichter einzubeziehen ist, sondern spezifisch beim
Datenschutz?

Prof. Noam:
Ich bin nicht ganz sicher, ob ich Ihre Frage verstanden habe.
Zunächst einmal ist es nicht so zu verstehen, daß in den USA heute
schon diese Marktbedingungen total da sind. Das sind Ansätze
einiger Marktbeginner auf den kompetitiven Sektoren, die ja

kompetitiver sind, als sie es hier im Moment sind. Aber da sich
die Marktentwicklung hier auch in diese Richtung hinbewegt, nehme
ich an, daß eine ähnlich Dynamik auch in Deutschland kommen wird.
Ich habe vor einigen Jahren ein Buch über europäische
Telekommunikation geschrieben, und damals erzählte mir jeder, daß
die deutsche Kultur anders sei, daß das hier ein Staatsversor-
gungsbetrieb sei, usw. Heute hat sich das geändert. Es wird sich
auch weiter so verändern. So daß die Dynamik der verschiedenen
Kommunikationsbereiche ähnlich sein wird. Ich habe ja nicht
gesagt, daß alles vermarktet werden soll. Ich habe versucht
darzustellen, daß es zwei Bereiche der privacy gibt. Der eine, daß
man in Ruhe gelassen wird, das kann man, glaube ich, mit dem Markt
erreichen. Der andere, seine eigenen Informationen zu schützen,
ist schon schwieriger. Da gibt es Situationen von market failure,
so daß es da eine staatsregulative Rolle geben kann. Aber man muß
nicht gleich mit der regulativen Lösung anfangen.

Dr. Brandstetter:
Vielleicht noch einmal auf den Punkt gebracht: Sehen Sie in den
Vereinigten Staaten in der Implementierung Ihrer Idee konkrete
Ansätze?

Prof. Noam:
Ich sehe verschiedene Firmen, die Encryption-Dienste anbieten
wollen, wobei das Problem darin liegt, ob die Regierung sich hier
ein Recht nimmt, mithören zu können, was wahrscheinlich
verfassungswidrig ist. Ich habe hier auch das Beispiel gebracht
von der Möglichkeit, diese Caller-ID zu umgehen. Da gibt es
Firmen, die das anbieten. Das sind wahrscheinlich die besten
Beispiele, die ich im Moment für Sie habe.

Prof. Eberspächer:
Ich möchte noch einen Aspekt aufgreifen, der in die Zukunft weist.
Wir haben ja nun einige Lösungen, die verbessern sich, die werden
auch vielleicht billiger, wenn sie durch Silizium unterstützt
werden. Mir ist nicht ganz klar, ob bei der Entwicklung und

Installation der künftigen Systeme diejenigen, die sich um die
Sicherheit kümmern und die, die sich um die Entwicklung der
"normalen" Funktionen und dann anschließend um die Einführung der
Systeme kümmern, ob also alle Beteiligten schon gemeinsam denken
und bei diesem übergreifenden Thema zusammenarbeiten. Nur dann
gibt es doch wirklich integrierte Lösungen und nicht immer nur
Zusatzlösungen, so sehr das auch manchmal im Sinne einer
Dienstleistung sinnvoll sein mag.

Herr Wolfenstetter:
Sicherheit muß sicher ein Anliege aller sein, der herstellenden
Industrie, der bereitstellenden. Post und Telekom, und nicht
zuletzt auch der Anwender. Nur die Spannungsfelder sind eben
verschieden dimensioniert und sehr akut. Die Einen wollen
möglichst die Märkte bedienen, die Anderen wollen auch weiterhin
die Strafverfolgung auf der Basis geltenden Rechts garantieren.
Die Dritten sagen uns, wir hätten ein deutsches Datenschutzrecht
und kein griechisches und kein spanisches. Im Zuge der
Vervollkommnung des Binnenmarktes, wo wir ja den freizügigen
Waren-/Kapital- und Dienstleistungsverkehr anstreben, muß doch aus
Gründen der Wettbewerbsgleichheit zu Recht eine Harmonisierung
erreicht werd. Nur wie? Man schaue nach Frankreich. Für mich ist
die jetzige Version der Datenschutz-Richtlinie eine französische
Lösung, vom Zentralismus geprägt und von Kontrollinstanzen, von
hunderten und tausenden von beamtischen Mannschaften beherrscht,
die entgegen unserem Verständnis der betrieblichen Selbst-
kontrolle, einfach kontrollieren wollen. Man muß doch hier
(Deutschland) diese Hochentwicklung des Datenschutzrechtes
innerhalb Europas respektieren. Wir sollten die letzten Chancen,
die es in den nächsten Lesungen des Europäischen Parlaments
vielleicht noch gibt, nutzen. Zum Dritten kommt hinzu das American
Chamber of Commerce, das in der EG eine wichtige Rolle spielt und
die in Artikel 2 Abs.1 der Richtlinie eingebracht haben, daß der
freizügige Datenverkehr nicht durch ein Datenschutzrecht behindert
werden soll. Doch genau das wird natürlich durch ein Datenschutzrecht behindert. Meines Wissens wurde von der amerikanischen
Regierung durchgesetzt, daß dieser Passus integriert wird, es gab
keine Möglichkeit, ihn abzuwehren. Man sieht hier an diesem

Problem die Spannungsfelder, an diesem einen Beispiel
"Datenschutzrichtlinie", wo die verschiedensten Interessen-
strömungen hinfließen. Ganz zu schweigen vom Drittlandproblem,
wenn wir also transeuropäisch mit anderen Ländern wie Australien
oder Amerika kommunizieren wollen und gleichzeitig dort die
Clipper-Chip-Initiative, die FBI-Initiative, etc. erleben, da sind
Welten dazwischen. Das paßt gegenwärtig überhaupt nicht zusammen.

Dr. Tinnefeld:
Vielleicht haben wir hier noch die Chance - der Rat ist ja gerade
dabei, einen gemeinsamen Standpunkt zu bilden, und die Regierungen
der Länder bringen ihre Vorstellungen noch ein - dieses
zentralistische System hier noch zu durchbrechen. Selbst
Frankreich, daß diese Regelungen ja bislang getragen hat, ist der
Meinung, daß z.B. diese umfangreiche Meldepflicht überzogen ist,
so daß hier zu erwarten ist, daß der Meldeprozeß in der EG-
Richtlinie beschränkt wird. Für Amerika, das versuchte ich am
Anfang anzusprechen, gibt es dann wirklich das Problem bei der
Frage nach einem angemessenen Datenschutz. Wann ist überhaupt noch
eine Datenübermittlung in dieses Land möglich? Denn die
personenbezogenen Daten sind ja heute ein Handelswert. Es stellt
sich hier wirklich die extreme Frage, wie der Handel mit
Drittstaaten noch stattfinden kann, wenn sie kein gleichwertiges
Datenschutzrecht haben.

Prof. Eberspächer:
Der Handel und auch die ganz normale Kommunikation, die wir ja
international wollen.

Prof. Noam:
Das nennt man Non-Tariff-Trade-Barrier, und wenn das die Japaner
tun, regt man sich auf.

Prof. Eberspächer:
Ich glaube, wir haben auch durch diese abschließende Diskussion
gesehen, die Chancen bestehen vielleicht darin, daß wir mehr
solche Veranstaltungen wie diese hier machen, und daß wir auch in
den Betrieben und Institutionen zusammen über die Probleme und
über die Lösungen reden. Ich hoffe, es ist Ihnen, meine Damen und
Herren, so gegangen wir mir, ich habe in den letzten zwei Tagen
einiges hinzugelernt durch das Gespräch eben auch mit anderen
Disziplinen, und ich habe auch gelernt, Europa - bei allen
Problemen - hat auf diesem Gebiet noch Chancen und liegt
technologisch nicht zurück. Wir kommen damit zum Abschluß.

Ich möchte allen Referenten und den Podiumsteilnehmern ganz
herzlich für ihre große Mühe und ihr Engagement danken und für
ihre Bereitschaft, sich der Diskussion zu stellen. Ich danke aber
ganz besonders Ihnen, dem Publikum, für Ihr geduldiges Zuhören und
Mitdiskutieren und ich danke vor allem dafür, daß wir - um im
Thema zu bleiben - unverschlüsselt unsere Meinung sagen durften.
Hoffentlich immer authentisch und aus integren Quellen. Ich danke
allen, die bei der Vorbereitung dieses Kongresses mitgewirkt haben
und vor allem auch dem Europäischen Patentamt für die
Bereitstellung der Technik sowie der Stadt München dafür, daß wir
gestern abend bei ihr zu Gast sein durften.

Liste der Autoren

Prof.Dr. A. **Beutelspacher**
Justus-Liebig-Universität
Mathematisches Institut
Arndtstr. 2

35392 Gießen

Dipl.-Ing. W. **Bitzer**
ANT Nachrichtentechnik GmbH
Postfach 11 26

71501 Backnang

Dr. A. **Brandstetter**
Stadtwerke München
Werkdirektor
Sendlinger-Tor-Platz 5

80287 München

Prof.Dr. K. **Brunnstein**
Universität Hamburg
Fachbereich Informatik
Vogt-Kölln-Str. 30

22527 Hamburg

W. **Conrads**
Philips Semiconductors GmbH
Burchardstr. 19

20095 Hamburg

Prof.Dr.-Ing. J. **Eberspächer**
Technische Universität München
Lehrst. f. Kommunikationsnetze
Arcisstr. 21

80290 München

Ch. **Fischer**
Uni Karlsruhe - Rechenzentrum
Micro-BIT Virus Center
Postfach 69 80

76128 Karlsruhe

Dr. D. **Garbe**
Akademie f. Technikfolgenabschätzung
Nobelstr. 15

70569 Stuttgart

Dipl.-Ing. M. **Grenzhäuser**
Siemens AG
Abt. ÖN MN EA
Hofmannstr. 51

81359 München

Dipl.-Bw. A. **Hornfeck**
BMW AG
Abt. TP 5/F
Postfach 40 02 40

80788 München

Dr. J. **Jacob**
Der Bundesbeauftragte für den
Datenschutz
Stephan-Lochner-Str. 2

53131 Bonn

Dr. H. **Kersten**
Bundesamt für Sicherheit
in der Informationstechnik (BSI)
Godesberger Allee 183

53175 Bonn

362

Dipl.-Ing. B. **Kowalski**
TeleSec
Sandstr. 26

57072 Siegen

F. **Kroppenstedt**
Staatssekretär im
Bundesministerium des Innern
Graurheindorfer Str. 198

53117 Bonn

G. **Lennox**
European Commission
DG XIII B
200 rue de la Loi, BU 9

B-1040 Brüssel

Dr. R. **Leuze**
Die Landesbeauftragte für den
Datenschutz Baden-Württemberg
Marienstr. 12

70178 Stuttgart

Prof. E.M. **Noam**
Columbia University
Graduate School of Business
809 Uris Hall

USA-New York, N.Y. 10027

Dr. H. **Peuckert**
Siemens AG
Abt. ZFE ST SN 5
Postfach 83 09 51

81730 München

Prof.Dr. H. **Pohl**
InStitut für InformationsSicherheit
FH Gelsenkirchen, FB Wirtschaft
Stenerner Weg 12

46397 Bocholt

K. **Presttun**
Alcatel Networks Services
33, rue Emeriau

F-75015 Paris

Prof.Dr. E. **Raubold**
GMD
Inst. f. Telekooperationstechnik
Rheinstr. 75

64295 Darmstadt

H.S. **Schmidt**
IBM Deutschland Informations-
systeme GmbH
Gustav-Heinemann-Ufer 120-122

50968 Köln

Bundesminister
R. **Seiters**
Bundesministerium des Innern
Graurheindorfer Str. 198

53117 Bonn

Dr. K. **Vedder**
GAO - Gesellschaft für
Automation und Organisation mbH
Euckenstr. 12

81369 München

Dr. G. **Weck**
INFODAS GmbH
Technologieberatung und Sicherheit
Rhonestr. 2

50765 Köln

Dipl.-Math. K.D. **Wolfenstetter**
DBP TELEKOM
Forschungs- u. Technologiezentrum FI 17
Am Kavalleriesand 3

64295 Darmstadt

Sitzungsleiter

Dr.-Ing. H. **Forner**
IBM Europe
Chaussée de Bruxelles 135

B-1310 La Hulpe

Dipl.-Ing. K.J. **Frensch**
Ganghofer Str. 41

82131 Stockdorf

Prof.Dipl.-Ing. W. **Gallenkamp**
Forschungsinstitut der DBP TELEKOM
Am Kavalleriesand 3

64295 Darmstadt

Prof. J.L. **Massey**, Ph.D.
M.S.E.E.
Eidgen. Technische Hochschule

CH-8092 Zürich

Dr.-Ing. H. **Ohnsorge**
Alcatel SEL AG
Forschungszentrum
Holderäckerstr. 35

70499 Stuttgart

S. **Wimmer**
Deutscher Städtetag
Lindenallee 13-17

50968 Köln

Teilnehmer an der Podiumsdiskussion

Prof. J.L. **Massey**, Ph.D.
M.S.E.E.
Eidgen. Technische Hochschule

CH-8092 Zürich

Prof. E.M. **Noam**
Columbia University
Graduate School of Business
809 Uris Hall

USA-New York, N.Y. 10027

Dr.jur. M.-T. **Tinnefeld**
Stolzingstr. 41

81927 München

Dipl.-Math. K.D. **Wolfenstetter**
DBP TELEKOM
Forschungs- u. Technologiezentrum FI 17
Am Kavalleriesand 3

64295 Darmstadt

Springer-Verlag and the Environment

We at Springer-Verlag firmly believe that an international science publisher has a special obligation to the environment, and our corporate policies consistently reflect this conviction.

We also expect our business partners – paper mills, printers, packaging manufacturers, etc. – to commit themselves to using environmentally friendly materials and production processes.

The paper in this book is made from low- or no-chlorine pulp and is acid free, in conformance with international standards for paper permanency.